国家出版基金项目
NATIONAL PUBLICATION FOUNDATION

现代兽医基础研究经典著作

鱼类病理学

汪开毓　黄小丽　主编

U0194871

中国农业出版社

北　京

作者简介

　　汪开毓，男，1955年生。博士，四川农业大学教授，博士生导师，四川省有突出贡献的优秀专家，四川省学术与技术带头人，原四川农业大学动物医学院院长。主要研究方向为水生动物病理学与药理学。担任多届中国兽药典委员会委员、新兽药评审委员会委员，中国动物病理学会常务理事，中国畜牧兽医学会兽医病理学分会兽医病理学发展指导工作组委员，《水产学报》编委等职务。发表学术论文330余篇，获国家发明专利23项，主编、副主编或主译《水生动物病理学诊断技术》《草鱼组织学彩色图谱》《鱼类药理与毒理学》《鱼病诊治彩色图谱》《鱼类应用药理学》《鲑鳟疾病彩色图谱（第二版）》等专著和教材20余部，获省级以上科技进步奖10余项，培养研究生近百人。

　　黄小丽，女，1979年生。博士，四川农业大学副教授，硕士生导师，四川省学术与技术带头人后备人选，中国水产学会渔药专业委员会委员，四川省农产品质量安全专家组成员。主要从事水生动物病理学与药理学研究与教学，在利用病理学技术进行疾病的早期诊断、重大疾病的诊断及防控等方面具有独特的造诣。曾于加拿大爱德华王子岛大学大西洋兽医学院水产动物疾病诊断中心进修水生动物病理学。获四川省科技进步奖4项，发表学术论文50余篇，主编、参编或副主译《水生动物病理学诊断技术》《草鱼组织学彩色图谱》《鲑鳟疾病彩色图谱（第二版）》等专著7部。

　　耿毅，男，1975年生。博士，四川农业大学教授，博士生导师，四川省农业产业技术体系水产疫病防控岗位专家，四川省学术与技术带头人后备人选，中国畜牧兽医学会兽医病理学分会常务理事，中国兽医病理学家分会成员。主要从事水生动物病理学与病原学的研究与教学工作，先后主持（研）部（省）级科研项目30余项，发表学术论文160余篇，（副）主编与参编《鱼病诊治彩色图谱》《动物疫病诊断与防控彩色图谱》《水生动物病理学诊断技术》等专著8部，获授权专利12项，获四川省科技进步奖4项、中国水产学会范蠡科学技术奖1项。

欧阳萍，女，1984年生。博士，四川农业大学副教授，硕士生导师。现任四川省水产学会常务理事，兽医病理学会会员。长期从事动物病理学教学、诊断和科研工作，主要围绕动物病毒病分子病理和免疫病理开展研究。主持国家自然科学基金和省部级科研项目8项，主研获四川省科技进步奖1项，以第一或通讯作者发表学术论文40余篇，副主编专著3部，获国家授权发明专利2项。

叶仕根，男，1976年生。博士，大连海洋大学副教授，水生动物医学教研室主任，从事水生动物病理学教学和科研工作。主持辽宁省自然科学基金等省部级项目多项，以第一作者或通讯作者发表科学论文50余篇，获辽宁省普通高等教育教学成果奖二等奖、辽宁省科技进步二等奖和大连市科技进步一等奖各1项。主编水生动物病理学实验教材1部。

陈德芳，女，1982年生。博士，四川农业大学副教授，四川省学术和技术带头人后备人选，主要研究方向为水生动物细菌性疾病无抗防控技术与应用。先后主持省部级科研项目6项，获四川省科技进步二等奖1项、三等奖2项，中国水产科学研究院科技进步三等奖1项，以第一或通讯作者发表科学论文15篇，副主编或参编《图说斑点叉尾鲴疾病防治》《草鱼组织学彩色图谱》《水生动物病理学诊断技术》等专著7部。

本书编委会

主　编　汪开毓（四川农业大学）

　　　　黄小丽（四川农业大学）

副主编　耿　毅（四川农业大学）

　　　　欧阳萍（四川农业大学）

　　　　叶仕根（大连海洋大学）

　　　　陈德芳（四川农业大学）

参　编　（按姓氏笔画排序）

　　　　王　均（内江师范学院）

　　　　王　利（西南民族大学）

　　　　王二龙（西北农林科技大学）

　　　　邓永强（四川农业大学）

　　　　冯　杨（四川农业大学）

　　　　刘绍春（湖南渔美康生物技术集团有限公司）

　　　　杨　倩（西南医科大学）

　　　　陈　霞（成都市农林科学院）

　　　　钟振东（成都里来生物科技有限公司）

　　　　段　靖（四川农业大学）

　　　　贺　扬（内江师范学院）

　　　　黄锦炉（广东海大集团股份有限公司）

　　　　崔静雯（四川农业大学）

　　　　魏文燕（成都市农林科学院）

序

随着科技的进步、养殖技术的不断提升和捕捞工具的现代化，世界鱼类总产量和人均消费量持续增长。根据联合国粮食及农业组织发布的2020年《世界渔业和水产养殖状况》，2018年，世界水产销售额和人均消费量分别达4 000亿美元和20.5kg以上，相较于1961年增加了两倍多，为人类提供了近1/5的动物蛋白。其中，中国等亚洲国家的水产养殖贡献了总产量的一半以上，为世界渔业的发展作出了巨大贡献。然而，随着养殖规模和养殖密度的不断上升，各种养殖病害频频发生，仅2020年我国因病害导致的损失就高达20多亿元，极大阻碍了水产养殖的健康发展。长期总结发现，鱼类病害防控不仅需要养殖技术的进一步提高，以适应复杂多变的养殖环境，还需要在病原学、病理学、药物学等基础理论方面开展更详尽、更系统的研究工作。

病理学是探究疾病发生原因、发生机制、发展规律，以及研究疾病过程中机体形态变化、功能代谢、疾病转归的一门基础性学科，是临床医学和基础医学的桥梁。虽然PCR等分子生物学新技术的应用使对病原等的诊断技术得到了新的提高和补充，但病理学对疾病本质的揭示，疾病发展、转归的规律及致病机制的阐释仍然有其不可替代的地位及作用，仍然被认为是疾病诊断的"金标准"。

人类和陆生动物的组织学和病理学由于起步较早，已经有了广泛、深入和系统的研究，形成了成熟的理论体系，但是鱼类病理学作为动物病理学中的重要组成部分，起步较晚，且受到的关注和研究还相对比较薄弱。一方面是由于专门从事鱼类病理学研究的科研工作人员相对较少，另一方面也因为鱼类在组织学上与人类和陆生动物存在较大的区别，致使两者之间虽然存在紧密的联系，但又有各自独特的特点。因此要学好鱼类病理学并运用病理学技术进行鱼类疾病的诊断，还需要有鱼类组织学和基础病理学的扎实功底。因此，需要有较完整的对多年来鱼类病理学方面的研究和进展的总结，建立较为成熟并独具水生动物特点的病理学理论体系，以利于鱼类病理学科学研究的推动及这方面人才的培养，这本专著的出版无疑会对鱼类病理学的发展起到重要的作用。

汪开毓教授几十年来带领团队孜孜不倦、坚持不懈地对水生动物疾病及病理进行研究，取得了一系列的成果，获取了大量的一手科研资料及图片，这本《鱼类病理学》整合了汪开毓教授团队几十年来关于鱼类组织学和病理学的研究成果。全书分为两篇，共二十章，既包括了鱼类基础病理学的理论知识和各系统器官的正常组织结构，又涵盖了大量临床病例的典型病理变化，配有几百幅典型、清晰的彩色病变照片，这些照片大多来自多年来水生动物疾病防治的生产一线和该团队的科研成果，非常珍贵，既补充了研究人员对于鱼类组织学的空白，又促进了其对病理学的认识。此外，本书还从细胞和亚细胞水平对多种致病因子导致的鱼类病理损伤进行了深入的研究和解读，深入浅出，化繁为简，极大弥补了我国鱼类病理学的教学、研究等体系空白。因此，本书的出版无疑会极大促进我国鱼类疾病研究水平，不仅为我国培养更多鱼类病理学家，也为我国高校及科研院所等的水产科研人员乃至一线鱼病工作人员提供参考和借鉴，特为之序。

赵德明

2021年9月

赵德明，中国农业大学动物医学院教授、博士生导师。中国畜牧兽医学会理事；中国实验动物学会副理事长；中国兽医病理学分会理事长；北京市政府顾问；第三届中国兽药典委员会委员；第四届兽药评审委员；第一届全国动物防疫专家委员会大动物病专家组组长；科技部第一届国家实验动物专家委员会委员。先后主持承担和完成50余项国家及省部级科研课题。曾获国家级及省部级奖励20余项，获批（申请）专利12项。在国内外重要学术刊物上发表研究论文300余篇，其中SCI收录期刊论文90篇；主编《兽医病理学》（第一、二、三版）等15部著作（累计350万字以上）。

前　言

中国是世界上淡水渔业发展最早的国家之一，在长期的生产实践中，人们积累并创造了丰富的养鱼经验和完整的养鱼技术。长期以来，我国水产养殖产量稳居世界首位，养殖品种超过200种，据《2020中国渔业统计年鉴》数据，2019年，我国水产养殖产量超5 000万t，水产品出口量超380万t，出口额高达190亿美元。随着水产养殖业的发展，我国已基本解决城乡居民"吃鱼难"的问题，并在保障优质动物蛋白的供给、降低天然水域水生生物资源的利用强度、促进渔业产业兴旺和渔民生活富裕等方面都作出了重大贡献。

我国水产养殖技术虽然已经较为成熟，但是由于养殖品种种质退化、养殖密度增加、养殖水体不良等原因，近年来水产动物病害频发，给水产养殖业带来了巨大危害。2020年，由水产病害造成的直接经济损失就高达20多亿元。另外，由于疾病频发，水产养殖用药量增加，引发的环境污染及食品安全问题也成为目前水产养殖业的巨大挑战。因此，面对养殖规模逐年扩大、病害威胁日益严重的情形，鱼类疾病的发生原因、发病机制、病理变化特征及综合防治措施的研究就显得尤为重要。

在鱼病诊断上，目前我国大多数一线渔医的诊断多依靠肉眼、显微镜，部分有条件者会结合简单的病原分离鉴定的方法进行诊断。但是鱼类是一个复杂的生物体，疾病的发生往往是病原、宿主和环境相互作用的结果，因此，认识和诊断鱼类疾病是一个复杂和极具挑战的过程，并非简单地对病原进行识别和排除。这就需要相关从业人员有系统扎实的水产医学理论基础，其中病理学理论和技术是最为重要的基础学科，是基础知识与临床诊断间的重要桥梁。病理学在医学教育、临床诊断和科学研究上都扮演着重要的角色，加拿大著名医生、医学教育学家William Osler（1849—1919）曾写道"As is our pathology, so is our medicine"（病理学为医学之本）。病理学诊断被认为是疾病诊断的"金标准"。在医学上，学医必学病理，同样地，学习鱼类诊疗也必须学习鱼类病理。纵观国内外的许多鱼病学家，要么本身就是病理专家，要么就是十分重视运用病理技术和原理研究鱼病的学者。这在他们的论文及专著中都有充分体现。

国际上，鱼类病理学开始于Hofer（1904）出版的第一本关于鱼类疾病的书籍，距今仅有100多年。我国鱼类病理学始于1981年华鼎可、李耀祖等前辈对*Fish pathology*这本书的翻译。由于鱼类病理学起步晚，且行业对其重要性认识不足，许多人更是对鱼类病理学望而生畏，觉得其名词、术语、原理、病变识别、描述及发生发展等规律既生僻、枯燥又难学难懂，更谈不上掌握，因此多半留于了解病原和防治方法的层面，这是非常不完整的鱼类医学知识结构。故而目前理解并掌握鱼类病理相关理论和技术的人才十分稀缺，使得鱼类病理学科发展缓慢，在鱼类病理学的人才培养、教材建设、专著出版、科学研究的原始创新等方面都存在严重不足。目前国内自主编著和出版的关于鱼类病理学的书籍寥寥无几，无论是水产医学的科学研究、教学，还是生产一线的临床疾病诊断等方面，均需要一本专业的鱼类病理学著作作为参考与指导。在国内外相关专家的帮助和支持下，国家出版基金适逢其时地对本书的编写给予了资助，同时获得了中国农业出版社对本书编写的悉心指导，这本书才得以完成。本书力求整合最基本的理论原理和长期科学研究的成果，并充分结合一线水产养殖的诊疗实践，由浅入深，理论联系实际，知识点、面、线结合，体系连贯，既易于初学者对鱼类病理学的入门，也适用于深入学习的提高。

本书由汪开毓教授团队组稿，四川农业大学、大连海洋大学、内江师范学院、西北农林科技大学、西南民族大学和西南医科大学等多家单位的相关科研教学人员参与编写，各位编者耗时六年多，查阅大量相关文献，对几十年的生产一线调查结果和系列水生动物疾病和病理学教学工作及科研成果进行了总结，收集了大量的原创性病例素材和科研成果。历经诸位编者不辞辛劳的多轮认真编写、反复修改、多次审校，终于完成了《鱼类病理学》的编写。本书分为两篇：第一篇为基础病理学，共十二章，包括鱼病概论、血液循环障碍、弥散性血管内凝血、休克、细胞与组织的损伤、适应、损伤的修复、炎症、缺氧、应激、中毒和肿瘤等内容；第二篇为系统病理学，共八章，分别是鱼类被皮系统及运动系统病理、鱼类呼吸系统病理、鱼类心血管系统病理、鱼类免疫系统病理、鱼类消化系统病理、鱼类泌尿与生殖系统病理、鱼类神经系统病理和鱼类视觉系统病理。

自开篇起本书就强调病理学在疾病诊断中的重要意义，并在很多典型疾病和特征性病变中进行详细描述，全书内容极为翔实。其次，本书着重对基础病理学概念的介绍以及鱼类疾病症状、发病进程、病理变化的阐释，选编了640余张图片，包括模式图、临床病理图、组织病理图和超微病理图，图文并茂，以大量高清图片作为文字内容的图像化反映。另外，为了使读者更好地鉴别异常和病变，编者在系统病理学中详细介绍了正常组织结构和功能，注重介绍正确的检查程序，注重正常/异常结构的比较学习，以免造成对疾病的误诊。因此，本书既是一本适合病理初学者学习的入门书，也是一本适合长期从事水生动物疾病相关临床诊断、科学研究等从业人员的工具书，希望能够通过本书的出版，推动更多鱼类病理学专业人才的培养。此外，水生动物在剖检、固定和采样等方面与陆生动物差异巨大，为了更好地发挥病理学技术在鱼类疾病诊断中的作用，促进我国鱼类病理学的发展，汪开毓教授团队在2021年5月出版的《水生动物病理学诊断技术》，可以作为本书的病理学技术支撑，理论与技术相互补充。

在本书的编写过程中，加拿大爱德华王子岛大学著名的鱼类病理学家David Groman教授给予了大力支持，慷慨地为本书提供了大量珍贵、高清的鱼类组织病理学图片。中国海洋大学绳秀珍教授，江苏农牧科技职业学院袁圣老师，我国水生动物类杰出兽医陈道印研究员，一线水生动物执业兽医肖建春、肖健聪、黄永艳、陈修松等学者热情、慷慨、毫不吝啬地提供了大量病变清晰、典型的一手鱼病图片，为本书增光添色，编者为他们的深情厚意和为本书的贡献表达深深的感谢。此外，编者衷心感谢中国农业出版社郑珂主任多年来对本书编写热情而有耐心的关心、支持和指导，感谢杨晓改编辑为本书文字校对和排版付出的艰辛努力，感谢国家出版基金（基金号：2019S-020）的资助，感谢所有编委为本书付出的艰苦努力！

本书编写素材特别丰富，但是因为实际整理、编写时间紧张，可参考的文献资料及编者水平有限，书中难免有缺憾和不足之处，恳请广大读者提出宝贵意见和建议。

编 者

2021年8月

目　录

第一篇　基础病理学

第二篇　系统病理学

绪　　论

鱼类病理学（fish pathology）起步较晚，是20世纪迅速发展起来的一门学科，其任务是以辩证唯物主义思想为指导，通过研究鱼类疾病发生的原因，发病机理，以及患病机体所呈现的形态、代谢和机能的变化，阐明鱼类疾病发生、发展和转归的基本规律，为鱼病防治、疾病病理诊断提供理论基础。

第一节　鱼类病理学的定义、任务与基本内容

一、鱼类病理学的定义

鱼类病理学是研究鱼类（广义上包括各种水生动物）疾病的病因（etiology）、发病机制（pathogenesis）、病理变化（pathological change）、转归和结局的一门基础学科，在水生动物医学中占有重要地位，属于水生动物疾病学研究的范畴，包括临床病理学（clinical pathology）、解剖病理学（anatomical pathology）、组织病理学（histopathology）、超微病理学（ultrastructural pathology）和分子病理学（molecular pathology），涵盖了对机体、器官、组织、细胞甚至分子和基因各个层面的研究（图0-1）。

二、鱼类病理学的目的和任务

在致病因子（pathogenic factor）和机体反应功能的相互作用下，患病机体会出现形态结构、物质代谢和功能的改变。病理学的目的是阐明疾病的本质，认识和掌握疾病的发生发展规律，为疾病的诊治和预防提供理论依据。因此，鱼类病理学就是研究鱼类疾病发生、发展到转归这一复杂过程的学科，其主要任务就是运用各种方法研究鱼病发生的原因和条件，以及在病因作用下鱼病发生发展的基本规律，阐明其

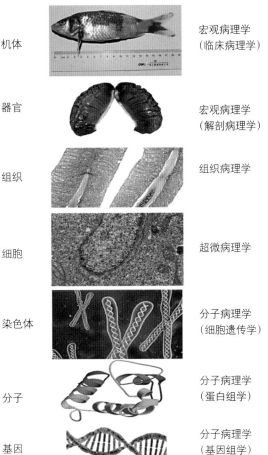

机体　　　　宏观病理学（临床病理学）

器官　　　　宏观病理学（解剖病理学）

组织　　　　组织病理学

细胞　　　　超微病理学

染色体　　　分子病理学（细胞遗传学）

分子　　　　分子病理学（蛋白组学）

基因　　　　分子病理学（基因组学）

图0-1　鱼类病理学研究范畴

本质，从而掌握不同疾病的危害程度和致病机理，研究鱼病的转归与结局，为鱼病防治提供必要的理论基础。

具体来说，鱼类病理学的主要任务是通过各种方法和研究手段完成以下工作：

1. 阐释鱼病发生原因　任何一种疾病的发生都是外因和内因共同作用的结果。外因是指存在于外界环境中的致病因素，包括生物因素、化学因素、物理因素、营养因素等。内因是指机体内部与疾病发生有关的因素，包括机体的防御能力、免疫特性和遗传特性等。鱼类病理学通过对发病鱼大体、组织、细胞等多层次的诊断，提出疾病发生的确切病因，特别是对生物因素和非生物因素导致的疾病的鉴别诊断有着十分明显的优势。病因学诊断就是提供引起鱼类疾病发生的确切原因的诊断方式。

2. 探究发病机制　发病机制是指在病因作用下导致疾病发生、发展的具体环节、机制和过程，以及细胞和组织对损伤发生反应的顺序。发病机制涉及从细胞损伤到临床的各种症状表现。为了充分认识疾病的发生发展过程，必须要鉴别致病因子和宿主（鱼体）防御，以及它们在疾病发展过程中的因果转化关系。

3. 研究病理改变　病变是指在疾病发生发展过程中，鱼体出现的功能、代谢和形态结构的异常改变。所观察到的受损组织的损伤可以是组织学及细胞超微结构的变化（大体解剖后肉眼可见或显微镜下可见），或者是生物化学（基因及染色体）的变化，每一种变化都与疾病过程有一定的相关性。肉眼和显微镜观察到的病理变化既可以为发现病原提供线索，也可以通过观察比较被检器官大小、颜色、质地、部位等方面与正常器官的不同，根据病变的程度、持续时间、分布部位和病变类型，做出病理诊断。

4. 研究鱼病的转归和结局　疾病的转归和结局也是鱼类病理学研究的重要内容。疾病的转归可以分为完全康复、不完全康复和死亡三种。任何疾病都有转归和结局，一个疾病的结局，取决于致病因子所造成的损伤与机体抗损伤能力的对比以及损伤部位。

三、鱼类病理学的基本内容

鱼类病理学包括鱼类病理解剖学和鱼类病理生理学两部分，前者重点研究患病鱼类的形态结构改变，后者重点研究患病鱼体代谢机能的改变。形态结构的改变常伴有功能和代谢变化，而功能和代谢的变化也是以形态结构的改变为基础的。因此，鱼类病理解剖学和鱼类病理生理学之间紧密相连，不能截然分开。鱼类病理学需要运用生物化学（biochemistry）、鱼类生理学（fish physiology）、鱼类解剖学（fish anatomy）、鱼类组织学（fish histology）、细胞生物学（cell biology）和分子生物学（molecular biology）等研究手段，来探索患病鱼体内所呈现的代谢、机能和形态结构方面的病理变化。通过对病理现象的观察和分析，阐明鱼病发生、发展及转归的基本规律，为鱼病的诊断和防治提供科学的理论依据。

第二节　鱼类病理学的研究方法

鱼类病理学是鱼类疾病研究中不可缺少的重要部分，与人医病理学和兽医病理学的应用相比，鱼类病理学起步较晚，近年来随着分子生物学技术的发展取得了一定进步，但是技术水平还是相对落后。病理学的研究方法均可以用于鱼类疾病诊断，在生产实践中应根据需要选择性地应用。在临床诊断中，常用的方法有如下几种：

一、尸体剖检

尸体剖检（autopsy）是病理学诊断中最基本、最常用的方法，也是鱼类病理学诊断程序中的第一步。

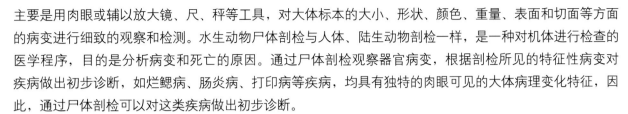

主要是用肉眼或辅以放大镜、尺、秤等工具，对大体标本的大小、形状、颜色、重量、表面和切面等方面的病变进行细致的观察和检测。水生动物尸体剖检与人体、陆生动物剖检一样，是一种对机体进行检查的医学程序，目的是分析病变和死亡的原因。通过尸体剖检观察器官病变，根据剖检所见的特征性病变对疾病做出初步诊断，如烂鳃病、肠炎病、打印病等疾病，均具有独特的肉眼可见的大体病理变化特征，因此，通过尸体剖检可以对这类疾病做出初步诊断。

水生动物剖检程序和技术在《水生动物病理学诊断技术》（汪开毓等，2021）一书中有详细介绍。此外，根据具体需要，尸体剖检时可同时采集病料，为组织病理学诊断、病原分离、毒物分析和其他各项生理生化指标的检测做好准备。尸体剖检可以见到病变的整体形态和许多重要性状，具有微观观察和分子生物学方法不能取代的优势，因此，在进行水生动物疾病诊断时不能只注重组织学观察及其他新技术应用，它们各有所长，应配合使用。

二、活体组织检查

活体组织检查简称活检（biopsy），通过局部切取、钳取、细针穿刺、搔刮和手术摘取等方法，从患病动物活体获取病变组织，制备病理切片进行病理诊断。活检的优点是组织新鲜，固定后能够基本保持病变组织的原貌，有利于进行组织学（histology）、组织化学（histochemistry）、细胞化学（cytochemistry）、超微结构和组织培养等研究，此外，能够保持活组织状态，可以在疾病的各个阶段取材；缺点是不能在活体动物身上任意取材。这种方法在人医和兽医临床上都是十分常用的病理诊断方法，尤其是在肿瘤性疾病的诊断中。水生动物疾病的活体组织检查使用较少，但是对于珍稀水生动物（如中华鲟 *Acipenser sinensis* 等）和昂贵的观赏动物（如锦鲤 *Cryprinus carpiod* 等）的疾病诊断，活体组织检查具有一定优势。

三、组织病理学检查

利用尸体剖检、活体组织检查或者实验动物模型中获得的病料制成组织病理切片，或将脱落细胞制成涂片，经过不同方法染色后，通过光学显微镜观察组织和细胞的病理变化，称为组织病理学检查。石蜡切片的苏木精-伊红（haematoxylin-eosin，H&E）染色是应用最广泛的常规染色方法。有时候为了显示组织或细胞中的某些特殊物质，可以采用一些特殊染色方法（如显示含铁血黄素颗粒的普鲁士蓝染色）。由于显微镜的分辨率比肉眼增加了数百倍，故可以加深对病变的认识，从而显著提高诊断的准确性。到目前为止，组织学观察方法仍然是病理学研究和诊断中无可替代的最基本方法。同时，由于各种疾病和病变往往本身具有一定程度的组织形态特征，故可借助组织病理学检查法诊断鱼类疾病，直接用于水产疾病临床研究。

以上三种方法是病理学研究和诊断中最常用、最基本、最重要的方法。国外学者把这三种研究方法称为病理学的"A、B、C"。

四、实验动物疾病模型

在人为控制条件下，运用动物实验的方法，在适宜动物身上复制动物疾病，以便研究者根据需要对疾病的病因学、发病学、病理变化及其转归进行系统的观察和研究。目前，斑马鱼是用于人类和动物疾病研究的第三大模式动物。实验动物疾病模型在人医、兽医和水产中都有应用，优点是可以人为控制实验条件和随机采取动物组织，缺点是人与动物之间以及不同鱼类种属之间有差异，不能把动物实验结果直接套用，仅能作为疾病研究参考。

五、组织、细胞化学观察

组织化学或细胞化学也称为特殊染色，即应用能与组织或细胞中特定的化学成分进行特异性结合的显示试剂，原位地显示病变组织、细胞的某些化学成分（如核酸、蛋白质、酶类、糖原、脂类等），同时又能保存组织原有的形态改变，达到形态与代谢的结合。检测组织切片称为组织化学，检测细胞涂片或培养细胞称为细胞化学。其优点是可以原位反映组织细胞化学成分的变化，初步把形态观察与机能代谢联系起来，加深对疾病本质的认识。如用苏丹Ⅲ染色显示细胞内的脂肪滴，用过碘酸Schiff反应（PAS）显示细胞内糖原的变化。

六、超微病理学技术

超微病理学技术是指利用电子显微镜和超薄切片技术，研究组织、细胞和一些病原因子的超微结构及其病变的一种有效手段。超微病理学技术是打开微观世界大门的钥匙，也是分子病理学不可缺少的研究手段。比如结合负染法可以观察病毒的形态和定位，在水生动物疾病的病因诊断和发病机制的研究中发挥了重要作用。如耿毅等用超微病理学技术发现了大鲵蛙病毒病的病原形态和病变特征，为该病病原学和致病机制等相关研究奠定了重要基础。超微病理学由于放大倍数太高，只见局部不见整体，而且很多超微结构变化没有特异性，因此，在进行病理学诊断时必须结合大体和组织学病变，宏观与微观相结合，才能更好地发挥其作用。

七、组织和细胞培养技术

将水生动物的某种组织或单个细胞在适宜的条件下和适宜的培养液（基）中进行体外培养，用于研究在各种病因的作用下细胞、组织病变发生、发展的动态过程和规律，如鳍条细胞培养、鲤脑细胞系培养等。本方法的优点是体外培养条件容易控制，可以避免体内复杂因素的干扰，而且比动物实验和动物本身观察周期短，节省时间和开支。缺点是体外人工环境与动物体内环境有差异，研究结果可能与在体内不完全一致。另外，体外培养条件要求严格，一般实验室很难达到。

八、其他技术

1. **免疫组织化学技术**　利用抗原-抗体的特异性结合反应来检测和定位组织或细胞中的某些化学物质的一种技术，由免疫学和传统的组织化学相结合而形成。

2. **流式细胞术（flow cytometry）**　利用流式细胞仪进行的一种单细胞定量分析和分选的技术。可用于鱼类淋巴细胞及其亚群分类、白细胞分化抗原、细胞凋亡的检测等方面。

3. **核酸原位杂交技术（in situ hybridization）**　利用标记已知序列的核苷酸片段作为探针，通过杂交直接在组织切片、细胞涂片上检测和定位某一特定靶DNA或RNA片段，可用于特异性核酸分子的定位示踪（如病毒检测等）。

4. **原位聚合酶链式反应**　聚合酶链式反应（polymerase chain reaction，PCR）是一种特定的DNA或RNA片段的快速体外扩增方法。PCR与原位杂交相结合，称为原位PCR技术（in situ PCR），该方法是将PCR的高效扩增与原位杂交的细胞及组织定位相结合，在组织切片或细胞涂片上检测和定位核酸的技术。

5. **图像采集和分析技术**　随着计算机和网络信息技术的发展，借助图像数字化以及数字存储传输技术，将病理学切片转化为数字化图像，使用者可以不通过显微镜而直接在个人的计算机上进行数字切片的分析、阅片、教学、科学研究和远程诊断等。

此外，还有放射免疫（radioimmunoassay）技术、生物芯片（biochip）技术、比较基因组杂交（comparative genome hybridization）技术和生物信息学（bioinformatics）技术等在鱼类病理学中的应用。

第三节 鱼类病理学的发展简史和展望

相比人医病理学和兽医病理学，鱼类病理学起步较晚，距今仅有100多年，是在鱼类疾病学的基础上发展而来。1972年，联合国粮食及农业组织（FAO）和世界动物卫生组织（OIE）联合在荷兰阿姆斯特丹举行了鱼类病理学的第一次国际性会议，此次会议是鱼类病理学发展的一个重要的里程碑。会后，美国的里贝林（Ribelin W. E.）和三垣（Migaki G.）两位博士根据此次讨论会的文献，整理编著的《鱼类病理学》是第一部较完善的水产动物病理学著作，其对鱼类病理学的发展至关重要。华鼎可、李耀祖等前辈对这本书进行了翻译，1981年农业出版社首次出版了这本译著，奠定了我国鱼类病理学发展的基础。20世纪80年代，随着水产养殖业的发展，全球召开了多次鱼类病理学方面的会议，对鱼类病理学基础理论和应用技术进行了总结，其间出版了多部鱼类病理学专著，如日本江草周三编著的《鱼类病理学》（1981）、日本日比谷编著的《鱼类组织图说》（1982）、美国Ronald J. Robetsb编著的 *Fish Pathology* 第一版（1978）等。其中，*Fish Pathology* 重点描述了传统病理学和微生物学技术，目前 *Fish Pathology* 已经出版到了第四版（2012），其内容也包括了超微病理和分子病理的研究，说明鱼类病理学研究进入了一个新的研究阶段。

20世纪末以来，随着以分子生物学为代表的生命科学技术的繁荣进步，免疫组化、荧光标记、核酸杂交、PCR、流式细胞术、图像分析、生物芯片和生物信息等技术逐渐在鱼类病理学研究中被应用，鱼类病理学进入了一个高速发展阶段，研究内容从传统的显微组织病理学到超微组织病理、组织化学、比较病理学以及病理生理学研究，并且建立起了分子病理学（molecular pathology）、免疫病理学（immuno pathology）、定量病理学（quantitative pathology）和环境病理学（environmental pathology）等新兴分支学科。将传统的病理学方法与现代技术相结合，将病理形态研究与机能代谢研究相结合，从本质揭示和阐明鱼类疾病的发生机制，为保护鱼类健康和食品安全作出了重大贡献。

中国鱼病学最早开始于草鱼鱼苗和夏花鱼种阶段的鳃隐鞭虫（*Cryptobia Branchialis* Nie）的研究。20世纪50年代之后，随着水生经济动物养殖业的发展，特别是海水经济动物养殖业的兴起，养殖品种增多，疾病研究的范畴也随之扩大，不仅对淡水温水性鱼类的疾病进行研究，对冷水性鱼类、咸淡水鱼类、海水鱼类、软体动物、甲壳类、两栖类、爬行类以及观赏性水生动物的疾病防治也开展了相关研究。20世纪90年代，随着传统病理学与其他学科的相互渗透，研究技术也从显微组织病理深入到亚显微组织病理、免疫组织化学技术、生物化学技术以及分子生物学技术，尤其是分子生物学技术在鱼类疾病上的研究对鱼类病理学的发展产生了深远的影响，促进了水生动物病理学技术的飞速发展，至今已经对几十种水生动物常见的病毒性、细菌性、寄生虫性疾病的组织和超微病理学进行了系统研究。我国著名的鱼病学家黄琪琰教授等一批优秀学者对我国鱼类病理学的发展作出了重大贡献，对很多鱼类疾病进行了系统完整研究。尤其是对这些疾病的病理学研究，初步形成了我国鱼类病理学的初胚，为以后的鱼类病理学研究、发展及教学奠定了基础。四川农业大学汪开毓教授从20世纪80年代开始从事鱼类病理学研究，对鱼类营养代谢性疾病（氧化鱼油、硒缺乏等）、中毒性疾病（镉、喹乙醇中毒等）、病毒性疾病（大鲵蛙病毒病、疱疹病毒病等）、细菌性疾病（嗜水气单胞菌病、链球菌病等）和寄生虫病（小瓜虫病等）都进行了系统深入研究，出版了《鱼类疾病诊断彩色图谱》《草鱼组织学彩色图谱》等著作，为我国鱼类病理学的发展作出了重要贡献。2009年，集美大学宋振荣教授等编著的《水产动物病理学》专著，也为我国鱼类病理学理论体系的建立及鱼类病理学研究的深入提供了有益参考。

新中国成立之后，经过几代鱼病学家和广大病理学工作者的不断努力，鱼类病理学在人才培养、科学研究、服务于临床疾病诊断等方面取得了一系列成就。例如，阐明了某些危害严重的传染性疾病的发病机理，如草鱼出血病、虹鳟传染性胰腺坏死病、对虾病毒病、肠炎病、烂鳃病、赤皮病等，在搞清楚发病机理的基础上，制定和采用了针对性的预防和治疗措施，控制和避免重大疫病的暴发，为推动水产养殖业的稳步发展发挥了重要作用。但是，我国鱼类病理学在教材建设、专著出版、科学研究的原始创新和具有重大影响的科技成果的获得等方面还存在严重不足。例如，目前上海海洋大学、大连海洋大学和华中农业大学等国内多所高校开设了水产动物医学本科专业，并且开设了水产动物病理学或鱼类病理学课程，但是现今尚无鱼类病理学的专用教材；国外的 *Fish Pathology* 已经出版到了第四版，而我国目前鱼类病理学相关著作却寥寥无几。此外，我国目前虽然是世界水产养殖第一大国，但是鱼类病理学的研究与国际先进水平相比还存在一定差距，仍需要不断努力，奋发图强。

第一篇
基础病理学

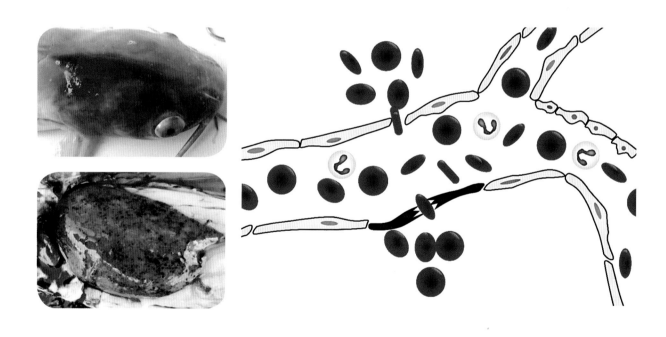

第一章 鱼病概论

水生动物和陆生动物一样，如果体质弱、营养不良、体表损伤，当遇到环境恶化、病原入侵、机体抵抗力下降等情况就会发病。综合而言，水生动物疾病的发生主要是病原、环境和宿主三者之间相互作用的结果，当然养殖管理不善也会造成鱼体生病。

第一节 鱼病的发生特点和分类

鱼病学（ichthyology）主要研究鱼类（广义上包括各种水生动物）疾病的发生原因、病理变化和流行规律，阐明疾病的发生、发展规律及其致病机理，并通过生态、免疫和药物等综合防治技术，对病害实施有效的预防和控制，运用鱼病学的知识和技能，通过对鱼体的剖检等手段直接参与临床实践，为水产养殖和生产服务。

一、鱼病的发生特点

鱼病发生最大的特点就是鱼类生活在水里，病原在水中较空气中更容易存活、传播和扩散。因此，鱼类极其容易受到水环境恶化的影响而引发疾病。此外，水生动物生活在水面以下，疾病发生时不易观察，很难准确判断，所以当观察到鱼群有不正常现象时，病症的发展往往已经到了疾病的中后期，治愈难度极大。

鱼病的发生具有以下特点：一是发病的水生动物品种多。随着生活水平和养殖技术的提高，水产养殖业快速发展，养殖品种由传统养殖发展到名、特、优、新水生经济动物的养殖，如两栖类、爬行类的蛙、龟、鳖、大鲵等，甲壳类的虾和蟹，贝类的扇贝、牡蛎和鲍等。不同品种之间疾病的种类、损伤特点和机制差异大。二是致病因子复杂，鱼病类型多。随着水产养殖方式的扩展，不仅有传统的池塘、河流、湖泊和水库等养殖方式，而且有网箱养殖、可控式集装箱养殖等现代集约化养殖模式，涉及水域环境、种质、饲料、管理、渔药使用等多种因素，会造成细菌病、病毒病、寄生虫病、营养代谢性疾病和饲养管理不当导致的疾病等多种鱼病，给鱼病诊断和治疗带来困难和挑战。三是防控难度大。水生动物生活在水中，鱼病的发生往往具有暴发性、群体性、复杂性和反复性等特点，导致鱼病防控困难，比如鲤疱疹病毒病、细菌性败血症、草鱼出血病、草鱼细菌性肠炎、烂鳃病、小瓜虫病、车轮虫病、指环虫病、孢子虫病、慢性肝胆综合征等多种疾病。

二、鱼病的分类

目前可以根据病因、感染情况、病程长短等对鱼病进行分类，通常是按照病因对鱼病进行分类，这样不仅可以给各种类型的鱼病一个系统清晰的界定，也便于根据病因制定合理有效的预防和治疗措施。此外，另外几种分类方式相互补充以达到对已知和未知鱼病的鉴定和分型。

（一）按病因不同分类

按病因不同，可将鱼病分为生物性和非生物性两大类（图1-1）。

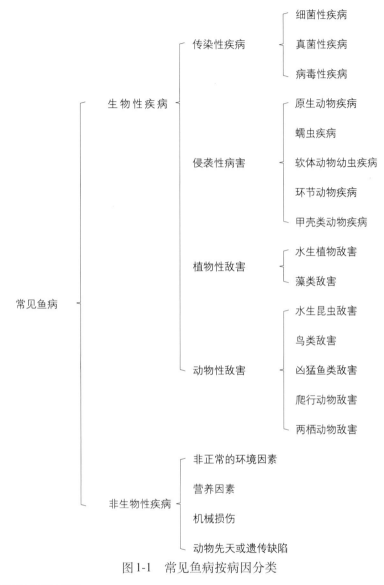

图1-1　常见鱼病按病因分类

1. 由生物性因素引起的疾病

（1）传染性疾病（微生物病）。由细菌、真菌、病毒等病原感染引起的疾病。

（2）侵袭性病害（寄生虫病）。由原生动物、单殖吸虫（monogenean）、复殖吸虫（digenetic trematode）、绦虫（tapeworm）、线虫（*Caenorhabditis elegans*）、棘头虫（spiny-headed worm）和甲壳动物等病原感染引起的疾病。

（3）植物性敌害。由微囊藻（*Microcystis*）、蓝藻（*Cyanobacteria*）、金藻（*Chrysophyta*）和赤潮等植物性敌害引起的鱼类疾病。

（4）动物性敌害。由水生昆虫、水蛇、水鸟、水鼠和凶猛鱼类等造成的疾病。

2. 由非生物因素引起的疾病

（1）非正常水环境因素引起的疾病。由养殖水域的温度、盐度、溶解氧、酸碱度、光照等物理因素的变动或者化学污染物的污染，超越了养殖动物所能承受的临界点引起的鱼类发病，比如缺氧、重金属中毒等。

（2）营养过剩或不良引起的疾病。投喂饲料的数量或饲料中所含营养成分过多或不足从而引发的疾病，比如维生素和微量元素缺乏。

（3）机械损伤引起的疾病。在捕捞、拉网、人工催产、运输或饲养管理过程中，不适宜的工具或不当的操作使得养殖动物受到摩擦或碰撞而受伤，继而引发的各种疾病，比如体表鳞片脱落、创伤和溃疡等。

（4）鱼类先天或遗传缺陷。比如畸形。

（二）按感染情况分类

1. 单纯感染 由一种病原感染引起的疾病。如草鱼病毒性出血病（hemorrhage diseases of grass carp），其病原为草鱼呼肠孤病毒（grass carp reovirus，GCRV）。

2. 混合感染 由两种或两种以上的病原混合感染所引起的疾病。如草鱼同时患烂鳃病、赤皮病、肠炎病，是由于同时感染了柱状黄杆菌（*Flavobacterium cloumnare*）、肠型点状产气单胞杆菌和荧光假单胞菌（*Pseudomonas fluorescens*）三种病原菌。

3. 原发性感染 病原直接感染健康鱼体使之发病。如鲤感染鲤疱疹病毒Ⅲ型（Cyprinid herpesvirus Ⅲ，CyHV-Ⅲ）而患锦鲤疱疹病毒病（koi herpesvirus disease），草鱼感染呼肠孤病毒而患草鱼出血病等。

4. 继发性感染 已发病的机体，因抵抗力降低而再被另一种病原体感染发病。继发性感染是在原发性感染的基础上发生的，如患锦鲤疱疹病毒病的鲤继发感染嗜水气单胞菌。

5. 再次感染 第一次患病痊愈后，被同一种病原体第二次感染再患同样的疾病。如鱼苗患车轮虫病治愈后，再次被车轮虫感染而发病。

6. 重复感染 鱼体首次病愈后，体内仍留有该病原体，机体与病原之间保持暂时的平衡，当环境适宜时，同种病原重复感染机体达到一定的数量后，又暴发与原来相同的疾病，如鲤疱疹病毒Ⅱ型的潜伏感染再激活继而暴发鱼类大面积死亡。

（三）按病程长短分类

1. 急性型 病程短，来势凶猛，持续时间短，一般数天或者1～2周，甚至疾病症状还未表现出来机体就已经死亡。如患急性鳃霉病（branchiomycosis）的病鱼1～3d即死亡。

2. 亚急性型 病程较急性型稍长，一般2～6周，可出现疾病主要症状。如患亚急性型的鳃霉病，病鱼会出现典型症状，鳃坏死严重，呈红、黄、白相间的花斑状。

3. 慢性型 病程长，可达数月甚至数年，症状维持时间长，但病情不剧烈，无明显的死亡高峰。如患慢性型鳃霉病的病鱼，仅小部分鳃出现坏死、颜色变白，发病时间可从5月一直持续到10月。

第二节 鱼病发生的原因

鱼病发生的原因虽然多种多样，但是任何疾病都是病原、宿主（鱼体）和环境三者之间相互作用的结果。了解鱼类疾病发生的原因，是诊断、预防和治疗鱼病的基础。

一、病原

（一）病原种类

致病性病原是引起鱼类疾病的最重要因素之一，不同种类的病原对宿主的毒性或致病力各不相同，即使同一种病原在不同生活周期对宿主的毒性也不相同。引起鱼类发病的病原种类很多，一般可分为三大类。

1. 传染性病原 主要指病毒、细菌、真菌等病原微生物。这类病原引起的疾病具有发病急、来势猛、死亡率高、有传染性等特点，是目前鱼类最常见的疾病，也是生产中危害最大的疾病。如虾白斑综合征病毒（white spot syndrome virus，WSSV）引起的对虾病毒病、草鱼呼肠孤病毒引起的草鱼出血病，因细菌引起的败血症、烂鳃病、烂尾病、溃疡病、肠炎病，以及真菌感染引起的水霉病、鳃霉病、镰刀霉病等。

2. 侵袭性病原 主要指寄生原生动物、软体动物幼虫、单殖吸虫、复殖吸虫、绦虫、线虫、棘头虫、寄生蛭类和寄生甲壳类等寄生虫。这类病原侵袭鱼体后，即可引起各种侵袭性疾病，习惯上称为寄生虫病。如常见的车轮虫病、小瓜虫病、斜管虫病、杯体虫病和吸管虫病等由寄生原生动物引起的疾病，大中华鳋病和锚头鳋病等由寄生甲壳动物引起的疾病，都是常见的寄生虫病。

3. 敌害生物 包括敌害动物和敌害植物两类。凶猛鱼类、捕鱼的鸟（如鸬鹚、苍鹭等）、水蛇、中华鳖、蛙类、水生昆虫及其幼虫（如龙虱的幼虫、水蜈蚣、松藻虫）、蓝藻、赤潮、青泥苔和湖淀等，这些都是鱼类的敌害生物，同时又是多种致病病原的携带者。

（二）病原对宿主的危害作用

病原对宿主的危害作用主要有下列四个方面：

1. 分泌有害物质 有些病原（包括细菌、病毒等微生物和寄生虫）可以分泌毒素，如内毒素（endotoxin）、外毒素（exotoxin）、溶血素（hemolysin）、降解性酶或毒性蛋白等，破坏细胞结构，引起细胞损伤和免疫病理反应，使宿主受到各种毒害。如嗜水气单胞菌分泌的溶血素，通过对肠上皮细胞的毒性破坏组织屏障，促进细菌的生长和扩散。

2. 组织损伤 病原感染时会对组织和器官造成损伤，在感染部位发生炎症反应。如鲤疱疹病毒III型主要的靶器官就是鳃和肾，会造成鳃大面积坏死和间质性肾炎（interstitial nephritis）等典型病变。

3. 机械损伤 寄生虫以吸盘、锚钩、口器等附着在宿主的寄生部位（如皮肤、鳃），造成局部损伤，引发组织出血、溃疡、坏死、增生等病变；幼虫在移行过程中易造成损伤，导致出血、炎症；有的寄生虫在肠道、血管、胆管等管腔内聚集，造成堵塞、梗阻或穿孔等损伤。另外，某些寄生虫在生长过程中，还可刺激和压迫周围组织器官，导致萎缩、变形等一系列继发症。

4. 夺取营养 寄生虫在宿主体内生长、发育及大量繁殖，所需的营养物质大部分来自宿主。有些病原（主要是指寄生虫）是以宿主体内消化或半消化的食物为营养来源；有些寄生虫（如吸血虱）直接吸食宿主的血液；有些寄生物则以渗透方式吸取宿主器官或组织内的营养物质。寄生虫夺取宿主营养使宿主长期营养不良，处于贫血、消瘦状态，导致机体抵抗力降低，生长发育迟缓或停滞。

二、宿主

鱼类本身对疾病存在着若干有效防御机制，病原在侵入鱼体的过程中，机体动员自身的防御力量，进行一系列生理反应，阻止病原的入侵和繁殖，控制其散播，解除病原的毒害作用，修复病原造成的损伤，这个过程叫免疫。鱼类的免疫力与种类、年龄、性别、个体大小和健康相关，如草鱼易患肠炎病，而鲢、鳙较少发生；鲢、鳙容易得打印病，而草鱼发生概率相对较低；草鱼鱼苗容易发生肠炎病，亲鱼却很少发生。在养殖过程中，饲养管理好，鱼体健康肥壮、体质好、免疫力强，鱼病发生就少；相反，饲养管理不当，鱼体瘦弱、体质差、免疫力低，就容易导致疾病发生，如经过越冬期的鱼类由于免疫力尚未完全恢复可出现严重死亡（图1-2、图1-3）。虽然鱼类的免疫系统不如哺乳动物发达，但是也能够保护机体对抗疾病。

（一）鱼体本身的免疫防御

水生动物先天具有抵抗病原侵袭的能力，如鱼类体表的鳞片、分泌的黏液、鱼的免疫组织和器官等，都具有抵抗病原入侵和杀灭病原的功能。鱼体的免疫力，是由机体免疫系统的防卫能力决定的，类似于高等哺乳动物，可分为非特异性免疫（先天性免疫）和特异性免疫（获得性免疫）。

图1-2　触目惊心的大量病死鱼
（由袁圣提供）

图1-3　鱼越冬后暴发大规模死亡
（由陈道印提供）

1. 非特异性免疫（nonspecific immunity）　鱼类在长期的进化过程中形成对病原的先天抵抗力，这种抵抗力缺乏特异性，为先天形成的，无遗传性和记忆性。与哺乳动物相比，鱼类的特异性免疫系统不发达，特异性免疫机制研究也不清楚，因此，鱼类在对外界刺激和病原侵袭的防御反应中，非特异性免疫发挥着重要的作用。鱼类非特异性免疫主要有细胞防御和体液防御两种。

（1）细胞防御。发挥此作用的包括巨噬细胞（macrophage）、单核细胞（monocyte）和粒细胞（granulocyte）等一些具有吞噬作用的细胞。吞噬细胞受宿主和病原产生的趋化因子的作用而接近病原，在炎症反应中具有重要作用。巨噬细胞和粒细胞是迁移性吞噬细胞，存在于血液和淋巴器官中，当机体受到病原微生物侵袭时，这些细胞会被微生物产生的有害物质激活，从而产生有效的抗微生物因子。

（2）体液防御。起作用的是存在于鱼类血液、黏液和卵中的具有非特异性抵抗作用的分子，能够抑制多种病原的生长和入侵，主要包括溶菌酶、抗蛋白酶、转移因子（transfer factor）、补体（complement）、干扰素（interferon）、C-反应蛋白（C reactive protein）、几丁质酶（chitinase）、转铁蛋白（transferrin）和凝集素（lectin）等。如溶菌酶可以直接分解细菌，几丁质酶可以分解真菌，转移因子能抑制细菌生长，干扰素能抑制病毒增殖等。

2. 特异性免疫（specific immunity）　特异性免疫是机体受抗原性异物刺激后，机体内的免疫细胞发生一系列反应，以清除抗原性异物的生理过程。特异性免疫应答为后天获得的，也称获得性免疫。其生物学意义在于及时清除体内抗原性异物，以保持内环境的相对稳定。特点在于具有严格的特异性和针对性，具有一定的免疫期。甲壳类和贝类是否有特异性的免疫系统还存在争议，有待进一步研究。

特异性体液免疫主要是有免疫球蛋白（immunoglobulins）的参与，相对于哺乳动物，鱼类的免疫球蛋白要少得多。目前为止，对鱼类免疫球蛋白的种类和机制还不太清楚，研究证实能够参与鱼类特异性免疫反应的免疫球蛋白只有IgM。此外，也有研究表明，在鱼类其他组分中发现的非免疫球蛋白或糖蛋白（glycoprotein）分子能够在免疫应答中起到介导炎症、抑制病原活性和调节抗原递呈的作用。鱼类特异性免疫的获得主要有种属免疫、先天获得被动免疫、病后免疫及人工接种免疫等。与哺乳动物相似，鱼类特异性免疫应答也可以分为细胞免疫（cell-mediated immunity）和体液免疫（humoral immunity）。

细胞免疫：机体T细胞受到抗原刺激后，增殖、分化、转化为致敏T细胞（也叫效应T细胞），相同抗

原再次进入机体时，致敏T细胞对抗原的直接杀伤作用及致敏T细胞所释放的细胞因子的协同杀伤作用，统称为细胞免疫。这种免疫应答不能通过血清传递，只能通过致敏淋巴细胞传递，包括以下3个过程：①感应阶段，抗原信号刺激T细胞。②反应阶段，T细胞受抗原刺激后，分裂、分化出大量的致敏T细胞和记忆细胞。③效应阶段，致敏T细胞与靶细胞密切接触，激活靶细胞内的溶酶体酶，使靶细胞裂解死亡。致敏T细胞还能释放淋巴因子，如白细胞介素、干扰素等。

体液免疫：抗原刺激机体后，引起体内B细胞活化、增生、分化（differentiation）为浆细胞（plasma cell），合成并分泌抗体（antibody），抗体与抗原接触后产生一系列的抗原抗体反应，称为体液免疫，这是一种靠抗体实现的免疫方式。鱼类体液免疫同样包括3个过程：①感应阶段，就是B淋巴细胞表面的细胞受体特异性识别外源抗原决定簇的过程，也叫抗原识别阶段。②反应阶段，B淋巴细胞被激活后会增殖与分化，首先会分化成浆母细胞（plasmablast），浆母细胞再进一步分化成浆细胞，浆细胞能分泌多种抗体与抗原发生特异性结合。③效应阶段，抗体作用于抗原后，可以令抗原失去活性，最后由吞噬细胞吞噬。

鱼类同哺乳动物一样，抗原进入鱼体后，需要经过一定的潜伏期才能诱导免疫应答。在潜伏期内，淋巴细胞大量增殖、分化，但血清中暂无特异性抗体。鱼类属变温动物，即使在恒温条件下的潜伏期也较哺乳动物的长，一般7～10d。在适宜条件下，经过潜伏期后，血清中出现特异性抗体，且抗体滴度可维持一定的时间，称为效应期。从潜伏期至效应期的长短，与温度、品种、抗原类型和免疫途径相关。

与哺乳动物相同，鱼体的特异性免疫和非特异性免疫也是相互联系、相互配合、相互促进的，当一种病原（抗原）突破外部防线进入体内后，特异性免疫和非特异性免疫可同时发生。

（二）免疫防御的影响因素

在致病因子的影响下，水生动物是否发病与动物本身的易感性和抗病力有密切关系，易感鱼群和体弱鱼的存在是疾病发生的必要条件，本质是鱼体缺乏免疫力。

1.种群因素　各种生物对某些病原，特别是微生物病原常有"种属"的不耐受性，这种免疫能力与生物的长期进化有关。鱼类也是如此，如鲤疱疹病毒，只感染鲤及其变种，对其他鱼类不易感；草鱼容易发生细菌性肠炎病，鲢、鳙不感染或极少感染。

2.个体因素　同一种群中，不同个体对疾病的耐受性也存在差异，这种差异与个体的健康状况和遗传因子相关，如种属免疫、先天获得被动免疫、病后免疫和人工接种免疫等。通常健康鱼较体弱鱼耐受性强，成年鱼较幼龄鱼抗病性强。

3.年龄因素　通常情况下，1日龄以内的鱼比多日龄鱼对病原的抵抗力弱，更易感染疾病，主要原因是免疫系统不成熟。某些疾病的发生和消亡与鱼的年龄有关，如痘疮病发生在2龄以上的鲤。

4.营养因素　主要影响鱼类对致病因子的易感性。当缺乏营养、摄食不足、体质弱时对各种疾病的易感性就增高。

5.环境因素　鱼类免疫系统的有效性和环境有关，温度、溶氧量、水质等因素都会影响机体的免疫防御能力。水温下降时，机体免疫反应的速度会减慢，如果不是曾经感染过的病原，就容易导致鱼类死亡；缺氧发生时，机体内CO_2含量增高，pH发生改变，有毒物质积累，引起代谢失调或紊乱，导致对疾病的抵抗力下降；水质污染时，病原繁殖增加，易导致鱼类感染发病。

三、环境

鱼类生活在水里，水环境对鱼类疾病的发生有很大影响，主要影响因素有水温、溶解氧、酸碱度、无机盐和有毒有害物质。

1.水温　鱼类的体温与鱼所处的水温相适应，温度是鱼病发生的关键影响因子，它不仅影响水生动物的生长，同时也影响病原的增殖。当温度适合水生动物的生长，不利于病原生长和繁殖时，疾病一般不易发生；反之，极易发生疾病。如温度适宜时，病原菌大量繁殖，导致养殖草鱼暴发性死亡（图1-4）。温度还影响疾病的潜伏期，如果温度不利于病原的增殖，则呈潜伏感染，如鲤疱疹病毒病Ⅲ型发病温度为18 ~ 28℃，水温高于或者低于这个范围，鲤感染病毒后也不易发病，呈潜伏感染或病毒携带状态。鱼类免疫系统的有效性也和环境有关，水温下降时，免疫反应的速度会减慢，更易导致死亡。此外，鱼类倾向表现出"热症候群"的行为，在生病时更喜到温暖的水域，如Rakus等证实鲤疱疹病毒Ⅲ型感染鲤时，鱼会选择不利于病毒复制的高温区域（30℃左右），待临床症状消失后又迁移到适宜的温度生活（24℃左右）。

图1-4　养殖草鱼暴发性死亡
（由陈道印提供）

2. **溶解氧**　鱼类呼吸只能利用水中溶解的氧气，水质和底质都会影响水中溶解氧的含量，从而影响水生动物的生长和生存。不同水生动物对溶解氧的需求不一样，鱼虾类正常生活所需的溶解氧为4mg/L以上。当溶解氧不足时，鱼虾的摄食量下降，生长缓慢，抗病力降低。不同水生动物对缺氧的耐受力也存在差异，这与动物种类、年龄、体质、水温、水质等都有相关性，通常患病动物对缺氧的耐受力差。

3. **酸碱度**　多数鱼类对酸碱度（pH）有较强的适应能力，pH为7 ~ 8.5时适宜动物生长。偏酸的水质一般不利于水生动物生长，如pH为5 ~ 6.5时，鱼类生长缓慢，体质瘦弱，极易发病。

4. **无机盐和有毒有害物质**　通常水中会含有钾、铁、镁、铝等元素和HCO_3^-、CO_3^{2-}、NO_2^-、PO_4^{3-}等阴离子，是生物生长和生存的必需无机成分。然而，当饵料残渣、动物尸体和鱼类粪便等有机质被细菌分解时，会产生氨和硫化氢等有害物质，造成水体污染。除了水体的自身污染以外，也存在外源性污染，这些污染主要来自工厂、矿山、油田和农田的排水，工厂和矿山的排水中含有重金属离子（如银、铜、汞、铅、镉、锌、镍等）或其他有毒的化学物质（如硫化物、氟化物、多氯联苯等）；油田往往含有石油类或其他有毒物质；农田排水中含有有机磷、有机汞等农药。这些有毒有害物质都可导致水生动物急性或慢性中毒。此外，还存在水产药物滥用导致的病害，如由药物使用不当导致的药物性肝病。

四、病原、宿主和环境的关系

（一）鱼病发生与病原的关系

导致鱼类发病的常见病原主要是病毒、细菌、寄生虫和真菌等，病原在宿主体内必须达到一定的数量或致病性（毒力）时，才能使宿主生病。病原（如细菌）侵入宿主后开始增殖，达到一定数量后，可使部分鱼类，即抗病力弱的群体首先感染，通过潜伏期之后，才会造成大范围的发病死亡。病原一般都有一定的潜伏期，了解疾病的潜伏期，可以作为预防疾病和制订检疫计划的依据和参考。但是疾病潜伏期的长短不是固定不变的，它往往因鱼类健康和环境因素等的影响而有所延长或缩短。

（二）鱼病发生与宿主的关系

鱼病发生与否，与鱼的种类、鱼体的健康状态及其对病原的敏感性都有重要的关系。鱼体的遗传特性、免疫机能、生理状态、营养条件、年龄和生活环境等，都能影响其对病原的敏感性。如果鱼类自身的免疫防御能力较强，能够相应地抵御不良环境影响，则不容易发病；反之，则容易患病。同一病原，对不同种类的鱼类所形成的危害不同，这与鱼类的遗传结构有关，如鲤疱疹病毒Ⅲ型主要感染鲤、锦鲤及其变种，鲤疱疹病毒Ⅱ型的宿主却是鲫及其变种。鱼类本身先天的或遗传的缺陷，如畸形，或在捕捞、运输和饲养管理过程中的机械损伤，易引起各种生理障碍或者由于各种病原生物的侵入以至死亡。投喂的饲料数量或饲料中营养成分不能满足养殖动物维持生活的需求时，饲养鱼类往往生长缓慢或停止，身体瘦弱，抗病力降低，严重时就会出现明显的症状甚至死亡。成熟的个体因其免疫系统发育较为完善，对于病原的抵抗能力较强。

（三）鱼病发生与环境的关系

鱼类受环境的影响较大，如果水环境因子例如溶解氧、pH、温度、盐度等异常，或养殖水域遭受污染，水质因子不能满足鱼的基本生理需求时，就会降低鱼体对疾病的抵抗能力，容易导致疾病的发生。此外，水域中的生物种类、种群密度、饵料、光照、水温、pH等水质情况，与病原的生长、繁殖和传播有密切的关系，也会影响着鱼类的生理状况和抗病能力。

鱼病的发生可以是单一病因导致，也可以是多种病因混合作用的结果，并且这些病因往往有互相促进的作用。总的来说，鱼病的发生和发展是病原、宿主和环境三者之间相互影响、相互作用的结果，也可称为鱼病发生的"三环"学说（图1-5）。在诊断和防治疾病时，需要综合考虑这些因素，才能找出主要病因，采取有效的预防和治疗方法。

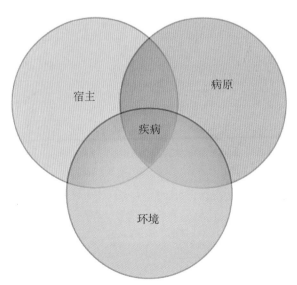

图1-5　鱼病发生的"三环"学说

五、世界动物卫生组织（OIE）和我国农业农村部规定上报的水生动物疫病

经过100多年的发展，鱼病在国内外的认知度逐步提升，并得到国际动物卫生组织的重视。表1-1列举了OIE在2019年规定必须上报的水生动物疫病，表1-2列举了我国农业农村部规定必须上报的水生动物疫病种类。

表1-1 OIE规定须上报的水生动物疫病名录（2019）

序号	疫病中文名	疫病英文名
	鱼病（10种）	
1	流行性造血器官坏死病	epizootic haematopoietic necrosis disease
2	丝囊霉菌感染（流行性溃疡综合征）	infection with *Aphanomyces invadans*（epizootic ulcerative syndrome）
3	鲑三代虫感染	infection with *Gyrodactylus salaris*
4	HPR缺失型或HPR0型鲑传染性贫血症病毒感染	infection with HPR-deleted or HPR0 infectious salmon anaemia virus
5	鲑甲病毒感染	infection with salmonid alphavirus
6	传染性造血器官坏死病	infectious haematopoietic necrosis
7	锦鲤疱疹病毒病	koi herpesvirus disease
8	真鲷虹彩病毒病	red seabream iridoviral disease
9	鲤春病毒血症	spring viraemia of carp
10	病毒性出血性败血症	viral haemorrhagic septicaemia
	软体动物病（7种）	
1	鲍疱疹病毒感染	infection with abalone herpesvirus
2	杀蛎包拉米虫感染	infection with *Bonamia exitiosa*
3	牡蛎包拉米虫感染	infection with *Bonamia ostreae*
4	折光马尔太虫感染	infection with *Marteilia refringens*
5	海水派琴虫感染	infection with *Perkinsus marinus*
6	奥尔森派琴虫感染	infection with *Perkinsus olseni*
7	加州立克次体感染	infection with *Xenohaliotis californiensis*
	甲壳动物病（9种）	
1	急性肝胰腺坏死病	acute hepatopancreatic necrosis disease
2	变形藻丝囊霉菌感染（螯虾瘟）	infection with *Aphanomyces astaci*（crayfish plague）
3	黄头病毒感染	infection with yellow head virus
4	传染性皮下和造血器官坏死病毒感染	infection with infectious hypodermal and haematopoietic necrosis virus
5	传染性肌肉坏死病毒感染	infection with myonecrosis virus
6	对虾肝炎杆菌感染（坏死性肝胰腺炎）	infection with *Hepatobacter penaei*（necrotising hepatopancreatitis）
7	桃拉综合征病毒感染	infection with Taura syndrome virus
8	白斑综合征病毒感染（白斑病）	infection with white spot syndrome virus（white spot disease）
9	沼虾野田村病毒感染（白尾病）	infection with Macrobrachium rosenbergii nodavirus（white tail disease）
	两栖动物病（3种）	
1	箭毒蛙壶菌感染	infection with *Batrachochytrium dendrobatidis*
2	沙蜥壶菌感染	infection with *Batrachochytrium salamandrlvorans*
3	蛙病毒感染	infection with *Ranavirus*

表1-2　农业农村部规定必须上报的水生动物疫病种类及等级（2019）

等级		种　类
一类动物疫病	水生动物疫病2种	鲤春病毒血症、白斑综合征
二类动物疫病	水生动物疫病17种	1.鱼类病（11种）：草鱼出血病、传染性脾肾坏死病、锦鲤疱疹病毒病、刺激隐核虫病、淡水鱼细菌性败血症、病毒性神经坏死病、流行性造血器官坏死病、斑点叉尾鮰病毒病、传染性造血器官坏死病、病毒性出血性败血症、流行性溃疡综合征 2.甲壳类病（6种）：桃拉综合征、黄头病、罗氏沼虾白尾病、对虾杆状病毒病、传染性皮下和造血器官坏死病、传染性肌肉坏死病
三类动物疫病	水生动物疫病17种	1.鱼类病（7种）：鮰类肠败血症、迟缓爱德华氏菌病、小瓜虫病、黏孢子虫病、三代虫病、指环虫病、链球菌病 2.甲壳类病（2种）：河蟹颤抖病、斑节对虾杆状病毒病 3.贝壳类病（6种）：鲍脓疱病、鲍立克次体病、鲍病毒性死亡病、米虫病、折光马尔太虫病、奥本森派琴虫病 4.两栖类与爬行类病（2种）：鳖腮腺炎病、蛙脑膜炎败血金黄杆菌病

第三节　鱼病的经过与结局

鱼类与陆生动物和人类相似，发病时机体会出现一系列机能、代谢和形态结构的变化，表现出不同的临床症状和体征，患病鱼类的运动性能、生产性能和经济价值都会降低。任何疾病都有发生、发展和转归的过程。

一、鱼类发病后的主要临床表现

1. 鱼的活动减少，反应迟钝。健康的鱼一般是成群集游，行动灵活，反应敏捷，受惊即潜入水中。病鱼则通常离群独游，行动缓慢，反应迟钝，或者游动异常。如鱼体表有孢子虫等寄生虫时，会在水面发狂打转或持续跳跃。

2. 摄食量减少。正常的鱼摄食时，抢食力强，且食量比较稳定。当疾病发生时，鱼类的食量逐渐减少，甚至不吃，因此鱼类发病时，要减少饵料的投喂。

3. 体表颜色改变、溃疡或有异常赘生物。每种鱼类都有自己特有的体色，当发生疾病时，会有体色变化，如发黑或褪色，甚至有鳞片的脱落。有的疾病会导致体表黏液增多，有充出血、溃疡病变，或有明显赘生物。

4. 出现神经功能紊乱症状。有些疾病会导致鱼类出现神经功能紊乱症状，表现为狂游、打转等异常表现，比如传染性造血器官坏死病（infectious hematopoietic necrosis, IHN）发生时，会导致非化脓性脑炎，临床上会出现摇摆、痉挛和疯狂打转等异常活动。

5. 肛门红肿，眼球突出或凹陷，排泄物出现白色黏液。

6. 鱼鳃出现充血、灰白、变色、坏死及腐烂等症状。

二、鱼病的经过

病原作用于动物机体后，病症不会立刻就表现出来，一般需有一个过程。根据疾病发展的阶段特征，可分为以下四个时期。

1. **潜伏期**　从病原作用于机体到出现症状的这段时间叫潜伏期。各种疾病潜伏期的长短不一样，即使同一种疾病，也因病原的数量、毒力、侵入途径、动物机体的状况和环境条件等的不同而存在差异。如病原感染的潜伏期一般为几天至几月不等，而烈性毒物中毒的潜伏期只有几分钟。

2. **前驱期**　持续时间短，该病所特有的症状还未出现。

3. **发展期**　指疾病的高潮期。在此时期会出现该病的典型症状，机体有了明显的功能、代谢或形态的改变。

4. **结局期**　疾病发展到最后，在自然发展或者治疗后宿主表现最终状态的时期。

然而，在疾病发生发展的过程中进行明确分期较困难，病程的划分会受到病原、宿主和环境等多种因素的影响，要根据实际情况进行确定。

三、鱼病的结局

鱼病的最终结局可以分为以下三种。

1. **完全恢复**　病因的作用停止后，对机体造成的损伤完全消失，机能、代谢以及形态结构恢复正常。

2. **不完全恢复**　疾病的主要症状消失，但机体的机能代谢还存在一定的障碍，或者在形态结构上还遗留持久的病理状态，机体不能完全恢复到正常状态。例如，鱼体体表大面积溃疡修复后，溃疡处会有疤痕形成。

3. **死亡**　指鱼体生命活动和新陈代谢永久性停止。鱼类的死亡过程可以分为濒死期和死亡期。

四、鱼病进展的影响因素

鱼类疾病病程长短不一，取决于病因的种类和性质、动物机体本身的免疫力以及周围环境。

1. **病因类型**　生物性疾病一般具有一定的潜伏期和发展期，疾病病程长短与病原种类、数量、毒力和侵染途径都有关联，非生物性疾病无潜伏期或者潜伏期短，如缺氧、机械损伤、剧烈中毒等，在短时间内会造成鱼类大面积死亡。

2. **机体的免疫力**　鱼类的品种、年龄、性别、营养状况等因素，都会影响动物对各种致病因素的防御能力和疾病病程的长短。一般来说，同一群体中，年幼、营养状况不好的个体疾病发展快。

3. **环境因素**　水生动物生活在水中，鱼病病程会受到水环境的影响。人们常说，"好水养好鱼"，当水体污染、水质不好时，容易导致疾病发生。水温是影响疾病发生发展的另一个重要因素，会影响鱼体温度、传染性病原繁殖周期和疾病潜伏期的长短。

第二章 血液循环障碍

血液循环是鱼体重要的循环系统，对各器官、系统正常生理功能的行使起着重要的作用。血液循环可将氧气和营养物质输送到全身各器官、组织，同时带走身体产生的二氧化碳和代谢产物，以保证机体物质代谢的正常运行。此外，血液循环对机体抵抗外源感染也起到了重要作用。血液循环一旦发生障碍，则可导致各器官代谢紊乱、功能失调和形态改变。同时，血液循环障碍（circulatory disturbance）与组织细胞其他病理变化，如变性、坏死、炎症等也存在密切的联系，是诸多病理变化产生的基础。

根据影响的范围来看，血液循环障碍可分为局部性和全身性两类。局部性血液循环障碍通常包括三方面的改变：一是局部血液量异常，过多或过少，如局部充血、淤血、缺血等；二是血液性质的改变，如血栓形成、栓塞、梗死和弥散性血管内凝血等；三是血管壁完整性或通透性的改变，如出血、水肿等（图2-1）。全身性血液循环障碍主要是由心脏血管系统损伤所引起的波及全身各器官、组织的血液循环障碍，如心功能不全、休克等。局部性血液循环障碍和全身性血液循环障碍既有区别又相互联系。一方面，全身性血液循环障碍如心衰发生后，可导致多个器官出现局部性血液循环障碍，引起明显的淤血、腹水等病变；另一方面，当局部性血液循环障碍发生在机体的重要器官，如冠状动脉栓塞导致心肌缺血坏死时，也可引发全身性血液循环障碍。

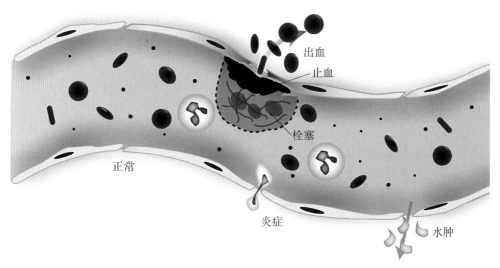

图2-1 血液循环障碍模式图

与哺乳动物不同，鱼类的血液循环系统为单循环，且鱼类生活环境更易遭受外源物质的威胁，血液循环系统更容易受到损伤。因此，在临床多种疾病中，特别是传染性疾病中，往往表现为明显的血液循环障碍相关病变。本章主要讲述了局部性血液循环障碍，包括了充血、贫血、出血、血栓形成、栓塞、梗死和水肿。

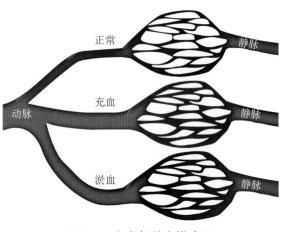

第一节 充 血

充血（hyperemia）一般是指脏器一部分区域血量增加的状态。在炎症或一些温热的、机械的、化学的以及精神的刺激之下，机体发生暂时的血管痉挛反应后，血管紧接着扩张，造成局部血流加快、血压升高和血流量增加。充血可分为动脉性充血和静脉性充血两种（图2-2）。

一、动脉性充血

由于小动脉扩张而流入局部组织或器官中的血量增多，称为动脉性充血（arterial hyperemia），又称为主动性充血（active hyperemia），简称充血（hyperemia）。充血可见于生理或病理情况下，生理情况下器官或组织的机能活动增强时，如鱼激烈游泳时的肌组织及鳃，消化吸收食物时的肠管；在致病因素作用下引起的充血为病理性充血。

图2-2 充血与淤血模式图

注：无论充血还是淤血，组织中的血量和血压均增加，毛细血管扩张，加大了液体渗出的趋势。充血时，血流量增加，导致含氧血的增加。淤血时，血液流出减少，使毛细血管中充满了含氧量低的静脉血，造成发绀。

（一）动脉性充血的原因

能引起动脉性充血的原因很多，包括机械、物理、化学、生物性因素等，只要达到一定强度都可引起充血。各种原因通过神经体液作用，使小动脉扩张，导致局部器官或组织动脉内过多的血液流入而发生充血，包括前列环素（PGI$_2$）、腺苷、一氧化氮（NO）和K$^+$通道介导的超极化等均参与刺激血管扩张产生充血（图2-3）。充血根据发生原因不同分为生理性充血和病理性充血。血管舒张神经兴奋性增高或血管收缩神经兴奋性降低、舒血管活性物质释放增加等，引起细动脉扩张、血流加快，使动脉血输入微循环的灌

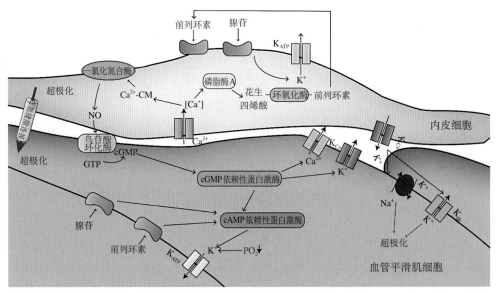

图2-3 血管舒张介导充血的机制

注：刺激血管扩张的机制包括前列环素（PGI$_2$）、腺苷、一氧化氮（NO）和K$^+$通道介导的超极化等。

注量增多。常见的有：① 生理性充血，如鱼类受到应激因子如气候突变、拉网、换水等刺激时，在短时间内出现的鳃和体表充血症状；② 炎性充血，见于局部炎症反应的早期，由于致炎因子的作用引起轴索反射，使血管舒张、神经兴奋，以及组织胺（histamine）、缓激肽（bradykinin）等血管活性物质作用，使细动脉扩张充血；③ 减压后充血，如长期受压而引起局部贫血的器官和组织（如鱼类胃肠胀气和腹水压迫腹腔器官时），组织内的血管张力降低，若压力突然解除，受压器官的小动脉会发生反射性扩张而充血。

（二）病理变化

动脉性充血时局部由于动脉血液流入增多，血液供氧丰富，组织代谢旺盛，眼观呈鲜红色（图2-4至图2-9）。光镜下，毛细血管（capillary）和微动脉（arteriole）扩张，充满红细胞（图2-10）。由于充血多见于急性炎症，在充血组织中还伴有炎性白细胞和浆液的渗出，随着血液中液体成分渗出增多，各组织、器官体积增大。如患传染性胰腺坏死病（infectious pancreatic necrosis，IPN）、传染性造血器官坏死病、弧菌病的鲑鳟鱼类，因眼球脉络膜毛细血管严重充血而引起视网膜剥离，眼球突出。

短时间轻度的充血对机体影响不大，消除病因即可恢复正常。若病因持续作用，可使血管壁紧张度下降或丧失，导致血流逐渐减慢，甚至停滞。充血对机体也有有利的一面，可使组织的机能、代谢及防御能力增强，并可迅速排出病理产物。

图2-4　鲫体表充血（○）

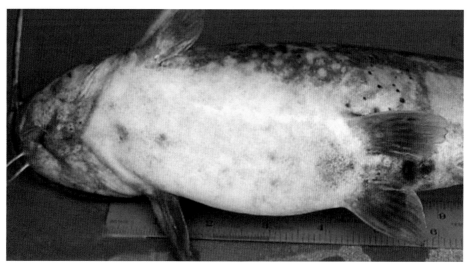

图2-5　患病斑点叉尾鮰下颌及腹部皮肤、肛门明显充血、出血

图2-6 重口裂腹鱼眼球充血（⇨）

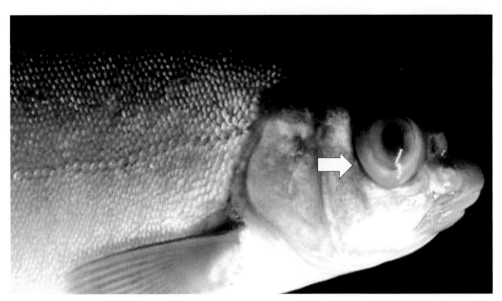

图2-7 患肠炎病的鱼肛门充血、发红（由袁圣提供）

图2-8 患病斑点叉尾鮰肠系膜毛细血管充血（⇨）

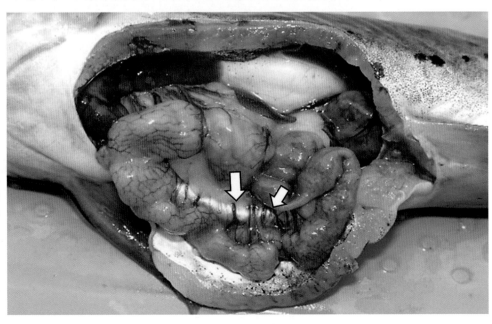

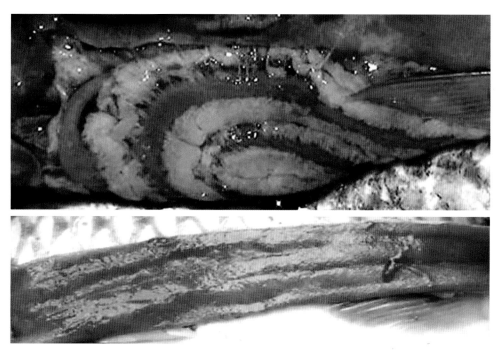

图2-9 鱼肠黏膜充血、发红
（由湖南渔美康集团提供）

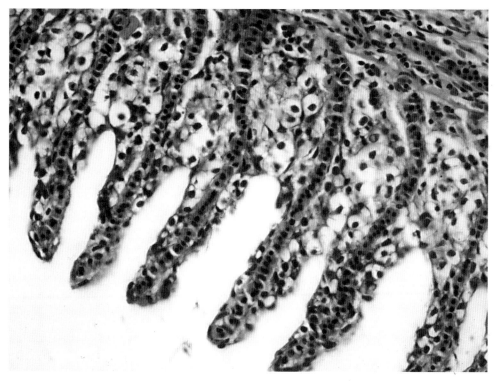

图2-10 患KHVD的锦鲤鳃小片毛细血管充血

二、静脉性充血

静脉性充血（venous hyperemia）是由静脉血液回流受阻而引起局部组织或器官中的血量增多的变化，简称淤血（congestion）。淤血通常是由于血管中血液的流出量减少而流入量正常引起的。淤血可分为急性被动充血和慢性被动充血。急性被动充血可以发生在急性心力衰竭或安乐死的肝中。大多数静脉性充血一般为慢性被动充血，例如肿瘤或炎性肿块引起的静脉流出梗阻、器官移位或创伤愈合引起的纤维化（fibrosis）等。

（一）静脉性充血的类型和原因

可分为局部性和全身性两种。

1. 局部性淤血　局部性淤血的发生是由于局部静脉受压和静脉管腔阻塞，如肠套叠（intussusception）、肿瘤压迫、血栓形成和栓塞时，可使血液回流受阻，局部器官或组织发生淤血。

2. 全身性淤血　多见于心功能衰竭，急性全身性淤血常发生于传染性疾病和其他疾病的后期；慢性多见于心肌变性等心脏疾病。如鳗患赤点病及鲕患链球菌症时，可因心脏功能不良造成全身性的淤血。

（二）病理变化

淤血的组织和器官由于大量血液淤积而肿胀。由于血流缓慢，血氧消耗过多，血液内氧合血红蛋白（oxyhemoglobin）减少，还原血红蛋白增多，局部可呈暗红色，甚至蓝紫色。光镜下，淤血的组织、小静脉和毛细血管扩张，充满血液，有时还伴有水肿。

临床上，鱼类的动脉性充血和静脉性充血不如哺乳动物易区分，且充血和出血在肉眼上也较难区分，往往需在显微镜下才能较好辨别，故在大体病理描述时多以"充出血"概括。如传染性造血器官坏死病毒感染鲑科鱼类后，可引起鱼体体表充血、出血现象；美国红鱼患虹彩病毒病后可表现为鳃充血、轻度水肿（图2-11）；鲕爱德华氏菌（Edwardsiella ictaluri）感染斑点叉尾鲕后也可引起鱼体体表、肌肉明显充血或出血，部分病鱼眼球突出，鳃丝苍白而有出血点；其他致病因素，如生物性感染、应激、转塘等也可能引起鱼类体表或鳃丝出现充血现象（图2-12至图2-14）。

静脉性充血的结局和对机体的影响取决于淤血的范围、淤血的器官和淤血的程度。短暂的淤血，当病因消除后，可以完全恢复正常的血液循环；长期淤血时，毛细血管内流体静压升高和局部缺氧可致毛细血管通透性增高，引起水肿和漏出性出血（leaky hemorrhage）。由于血流缓慢或停滞、组织缺氧、营养物质不足、代谢产物堆积，可引起实质细胞变性、坏死。同时，结缔组织（connective tissue）增多可使组织器官发生硬化。淤血的组织，局部抵抗力降低，容易继发感染病原微生物，发生炎症和坏死。例如，当鳃小片上皮感染时，各种滑行细菌或鳃小片微血管基膜内的弧菌增殖，微血管被阻塞，引起血液循环停滞，严重时其壁状结构被破坏形成血肿。

图2-11　患虹彩病毒病的美国红鱼鳃充血

图2-12　草鱼鳃充血
（由肖健聪、黄永艳提供）

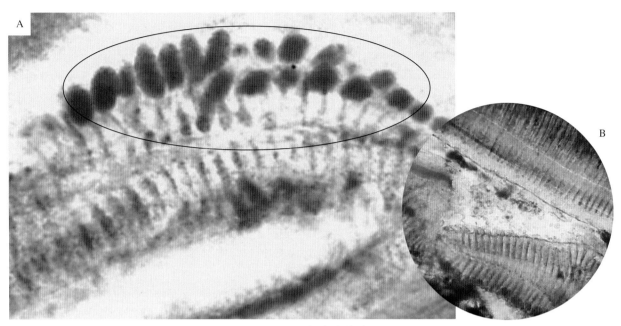

图2-13　鳃小片充血

（B由肖健聪、黄永艳提供）

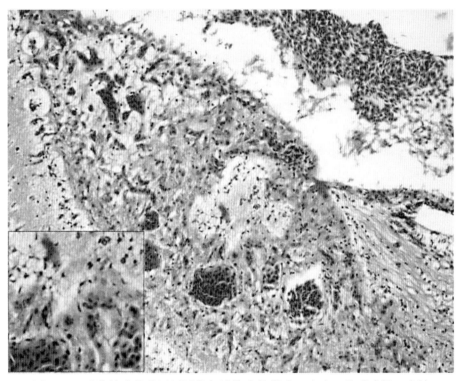

图2-14　无乳链球菌致尼罗罗非鱼端脑血管淤血、出血，基质疏松、水肿

第二节　贫　血

贫血（anemia）是指单位容积循环血液内的血红蛋白量、红细胞数和红细胞比容（red blood cell specific volume, HCT）低于正常值的病理状态。贫血对鱼体的伤害极大，常可引起鱼体生长性能下降，甚至是死亡（图2-15）。

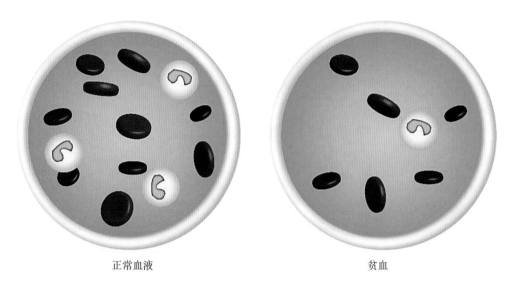

正常血液   贫血

图2-15　贫血模式图

一、贫血的类型和原因

根据发生原因，贫血可分为造血不良性贫血、失血性贫血和营养性贫血。

（一）造血不良性贫血

鱼类肾和脾组织健全程度可影响鱼体的造血功能，如果肾和脾出现坏死等严重病变，可导致鱼体造血功能不全，鱼体也因此出现造血不良性贫血。例如，传染性鲑贫血症病毒（infectious salmon anaemia virus，ISAV）感染大西洋鲑，可引起鱼体严重贫血、不同程度的出血和多组织坏死；当某些药物（如氯霉素）经注射或浸泡途径给药时，可引起鱼体肾和脾造血功能严重受损、红细胞数量减少、血红蛋白含量降低等，引起鱼体造血不良性贫血，导致鱼体免疫力迅速下降。

（二）失血性贫血

由于血管损伤、血液流失而发生的贫血称为失血性贫血。

1. 采血造成的贫血　研究发现，采取虹鳟体重1%的血液量24h后，红细胞数约减少到采血前的60%，约需3周时间恢复。若从幼小红细胞出现率的变化来看，在采血后1周以内，造血机能开始亢进，在2周后最活泼。如果每周反复采取相当于0.5%体重的血液量，随着采血次数的增加，平均红细胞血红蛋白浓度（mean corpuscular hemoglobin concentration，MCHC）显著下降，平均红细胞体积（mean corpuscular volume，MCV）轻微下降，幼小红细胞出现率上升，在20%～30%范围内保持恒定。

2. 药源性因素造成的贫血　某些药物的使用可导致鱼类贫血症，如除草剂草达灭可造成鲤失血性贫血，其病变特征主要表现为患病鱼红细胞（RBC）数量、血红蛋白（Hb）浓度及血球容积比（Ht）显著地降低。然而当药物停止作用时，鱼体RBC的生理性恢复比较早，而Hb和Ht的生理性恢复则很迟。MCHC、MCV和平均红细胞血红蛋白量（mean corpuscular hemoglobin，MCH）在发病后一周急剧下降，恢复则需要极长的时间。

3. 氨造成的贫血　作为鱼类代谢产物之一的氨，在水中以铵离子和游离氨的形式存在，游离氨呈现强的毒性。当游离氨浓度为1mg/L时，可导致虹鳟的红细胞数量减少。而当鲤浸浴在1mg/L的氨溶液中时，红细胞数量先增加后减少，具体为在6～10h后达到极大值，之后转向减少，400h后减少到（7～10）×10^{5}个/mL。

4. 病原微生物感染造成的贫血 某些病毒（如草鱼呼肠孤病毒、鲤春病毒等）、细菌（如嗜水气单胞菌、鲁氏耶尔森氏菌等）感染鱼后可导致血管渗透性增加或完整性受损而引起宿主鱼失血性贫血，鱼体红细胞数量、血红蛋白量急剧减少，眼观颜色发白（图2-16至图2-19），镜下组织红细胞大量减少（图2-20）。一般情况下，因病原微生物感染造成的失血性贫血预后不良。

图2-16 草鱼溃疡病引起鳃部失血性贫血

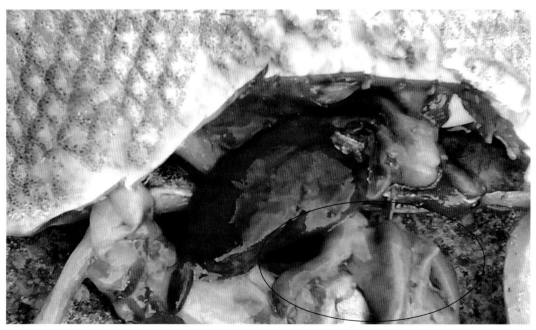

图2-17 感染嗜水气单胞菌的鳊因弥漫性出血而造成肝失血性贫血

图2-18　鳜患出血病，弥漫性出血后造成鳃失血性贫血
（由袁圣提供）

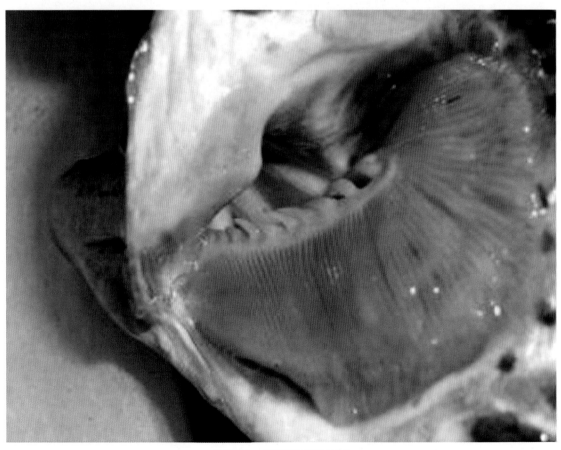

图2-19　虹鳟贫血时的鳃
（汪开毓等译，2018．鲑鳟疾病彩色图谱．2版）

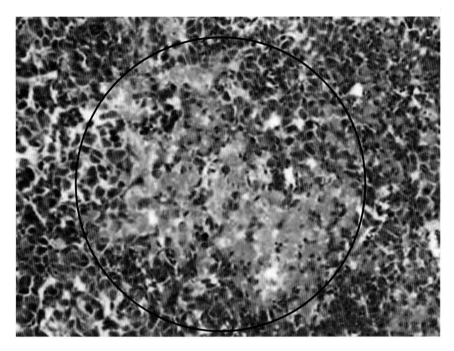

图2-20　大西洋鲑大出血造成的头肾组织局部贫血（○）
（汪开毓等译，2018. 鲑鳟疾病彩色图谱．2版）

　　5.寄生虫感染造成的贫血　鱼体感染特定种类的寄生虫，有可能引发鱼体出血、贫血症状。当鱼鳃感染单殖吸虫的一种——日本双身虫（*Diplozoon nipponicum*）时，即使感染的数量不多，若感染时间较长，亦可引起宿主出现不同程度的贫血症。当某些无鳞鱼类（如南方大口鲇）感染锥体虫时，虫体以红细胞为自身营养，导致感染宿主红细胞受到严重破坏，红细胞数量严重减少，鱼体持续消瘦，严重时可因贫血而死亡（图2-21）。

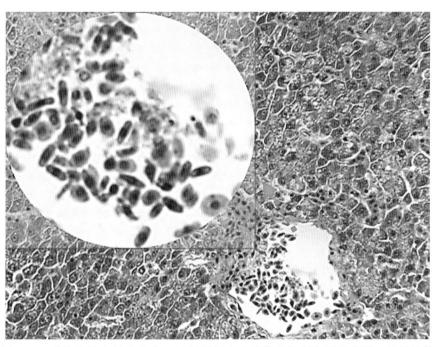

图2-21　感染锥体虫的南方大口鲇肝组织中央静脉中红细胞严重变形，呈长梭状

（三）营养性贫血

营养性贫血是由于机体造血原料不足，造血机能下降，为了寻求异常的造血过程而发生的贫血，如叶酸（folic acid）缺乏时可造成贫血，除此之外，饥饿和铁缺乏也可引起贫血。

1. 饥饿性贫血　长期饥饿可导致营养性贫血，但不同品种存在较大差异。如鳗可忍耐冬眠期绝食和长期蓄养而不发生贫血。虹鳟（*Oncorhynchus mykiss*）则由于长期饥饿而产生贫血，发病所需的时间因鱼体大小而不同。饥饿虹鳟在饥饿初期出现暂时性的红细胞数量上升，之后大致呈直线减少趋势，随着饥饿的发展，MCV下降，MCHC上升，而MCH则是稳定的。

2. 铁缺乏性贫血　饵料中铁元素缺乏可引起营养性贫血，研究发现用除去铁的合成饲料长期饲养河豚时，会发生贫血，与RBC数量、Ht的降低相比，Hb浓度显著地下降，幼小红细胞的出现率较对照组稍高。

二、病理变化

贫血的器官或组织因失去血液而眼观上呈现组织原有的颜色，如肾呈灰白色、肝呈褐色、鳃呈粉红色或淡粉色等。缺血组织体积缩小，被膜皱缩，机能减退，切面少血或无血。

不同病因造成的鱼类贫血症，除了在红细胞数量、血红蛋白含量等方面出现相应的病理变化以外，鱼体多个组织器官均可伴发进行性病变。然而局部贫血的结局和对机体的影响取决于缺血的程度、持续时间、受累组织对缺氧的耐受性和侧支循环情况。轻度短期缺血，组织病变轻微（实质细胞萎缩、变性）或无变化，例如某些药物或水体理化指标造成的鱼类贫血，随着停药时间的延长或水体理化指标的改善，贫血可逐渐获得恢复，其预后良好。长期而严重的缺血，组织可发生坏死，例如病原微生物感染宿主鱼引起的失血性贫血，由于病变发生期间鱼体肝、肾、脾均发生不同程度的炎性坏死，因此在病变持续2～5d内，鱼体预后不良；血液原虫感染造成的贫血，虫体可引起宿主鱼持续性消瘦，严重时引起全身性出血。

第三节　出　血

在正常情况下，血液仅在心脏和血管内运行，当血液流出心脏或血管之外，称为出血（hemorrhage，图2-22）。

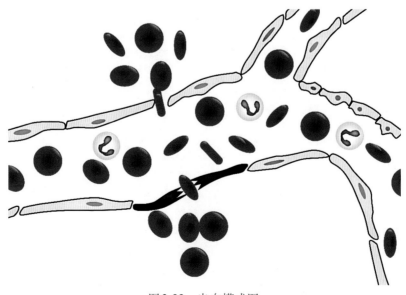

图2-22　出血模式图

一、出血的类型及原因

根据出血部位、出血面积和出血形状不同可分为不同类型。

（一）按出血部位分类

1. **外出血**（external hemorrhage） 血液流出体外，称为外出血。常见外伤性出血或严重的感染导致血管破裂或渗血严重引起的血液外流，如水蛭叮咬导致的鱼类皮肤出血，鲫疱疹病毒Ⅱ型感染导致的鲫鳃出血等都可见外出血现象。

2. **内出血**（internal hemorrhage） 血液流入组织间隙或体腔内，称为内出血。当血液进入体腔内，称为积血（hematocele），如腹腔积血、围心腔积血；当组织内较大量出血，挤压周围组织形成局限性血液肿块则称为血肿（hematoma）。多种传染性疾病如出血性肠炎、草鱼出血病引起的肌肉出血等都属于内出血。

（二）按出血性质分类

1. **破裂性出血** 由心脏和血管破裂引起的出血。多由外伤引起，出血量大、危害严重，可在短时间内导致动物死亡。破裂性出血在人类和陆生动物中更为常见，在鱼类中多见于被捕食、皮肤溃疡、炎症导致的血管侵蚀性病变等。

2. **漏出性出血** 也叫"渗血"，是由于血管壁通透性增高，虽然血管未破裂，但红细胞仍可通过增宽的血管内皮细胞间隙和损伤的血管基底膜而漏出到血管外。漏出性出血只发生于毛细血管及与其相连的后微动脉和后微静脉，缺氧、感染、维生素C缺乏等均可导致漏出性出血。此类出血虽然没有破裂性出血来势凶猛、出血量大，但长期、少量的血液流失也可导致机体贫血，常见的出血性腹水多伴有漏出性出血。

二、病理变化

出血可发生于身体的各个部位，其病理表现可因出血的性质、程度、面积、部位等不同而存在差异。鱼类出血多数情况下由感染性疾病导致，可表现为明显的皮肤、肌肉或内脏器官瘀斑、瘀点或瘀线，严重的表现为成片出血；有的可见典型的渗出性出血（exudative hemorrhage），表现为明显的带血腹水；少见体腔积血和血肿。虽然出血和充血在机理上区分明显，在人类和其他哺乳动物中可以通过按压是否褪色来鉴别，但由于鱼类皮肤肌肉较为紧密，实质性较强，弹性较差，在实际诊断过程中不易通过此种方法来甄别，肉眼上较难辨认，故多通过组织病理学做进一步辨别。但在脾、肾、肝、头肾、鳃等含血量丰富的器官中，由于血窦壁十分纤薄，很难判定血窦内皮细胞是否受到损伤而出血，故在实际诊断中应谨慎判定充血与出血，可在高倍光学显微镜下仔细观察血窦内皮细胞的完整性，从而做出正确的判定。在显微镜下，出血表现为红细胞离开血管进入组织内，可见红细胞弥散性或成片堆积在组织中。

在临床诊断上，一方面可在高倍光学显微镜下观察组织切片中出血部位的病原感染情况，另一方面可联合微生物诊断技术、分子生物学技术、免疫检测技术等对疑似病原进行检测，结果相互印证，以确保诊断结果的准确性。草鱼出血病发生时，主要表现为全身组织器官广泛性出血，且根据出血部位不同可分为红鳍红鳃盖型、红肌肉型和肠炎型。红鳍红鳃盖型以鳃盖、头顶、下颌、口腔、眼眶、体表皮肤和鳍条明显出血为主要病变；红肌肉型以肌肉出血斑或片状出血为典型病变（图2-23）；肠炎型则表现为肠道全部或者部分严重出血。鲁氏耶尔森氏菌（*Yersinia ruckeri*）感染鲑鳟和斑点叉尾鮰（*Ictalurus punctatus*）后均可表现为明显的口唇和体表出血，尤其是在唇部表现为成片出血，眼眶周围、下颌、腹壁、体侧有大量针尖状出血点，腹膜和鳔内膜为典型的斑状出血（图2-24），镜下可见多器官血管破裂，出血明显（图2-25）；锚头鳋寄生在体表引起皮肤点状出血（图2-26）。鲤喹乙醇中毒后，在应激因子（拉网、天气突变、水质恶化、运输等）的刺激下可突然发生全身性体表出血而大批死亡，表现出特征性的"应激性出血症"，在几十秒到几分钟内即可在鱼体头部、鳃盖、鳃丝、鳍条基部和腹部显著出血，继而发生死亡（图2-27），镜下可见皮肤真皮层、心脏致密层等全身多处组织严重出血（图2-28、图2-29）。此外，在其他多种疾病中均可见严重出血，特别是那些能直接损伤血管内皮细胞的疾病更易导致，如传染性鲑贫血症、鲤春病毒病（spring viraemia of carp，SVC）、传染性胰腺坏死病等，均可导致明显的出血（图2-30至图2-40）。

图2-23　草鱼出血病发生时，病鱼肌肉出血
A、B.肌肉片状出血　C.病毒性与细菌性出血病病原混合感染
D.肌肉点状出血或斑状出血
（C由陈道印提供；D由肖健聪、黄永艳提供）

图2-24　感染鲁氏耶尔森氏菌的斑点叉尾鮰多器官出血
A.上唇皮肤出血　B.腹膜出血斑　C.鳔内膜出血斑

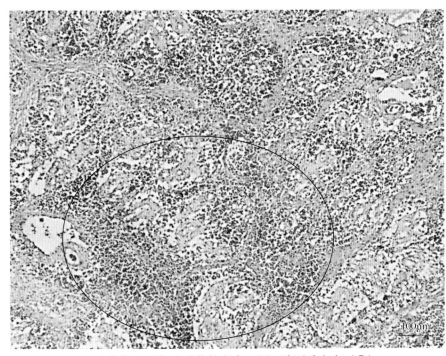

图2-25 感染鲁氏耶尔森氏菌的斑点叉尾鮰脾严重出血（○）

图2-26 鲢体表锚头鳋寄生时表现为点状出血
A．鲢皮肤出血点 B、C.鲢皮肤锚头鳋 D.锚头鳋虫体
（由肖建春、肖健聪、黄永艳提供）

图2-27　鲤喹乙醇中毒时体表皮肤严重出血
　　A.下颌、腹部多处皮肤出血
　　B.腹部皮肤出血，肛门红肿外凸

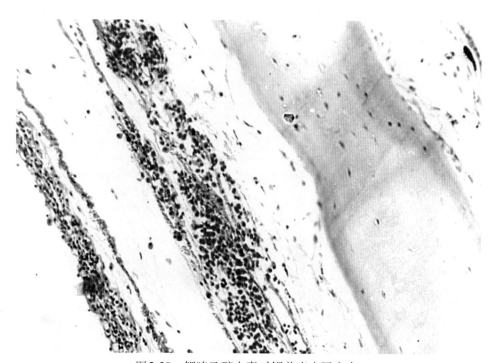

图2-28　鲤喹乙醇中毒时鳃盖真皮层出血

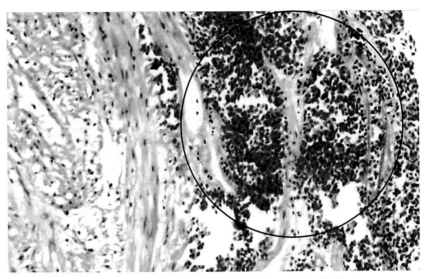

图2-29 鲤喹乙醇中毒时心肌致密层出血（○）

图2-30 疱疹病毒Ⅱ型感染引起异育银鲫全身多器官出血
A.体表皮肤出血 B.鳃盖边缘出血 C.鳃出血，血液流出 D.鳃出血
（A由陈道印提供；B由肖健聪、黄永艳提供；C、D由袁圣提供）

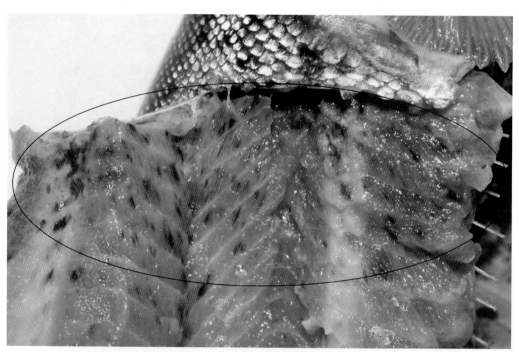

图2-31　传染性造血器官坏死病病毒感染导致虹鳟肌肉明显出血点（○）

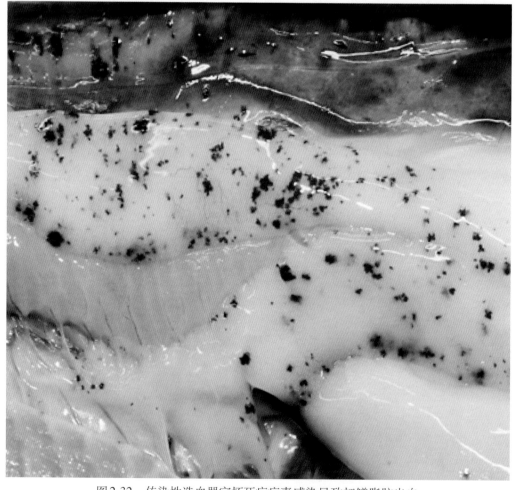

图2-32　传染性造血器官坏死病病毒感染导致虹鳟脂肪出血

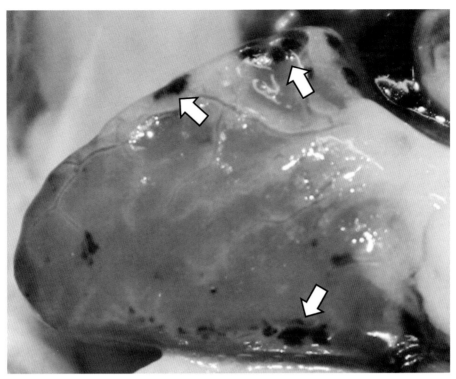

图2-33　传染性造血器官坏死病病毒感染导致虹鳟心脏出血（⇨）

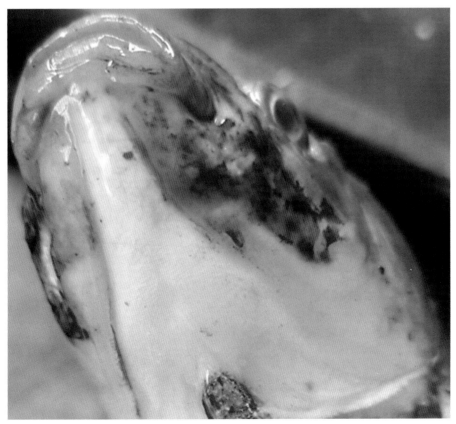

图2-34　病鱼下颚充血、出血
（由陈道印提供）

图2-35 患病鱼头部充血、出血
（由肖健聪、黄永艳提供）

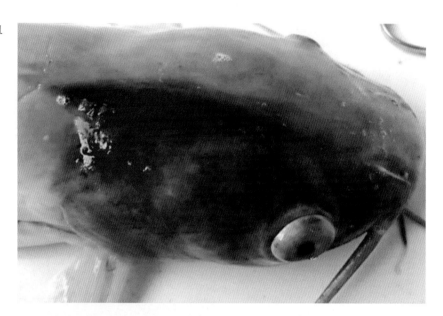

图2-36 鳜患出血病时肝点状出血
（由袁圣提供）

图2-37 大西洋鲑败血症引起的肝淤血
（汪开毓等译，2018. 鲑鳟疾病彩色图谱. 2版）

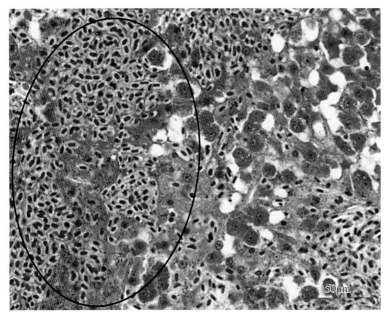

图2-38　患传染性胰腺坏死病的虹鳟肝广
　　　　泛性出血（○）

图2-39　患传染性鲑贫血症（ISA）的大
　　　　西洋鲑肾间质严重出血（○）
　　　（由David Groman提供）

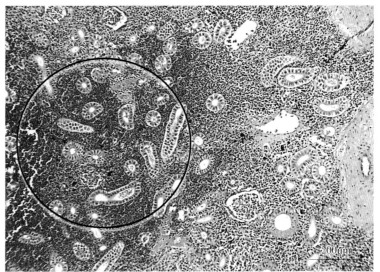

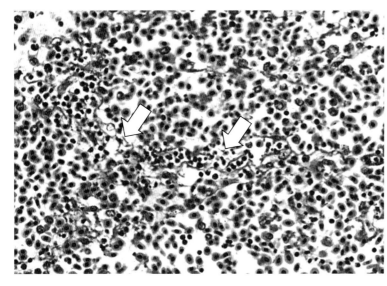

图2-40　患维氏气单胞菌病的草鱼脾血窦
　　　　内皮细胞坏死、严重出血（⇨）

　　由于受损的血管收缩、局部血栓形成和流出的血液凝固等机制，缓慢的小血管出血多可自行止血。流入组织内的少量红细胞可被巨噬细胞吞噬，形成噬红细胞现象（erythrophagocytosis），在溶酶体作用下将红细胞的血红蛋白分解转化为含铁血黄素，最后巨噬细胞将吞噬的红细胞运走，出血灶完全吸收，不留痕迹。

　　正常情况下，在脾、肾间质等造血组织中，常常可见少量的噬红细胞现象，通常是由机体清除衰老的红细胞所致（图2-41）。当在组织中发现大量噬红细胞现象时，应高度怀疑组织出血或红细胞衰老加速等红细胞清除现象。大量局部性出血（如血肿），因吸收困难，通常被新生的肉芽组织取代（机化）或包裹（包囊形成）。在肉芽肿组织中心，红细胞破裂，其中血红蛋白的色素部分再分解，形成金黄色菱形或针形结晶的橙色血质。与含铁血黄素相比，橙色血质在细胞外，不含铁质，且多在缺氧环境中形成，多见于较大的出血灶。

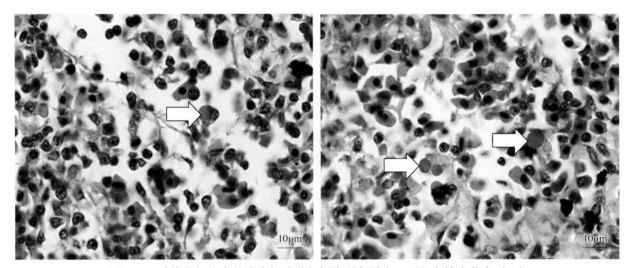

图2-41　感染未知病毒的匙吻鲟脾噬红细胞现象增多，可见含铁血黄素（⇨）

　　出血对机体的影响取决于出血量、出血速度和出血部位。当心脏和大血管破裂后，若失血量可在短时间内超过总血量的20%～25%，即可发生失血性休克。此外，机体重要器官如心、脑发生出血时，即使出血量不多，亦可危及生命。慢性少量的长期性出血，可引起全身性贫血，如鲤春病毒病后期，鱼体出现明显的全身性贫血。

第四节　血栓形成

　　血液有凝血系统和抗凝血系统（纤维蛋白溶解系统）。在生理状态下，血液中的凝血因子不断而有限地被激活，产生凝血酶（thrombin），形成微量的纤维蛋白，沉着于心血管内膜上，但其又不断地被激活的纤维蛋白溶解系统（fibrinolysis）所溶解，同时被激活的凝血因子也不断地被单核巨噬细胞吞噬（图2-42）。上述凝血系统和纤维蛋白溶解系统的动态平衡，既保证了血液潜在的可凝固性，又保证了血液的流体状态。若在某些诱发凝血过程的因素的作用下，上述的动态平衡被破坏，触发了凝血过程，便可形成血栓（thrombus）（图2-43）。在活体的心脏或血管内，血液发生凝固或血液中某些有形成分析出、黏集形成固体质块的过程，称为血栓形成（thrombosis）。

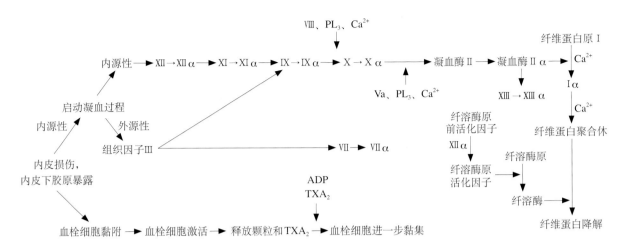

图2-42 血液凝固、血小板黏集和纤维蛋白溶解过程
（王恩华，2015. 病理学. 3版）

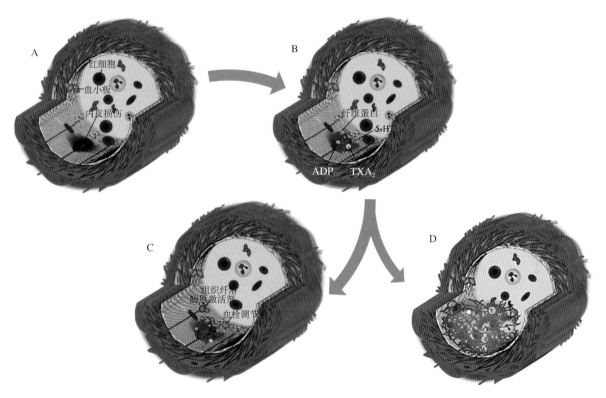

图2-43 血栓形成过程示意图
A.血管内膜粗糙，血小板黏集成堆，使局部血流形成漩涡 B.血小板继续黏集形成多数小梁，小梁周围有白细胞黏附
C.反调节机制，如释放组织纤溶酶原激活剂促进纤维蛋白溶解和血栓调节素干扰凝血级联，限制止血过程
D.止血动态平衡被打破，小梁形成纤维素网，网眼中充满红细胞，造成血管腔阻塞，局部血流停滞，最后血液凝固

一、血栓的类型和原因

在生理情况下，体内血液中的凝血因子与抗凝血因子保持动态平衡，一旦这种平衡被破坏，凝血因子多过抗凝血因子，触发了凝血过程，血液便可在心血管内凝固，血栓形成（图2-44）。血栓的外观取决于其形成原因、位置和组成（血小板、纤维蛋白和红细胞的相对比例），由血小板和纤维蛋白组成的血栓呈

苍白色，而含有大量红细胞的血栓呈红色。动脉血栓通常由内皮损伤引起，这种损伤为血小板和纤维蛋白提供了一个附着位点，动脉和小动脉中的血流快速流动抑制了红细胞进入血栓的过程，因此，动脉血栓一般呈苍白色（图2-45）。而静脉血栓常发生在淤血区，由于这些区域血流缓慢和活化凝血因子清除效率低，红细胞通常会进入到纤维蛋白和血小板的松散网状结构中，因此静脉血栓通常呈暗红色凝胶状（图2-46）。

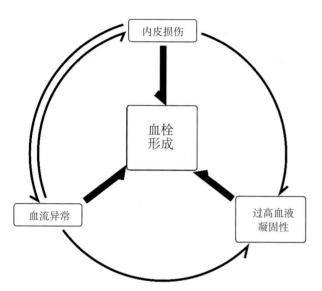

图2-44 血栓形成的魏克氏三特征（Virchow's triad）
（赵德明等译，2015.兽医病理学.5版）

图2-45 动脉血栓
注：血栓形成通常起始于内皮损伤后，在内皮上形成血栓的吸附位点。血栓是沿着血流方向形成的，其尾部并不附着于血管壁。

图2-46 静脉血栓
注：静脉血栓常形成于血流较慢或停滞的部位。静脉血栓常呈暗红色，凝胶状，这是因为静脉血流较慢，有大量的红细胞沉积，绝大多数的血栓是闭塞的。

血栓形成是血液在流动状态下由于血小板的活化和凝血因子被激活而导致的血液凝固，因此血栓形成必须具备的条件有：

（一）心血管内膜的损伤

完整光滑的心血管内膜在保证血液的流体状态和防止血栓形成方面具有重要作用。当心脏或血管内膜受到损伤时，内皮细胞被破坏，血管内膜变粗糙，内膜下胶原暴露，血流通过时，血液中的血栓细胞就易在这些部位黏集，并且释放血栓细胞凝血因子及二磷酸腺苷（ADP）等，后者又进一步促使血栓细胞凝集。胶原还能刺激血栓细胞合成大量血栓素 A_2（TXA_2），TXA_2 可使血栓细胞黏集进一步加剧。内膜下的胶原纤维暴露后与凝血因子 XII 接触，将其激活，进而启动内源性凝血（intrinsic coagulation）系统。同时，内膜损伤释放出的组织因子（III因子）可启动外源性凝血（extrinsic coagulation）系统，从而促使血液凝固，导致血栓形成（图2-47）。

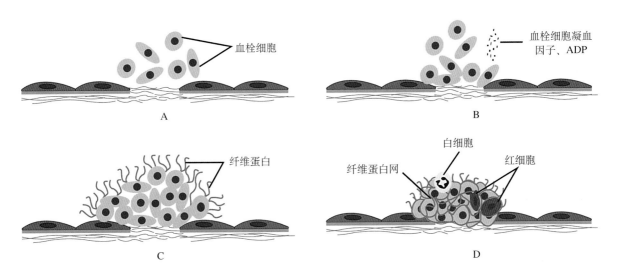

图2-47　内皮损伤、血小板黏集示意图
A.内皮损伤，胶原暴露，血栓细胞与胶原黏附　B.血栓细胞合成大量TXA_2　C.血栓细胞黏集进一步加剧；
D.血栓细胞聚集，释放凝血因子，激活纤维蛋白原，纤维蛋白网罗白细胞和红细胞，形成血栓
（王恩华，2015. 病理学．3版）

（二）血流状态的改变

血流状态的改变是指血流缓慢、漩涡形成和血流停滞等。正常血流中，血液中的有形成分（红细胞、白细胞和血小板）位于血流的中央部分（轴流），与血管壁之间隔着一层血浆带（边流）。当血流缓慢或产生漩涡时，血栓细胞便离开轴流进入边流，增加了与血管内膜接触的机会，并与损伤的内膜接触而发生黏集；同时血流缓慢和产生漩涡还有助于激活各种凝血因子在局部达到凝血所需的浓度，为血栓形成创造了条件。

（三）血液凝固性增高

血液凝固性增高是指血液比正常生理情况更易于凝固的状态，或称血液的高凝状态，通常由血液中凝血因子被激活、血栓细胞增多或血栓细胞黏性增强所致，可见于弥散性血管内凝血、严重创伤、变态反应、某些毒素作用等。

上述血栓形成的条件往往是同时存在并相互影响、共同作用的，但在不同阶段的作用又不完全相同。

二、病理变化

血栓形成起始于血栓细胞在受损伤的血管内膜上黏集形成血栓细胞黏集堆，与此同时，内源性和外源性凝血系统启动后所产生的凝血酶作用于纤维蛋白原使之转变为纤维蛋白。纤维蛋白和内皮下的纤维连接蛋白共同作用，使黏集的血栓细胞堆牢固地黏附在受损的内膜表面（图2-47）。如此反复进行，血栓细胞黏集堆不断增大，形成小丘状、以血栓细胞为主要成分的血栓（图2-48）。这种血栓眼观呈灰白色，故称为白色血栓。因为它是血栓的起始点，又称为血栓的头部（血栓头）。光镜下白色血栓为均匀一致、无结构的血栓细胞团块，血栓细胞之间有少量的纤维蛋白存在。白色血栓形成后，因其突入管腔、阻碍血流，引起局部血流变慢及漩涡运动，这不仅使血栓头部增大，而且沿血流方向又形成新的血栓细胞黏集堆，结果形成许多分枝小梁状或珊瑚状的血栓细胞嵴，其表面黏附许多白细胞。此时小梁之间的血流缓慢，被激活的凝血因子可达到较高的浓度，于是发生凝血过程。可溶性纤维蛋白原变为不溶性纤维蛋白，呈细网状位于血栓细胞梁之间，并网罗有白细胞和大量红细胞，形成红白相间的层状结构，故称为混合血栓（mixed thrombus）。这是血栓头部的延续，构成血栓的主体，故又称为血栓体。此后随着血栓的头部、体部进一步增大，并顺血流方向延伸。当血管腔大部分或完全阻塞后，局部血流停止，血液发生凝固，形成条索状血凝块，称为红色血栓，构成血栓的尾部。鱼类也可因不同原因如细菌感染或病毒感染损伤冠状动脉内皮细胞，启动凝血过程而最终形成血栓（图2-49）。此外，鳃是最容易观察到血栓的组织器官，当外源性因素如消毒药损伤鳃小片柱细胞后，相邻血窦融合，血流动力学改变，最终形成血栓（图2-50、图2-51）。

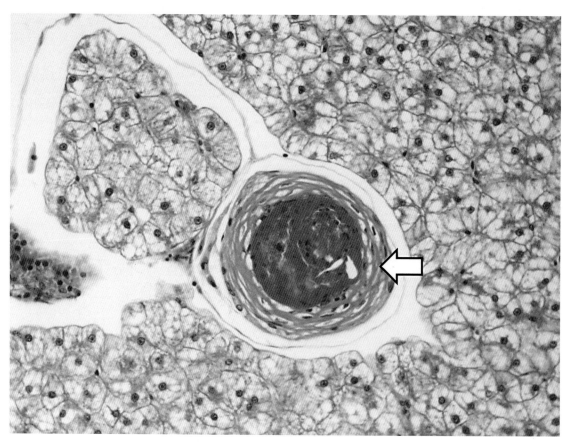

图2-48　草鱼肝血管内血栓（⇨）

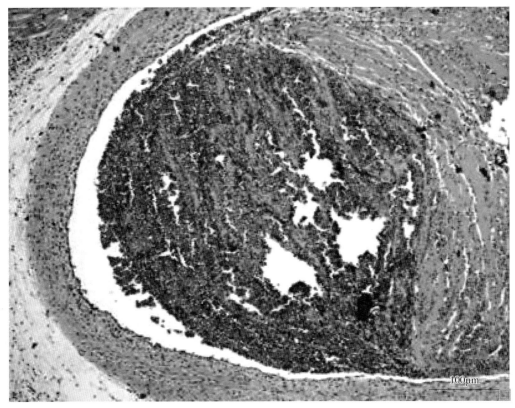

图2-49　大西洋鲑冠状动脉血栓
(汪开毓等译，2018. 鲑鳟疾病彩色图谱. 2版)

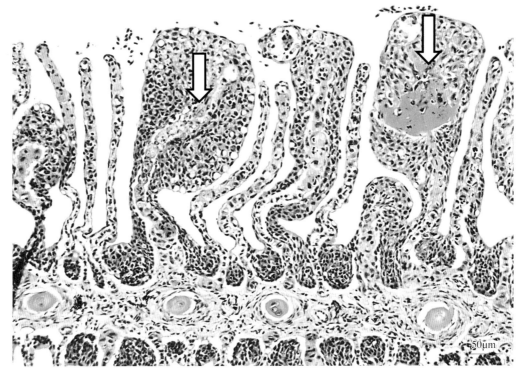

图2-50　大西洋鲑多灶性慢性鳃小片毛细血管内血栓（⇨）
（由David Groman提供）

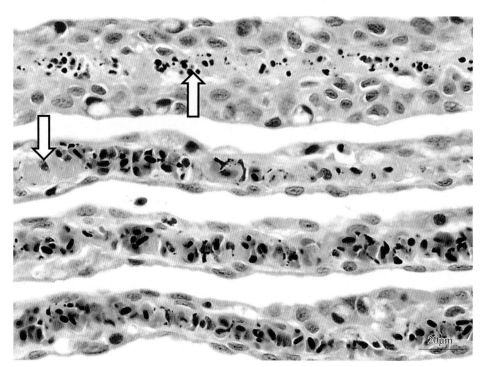

图2-51　大西洋鲑鳃小片血栓形成（⇨）
（由 David Groman 提供）

　　此外，还有一种透明血栓，又称为微血栓（microthrombus），发生于微循环小血管内，只能在显微镜下见到，主要由纤维蛋白构成，多见于弥散性血管内凝血，一些疾病及药物可致这种现象出现，如草鱼出血病、鱼类败血性传染病和药物过敏等（图2-52）。

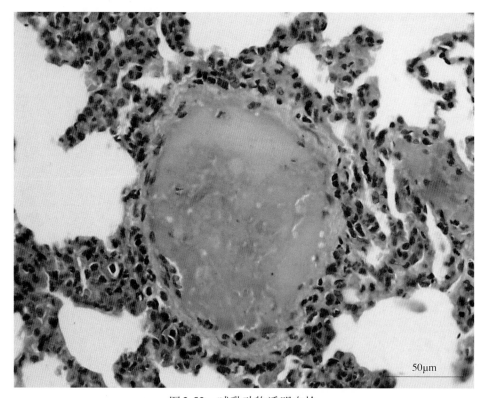

图2-52　哺乳动物透明血栓

三、结局和对机体的影响

血栓的结局包括：软化、溶解、吸收，机化、再通（recanalization）和钙化（calcification）。

1.**软化、溶解、吸收** 血栓形成后，血栓中纤维蛋白可吸附大量的纤维蛋白溶酶，使纤维蛋白变为可溶性多肽，血栓由此而软化（图2-53 A）。同时，血栓的白细胞崩解释放蛋白分解酶，使血栓中的蛋白质被分解，最后被巨噬细胞所吞噬（图2-53 B）。较小的血栓可被溶解吸收而完全消失；较大的血栓在软化过程中，可部分或全部脱落，构成血栓栓子，随血流运行至其他器官，形成栓塞。

2.**血栓的机化与再通** 较大而未完全溶解的血栓，可由血管壁向血栓内长入肉芽组织，逐渐溶解、吸收、取代血栓，称为血栓的机化。在血栓机化过程中，由于血栓自溶或收缩，在血栓内部或与血管壁之间出现裂隙，裂隙被增殖的血管内皮细胞覆盖可形成相互连接的管道，血流又得以通过（图2-53 C），这种使已阻塞的血管重新恢复血流的现象称为再通。

3.**钙化** 较久的血栓既不能被溶解又不能被充分机化时，可发生钙盐沉着，变成坚硬的钙化团块，如静脉血栓钙化后形成静脉结石（phlebolith）。

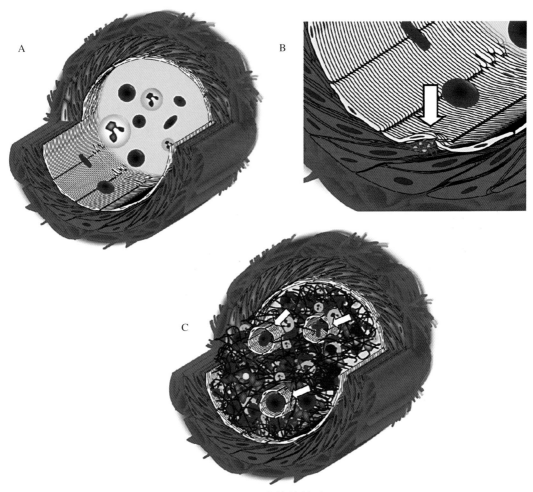

图2-53 血栓的结局

A.小血栓经栓溶作用溶解，血管恢复正常的结构和功能 B.较大的、持续时间较长的血栓被吞噬细胞分解为碎片，随后在其表面内皮再生，形成肉芽组织并纤维化（⇨），使受损部位成为血管壁的一部分 C.大的附壁血栓或闭塞性血栓不能经栓溶作用溶解，也不能被吞噬细胞分解为碎片，而是被侵入的纤维素机化，随后形成新的血管通道（再通，⇨）

血栓形成在一定条件下对机体具有积极的防御意义。血栓形成能对被破坏的血管起到堵塞破裂的作用，阻止出血；被腐蚀的血管内壁血栓形成，可阻止血管破裂；炎症时，炎症灶周围小血管内的血栓形成，有防止病原体蔓延扩散的作用等。但血栓形成造成的血管管腔阻塞和其他影响对机体造成的危害可以是致命的。大的血栓多部分软化，若被血液冲击可形成碎片状或整个脱落形成栓子。当血栓与血管壁黏着不牢固时，或在血栓软化、碎裂过程中，血栓的整体或部分脱落成为栓子，随血流运行，会引起栓塞，导致多处器官或局部组织由于血管阻塞、血流停止，最终缺氧而坏死，引发梗死。

第五节 栓 塞

在循环血液中出现的不溶于血液的异常物质，随血流运行至远处阻塞血管腔的现象称为栓塞（embolism），阻塞血管的物质称为栓子（embolus）。栓子可以是固体、液体或气体，其运行途径一般与血流方向一致，少数情况下可逆血液运行（图2-54）。栓子随着血流被动地运行，到了血管口径小于栓子直径之处，栓子停止运行而阻塞血管即发生栓塞。栓塞对机体的影响取决于栓子的性状、栓塞器官的重要性以及能否迅速建立侧支循环等。鱼类的血液循环通常为单循环模式，由心室压出的缺氧血流至鳃处，血液与外环境进行气体交换后，直接由背大动脉流到全身各部，在身体各部组织间进行气体交换后，缺氧血又流回心脏。在这种循环模式下，动脉系统的栓子随大循环的血液流动阻塞全身较小的动脉分支引起栓塞；来自静脉系统的栓子随血液运行到鳃，按栓子大小不同而阻塞不同的鳃动脉分支。

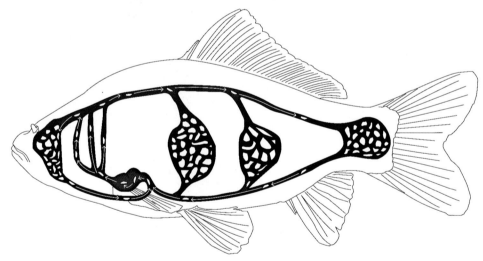

图2-54 栓子运行途径与栓塞模式图

注：栓子运行途径一般与血流方向一致。

一、栓塞的类型和原因

依栓子种类不同，可将栓塞分为若干类型。栓塞对机体的影响取决于栓子的类型、大小、栓塞的部位、时间长短以及能否迅速建立侧支循环。鱼类常见的栓塞主要有气体栓塞、血栓栓塞和其他栓塞等。

（一）气体栓塞

大量气体迅速进入血液循环或原溶于血液中的气体迅速游离，形成气泡，阻塞于心血管管腔所引起的栓塞，称为气体栓塞（gas embolism）。气泡病是一种威胁鱼苗和幼鱼的常见疾病，池中任何一种气体（如氮气）过饱和，都可引起水生动物患气泡病（gas bubble disease）。常见的气泡病眼观上表现为两种类型：一种是水生动物的肠道中出现气泡，另一种是体表、体内和鳃丝上含有气泡。水生动物个体越小，患此病的概率越高。同时水温越高，也越易患病。如鱼苗体长0.9～1.0cm、水温31℃、水中溶解氧达14.4mg/L（饱和度190%）时，就会发生气泡病；同样体长的鱼苗，当水温高达35℃、溶解氧达到11.6mg/L（饱和度155%）时，就会发病；鱼苗体长1.4～1.5cm，当水温31℃、溶解氧达到24.4mg/L时（饱和度325%）时，开始发病。气泡病发生时，鱼类体表及体内出现气泡，发病鱼浮于水面，身体失去平衡，在水面做混乱无力游动，尾向下、头向上，时而在水面打转，时而挣扎状游动，最终因体力消耗衰竭而死亡。病理剖检时，可见鳍、鳃、肠道、皮肤及内脏的血管内含有大量气泡，体内多器官有淤血现象，死后嘴巴张开。镜下可在多个器官的血管中发现气泡占位，导致明显的空气性栓塞（图2-55至图2-58）。此外，北方地区立春后，由于冰层的压力，冰下池塘水与大气中氧气、氮气分压不同，开冰期间，当压力差超出鱼体调节能力时，部分养殖鱼类体表、鳍条、鳃丝内部可观察到大量气泡，并引起栓塞，严重的可造成鱼体大面积死亡。

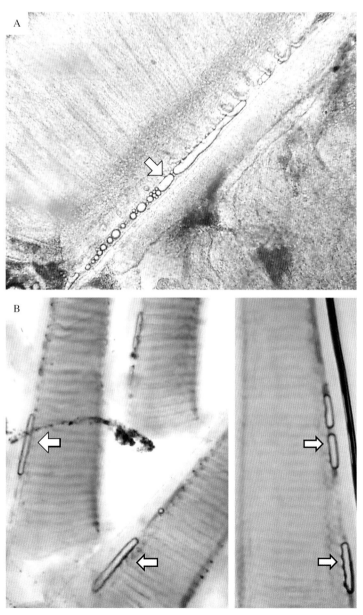

图2-55　气泡进入鳃血管中，造成气体栓塞（⇨）
（A由肖健聪、黄永艳提供；B由陈修松提供）

图2-56　美洲鳗鲡鳃丝动脉空气血栓导致
　　　　的气泡病（⇨）
　　　（由David Groman提供）

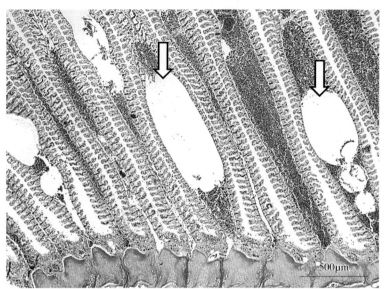

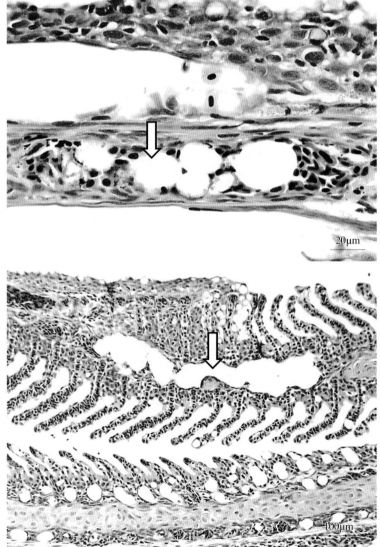

图2-57　大西洋鲑鳃丝动脉空气栓塞（⇨）
　　　　（由David Groman提供）

图2-58　罗非鱼鱼苗气泡病，可见眼球后
血管空气栓塞（⇨）
（由David Groman提供）

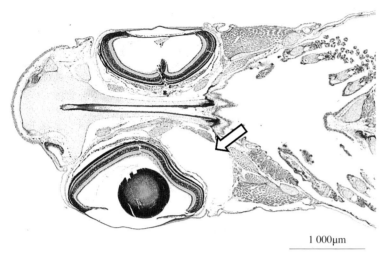

1 000μm

（二）血栓栓塞

由血栓或血栓的一部分脱落造成的栓塞，称为血栓栓塞（thromboembolism）。血栓栓塞是栓塞最常见的原因之一。由于血栓栓子的来源、大小和栓塞部位不同，对机体的影响也有所不同。

（三）其他栓塞

细菌、寄生虫和肿瘤细胞等亦可造成栓塞。含大量细菌的血栓或细菌团块进入血管时，不仅可阻塞管腔，而且能引起炎症的扩散，如形成感染性心内膜炎（infective endocarditis）和脓毒血症（sepsis）。此外，血吸虫及其虫卵栓塞于门静脉小分支，吸虫寄生于海水鱼鳃和内脏组织时，可引起不可恢复性损伤或失血、血管堵塞，鱼的死亡率通常与虫卵沉积数量、部位和感染强度等有关。

二、结局和对机体的影响

体积巨大的栓子突然阻塞动脉主干及其主要分支可引起动脉或冠状动脉痉挛，进一步影响心脏功能而引起猝死；中等大小的栓子常造成侧支循环形成不足，引起脏器的梗死。

第六节　梗　死

器官或局部组织由于血管阻塞、血流停滞导致缺氧而发生的坏死称为梗死（infarction）。梗死多由动脉阻塞引起，静脉阻塞使局部血流停滞而造成的缺氧也可导致梗死（图2-59）。

一、梗死的原因和类型

（一）梗死的原因

任何可引起血管腔的闭塞并导致相应组织缺血的因素，都可引起梗死。

1.**动脉阻塞**　血栓形成和栓塞是引起动脉阻塞而导致梗死的最常见的原因。如心、肾的动脉发生血栓形成或栓塞时分别引起心肌和肾的梗死（图2-60）。

图2-59　梗死模式图

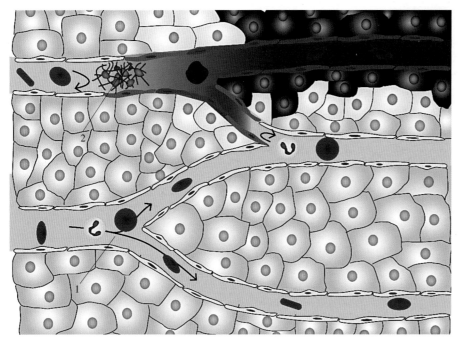

图2-60　动脉栓塞引起的梗
死模式图
1.正常的动脉血流　2.动脉血栓
造成的动脉血流梗阻

　　动脉梗阻造成下游组织没有血液供应，导致凝固性坏死。坏死大小常取决于下列因素，如组织的类型、原来的健康情况、代谢率（神经细胞与肌细胞和成纤维细胞的比值）、侧支循环或可替代的血液供应量。

　　静脉梗阻导致血液滞留，静脉回流减少或断绝。缺血在静脉梗阻上游持续发生，最终造成凝固性坏死。坏死的大小取决于下列因素，如组织的类型、原来的健康状态、代谢率、侧支循环或可替代的血液供应量。虽然静脉血栓形成可导致梗死，但更大多数情况下仅见简单的充血。通常情况下，旁路通道会迅速打开并提供足够的血流以恢复动脉流入。因此，由静脉血栓形成引起的梗死通常只发生在有单根出静脉的器官（图2-61）。

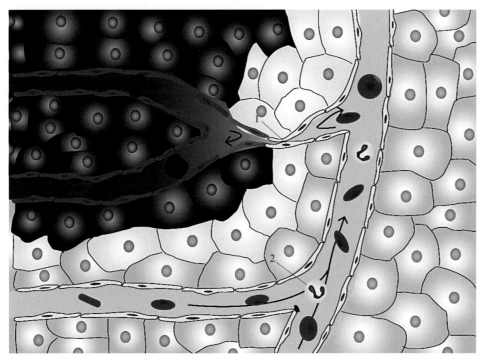

图2-61　静脉阻塞引起
的梗死模式图
1.肿块造成向大静脉回流
受阻　2.正常向大静脉的
回流

2．**动脉痉挛** 动脉痉挛（artery spasm）可引起或加重局部缺血，通常在动脉有病变的基础上发生持续性痉挛而加重缺血，导致梗死形成。

3．**动脉受压** 动脉受肿块或其他机械性压迫而致管腔闭塞时可引起局部组织梗死。

（二）梗死的类型

梗死是局部组织的坏死，其形态因不同组织器官而有所差异。梗死灶的形状与器官血管分布有关，血管呈锥形分布的器官其梗死灶也呈锥形，血管分布呈扇形的器官其梗死灶也呈扇形。心肌梗死灶形状不规则，而脑梗死则为液化性坏死。

根据梗死灶内含血量的多少和有无合并细菌感染，将梗死分为以下两种类型：

1．**贫血性梗死**（anemic infarction）**或白色梗死**（图2-62） 当动脉分支阻塞时，局部组织缺血缺氧，使其所属微血管通透性增高，病灶边缘侧支血管内的血液通过通透性增高的血管漏出于病灶周围，在肉眼或在显微镜下呈现为梗死灶周围的出血带。由于梗死灶组织致密，故出血量反而不多，之后由于红细胞崩解，血红蛋白溶于组织液中并被吸收，梗死灶呈灰白色。

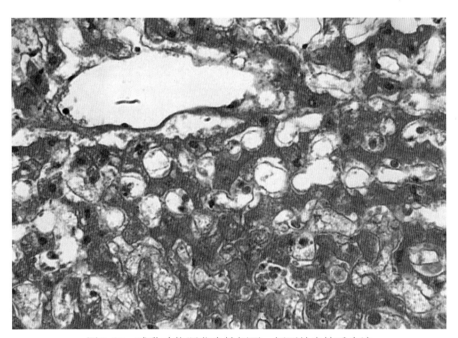

图2-62　哺乳动物肝贫血性梗死，梗死灶内缺乏血液

2．**出血性梗死**（hemorrhagic infarction）**或红色梗死**（图2-63 至图2-65） 在伴有严重淤血的情况下，因梗死灶内有大量出血，故称之为出血性梗死。如传染性鲑贫血病毒导致鲑肾小管缺血、缺氧性梗死（图2-65）；鱼正呼肠孤病毒（piscine orthoreovirus）导致鲑肾和脾的出血性梗死等。

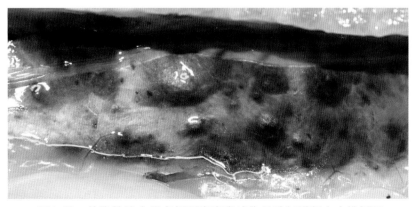

图2-63　传染性造血器官坏死病病毒感染导致虹鳟肾出血性梗死

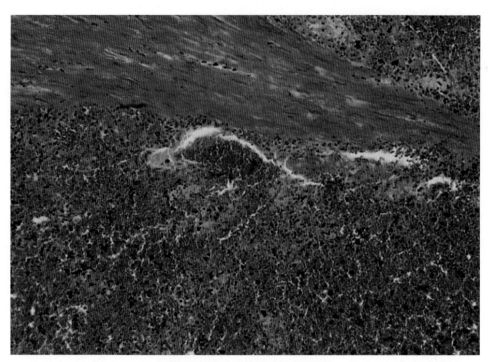

图2-64　哺乳动物脾出血性梗死

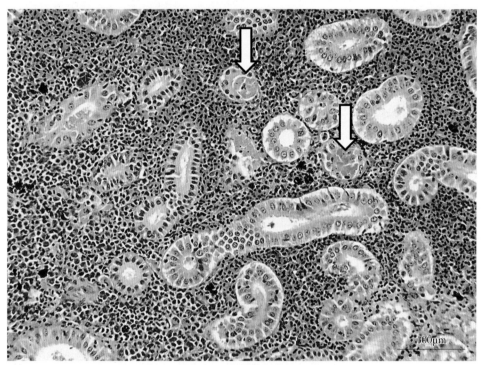

图2-65　传染性鲑贫血症（ISA）病鱼肾间质严重出血，导致肾小管缺血、缺氧性梗死（⇨）
（由David Groman提供）

二、病理变化和结局

梗死的基本病理变化是局部组织坏死，梗死形成时，其周围出现充血、出血，并有白细胞和巨噬细胞浸润。梗死灶之后可被机化成瘢痕，随着肉芽组织从梗死周围长入坏死灶内，将其溶解、吸收并完全取代（机化）。不能完全机化时，则由肉芽组织将其包裹。梗死对机体的影响取决于梗死灶大小和发生部位。心、脑梗死，范围小者出现相应的功能障碍，反之则可危及生命，其他部位小范围的梗死对机体影响不大。梗死是局部组织由于血流阻断而发生的坏死，因此，梗死的结局如同坏死的结局，即梗死灶周围发生急性炎症反应，小的梗死灶可被肉芽组织完全取代而机化，日久形成瘢痕；大的梗死灶不能完全机化时，则由肉芽组织和瘢痕组织加以包裹，病灶内可发生钙化。

第七节　水　肿

水肿（edema）是指等渗性体液在细胞间隙或浆膜腔内积聚过多的现象。在动物体内，组织液来源于毛细血管动脉端血浆滤过作用，其与组织细胞进行物质交换后，主要经毛细血管静脉端回流入血液。细胞间的组织液有助于细胞代谢过程中物质交换和细胞间的信号传导，但当毛细血管通透性增强、静脉流体静压升高时，组织液就会在细胞间大量积聚引起组织水肿。高等动物的淋巴系统也参与组织液的回流，但鱼类缺乏成熟的淋巴系统，仅有与高等动物相似的次级脉管系统，其功能尚不十分清楚，故本节不做单独介绍。此外，大量等渗性体液也可以在体腔形成积液（hydrops），如腹腔积液（hydroperitoneum）和心包积液（hydropericardium）。

一、水肿的类型和机制

（一）水肿的类型

水肿是疾病中的一种常见病理过程，在不同的分类标准下水肿被分为多种类型。按照水肿发生的范围分类，可分为全身性水肿和局部性水肿；按照水肿发生的部位分类，可分为皮下水肿（如鳞囊水肿）、肝水肿、脑水肿、肾水肿等；按照水肿发生的表现形式分类，可分为组织肿胀、腹腔积液和心包积液等；按水肿的发病原因分类，可分为心性水肿、肾性水肿、营养不良性水肿、炎性水肿等。

（二）发病机制

液体在血管和组织间的流动主要受到血管流体静压和血浆胶体渗透压的作用。流体静压的升高或血管内胶体渗透压的降低都会引起水向间质流动的增加，使得等渗体液在组织间隙或浆膜腔内积聚（图2-66、图2-67）。高等动物组织间少量的水肿液经淋巴管排出，当淋巴管阻塞时淋巴液回流障碍会导致水肿。

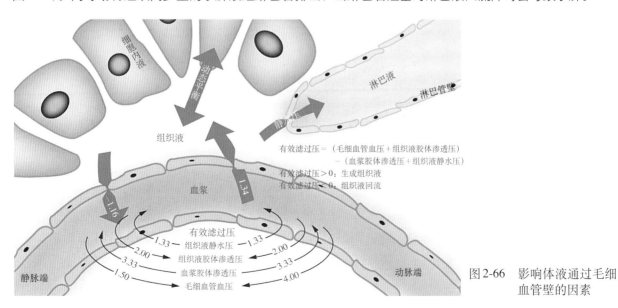

图2-66　影响体液通过毛细血管壁的因素

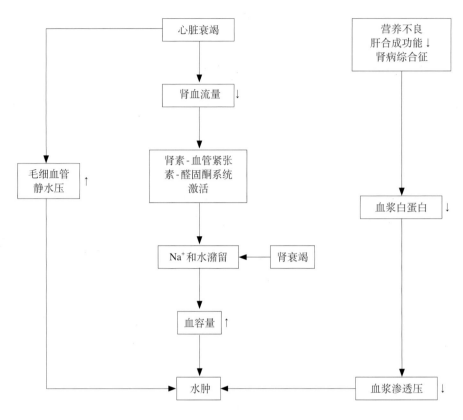

图2-67　水肿发生模式图

1.**血浆胶体渗透压降低**　高分子的蛋白质并不能通过毛细血管壁,所以组织液中的蛋白质浓度是低于血浆中蛋白质浓度的。血浆胶体渗透压(plasma colloid osmotic pressure)主要由血浆蛋白维持,血浆中较高浓度的蛋白质确保水分不会过多的通过毛细血管进入到组织中。但当机体营养不良、肝功受损致蛋白合成减少或肾滤过功能障碍时,血浆胶体渗透压下降会导致组织间液体增多,形成水肿。相对于养殖鱼类,野生鱼类更容易出现蛋白质饵料匮乏或寄生虫寄生消耗引起的营养不良性水肿。另一方面,当感染或过敏反应时,随着血管通透性增大,血浆中蛋白质等成分加速渗入到组织间隙,加剧血浆胶体渗透压下降,引起水肿。与此同时,感染组织中出现局灶性坏死或大量细胞溶解时,组织的胶体渗透压升高也会使得血浆中的水分大量进入细胞间隙形成水肿。

2.**流体静压升高**　流体静压(hydrostatic pressure)升高主要是由静脉回流紊乱引起的。组织液可以通过毛细血管静脉端回流到血液中,但当静脉阻塞或压迫使得静脉回流障碍时,局部毛细血管流体静压就会升高,使得滞留组织的液体增多,表现为水肿。当心脏功能障碍引起静脉血回心减少,血液大量淤滞于静脉系统使得流体静压增高,引起全身性水肿。心排血量的减少导致全身静脉充血,从而导致毛细血管流体静压的升高,同时,心输出量减少还可导致肾灌注不足,肾素-血管紧张素-醛固酮系统受损,引起钠和水潴留。

3.**淋巴回流障碍**　高等动物的淋巴循环是血液循环系统的重要补充。当淋巴管堵塞时,淋巴回流受阻使得含蛋白的水肿液在组织间隙积聚,从而引起淋巴性水肿。鱼类缺乏一个真正意义上的淋巴系统,但对鲑鳟鱼类的研究发现其存在一个从血液循环系统中分化并与之相连的次级脉管循环系统。次级脉管循环系统与淋巴系统存在相似性,且在皮肤、鳍、鳃、口腔黏膜和腹膜内层中均有分布,但其具体功能尚不十分清楚,还需进一步研究。

4. **球-管失平衡** 正常生理状态下，肾小球滤出水、钠的量与肾小管重吸收水、钠的量之间保持动态平衡，但当病理状态下，球-管失平衡，肾小球滤过率降低、肾小管对水和钠的重吸收增加，导致水、钠潴留，进而引发水肿。广泛的肾小球病变和有效循环血量减少是导致肾小球滤过率降低的主要原因。一方面，急性肾小球肾炎和慢性肾小球肾炎造成肾小球病变，使肾小球滤过面积明显减少，导致肾小球滤过率降低。另一方面，充血性心力衰竭、肾病综合征使得有效循环血量减少、肾血流量下降，继发诱导交感-肾上腺髓质系统和肾素-血管紧张素系统兴奋，使肾小球小动脉收缩，血流量进一步减少，导致肾小球滤过率降低。同时，有效循环血量减少可导致心房钠尿肽（ANP）分泌减少，抗利尿激素（ADH）分泌增多，还会激活肾素-血管紧张素-醛固酮系统，使醛固酮分泌增多，导致肾小管重吸收的水、钠增多，水、钠潴留，诱发水肿（图2-68）。

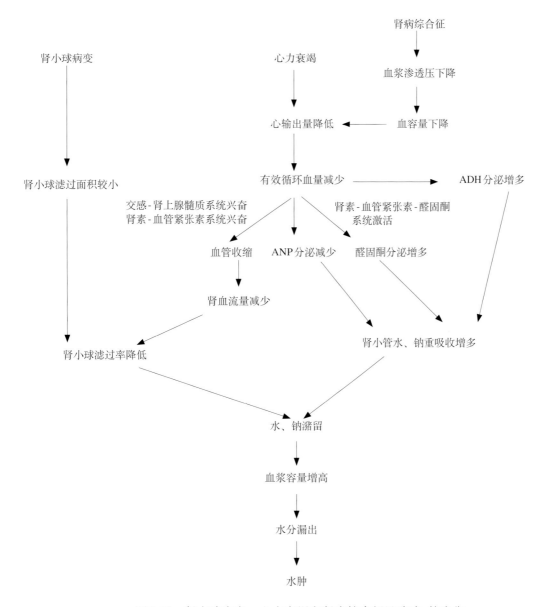

图2-68　肾小球病变、心力衰竭和肾病综合征导致球-管失衡

二、病理变化

水肿的大体病变表现为组织颜色变淡且质脆，边缘肿胀钝圆，切面饱满呈水润状。H&E染色病理观察可见水肿液积聚于细胞或疏松结缔组织之间，通常呈透亮不着色，但若水肿液中蛋白含量较多则呈嗜伊红红染状。通常由淤血引起的水肿，其水肿液为低蛋白含量的漏出液，比重一般低于1.012，不着色或呈淡粉色；而炎症时形成的水肿液为富含蛋白的渗出液，比重一般大于1.020，染色常呈红色或深红色。

（一）组织水肿

1. 皮下水肿　水肿初期或水肿程度轻微时，水肿液与皮下疏松结缔组织中的凝胶网状物结合而不易被发现，随着水肿液积聚增多，真皮层疏松结缔组织层肿胀明显。鱼类常见的皮下水肿表现为鳞囊水肿液积聚，鳞片竖起（图2-69至图2-72）。镜检可见皮下组织纤维和细胞成分距离增大，排列紊乱，其中胶原纤维肿胀，甚至崩解。H&E染色发现水肿液呈深浅不一的红色，常因其蛋白含量的增高而颜色加深，多呈深红色或淡红色，蛋白浓度低时也可不着色。鱼类多种疾病均可见皮下水肿。如由假单胞菌感染引起鲤科鱼类竖鳞病时，常造成皮下鳞囊水肿，鳞片竖起如松果样；鲤维生素E缺乏时亦可造成皮下水肿，鳞片竖起；当隐鞭虫感染鲤科鱼类时，也常见鳞片竖起、皮下水肿等症状。这些异因同症的情况需认真鉴别。

图2-69　患鲤春病毒病的鲤体侧局部鳞片外扩（○）

图2-70　患病鲤突眼，鳞片竖立

图2-71 患病金鱼全身鳞片竖立

图2-72 患病鲫突眼，全身鳞片竖立
（由袁圣提供）

2.脑水肿 眼观可见软脑膜充血，脑回变宽，脑沟变浅，脑脊液增多。镜下可见软脑膜和脑实质内毛细血管充血，血管周隙扩张，充满水肿液；神经元和胶质细胞周隙水肿（图2-73、图2-74）；脑基质疏松，间隙增宽（图2-75）。鱼类维生素E和硒缺乏时，也常见到脑的水肿现象。

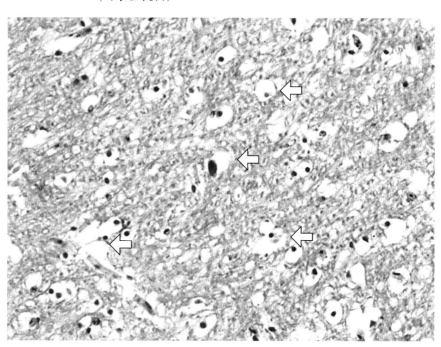

图2-73 罗非鱼脑基质水肿，组织疏松，出现较多空隙（⇨）

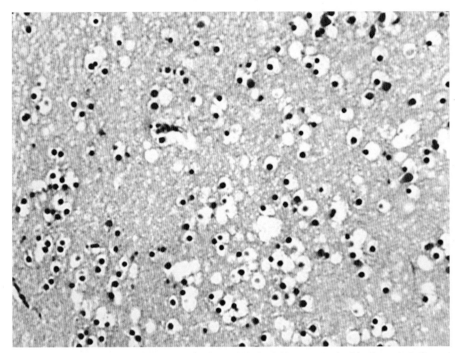

图2-74　感染迟缓爱德华氏菌的齐口裂腹鱼脑神经元和胶质细胞周隙水肿

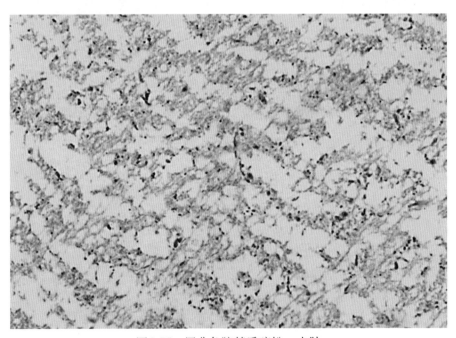

图2-75　罗非鱼脑基质疏松、水肿

3. 肝水肿　肝水肿表现为肝组织色泽变淡，边缘钝圆、被膜紧张有水润感（图2-76至图2-78），严重的组织发白、质脆易碎。镜检可见肝血窦（hepatic sinusoid）淤血，窦内压的增大使得肝窦内的大量液体渗出到窦周间隙，即狄氏间隙（disse space），血窦和肝细胞分离，形成透亮不着色或红染的腔隙（图2-79、图2-80）。肝水肿是鱼类多种疾病如水质恶化致病、藻类毒素中毒、传染性病原感染等的常见症状。严重的肝水肿，如由血栓、寄生虫等阻塞引起的门静脉高压或肝组织变性坏死等因素引起的肝水肿，可导致过多组织液从肝表面和肝门进入腹腔，引起腹腔积液。

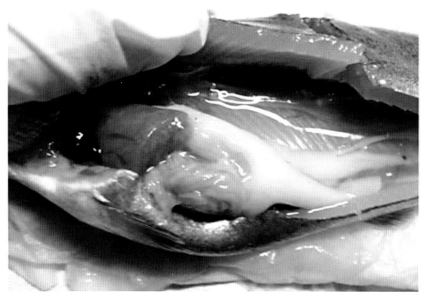

图2-76　感染鱼类呼肠孤病毒的虹鳟，剖检可见肝肿胀伴有腹水

图2-77　鲈肝水肿，体积增大（○）

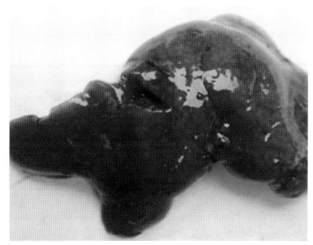
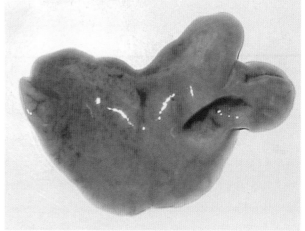

图2-78　斑点叉尾鮰肝水肿，边缘钝圆，体积肿大

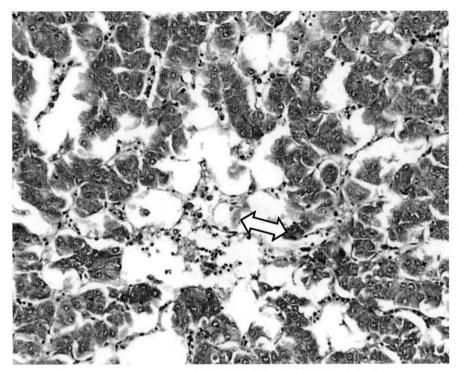

图2-79　斑点叉尾鮰肝水肿，肝细胞肿大，狄氏间隙增宽（⟺）

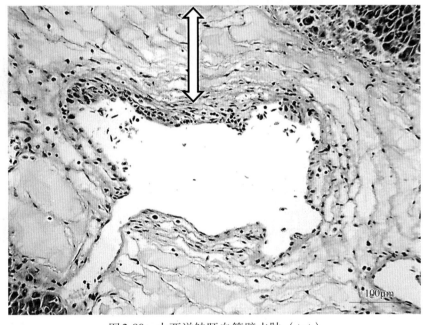

图2-80　大西洋鲑肝血管壁水肿（⟺）
（由David Groman提供）

4.肾水肿　肾水肿往往与细菌感染、病毒感染以及寄生虫感染有关，表现为肾组织外突、色淡、质脆。肾中盐的过度滞留可以通过增加流体静压和降低血浆渗透压而导致水肿，如链球菌引起的肾小球肾炎（glomerulonephritis）和急性肾功能衰竭可发生Na^+-水潴留并出现水肿症状。海豚链球菌感染后可见大量的蛋白质从病鱼肾小球中滤出，在肾小管管腔内形成蛋白管型（图2-81），液体向细胞间隙转移，肾间质细胞离散，间质水肿（图2-82）。

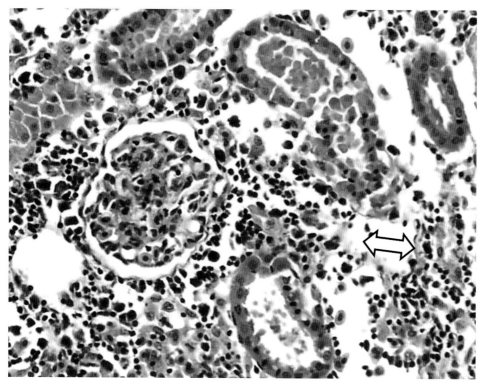

图2-81 海豚链球菌感染致斑点叉尾鮰肾间质水肿（<=>），肾小管内可见蛋白管型

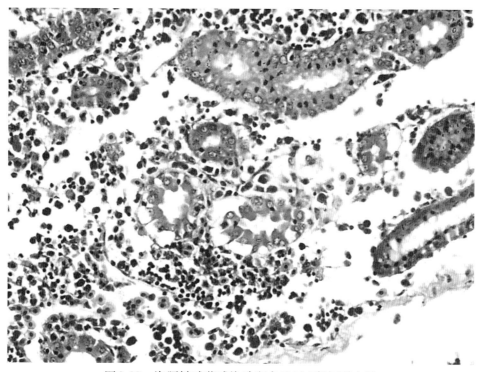

图2-82 海豚链球菌感染致斑点叉尾鮰肾间质水肿

5. 其他组织水肿　鱼类其他器官水肿的大体病理表现不明显，其水肿特征主要在镜下检查时发现。如鳃水肿时，呼吸上皮细胞往往与基底膜分离，呈水肿性浮离（图2-83、图2-84），但不管水肿出现在哪个组织，均表现为明显的组织间隙增宽，部分可见淡染的含蛋白的水肿液（图2-85、图2-86）。

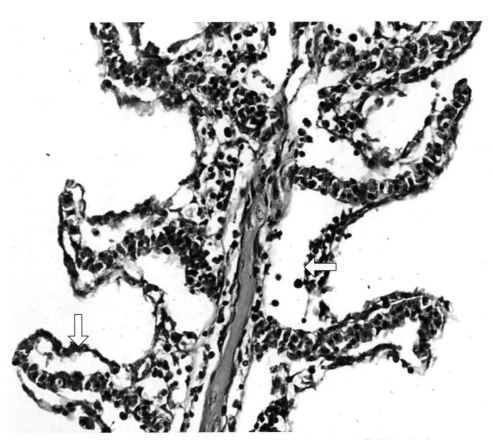

图2-83　高盐胁迫下斑马鱼鳃水肿，呼吸上皮浮离、结构模糊（⇨）

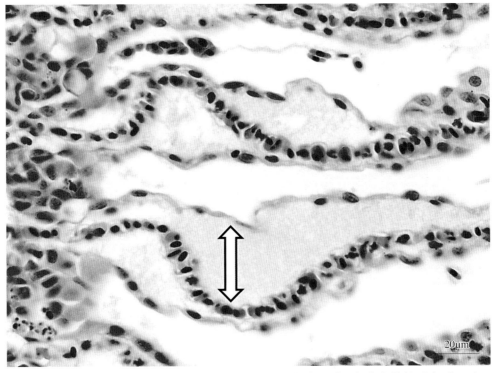

图2-84　大西洋鲑使用过氧化氢消毒后出现鳃小片水肿，呼吸上皮水肿性浮离（⟺）
（由David Groman提供）

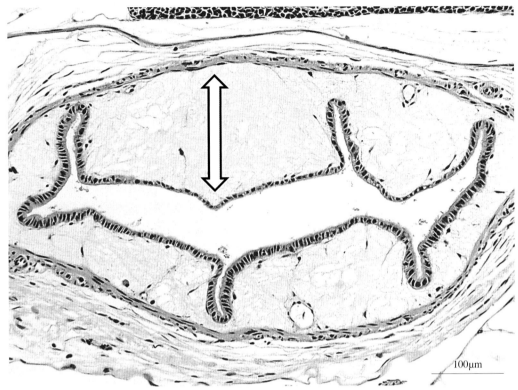

图 2-85　大西洋鲑鱼苗鳔黏膜下层水肿，组织疏松（⟺）

（由 David Groman 提供）

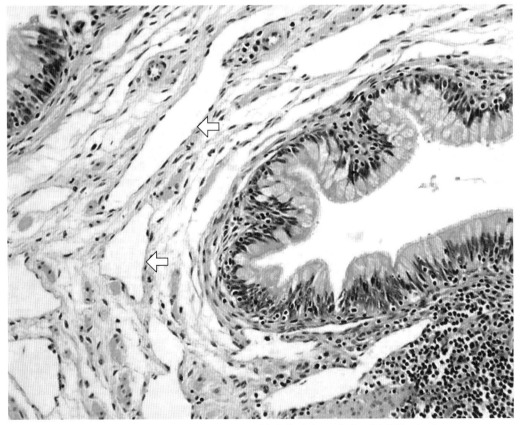

图 2-86　西伯利亚鲟瓣肠被海豚链球菌感染，黏膜下层水肿（⇨）

（二）体腔积液

1.腹腔积液 肾和肝损伤常引起全身性水肿，如斑点叉尾鮰病毒病发生时，肾间造血组织和肾单位弥漫性坏死；肝细胞肿胀、变性、坏死，病鱼腹部极度膨大（图2-87），手触柔软有波动感，解剖可见腹腔内大量清透的腹水。鲑鳟鱼类发生传染性造血器官坏死病时，肾、脾等造血组织坏死，病情严重时肾小管和肝也发生局灶性坏死，病鱼亦表现为严重的腹腔积水；鲤春病毒病发生时，病毒在感染鱼体内增殖，尤其在毛细血管内皮细胞、造血组织和肾细胞内增殖，破坏毛细血管完整性，引起病鱼肝、肾严重损伤，病鱼表现为严重眼球外突、竖鳞、大量腹水引起的腹部膨大等水肿表现。在全身性水肿时，还常伴有全身性疏松结缔组织水肿，如眼底水肿致使眼球肿胀外突。

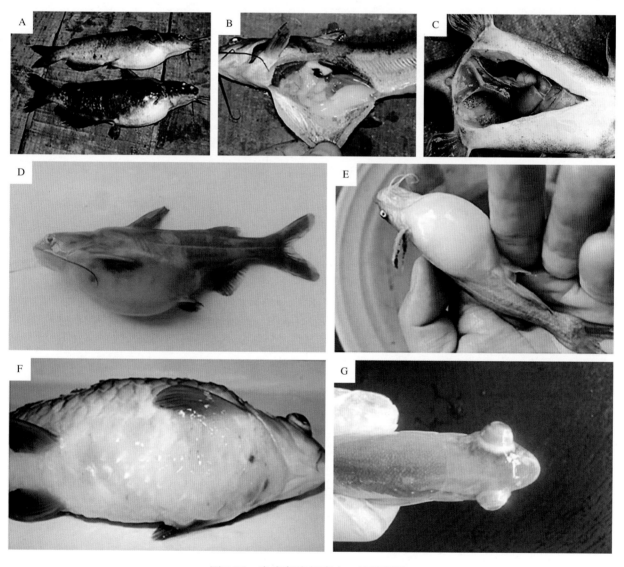

图2-87　患病鱼腹部膨大，腹腔积液
A～C.斑点叉尾鮰腹部极度膨大，腹腔积液　　D～E.黄颡鱼腹部膨大　　F.鲤腹部膨大
G.无乳链球菌感染齐口裂腹鱼，致其眼球外突、充血

2.围心腔积液 围心腔积液在鱼类发病过程中不具有明显的临床表征，通常在解剖过程中才观察到，腔内有大量透亮或浑浊的液体（图2-88），严重的心脏肥大，心脏表面可见白色纤维样析出物。鱼类常见的为感染性积液，如杀鲑气单胞菌（*Aeromonas salmonicida*）感染、肾杆菌感染、弧菌感染、鞭毛虫感染等。

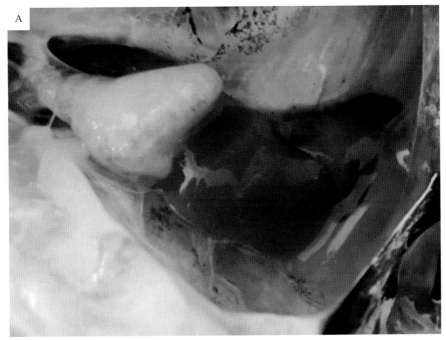

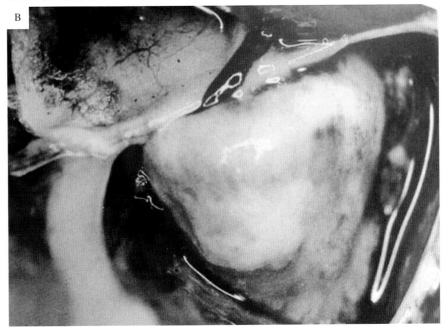

图2-88　围心腔积液
A.围心腔纤维素渗出　B.围心腔积液
(Ferguson H W, 2006. Systemic pathology of fish)

三、结局和对机体的影响

　　水肿对机体的影响取决于水肿的程度和持续的时间。感染时水肿液可以稀释毒素或病原，对感染部位具有一定的保护作用。病因消失后，水肿液可经毛细血管静脉端吸收回流入血或经肾小球滤出，水肿组织可恢复正常的形态和功能。但严重的腹腔积液或全身性水肿则提示实质性组织如心脏、肾或肝存在严重病理损伤，此时机体除了要消除病因外还要考虑组织的修复。而广泛性的鳃水肿会导致鱼类气体交换障碍，机体缺氧甚至窒息死亡。

第三章　弥散性血管内凝血

弥散性血管内凝血（disseminated intravascular coagulation，DIC）是指机体在某些致病因子作用下，血液凝固性增高，使微循环内有广泛的微血栓形成的病理过程。在此过程中，首先激活机体的凝血系统，使血液凝固性增高，在微循环内广泛形成微血栓（图3-1）；同时由于血浆凝血因子和血小板的大量消耗以及纤溶系统的激活，血液由高凝状态转变为低凝状态，导致出血。DIC不是一种独立性疾病，而是一个病理过程，它是很多疾病过程中的一个中间机制。它很少以原发病的方式独立存在，常继发于其他疾病。一旦DIC形成，可引起出血、休克、器官功能障碍和贫血等临床表现。血液凝固是正常生理状态下止血所必需的发生过程，而一旦血液在循环中广泛凝固即会消耗凝血因子和血小板，从而容易导致DIC的发生。

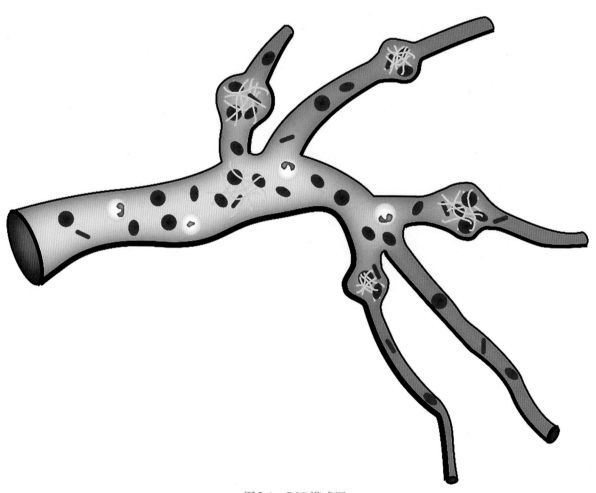

图3-1　DIC模式图

第一节 病因和发病机制

DIC 的病因可以多种多样，包括感染、创伤及血液系统疾病等，最常见的是感染。血管内凝血过程启动和血小板激活是发生 DIC 的主要病理过程。引起凝血过程启动和血小板激活的原因是多样的，但归纳起来是血管内皮损伤和组织损伤。导致 DIC 发生的机制主要在于外源性凝血途径被启动，生理性抗凝途径受到抑制，同时，纤溶活性可以出现增强或抑制状态。凝血抗凝纤溶的失衡或病理性再平衡导致血管内微血栓的形成，常包括以下几种微血栓：

1. 溶胶状态的纤维蛋白原转变为凝胶状态的纤维蛋白，沉积或附于红细胞表面，使红细胞形成团块。可能几个或几十个红细胞粘在一起，并常粘连于血管壁或堵塞微循环。由于其粘连比较疏松，血流冲击可以重新散开。

2. 血小板粘连集聚、破裂后释出凝血活素，使纤维蛋白黏附于聚集的血小板球上，在流动过程中越滚越大，成为直径为 $10 \sim 100 \mu m$ 的纤维蛋白球，也可以成为更大栓子的核心部分。

3. 红细胞相互粘连，外周包绕的纤维蛋白层逐步加厚，形成较大的葱头状结构的凝块，层间常夹有红细胞和白细胞，退变分解后可形成空泡。

4. 单纯纤维蛋白形成的血栓。

以上几种微血栓均可阻塞微循环，堆积的红细胞还可经毛细血管延伸至微静脉，从而形成组织微小坏死。

第二节 病理变化

弥散性血管内凝血是凝血功能紊乱中一种特殊而严重的表现形式，是许多疾病在发展过程中产生凝血功能障碍的最终共同途径，是一种临床病理综合征。由于血液内凝血机制被弥散性激活，触发小血管内广泛纤维蛋白沉着，导致组织和器官损伤；另一方面，由于凝血因子的消耗引起全身性出血倾向。

当草鱼出血病发生时，病鱼出现全身性小血管损伤，体壁肌肉、肠道、肠系膜、胆囊、肝胰腺、肾、脾和鳃等器官的小血管扩张充血，组织变性、坏死。江育林等认为是由于小血管内皮损坏，激活了凝血因子，产生弥散性血管内凝血，形成微血栓，因而耗去大量凝血因子，引起出血，使循环血量大为减少。另一方面由于微血栓形成和血液淤滞，阻闭了局部的微循环，正常代谢发生障碍，引起脏器组织梗死样病变，使受损害脏器和造血组织丧失其应有的机能，从而加速了病鱼的死亡。

第三节 结局和对机体的影响

1. **休克** 弥散性血管内凝血发生时的广泛微血栓形成导致微循环阻塞及血流淤滞，使回心血流量降低，从而使心输出量减少，加剧微循环障碍，进而引起休克。此外，弥散性血管内凝血过程中补体及激肽系统被激活，导致血管活性物质释放，使外周微血管舒张及通透性增高，外周微血管阻力下降，从而使动脉压下降，促进休克形成。同时，纤维蛋白（原）降解物的产生亦可使微血管扩张及通透性增高，促进休克的形成。

2. **血凝障碍性出血** 由于血液不易凝固，易于出血。任何破损包括皮下、黏膜都可能出血。出血原因有：

（1）凝血物质的减少。弥散性血管内凝血时由于微血栓的形成导致凝血物质大量消耗，血液进入低凝状态导致出血倾向。

（2）继发性纤溶亢进（secondary increased fibrinolytic activity）。弥散性血管内凝血发生时，纤溶系统被继发性激活，纤维蛋白（原）溶解加强，纤维酶使微血栓纤维蛋白块溶解，引起血管损伤部位的再出血，还可以增强凝血物质的水解，加重凝血障碍。

（3）纤维蛋白（原）降解产物形成。凝血与纤溶系统激活后纤维蛋白（原）降解产物形成增多，该物质具有不同程度的抗凝作用，是弥散性血管内凝血后期发生出血的重要原因。

（4）微血管损伤。弥散性血管内凝血时出现的休克、微血栓、酸中毒、缺氧等变化均可导致毛细血管壁损伤，引起出血现象。

3. 微循环栓塞性微小坏死　弥散性血管内凝血发生时形成广泛的微血栓，多见于肝、脾、肾、心、脑、肺、胃肠道、胰腺、肾上腺、脑垂体等器官，引起血管栓塞，影响栓塞部位的血液循环，造成组织器官缺氧与缺血，根据影响程度的不同，重者可导致组织器官大面积坏死与功能障碍。

4. 微血管性溶血性贫血　弥散性血管内凝血发生时可见微血管性溶血性贫血的产生，该类贫血的主要特征是在外周血中可见不同形态（星形、新月形、头盔形等）的红细胞碎片，这些细胞脆性高，易于发生溶血。引起这种贫血的机制一般认为是：

（1）弥散性血管内凝血造成微血管中纤维蛋白性血栓形成，纤维蛋白在血管中形成蛋白网，红细胞在经过蛋白网时容易被黏附在网眼上，血流不断地机械性冲击导致其变形碎裂。

（2）在由于弥散性血管内凝血而产生的各种内环境影响下，红细胞肿大，变形能力下降，在冲击与挤压过程中容易发生碎裂。

第四章 休 克

休克（shock）是机体在严重失血失液、组织损伤、感染等强烈致病因素作用下，微循环血液灌流量急剧减少而引起重要脏器缺血、缺氧、代谢紊乱、细胞损伤以致严重危及生命的病理过程。虽然引起休克的原因多种多样，但休克表现的病理过程是相似的，由低血压导致的组织灌注受损、细胞代谢向缺氧和无氧转变到最终的细胞出现变性和坏死。早期低灌注导致的细胞损伤如细胞变性是可逆的，但持续性缺血缺氧会导致不可逆的组织损伤。当代偿反应不足时，休克会迅速恶化并危及生命。

鱼体在受到外界环境多种不良因素的刺激后，交感神经兴奋，血管收缩，血液中皮质类固醇激素在刺激后的几十分钟到数月内增高，鱼体表现为心律不齐、血压降低、呼吸减缓、代谢下降的应激反应（见第十章）。当出现发病急的严重全身性应激反应时，机体会在数分钟甚至数秒内迅速进入休克状态，并危及生命。除了受应激原的剧烈刺激，机体在严重感染和剧烈创伤时也会出现休克。休克的关键在于组织灌流量下降，而不仅是血压下降。目前，关于鱼类休克的界定尚不清晰且研究匮乏，而在临床上急性大出血、严重过敏反应和剧烈刺激致死等现象都表现出与休克相似的病理进程，较难准确判断。

第一节 休克的分类及原因

根据不同标准，休克在高等动物中可分为多种类型。根据休克发生的使动因素，可分为心源性休克（cardiogenic shock）、低血容量性休克（hypovolemic shock）和血液分布性休克（distributive shock）三种类型。

一、心源性休克

心源性休克是心泵故障如心肌损伤或严重心律失常引起的低心输出量，使有效循环血量和微循环灌流量急剧下降所引起的休克。心源性休克不仅仅是心脏泵血能力的下降，通常会影响整个循环系统的功能，引起炎症反应。

二、低血容量休克

低血容量休克是由于创伤出血或代谢失液等原因，大量体液丧失使血液或血浆量减少，导致静脉回流不足，心输出量减少和血压下降，减压反射受到抑制，从而引起交感神经兴奋，外周血管收缩，组织灌流量进一步减少，进而引起休克。

三、血液分布性休克

血液分布性休克表现为外周血管阻力降低和外周组织中的血液聚集。虽然血容量正常，但是由神经或细胞因子等因素诱导的血管舒张会使微血管面积急剧增加，有效循环血量减少，导致血液不断积聚停滞，出现组织灌注不足的现象，引起休克。由血液分布不均引起的休克可进一步分为过敏性休克（anaphylactic shock）、神经源性休克（neurogenic shock）和感染性休克（septic shock）。

1. 过敏性休克　过敏性休克是一种普遍的I型超敏反应。刺激性物质如药物、过敏原或疫苗与结合至肥大细胞（mast cell）的免疫球蛋白E的相互作用导致肥大细胞脱粒，并释放组胺和其他血管活性介质。随后，全身血管扩张，血管通透性增加，引起低血压和组织灌注不足。

2. 神经源性休克　神经源性休克可能是由创伤引起的，尤其是神经系统的创伤。与过敏性休克相反，细胞因子的释放不是外周血管舒张的主要因素，而是通过自主神经放电，导致周围血管舒张，之后便出现血液静脉汇集和组织灌注不足的现象。

3. 感染性休克　感染性休克是与血液分布不均相关的最常见的休克类型，通常与微生物感染引起的全身性炎症反应综合征有关。细菌或真菌的成分如内毒素、脂多糖（lipopolysaccharide）可以诱导机体释放过量的血管和炎症介质，引起外周血管的舒张。感染性休克引发的心肌功能损伤可直接引起心脏泵功能降低和心排血量减少，最终发生心力衰竭。

第二节　病理变化过程

休克是基于有效循环血量锐减和微循环灌注不足，细胞缺血、缺氧引起的细胞损伤和代谢障碍，进一步快速发展引起主要脏器功能障碍所产生的一种危机综合征。早期休克引起的细胞损伤是可逆的，然而长期的休克会导致不可逆的组织损伤，甚至致命。根据休克的病理发展过程可将其分为代偿期、失代偿期和休克末期三个时期（图4-1）。

代偿期即为休克早期，该期的特点主要包括微循环小血管收缩，导致微循环血量大大减少，同时动脉血可经微动脉直接流入微静脉，加剧组织缺氧、缺血。休克早期常见细胞代谢电解质失衡，ATP供应不足，从而导致钠泵（Na^+-K^+-ATP酶）运转失灵，细胞内液的K^+外流，细胞外液的水、Ca^{2+}、Na^+内流，出现跨膜电位下降和细胞肿胀等变化。这一时期细胞病变不明显或较轻微，以肿胀变性为主，病程为可逆阶段。

微血管长时间收缩、缺血、缺氧、酸中毒等，机体进入失代偿期即休克中期，主要的微循环变化包括微动脉、毛细血管前括约肌松弛，微静脉持续收缩、痉挛，能引起严重的缺氧、缺血。并且微循环处于多灌少流的状态，血流缓慢，形成淤滞，致使血浆外渗。这一时期血浆胶体渗透压降低，流体静压增大，伴有组织水肿现象；细胞代谢障碍加剧，线粒体和溶酶体出现损伤，细胞膜破损，开始表现出细胞死亡的现象。

在休克的过程中，随着缺氧和酸中毒的进一步加重，微血管出现麻痹性扩张，血液淤滞，血流速度迟缓，从而出现广泛的弥散性血管内凝血，机体进入微循环衰竭期即休克末期，重要器官结构紊乱、功能衰竭。如休克可以引起心脏功能发生改变。一般情况下，早期的休克可以出现代偿性的功能增强，随后心脏功能开始减弱，心肌出现代谢障碍，心肌收缩力下降，严重甚至发生心肌局灶性变性或者坏死。由于心脏功能减弱，有效循环血量减少，引起肝动脉血流量减少，导致肝细胞缺血、缺氧，出现肝功能障碍。肾也是休克过程中最易受损的器官之一。休克早期肾血流量减少，可能发生急性肾功能障碍。长久休克致使肾长期缺血，导致肾小管坏死，造成肾功能衰竭。在休克早期由于脑血流量维持正常范围，脑功能没有任何障碍。随着病程不断加深，有效循环血流不足，脑组织出现缺血、缺氧状态。

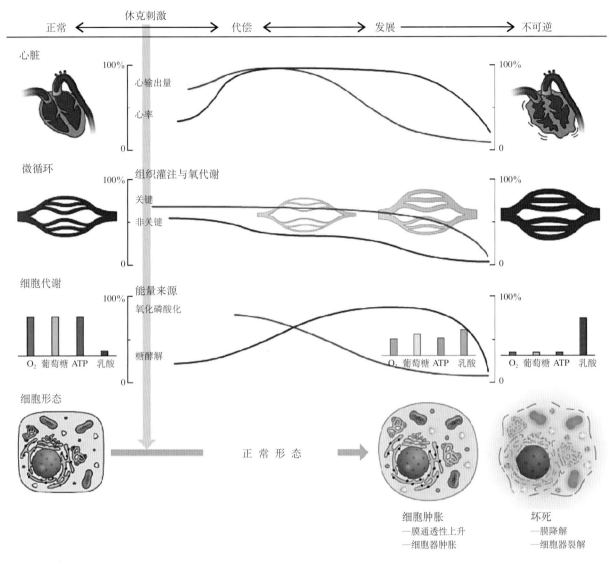

图4-1 休克发生过程模式图
(赵德明等译，2015. 兽医病理学. 5版)

第三节 鱼类的休克现象

鱼类具有休克发生的病理生理基础，在急性环境变化如骤热骤冷、人为干扰等剧烈应激，农药、藻类毒素、重金属等中毒，微生物感染等多种因素作用下，鱼类因缺血、缺氧出现微循环障碍，进而引起细胞和组织功能障碍。鱼类休克早期临床现象不明显，仅通过镜下观察可见细胞肿大、变性坏死的病理过程，与其他疾病进程不易区分。休克晚期鱼体漂浮在水面或濒死状态悬挂在水中（图4-2），表现为呆滞、惊吓无反应、失去知觉呈昏迷状态。

由于低血容量引起的休克，往往出现在急性大出血或机体大量失液的情况下。养殖过程中鱼类急性大出血引起的低血容量在中毒和感染中时有见到，如鱼类喹乙醇中毒和鲫患大红鳃时，一旦拉网运输就会出现全身尤其是鳃部的急性大出血（图4-3），从而引起短时间内全身血量的急剧下降。此外，细菌性败血症、草鱼出血病、病毒性出血性败血症等以血管病变为主要症状的传染性疾病，由于严重的血管反应和全

图4-2　鱼休克濒死，悬挂于水中

图4-3　鲫鳃的急性大出血引起鱼体休克

身性出血，组织在一段时间内出现血液分布异常，具有感染性休克的病理基础。如草鱼出血病引起急性出血、出血性贫血、炎症反应和肝损伤等一系列血相学变化，这些变化导致组织损伤和功能性障碍，甚至死亡。鲫疱疹病毒Ⅱ型感染时，一旦在不良因素的进一步刺激下，鲫鳃可发生急性大出血，如果不能及时止血，即很快由于失血量大而出现失血性休克。

高渗失液是广盐性鱼类面临的常见问题，如虹鳟从淡水进入海水后，海水高渗的环境会导致鱼类大量失液，当机体调节失液的能力降低时，则具备休克发生的病理基础。研究揭示，随着盐度升高，虹鳟通过大量饮水来调节自身渗透压，维持机体形态，而鲻鳃丝和鳃小片氯细胞（chloride cell）数量增多、体积增大，鳃小片上皮细胞肿胀、甚至坏死脱落，肾小球及各级肾小管出现不同程度萎缩。当盐度超出可调节范围时就会对鱼类造成不可逆的组织损伤甚至代谢障碍。

休克是机体微循环血液灌流量急剧减少而引起细胞损伤以致严重危及生命的病理过程。临床上可以观察到鱼类休克的现象，但休克的准确界定和病理发展还有待深入研究。由于鱼类休克早期不易判别，往往出现向死亡方向的转归。

第五章 细胞与组织的损伤

　　正常细胞和组织不断受到内外因子的刺激，其物质代谢、形态结构和功能会因此出现相应改变。活体内细胞死亡发生后，机体将给予修复，最大限度地恢复原有细胞和组织的形态结构和功能。机体的细胞和组织经常不断地接受内外环境各种刺激因子的影响，并通过自身的反应和调节机制对刺激做出应答反应。这种反应能力可保证细胞和组织的正常功能，维护细胞、组织、器官乃至整个机体的生存。但细胞和组织并非能适应所有刺激的影响，当刺激的性质、强度和持续时间超越了一定的界限时，细胞和组织就会受损甚至死亡。细胞和组织受到损伤时，可以表现为形态结构、代谢、功能的改变。轻度损伤，在细胞能承受的范围内表现为适应；中度损伤，细胞发生连续反应，表现为适应、损伤甚至死亡；严重损伤，可直接导致细胞死亡（图5-1）。然而，正常与发生适应性改变、损伤乃至死亡的细胞之间，在结构和功能上往往没有绝对的界限。

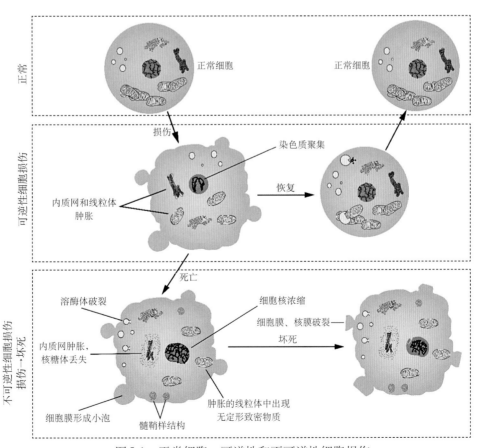

图5-1　正常细胞、可逆性和不可逆性细胞损伤
(赵德明等译，2015. 兽医病理学. 5版)

75

损伤因子强度弱、作用时间短，细胞的损伤可恢复，即为可逆性损伤（reversible injury）。可逆性损伤，也称变性（degeneration），是指新陈代谢障碍时，细胞或细胞间质内出现一些异常物质或正常物质异常蓄积。变性的组织细胞功能下降，但通常为可复性。若损伤因子持续刺激和过于剧烈，则表现为不可逆性损伤，即细胞死亡（cell death）。细胞死亡是病理学核心问题，其表现主要有两种方式：坏死与凋亡。坏死是细胞受到严重损伤时的病理性死亡过程，而凋亡多属生理性情况下发生的死亡，由细胞基因编码调控。

本章主要介绍组织和细胞在病理因素刺激下所出现的适应性改变、变性、异常物质沉积、坏死和凋亡等内容。

第一节　组织损伤的原因与发病机理

当损伤因素超出机体的适应能力，则引起细胞和组织的损伤。在一定程度内这种损伤为可复性，形态上表现为变性和物质异常沉积，重度损伤则引起细胞和组织的死亡。

一、组织损伤发生的原因

凡能引起疾病发生的原因大致也是引起细胞组织损伤的原因，可分为生物性、理化性、营养性等外界致病因素，以及免疫、神经内分泌、遗传变异、先天性、年龄性别等机体内部因素。

（一）缺血、缺氧性损伤

氧是细胞维持生命活动和功能不可缺少的要素。缺氧破坏细胞的有氧呼吸，损害线粒体的氧化磷酸化过程，使ATP的产生减少甚至停止，从而引起一系列的改变。缺氧可为全身性，亦可为局部性。全身性缺氧常因水体环境溶解氧含量急剧下降（如夜间增氧设施故障造成水体缺氧）、呼吸功能障碍（如寄生于鳃部的寄生虫严重感染时引起呼吸面积减少）或某些化学毒物损害了血红蛋白的载氧能力（如水体亚硝酸盐含量超标）等多种因素导致。局部缺氧的原因则往往是缺血，常由局部循环障碍（如鱼体局部血管发生空气性栓塞）等引起。

（二）微生物毒素损伤

可引起细胞损伤的生物因子包括多种细菌（如无乳链球菌荚膜多糖破坏血管壁，鲁氏耶尔森氏菌溶血素破坏血管内皮细胞等）、病毒（如寄生在细胞内的虹彩病毒，通过产生毒素蛋白引起鱼体细胞和组织损伤）、真菌（如水霉、鳃霉、镰刀菌等，均可通过菌体自身毒素损伤鱼体皮肤组织或内脏细胞）、原虫（如锥体虫等）、蠕虫（如绦虫可造成肠黏膜上皮细胞损伤）。

（三）水体化学因子损伤

水体多项指标（游离氨、亚硝酸盐、铜离子浓度）均能与细胞或组织发生化学反应，从而引起细胞的功能障碍或破坏，这些物质称为有毒物质。其毒性作用的前提是毒物的可吸收性（经皮肤或经鳃），其损害作用则决定于其浓度和作用持续时间。毒物的作用点或为其接触部位（如皮肤），或为其富集部位（如血红蛋白），或为其代谢部位（如肝），或为其排泄部位（如肾），或借助于载体分子经主动运输进入细胞，或被动地被机体吸收。这一过程与毒物的亲水性高低呈正相关，而与其分子大小呈负相关。进入机体后，亲水性毒物主要通过与细胞的受体相结合而损害细胞，而亲脂性毒物则主要富集于脂肪组织。

（四）其他原因引起的损伤

可引起鱼体细胞和组织损伤的原因还包括机械性因素、温度等刺激因子。机械性损伤能使细胞、组织破裂，常见于拉网引起的鱼体损伤；高温让消化酶变性，常见于高温期间鱼体饲料转化率低和生长性能低；低温可使血管收缩、受损，引起组织缺血、细胞损害，常见于冬季鱼体组织冻伤而继发水霉，引起细胞损伤和功能障碍。

二、细胞和组织损伤的机制

细胞损伤的机制主要体现在细胞膜的破坏、活性氧类物质和细胞质内游离钙增多、缺氧、化学毒害和遗传物质变异等几方面，它们互相作用或互为因果，导致细胞损伤的发生与发展。

（一）细胞膜的破坏

机械力的直接作用、酶性溶解、缺氧、活性氧类物质、细菌毒素、病毒蛋白、补体成分、化学损伤等都可破坏细胞膜结构的完整性和通透性，影响细胞膜的信息和物质交换、免疫应答、细胞分裂与分化等功能。细胞膜受到破坏的机制在于进行性膜磷脂减少，磷脂降解产物堆积，以及细胞膜与细胞骨架分离使细胞膜易受拉力损害等。细胞膜破坏是细胞损伤特别是细胞不可逆性损伤的关键环节。

（二）活性氧类物质的损伤

活性氧类物质（activated oxygen species，AOS）又称反应性氧类物质，包括处于自由基状态的氧（如超氧自由基和羟自由基），以及不属于自由基的过氧化氢 H_2O_2。自由基（free radicals）是原子最外层偶数电子失去一个电子后形成的具有强氧化活性的基团。细胞内同时存在生成 AOS 的体系和拮抗其生成的抗氧化剂体系。正常少量生成的 AOS，会被超氧化物歧化酶（superoxide dismutase）、谷胱甘肽过氧化物酶（glutathione peroxidase）、过氧化氢酶（catalase）及维生素 E 等细胞内外抗氧化剂清除。在缺氧、缺血、细胞吞噬、化学放射性损伤、炎症以及老化等的氧化还原过程中，AOS 生成增多，脂质、蛋白质和 DNA 过氧化，引起脂质双层稳定性下降，DNA 单链破坏与断裂，促进含硫蛋白质相互交联，并可直接导致多肽破裂。AOS 的强氧化作用是细胞损伤的基本环节。

（三）细胞质内高游离钙的损伤

磷脂、蛋白质、ATP 和 DNA 等会被细胞质内磷脂酶、蛋白酶、ATP 酶和核酸酶等降解，此过程需要游离钙的活化。正常时细胞内游离钙与钙转运蛋白结合贮存于内质网、线粒体等钙库内，细胞质处于低游离钙状态，细胞膜 ATP 钙泵和钙离子通道参与细胞质内低游离钙浓度的调节。细胞缺氧、中毒时，ATP 减少，Na^+/Ca^{2+} 交换蛋白直接或间接激活细胞质内游离钙使之继发增多，促进上述酶类活化而损伤细胞。细胞内钙浓度往往与细胞结构和功能损伤程度呈正相关，大量钙的流入导致的细胞内高游离钙（钙超载）是许多因素损伤细胞的终末环节，并且是细胞死亡最终形态学变化的潜在介导者。

（四）缺氧的损伤

缺氧（hypoxia）是指细胞不能获得足够的氧或是氧利用障碍，按其原因可分为：①低张性缺氧（hypotonic hypoxia），空气中氧分压低或器官性呼吸障碍；②血液性缺氧（hemic hypoxia），血红蛋白和红细胞量的异常；③循环性缺氧（circulatory hypoxia），心-鳃功能衰竭或局部性缺血；④组织性缺氧（histogenous hypoxia），线粒体生物氧化特别是氧化磷酸化等内呼吸功能障碍等。细胞缺氧会导致线粒体氧化磷酸化受阻，ATP 形成减少，细胞膜钠-钾泵、钙泵功能低下，细胞质内蛋白质合成和脂肪运出障碍，无氧糖酵解增强，造成细胞酸中毒，溶酶体膜破裂，DNA 链受损。缺氧还使活性氧类物质增多，引起脂质崩解和细胞骨架破坏。轻度短暂缺氧可使细胞水肿和脂变，重度持续缺氧可引发细胞坏死。在一些情况下，缺血后血流的恢复会引起存活组织的过氧化，反而加剧组织损伤，称为缺血再灌注损伤（ischemia-reperfusion injury）。

（五）化学性损伤

许多化学物质包括药物都可造成细胞损伤。化学性损伤可为全身性或局部性两种类型，前者如氯化物中毒，后者如接触强酸、强碱、强氧化性物质对皮肤黏膜的直接损伤。一些化学物质的作用还有器官特异性，如CCl$_4$引起的肝损伤。化学性损伤的途径有：①化学物质本身具有直接细胞毒作用。例如氰化物能迅速封闭线粒体的细胞色素氧化酶系统而致猝死；氯化汞中毒时，汞与细胞膜含疏蛋白结合而损害ATP酶依赖性膜转运功能；化学性抗肿瘤药物和抗生素也可通过类似的直接作用伤及细胞。②代谢产物对靶细胞的细胞毒作用。肝、肾、鳃、心肌常是毒性代谢产物的靶器官，如CCl$_4$本身并无活性，其在肝细胞被转化为毒性自由基·CCl$_3$后，便可引起滑面内质网肿胀，脂肪代谢障碍。③诱发DNA损伤。化学物质和药物的剂量、作用时间、吸收蓄积和代谢排出的部位以及代谢速率的个体差异等，影响化学性损伤的程度、速度与部位。例如化学试剂中的烷化剂易将烷基加到DNA链中嘌呤或嘧啶的N或O上，其中鸟嘌呤的N$_7$和腺嘌呤的N$_3$最容易受攻击，烷基化的嘌呤碱基配对会发生变化，另外，烷化剂还可使DNA发生碱基脱落、DNA链断裂交联等现象。

（六）遗传变异

化学物质和药物、病毒、射线等均可损伤核内DNA，诱发基因突变和染色体畸变，使细胞发生遗传变异（genetic variation），常通过以下途径作用：①结构蛋白合成低下，细胞缺乏生命必需的蛋白质；②阻止细胞核分裂；③合成异常生长调节蛋白；④引发先天性或后天性酶合成障碍等，使细胞因缺乏生命必需的代谢机制而发生死亡。

第二节　变　性

在致病因素的作用下，组织和细胞发生物质代谢障碍，在细胞内和间质中出现各种异常物质或原有的某些物质堆积过多。细胞受到致病因子的作用后，细胞的功能和结构可在适应能力范围内改变。如果致病因子作用过强，上述改变超过该细胞的适应能力，则出现变性（degeneration）。变性一般分为细胞肿胀、脂肪变性、透明变性、黏液样变性、淀粉样变性和纤维素样变性。

一、细胞肿胀

细胞肿胀（cellular swelling）是指细胞内水分增多，胞体增大，细胞质内出现微细颗粒或大小不等的水泡（图5-2）。细胞肿胀多发生于心、肝、肾等实质细胞，也可见于皮肤和黏膜的被覆上皮细胞。它是一种常见的细胞变性，以前病理文献中经常提到的颗粒变性、水泡变性均包括在细胞肿胀中。

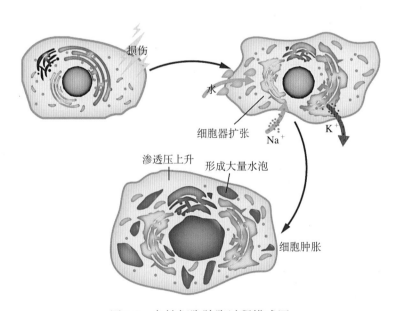

图5-2　急性细胞肿胀过程模式图

（一）病因和发病机理

细胞肿胀的主要原因是缺氧、感染、中毒等，故多出现于急性病理过程。这些致病因素可直接损伤细胞膜的结构，也可使细胞内线粒体受损，破坏氧化酶系统，使三羧酸循环（tricarboxylic acid cycle）和氧化磷酸化（oxidative phosphorylation）发生障碍，ATP生成减少，使细胞膜

Na^+-K^+泵功能障碍，导致细胞内Na^+、水增多，细胞因而肿大。线粒体和内质网等细胞器也因大量水分进入而肿胀和扩张，甚至形成囊泡。

（二）病理变化

眼观病变器官体积肿大，被膜紧张，重量增加，切面隆起，色泽变淡，混浊无光泽，质地脆软。镜下观察，早期见细胞肿大，细胞质内出现大量微细红染的颗粒，又称为颗粒变性（granular degeneration）（图5-3）。随着病变的发展，变性细胞的体积进一步增大，细胞质基质内水分增多，微细颗粒逐渐消失，并出现大小不一的水泡，细胞核肿大、淡染。小水泡可相互融合成大水泡，这种以细胞质内出现水泡为特征的细胞肿胀又称为水泡变性。水泡在H&E染色的组织切片上呈空泡，故有时又称为空泡变性（vacuolar degeneration）。严重时细胞质呈空网状或呈透明状，细胞肿大如气球状，也称为气球样变性（ballooning

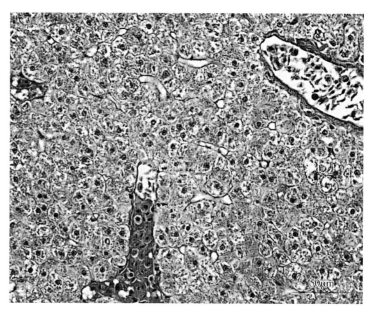

图5-3　蛙病毒导致似鲇高原鳅肝细胞肿胀、颗粒变性

degeneration）（图5-4），由病毒引起的鱼类肝炎常见到这种变性。电镜下，颗粒变性时细胞质中的微细颗粒在线粒体丰富的细胞主要是肿胀的线粒体（图5-5），在缺乏线粒体的细胞则主要是扩张的内质网（图5-6），光镜下所见细胞质中的水泡主要是极度扩张和囊泡变的内质网。

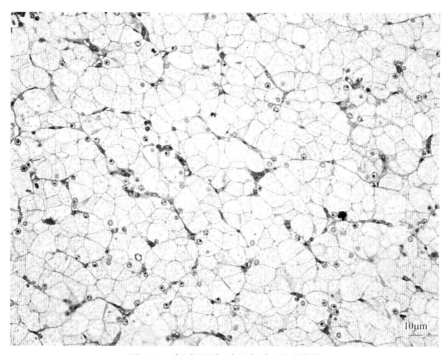

图5-4　鲟患肝病时肝细胞严重肿胀

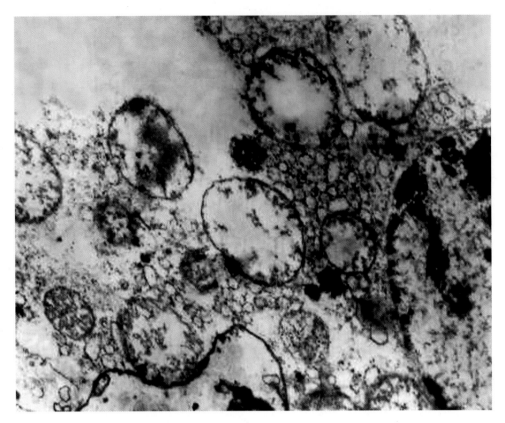

图5-5　嗜麦芽寡养单胞菌感染致斑点叉尾鮰线粒体肿胀变圆

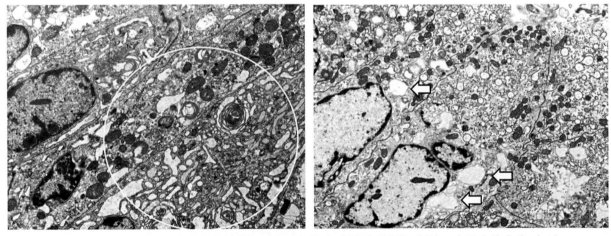

图5-6　患"水瘪子"病的中华绒螯蟹肝胰腺细胞内质网严重肿胀（○）、大量空泡产生（➪）

细胞肿胀是一种可复性过程，当病因消除后一般可恢复正常；若病因持续作用，则可发展为细胞坏死。发生细胞肿胀的器官的生理机能有不同程度的降低。

二、脂肪变性

脂肪变性（fatty degeneration）是指细胞质内出现脂滴或脂滴增多。在电镜下脂滴为有膜包绕的圆形小体，即脂质小体（liposome）。脂滴的主要成分为中性脂肪（甘油三酯），也可能有磷脂和胆固醇。脂肪变性多发生于肝、肾、心等实质器官的细胞，其中尤以肝细胞脂肪变性最为常见。

（一）病因和发病机理

引起脂肪变性的原因有感染、中毒（如磷、砷和真菌毒素等）、缺氧、饥饿和缺乏必需的营养物质等。以上因素均可干扰破坏细胞脂肪代谢。现以肝细胞脂肪变性为例分析其发生机理。正常情况下，进入肝细胞的脂肪酸和甘油三酯主要来自脂库和食物，肝细胞中少量脂肪酸在线粒体内进行β氧化以供给能量；大部分脂肪酸在光面内质网中合成磷脂和甘油三酯，并与胆固醇和载脂蛋白结合组成脂蛋白，通过高尔基复合体、经细胞膜进入血液；还有部分磷脂及其他类脂与蛋白质、碳水化合物结合，形成细胞的结构成分（即结构脂肪）。其中任何一个或几个环节发生障碍均可导致肝细胞的脂肪变性。

1. 中性脂肪合成过多　常见于某些疾病造成的饥饿状态，此时体内从脂库动用大量脂肪，大部分以脂肪酸的形式进入肝，肝细胞内合成甘油三酯的量剧增，超过了肝细胞将其氧化和合成脂蛋白输出的能力，脂肪即在肝细胞内蓄积。

2. 脂蛋白合成障碍　常见于合成脂蛋白所必需的磷脂或组成磷脂的胆碱等物质缺乏，以及缺氧和中毒破坏内质网结构或抑制酶活性而使脂蛋白及组成脂蛋白的磷脂、蛋白质的合成障碍，使甘油三酯不能组成脂蛋白运输出去，从而在肝细胞内蓄积。

3. 脂肪酸氧化障碍　如缺氧、中毒等因素可引起细胞内线粒体受损，影响β氧化，造成脂肪酸氧化障碍，并转向合成甘油三酯，使脂肪在细胞内堆积。

4. 结构脂肪破坏　见于感染、中毒和缺氧，此时细胞结构被破坏，细胞的结构脂蛋白崩解，脂质析出形成脂滴。

（二）病理变化

肉眼观察，脂肪变性的器官组织肿大，被膜紧张，边缘钝圆，色变黄，切面隆起，有油腻感，质地脆软（图5-7）。镜下观察，变性的细胞体积增大，胞质内出现大小不等的脂滴，大的脂肪滴可充满整个细胞，并将胞核挤到一边，状似脂肪细胞（图5-8至图5-10）。在石蜡切片中脂滴被脂溶剂二甲苯、酒精等溶解而呈圆形空泡状，常常不易与水泡变性相区别，可通过制作冰冻切片利用能溶解于脂肪的染料进行染色，如苏丹Ⅲ将脂肪染成橘红色，苏丹Ⅳ将脂肪染成红色，锇酸将其染成黑色。当鱼饲料中粗脂肪和糖类营养指标过高，饲料中长期添加较高剂量的某些药物（如呋喃唑酮、喹乙醇和磺胺类），饲料中维生素

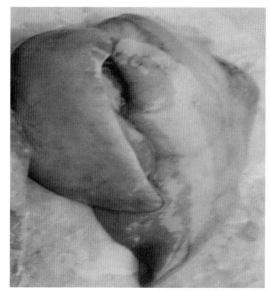
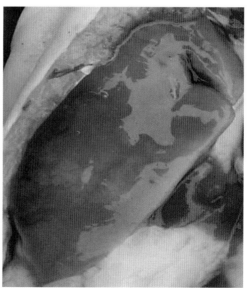

图5-7　病鱼肝严重发黄、肿大

图5-8 高脂饲料引起草鱼肝严重脂肪变性

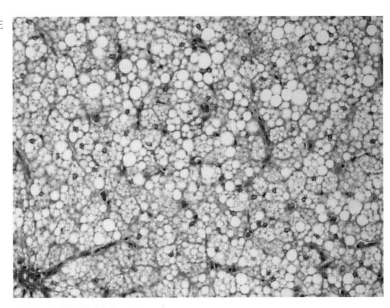

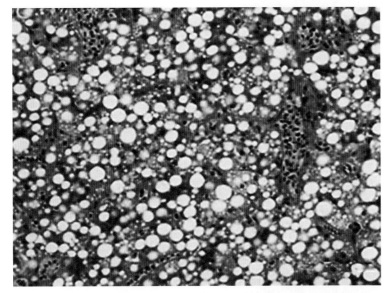

图5-9 肝脂肪变性，肝细胞内充满大量脂滴

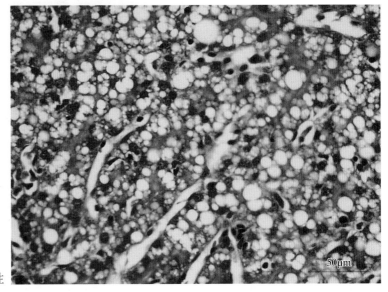

图5-10 杂交鲟肝脂肪变性

E和微量元素硒缺乏、氧化脂肪含量过高以及水体杀虫施用的某些农药过度时，常引起鱼体发生肝脂肪变性。其特点是肝肿大、色泽变淡或发黄，有的呈花斑状，质地脆弱，严重时一触即碎，如糨糊状；胆囊肿大，胆汁充盈、稀薄如水，或胆囊萎缩、胆汁浓稠。目前水产临床上常发生的鱼类肝胆综合征即主要是指这种变化。

脂肪变性是一种可复性过程，在病因消除后通常可恢复正常。严重的脂肪变性可发展为坏死。发生脂变的器官，其生理功能降低，如肝脂肪变性可导致肝糖原合成和解毒能力的降低。

三、透明变性

（一）透明变性的类型和原因

透明变性（hyaline degeneration）是指在间质或细胞内出现一种均质、无结构的物质，可被伊红染成红色，又称玻璃样变性（hyalinization）。透明变性包括多种性质不同的病变，它们只是在形态上都出现相似的均质、玻璃样物质。常见的透明变性有以下三类。

1. **血管壁的透明变性**　常见于小动脉壁。动脉壁透明变性的发生是由于小动脉持续痉挛使内膜通透性升高，血浆蛋白经内皮渗入内皮细胞下并凝固成均质无结构、红染的玻璃样物质，使管壁增厚、变硬、弹性减弱、脆性增加，管腔狭窄甚至闭塞（图5-11）。

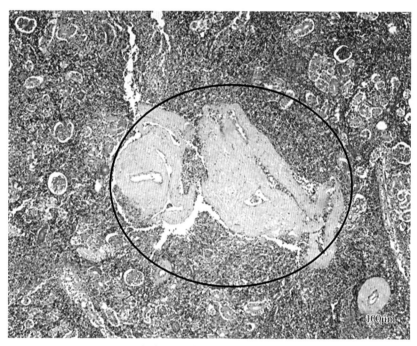

图5-11　患病长吻鮠肾内血管透明变性（○）

2. **结缔组织的透明变性**　常见于瘢痕组织及纤维化的肾小球等。病变呈灰白色、半透明、质坚韧、无弹性。可能是由胶原纤维肿胀、变性、融合，大量的糖蛋白蓄积其间所致（图5-12）。

3. **细胞内透明变性**　又称细胞内透明滴状变，是指细胞质内出现大小不等、均质红染的玻璃样圆滴。这种病变常见于肾小球性肾炎时，肾小管上皮细胞的细胞质内可出现多个大小不等的红染玻璃样圆滴（图5-13至图5-15）。其发生机理是肾小球毛细血管通透性增高而使血浆蛋白大量滤出，肾小管上皮细胞吞饮了这些蛋白质并在细胞质内形成玻璃样圆滴。细胞内透明变性还可见于慢性炎症灶中的浆细胞，在浆细胞细胞质内出现一椭圆形、红染、均质的玻璃样小体，即Russell小体（复红小体），电镜下见该小体为浆细胞细胞质中大量充满免疫球蛋白而扩张的粗面内质网。有时在不同鱼类的肝细胞中也可见到呈圆形或近圆形红染的玻璃样滴状物，有可能是各种因素导致的肝细胞功能损害，影响肝细胞内合成蛋白如卵黄蛋白的运输而引起的蛋白堆积（图5-16）。

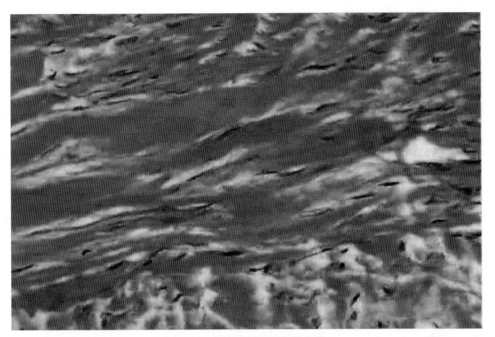

图5-12　结缔组织玻璃样变性
（王恩华，2015．病理学．3版）

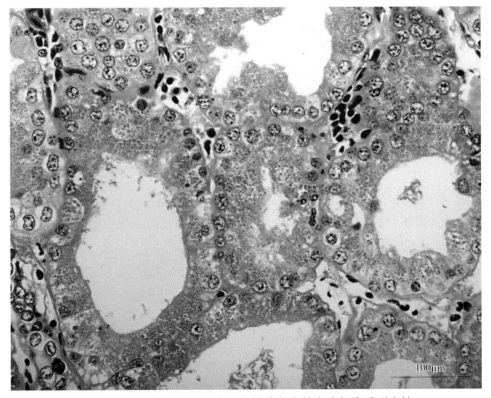

图5-13　迟缓爱德华氏菌感染大鲵致肾小管上皮细胞透明变性

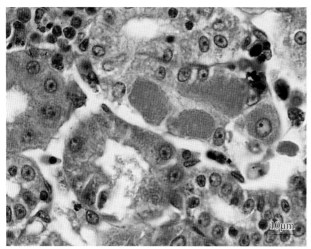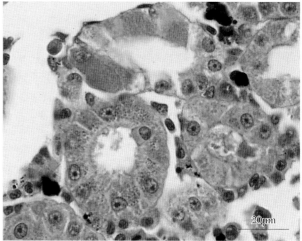

图5-14　匙吻鲟肾小管上皮细胞透明变性

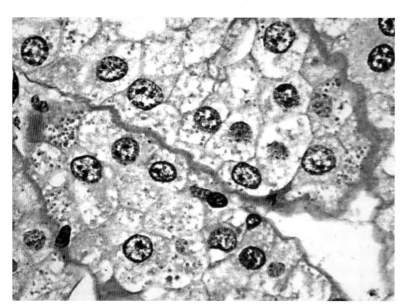

图5-15　蛙病毒感染致大鲵肾小管上皮
　　　　细胞透明滴状变

图5-16　玛丽鱼患虹彩病毒病时肝细胞
　　　　内透明滴状变

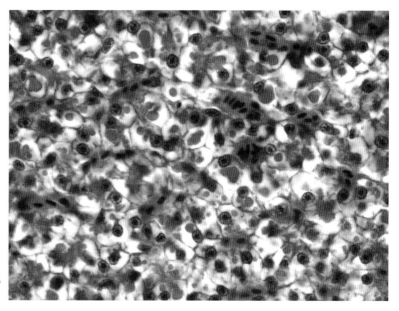

（二）病理变化

玻璃样变性其实是一组物理性状相同，但发生原因、化学成分及机制各不相同的病理变化的统称。在 H&E 染色情况下，细胞外间质或细胞质内可观察到嗜伊红、均质半透明、无结构的玻璃样物质。

轻度透明变性是可以恢复的。小动脉壁透明变性可导致局部组织缺血和坏死。结缔组织透明变性可使组织变硬，失去弹性，引起不同程度的机能障碍。肾小管上皮细胞透明滴变一般无细胞功能障碍，透明滴状物可被溶酶体消化。浆细胞的复红小体形成是免疫合成功能旺盛的一种标志。

四、黏液样变性

（一）黏液样变性的类型和原因

组织间质内出现类黏液（黏多糖和蛋白质）的积聚称为黏液样变性（mucoid degeneration）。类黏液（mucoid）是由结缔组织细胞产生的蛋白质与黏多糖复合物，呈弱酸性，H&E 染色为淡蓝色。

（二）病理变化

结缔组织发生黏液样变性时，眼观病变部位失去原来的组织形态，变成透明、黏稠的黏液样结构。光镜下见结缔组织疏松，其中充以大量染成淡蓝色的类黏液和一些散在的星状或多角形细胞，这些细胞间有突起相互连接。结缔组织黏液样变性常见于全身性营养不良和甲状腺机能低下时，一些间叶性肿瘤也可继发黏液样变性。黏液样变性在病因去除后可以消退，但如病变长期存在可引起纤维组织增生而导致硬化。

五、淀粉样变性

淀粉样变性（amyloid degeneration）是指组织内出现淀粉样物质（amyloid）沉着，此物质常沉着于一些器官的网状纤维、小血管壁和细胞之间。淀粉样物质是蛋白质，其遇碘时可被染成棕褐色，再加硫酸后则变为蓝色，与淀粉染色特性相似，故称之为淀粉样变性。

（一）淀粉样变性的类型和原因

随着生物化学和免疫学研究的进展，目前已知淀粉样物质主要有三类：①淀粉样蛋白 A（amyloid associated protein A，AA），由非免疫球蛋白性蛋白质组成，主要出现于继发性淀粉样变性。②淀粉样轻链蛋白（amyloid light chain，AL），由免疫球蛋白轻链组成，主要出现于原发性淀粉样变性。③内分泌源性淀粉样物质，主要出现于内分泌腺的淀粉样变性。

淀粉样变性的发生机理尚不完全清楚。一般认为它的发生与全身免疫反应有关，是机体免疫系统功能障碍的表现。在动物实验中，反复注射高抗原物质（如细菌毒素），或用酪蛋白饲喂鼠和兔，可以实验性地复制出淀粉样变性病理变化，当用 X 射线照射和合用皮质酮等免疫抑制剂时能加速淀粉样变性的发生。收集实验鼠的脾细胞移植到正常鼠体内，同时使其免疫抑制，能引起移植鼠的脾发生淀粉样变性。淀粉样物质是蛋白质代谢障碍的一种产物，它由网状内皮细胞产生。当组织发生淀粉样变性时，在病灶中可以看到能合成异常蛋白质的不典型的网状细胞，即"淀粉样细胞"。

（二）病理变化

淀粉样变性常继发于一些长期伴有组织破坏的慢性炎症性疾病，多发生于肝、脾、肾等器官。淀粉样变性的器官肿大，呈棕黄色，质软易碎。淀粉样物质是具有片层结构的一种纤维性蛋白质，在电镜下是由不分支的原纤维（直径 7.5 ～ 10.0mm）相互交织成的网状结构；在光镜下为均匀无结构的物质（图 5-17）。它可被碘染成赤褐色，再加 1% 硫酸则呈蓝色。此物质在 H&E 染色切片中为淡红色，对刚果红有高度亲和力而被染成红色。淀粉样物质的沉积可为局部性，亦可为全身性，常分布于细胞间或沉积在小血管基底膜

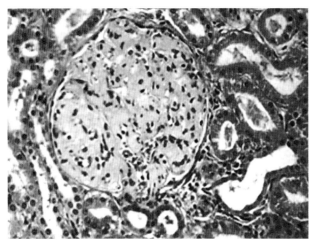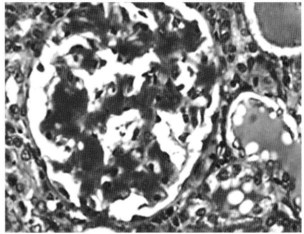

图5-17　哺乳动物肾小球淀粉样变性
(赵德明等译，2015. 兽医病理学．5版)

下，还可沿组织纤维支架分布。发生淀粉样变性的器官由于实质细胞受损和结构破坏而发生机能障碍，轻度淀粉样变性一般是可以恢复的，重症淀粉样变性不易恢复。

六、纤维素样变性

纤维素样变性（fibrinoid degeneration）是指间质胶原纤维和小血管壁失去原有组织的结构特点，变为无结构、强嗜伊红染色的纤维素样物质，也称其为纤维素样坏死（fibrinoid necrosis），为间质胶原纤维及小血管壁的一种变性。

镜下可见坏死组织呈细丝、颗粒状无结构的红染物，状似纤维素，并且有时呈纤维素染色，故称此改变为纤维素样变性（图5-18）。

纤维素样变性主要见于变态反应性疾病。其发生可能是由于抗原抗体反应形成的生物活性物质使局部胶原纤维崩解，小血管壁损伤而通透性增高，以致血浆渗出，其中的纤维蛋白原可转变为纤维蛋白沉着于病变部。某些病毒感染也可以引起。

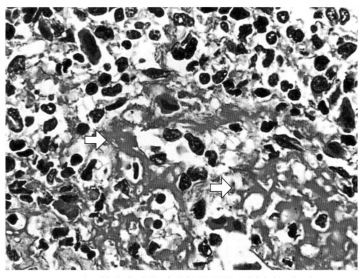

图5-18　蛙病毒感染致大鲵脾纤维素样变性（⇨）

第三节　病理性色素沉积

有色物质（色素）在细胞内、外的异常蓄积称为病理性色素沉着（pathologic pigmentation），人类及其他陆生动物有外源性的如炭末及文身进入皮内的色素，也有由体内生成并沉着的内源性色素，如含铁血黄素、脂褐素、胆红素、黑色素等，鱼类常见的是内源性色素沉积。

一、含铁血黄素

巨噬细胞吞噬血管中逸出的红细胞，并由其溶酶体降解，使来自红细胞的 Fe^{3+} 与蛋白质结合成电镜下可见的铁蛋白微粒，若干铁蛋白微粒聚集成为光镜下可见的棕黄色、较粗大的折光颗粒，称为含铁血黄素（hemosiderin）。

在哺乳动物中，左心衰竭时，肺内淤血的红细胞被巨噬细胞吞噬，吞噬后形成含铁血黄素，在患者痰液中出现心衰细胞，即吞噬红细胞的巨噬细胞。当溶血性贫血时大量红细胞被破坏，可出现全身性含铁血黄素沉着，主要见于肝、脾、淋巴结和骨髓等器官。硬骨鱼类体内巨噬细胞吞噬衰老红细胞后可与淋巴细胞和抗体聚集在一起形成黑色素巨噬细胞中心，常见于肾和脾中，其作用包括：参与体液免疫和炎症反应；对内源或外源异物进行贮存、破坏和脱毒；作为记忆细胞的原始发生中心；保护组织免受自由基损伤。外界刺激和病原侵染情况下，血流量较高的靶器官中黑色素巨噬细胞中心数量增多（图5-19、图5-20）。

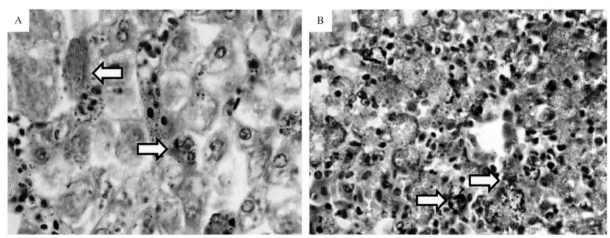

图5-19　无乳链球菌感染致罗非鱼肝和脾内大量含铁血黄素沉着
A.肝含铁血黄素沉着（⇨）　B.脾含铁血黄素沉着（⇨）

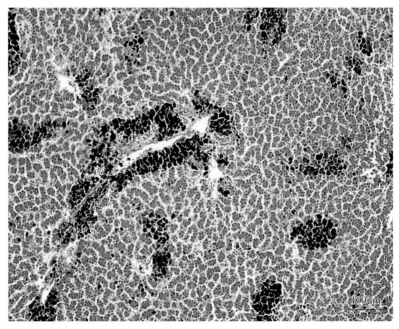

图5-20　匙吻鲟肝黑色素巨噬细胞中心增多

二、脂褐素

脂褐素（lipofuscin）是蓄积于细胞质内的黄褐色微细颗粒，电镜显示为自噬溶酶体内未被消化的细胞器碎片残体，其中50%为脂质。

一些慢性消耗性疾病导致肝细胞、肾上腺皮质网状带细胞以及心肌细胞等萎缩时，其细胞质内有大量脂褐素沉着，如鲤维生素E缺乏时肝细胞内可见脂褐素沉积，所以此色素又有消耗性色素之称（图5-21）。脂褐素在电镜下，呈典型的残存小体结构。脂褐素一般在年老水生动物中出现，一般的商品鱼生长时间短，脂褐素较少见，但在野生鱼或种用亲鱼中有时可见内脏大量脂褐素聚集。

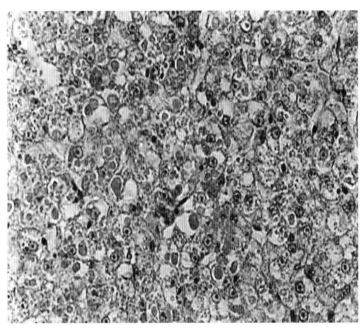

图5-21　维生素E缺乏致鲤肝脂褐素沉积

三、黑色素

黑色素（melanin）是由黑色素细胞生成的黑褐素微细颗粒，为大小不一的棕褐色或深褐色颗粒状色素。正常人皮肤、毛发、虹膜、脉络膜等处都有黑色素的存在。局部性黑色素沉着见于色素痣、恶性黑色素瘤等。某些水生动物腹膜呈现黑色，一般是黑色素沉积所致。此外，一些疾病可导致鱼体色发黑，黑色素细胞增加，黑色素沉着，常在损伤或感染部位出现，这可能跟黑色素和/或其醌前体具有抗感染特性有关，例如草鱼乌头瘟可导致病鱼头部、背部躯干体色变黑；染性造血器官坏死病病毒感染虹鳟，可致病鱼体表黑色素沉着，体色发黑（图5-22）；大西洋鲑的心肌综合征可在心脏内出现严重的病理性黑色素沉着；其他多种因素也可导致黑色素颗粒在全身多数组织器官内广泛沉积（图5-23）。

图5-22　传染性造血器官坏死病病毒感染导致虹鳟体表黑色素沉着，体色发黑

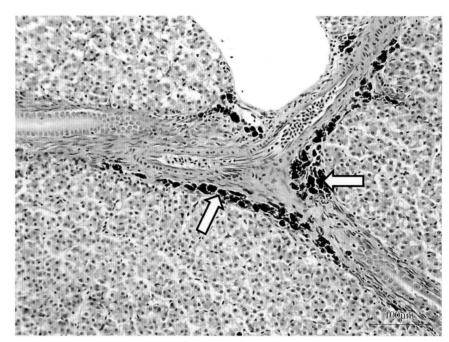

图5-23　虹鳟肝血管周围大量黑色素沉积（⇨）
（由David Groman提供）

四、胆红素

胆红素（bilirubin）是吞噬细胞形成的一种血红蛋白衍生物，血液中胆红素过多时则把组织染成黄色，称为黄疸（jaundice）。胆红素一般为溶解状态，但也可为黄褐色折光小颗粒或团块（图5-24）。在胆道堵塞及某些肝病个体的肝细胞、毛细胆管及小胆管内可见许多胆红素。

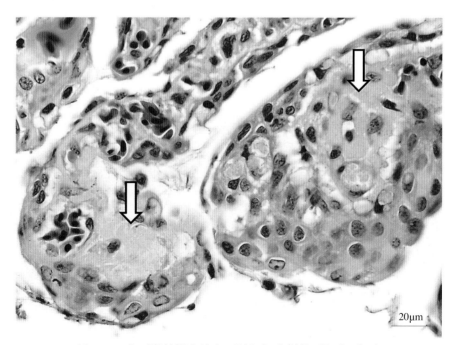

图5-24　大西洋鲑鳃小片上可见胆红素样物质沉积（⇨）
（由David Groman提供）

第四节　矿物质沉着

鱼类机体中骨和牙含有固态的钙盐，部分鱼类鳞片和鳍条中也含有固态的钙盐，如在正常含固态钙盐部位之外的其他部位组织内有固态的钙盐沉积，则称为病理性钙化（pathologic calcification），其主要成分为磷酸钙、碳酸钙及少量铁镁等物质。少量钙盐沉积肉眼难以辨认，仅在刀切组织时有沙粒感，量多时表现为白色石灰样颗粒或团块，质地坚硬。

一、矿物质沉着的类型和形成机制

病理性钙化主要有营养不良性钙化（dystrophic calcification）和转移性钙化（metastatic calcification）两种。前者颇常见，为变性坏死组织或异物的钙盐沉积，如脂肪坏死灶、动脉粥样硬化斑块内的变性坏死区、坏死的寄生虫虫体和虫卵以及其他异物等。此时，因无全身性钙磷代谢障碍，故血钙不升高。

含钙矿物中以磷酸盐占比最多，有机酸盐次之。磷酸钙系列矿物是构成病理性钙质沉着和钙结石的主体成分，有机酸盐主要见于泌尿系统结石和某些肿瘤钙化，铁氧化物主要存在于脑组织中。

二、病理变化

光镜下，在H&E染色时，钙盐呈蓝色颗粒状，形成的初期颗粒较细，以后聚集成较大颗粒或片块，如分枝杆菌坏死灶后期的钙化。转移性钙化时，钙盐常沉积在某些健康器官尤其是肾的基膜和弹力纤维上。细胞内钙化时，钙盐沉着在细胞质内，特别是线粒体上。鱼类疾病中常见肾钙质沉积症，其引发原因比较复杂，常与环境中CO_2浓度高和营养因子如镁缺乏或硒中毒有关。镜下可在病鱼远端肾小管和输尿管中发现H&E蓝染、沙粒状钙沉积物（图5-25至图5-27）。

少量的钙化物可被溶解吸收，如小的真菌结节和寄生虫结节钙化。若钙化灶较大或钙化物较稳定时，则难完全溶解吸收，历时经久的钙化灶常能刺激周围的结缔组织增生，并将其包裹限制起来。

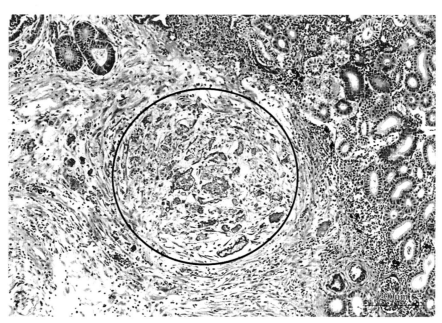

图5-25　虹鳟肾间质钙盐沉着伴管周纤维化和间质矿化（○）
（由 David Groman 提供）

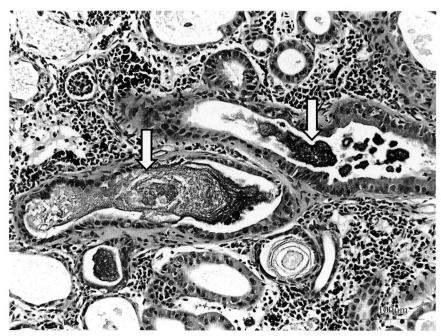

图5-26　虹鳟肾钙质沉着症（⇨）
（由 David Groman 提供）

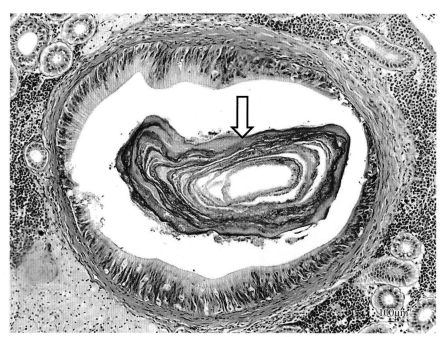

图5-27　大西洋庸鲽集尿管结石伴肾钙质沉着症（⇨）
（由 David Groman 提供）

第五节 细胞死亡

细胞是生物机体内结构和功能的基本单位，细胞死亡是生物生命活动中的一种重要现象，在维持机体自身稳态、新陈代谢及病理过程中可以起到重要的作用。细胞死亡的方式根据其是否有胞内通路的调控，可分为被动死亡和程序性死亡两种类型。细胞的被动死亡是指不涉及转录调控的死亡过程，如受损细胞被吞噬细胞吞噬，或被外力压迫直接致死的过程，均属于被动死亡，例如坏死（necrosis）。相较而言，细胞程序性死亡是指生物体发育过程中普遍存在着的由细胞自身决定的自觉有序的死亡现象。在一定程度上，程序性细胞死亡均属于良性死亡，这可以让新生的细胞取代衰老的细胞，有利于机体或器官维持整体的形态和功能稳定，包括程序性坏死（necroptosis）和凋亡（apoptosis）。除上述描述的几种细胞的死亡方式以外，细胞的程序性死亡类型还包括焦亡（pyroptosis）、细胞胀亡（oncosis）、铁死亡（ferroptosis）、细胞僵尸化（cell zombie）等。其中，坏死和凋亡是最常见的两种细胞死亡方式（图5-28）。这些复杂多样的细胞死亡共同保护机体免受外界刺激，维持机体内结构和功能稳定。

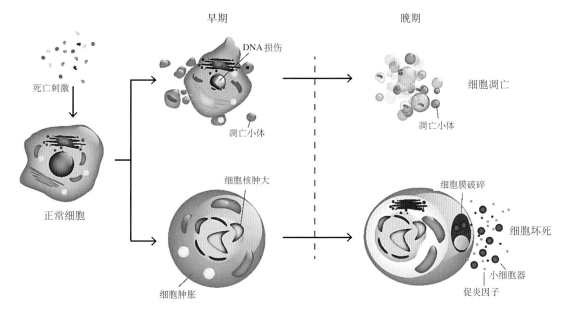

图5-28 细胞坏死和细胞凋亡的区别

一、坏死

坏死分为程序性坏死和非程序性坏死，传统认知上的坏死是一种导致细胞肿胀变圆、细胞器膨大、细胞膜胀破、内容物释放到细胞间质，并导致炎症反应的细胞死亡类型。坏死组织、细胞的物质代谢停止，功能完全丧失，并出现一系列形态学改变，坏死是不可恢复的；多数坏死往往是由变性进一步发展的结果。从变性到坏死，是一个由量变到质变的渐进过程，故常称为渐进性坏死（necrobiosis）。

（一）病因

任何致病因素只要其作用达到一定强度和时间都能引起坏死。常见的病因有以下几类：

1. 缺氧 局部缺氧多见于缺血，使细胞的有氧呼吸、氧化磷酸化和ATP合成发生严重障碍，导致细胞死亡，如池塘水环境低氧、机体栓塞等造成的局部组织缺氧等都可引起受累细胞坏死。

2. 生物性因素 各种病原微生物、寄生虫以及其毒素能直接破坏细胞内酶系统、代谢过程和膜结构，或通过变态反应引起组织、细胞的坏死。

3. 化学性因素 强酸、强碱、某些重金属盐类、有毒化合物、有毒植物等均可引起细胞坏死。

4. 物理性因素 机械力的直接作用可引起组织断裂和细胞破裂；高温可使细胞内蛋白质（包括酶）变性；低温能使细胞内水分结冰，破坏细胞质胶体结构和酶的活性，从而导致细胞死亡。

5. 神经损伤 当神经损伤后，失去了神经调节的组织出现代谢紊乱，引起细胞的萎缩、变性及坏死。

（二）坏死的分子机制

对细胞坏死的基因调控的认识主要来自对肿瘤坏死因子（tumor necrosis factor，TNF）的研究，此外，肿瘤坏死因子家族的其他成员 FasL 及 TNF 相关凋亡诱导配体 TRAIL，与其相应受体结合也可以诱导细胞坏死。TNF 是多效性的细胞因子，在机体感染或组织损伤诱导的炎性反应中起关键作用。TNF 与其受体 TNFR 结合后，激活的 TNFR 与受体相互作用蛋白 RIP1 通过各自的死亡结构域相互作用，募集细胞内的凋亡蛋白抑制剂 cIAPs（如 cIAP1、cIAP2）等形成细胞质膜相关复合物，导致促进生存的 NF-κB 和促分裂原激活蛋白激酶 MAPKs 的激活。在此过程中，RIP1 蛋白被 cIAPs 和其他 E3 泛素化连接酶多聚泛素化。cIAPs 蛋白自泛素化及随后的降解是由二级线粒体源性细胞凋亡蛋白酶激活因子 Smac 或小分子 Smac 类似物（IAP 抑制剂）介导的，从而促进 CYLD 蛋白和 A20 蛋白对 RIP1 蛋白的去泛素化。RIP1 蛋白的去泛素化导致其从细胞质膜相关复合物中解离，从促进生存的蛋白转化为促进细胞死亡的蛋白。RIP1 蛋白和 Fas 相关死亡结构域蛋白 FADD 结合，募集细胞凋亡蛋白 caspase-8 的前体 procaspase-8，从而导致细胞凋亡蛋白 caspase-8 的激活和诱导细胞凋亡。细胞凋亡蛋白 caspase-8 通过对调控细胞坏死的核心蛋白 RIP1 和 RIP3 等进行切割，抑制细胞坏死的进行。如果细胞凋亡蛋白 caspase-8 的酶活性被细胞凋亡蛋白酶抑制剂抑制或其被基因敲除，则细胞的死亡方式由细胞凋亡转向细胞坏死。RIP1 和 RIP3 蛋白通过各自的 RHIM 结构域相互结合，形成功能性的信号复合物，导致蛋白 RIP3 在第 227 位的丝氨酸残基发生自磷酸化，随后对其底物混合谱系激酶样结构域蛋白 MLKL 进行募集，并在其第 357 位的苏氨酸和第 358 位的丝氨酸残基进行磷酸化。磷酸化后单体 MLKL 蛋白的构象发生改变，随后发生寡聚，寡聚后的 MLKL 蛋白对磷脂酰肌醇脂质及心磷脂等的亲和性增强，向质膜移动，在细胞质膜上打孔使细胞肿胀破裂，最终诱发细胞坏死（图 5-29）。

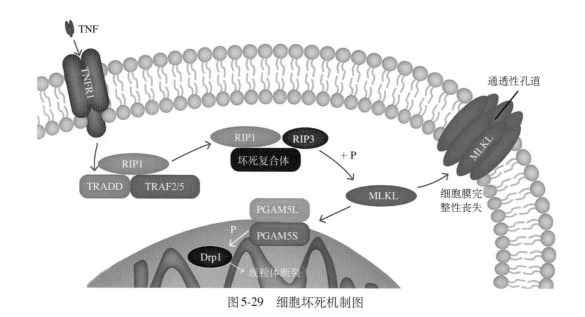

图 5-29　细胞坏死机制图

（三）坏死的类型

根据坏死形态变化的特点及发生的原因不同，坏死可分为以下几种类型：

1. 凝固性坏死　凝固性坏死（coagulation necrosis）以坏死组织发生凝固为特征，好发于心、肾、脾等器官。特点是坏死组织失去原有的弹性，质坚实而干燥，混浊无光泽，呈灰白或黄白色。坏死处细胞结构消失，但组织结构还保持其轮廓残影。

凝固性坏死有蜡样坏死和干酪样坏死两种特殊类型。

（1）蜡样坏死。蜡样坏死（waxy necrosis）是肌肉组织的凝固性坏死。坏死的肌肉组织浑浊、干燥，呈灰白色，形似石蜡；光镜下见肌纤维肿胀、断裂、横纹消失，细胞质变成红染、均质无结构的玻璃样物质。这种坏死常见于动物的白肌病；鱼类维生素E缺乏和长期投喂含氧化油脂较高的饲料时，也会发生这种坏死；当病鱼微生物感染引起肌纤维坏死时，通常表现为蜡样坏死（图5-30、图5-31）。

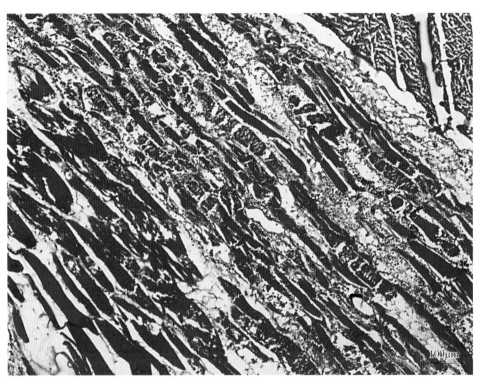

图5-30　草鱼骨骼肌蜡样坏死，细胞质凝固

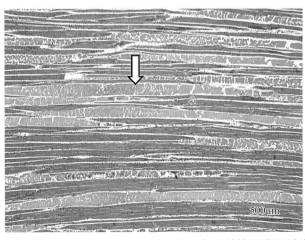
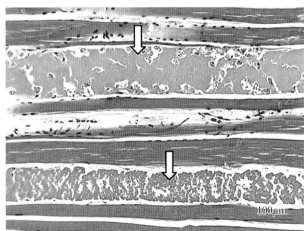

图5-31　大西洋鲑骨骼肌纤维蜡样坏死，细胞质凝固（⇨）
（由David Groman提供）

（2）干酪样坏死。干酪样坏死（caseous necrosis）主要见于分枝杆菌引起的坏死，其特征是坏死组织崩解彻底，并含有较多脂质（主要来自分枝杆菌）。坏死组织色灰白或灰黄，质松软易碎，外观像干酪，

因而称为干酪样坏死。镜下，组织的固有结构被完全破坏，实质细胞和间质都彻底崩解，仅见一片无定形的颗粒状物质。鲑鳟鱼类因感染鲑亚科肾杆菌而患细菌性肾病（bacterial kidney disease，BKD）时，在其内脏的肉芽肿结节中可见到这种干酪样坏死；诺卡氏菌感染大口黑鲈时，可在全身多个组织器官形成肉芽肿结节，结节中心多为干酪样坏死（图5-32）；不同细菌或病毒均可导致病鱼机体组织出现凝固性坏死（图5-33、图5-34），可见坏死细胞缩小，细胞核浓缩、碎裂，甚至崩解（图5-35）。

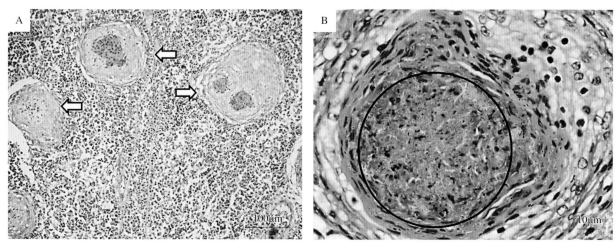

图5-32　诺卡氏菌感染致大口黑鲈头肾中出现大量肉芽肿结节，结节灶内可见明显干酪样坏死
A.头肾肉芽肿形成（⇨）　B.肉芽肿中心干酪样坏死（○）

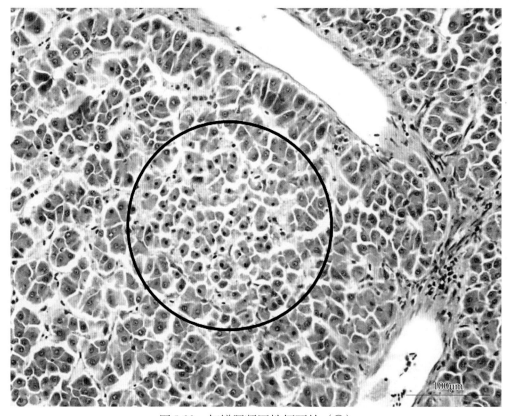

图5-33　虹鳟肝凝固性坏死灶（○）

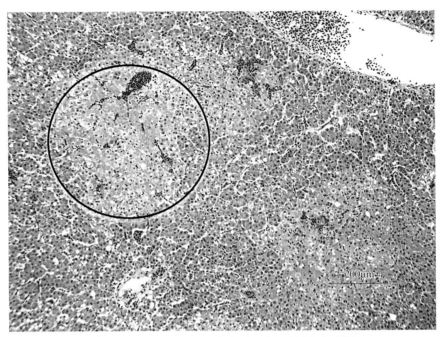

图5-34 鲑患传染性贫血症时肝凝固性坏死（○）
（由 David Groman 提供）

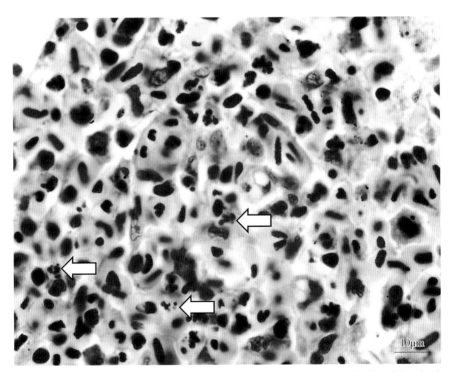

图5-35 虹鳟脾实质细胞凝固性坏死，可见坏死细胞核浓缩、碎裂、崩解（▷）

2. **液化性坏死** 液化性坏死（liquefaction necrosis）是以坏死组织迅速溶解成液状为特征，一些动物维生素E和硒缺乏症可引起脑液化性坏死，好发于含磷脂和水分多而蛋白质较少的脑、脊髓等处，坏死后不易凝固而形成软化灶，故称为脑软化（encephalo malacia）。此外，化脓性炎症发生时，由于炎症灶内有大量的中性粒细胞，其崩解后释放出蛋白溶解酶，将炎性坏死组织溶解液化而形成脓液，这也属于液化性坏死（图5-36、图5-37）。

图5-36　草鱼尾部肌肉液化性坏死，手触皮肤有波动感

图5-37　草鱼尾部皮下肌肉液化性坏死，可见脓液
（由陈修松提供）

3. 坏疽　坏疽（gangrene）是组织坏死后受到外界环境影响和不同程度的腐败菌感染所引起的一种变化。坏疽眼观呈黑褐色或黑色，这是由于腐败菌分解坏死组织产生的硫化氢与红细胞被破坏后的血红蛋白中分解出来的铁结合，形成了黑色的硫化铁。坏疽是组织损伤的一种重要现象，高等动物中可见干性坏疽和湿性坏疽。鱼类生活在水体中，不存在水分的蒸发，故干性坏疽无存在条件；然而鱼类内脏器官的湿性坏疽目前尚未见报道，是否存在尚需在实践中进一步探索。但在实际生产中，鱼类烂鳃、体表溃疡等疾病，由于组织坏死后通常伴有细菌的继发感染，符合坏疽的基本特点，可以看作鱼类的坏疽（图5-38、图5-39）。

图5-38　虹彩病毒致大鲵前掌肿大、出血、坏死，继发感染细菌致皮肤坏疽

图5-39　草鱼患溃疡病时可见尾柄皮肤肌肉坏疽形成

（四）病理变化

早期坏死组织肉眼不易识别，中后期随着病灶面积增大，可出现肉眼可见的白色或灰白色无光泽的多呈灶性分布的病变灶，坏死灶为失活组织。临床诊断上把已失去生活能力的组织称为失活组织（devitalized tissue）。失活组织有下述特征：外观无光泽，暗淡混浊；失去正常组织的弹性，组织提起或切断后回缩不良；无血液供应，血管无搏动，清创术中切割失活组织时无鲜血流出；丧失感觉（如痛觉、触觉）及运动功能（如肠管蠕动）等。

细胞坏死几小时后，出现明显的细胞核、细胞质和间质的变化，主要表现为细胞核浓缩、碎裂和溶解，以及细胞质红染、嗜酸性增强等。

1. 细胞核的变化　细胞核变化是细胞坏死的主要形态学标志，主要表现为：①核浓缩。染色质浓缩，染色加深，核体积缩小。②核碎裂。核染色质崩解成碎片，核膜破裂，染色质散布于细胞质中。③核溶解。染色质中的DNA和核蛋白被DNA酶和蛋白酶分解后，核失去对碱性染料的亲和力而淡染，以致仅能见到核的轮廓，最后完全消失（图5-40）。

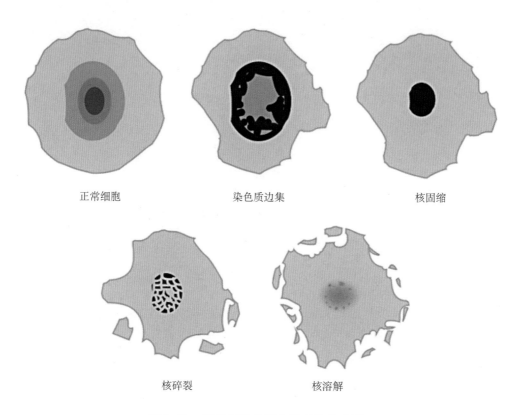

正常细胞　　　　　染色质边集　　　　　核固缩

核碎裂　　　　　核溶解

图5-40　　细胞坏死的形态学变化模式图

2. 细胞质的变化　细胞坏死后细胞质可呈现以下几种变化：①细胞质呈颗粒状，这是细胞质内微细结构崩解所致，细胞质红染，与酸性染料伊红的结合增强。②细胞质溶解液化。③细胞质水分脱失而固缩为圆形小体，呈强嗜酸性深红色，形成嗜酸性小体（acidophilic body）。

3. 间质的变化　间质解聚，胶原纤维肿胀、崩解、液化、消失。最终坏死的细胞和崩解的间质融合成一片模糊、无结构的颗粒状红染物质。间质坏死一般比实质细胞坏死晚些，是由致病因素和各种溶解酶的作用引起的。

（五）结局和对机体的影响

坏死的结局有以下几种：

1. 溶解吸收　较小范围的坏死组织被中性粒细胞或组织崩解所释放的蛋白溶解酶溶解液化后，经血管吸收，或被巨噬细胞吞噬。缺损的组织由周围健康细胞再生或肉芽组织形成予以修复。

2. 分离、排出　较大范围的坏死组织难以被吸收时，与正常组织交界处出现炎症反应，中性粒细胞不断坏死崩解释放蛋白溶解酶，将坏死组织分解，使其与正常组织分离、脱落排出形成缺损。皮肤与黏膜的坏死组织脱落后形成的浅表的缺损称为糜烂（erosion），较深的缺损称为溃疡（ulcer）（图5-41）。与外界相通的器官内，较大范围的坏死组织经溶解后，由自然管道排出后残留的空腔，称为空洞（cavity）。

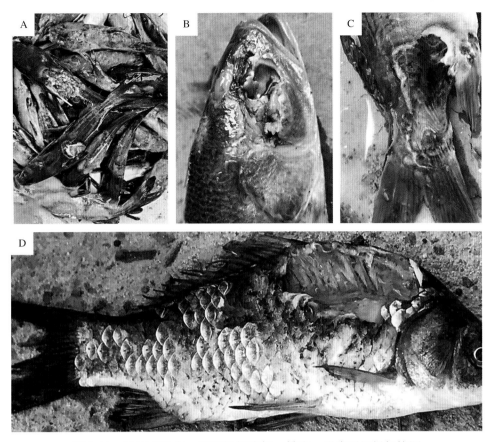

图5-41　鱼体表溃疡，坏死组织溶解、排出，形成明显组织坑洞
A.黄颡鱼皮肤肌肉溃疡并继发水霉感染　B.鲈头部坏死组织脱落后形成溃疡
C.裸鲤皮肤肌肉坏死形成溃疡　D.裸鲤体表溃疡
（A、C由陈修松提供；B由肖建春提供；D由袁圣提供）

3．机化　坏死组织不能完全被溶解吸收或分离排出，而由新生的肉芽组织将坏死组织取代，最后形成疤痕的过程，称为机化。

4．包裹　坏死灶如较大或坏死物难以溶解吸收，或不能完全机化，而由周围新生肉芽组织将其包绕，称为包裹。

5．钙化　陈旧的坏死组织可继发钙盐沉积，形成钙化。坏死对机体的影响取决于其发生部位和范围大小，坏死范围越大则对机体的影响也越大。发生在重要器官的较大范围的坏死，其后果比较严重，脑和心脏等重要器官的坏死往往由于其功能障碍而威胁生命；发生在非重要器官的小范围的坏死，一般无严重的后果。坏死组织中有毒分解产物的大量吸收可以引起全身中毒。

二、细胞凋亡

细胞凋亡是指由体内外因素触发细胞内预存的死亡程序而导致的细胞死亡过程，为程序性细胞死亡（programmed cell death，PCD）的形式之一，与生命体的生长发育、清除损伤和衰老的细胞以及防止癌细胞的发生有着密切的关系，是细胞的一种基本生物学现象。细胞凋亡不仅是一种特殊的细胞死亡类型，而且具有重要的生物学意义及复杂的分子生物学机制。

（一）凋亡的发病原因

凋亡可由生理（如激素、各种细胞因子等）和病理性因素（如自由基、细菌等）触发。健康组织中细胞的衰亡、正常胚胎发育过程和成熟组织的正常退化都可见到细胞凋亡；某些原因引起的萎缩、肿瘤细胞退化和一些毒性刺激（特别是低剂量时）作用于组织时也能见到细胞凋亡现象。

（二）细胞凋亡的分子机制

凋亡是由十分复杂的信号转导通路所调控的，目前已知有三个主要的信号转导通路：线粒体通路、死亡受体通路及内质网通路（图5-42）。

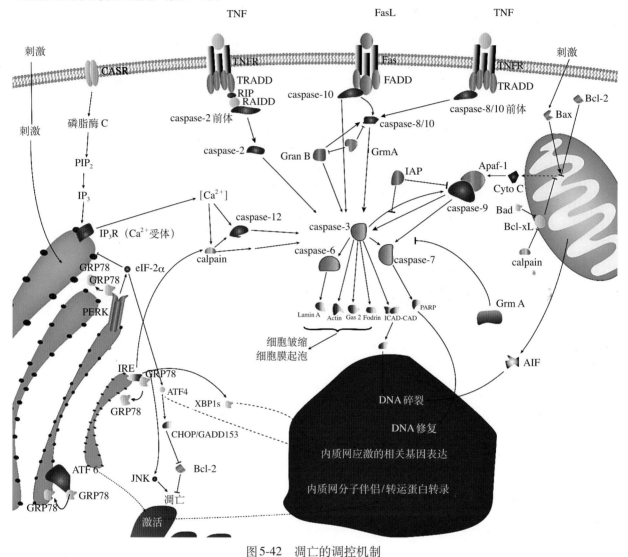

图5-42　凋亡的调控机制

1. **线粒体通路**　在动物细胞中，线粒体通路是最普遍的凋亡机制，是细胞凋亡的核心。凋亡诱导信号如射线、化学药物、钙稳态失衡等作用于线粒体膜，使其跨膜电位降低，这种跨膜电位的降低来源于线粒体膜通透性（PT）的改变，PT的改变受线粒体通透性转换孔（MPTP）的调控。通过对游离的线粒体的观察可以发现ATP合成减少、细胞质中钙离子浓度升高、细胞内活性氧含量增多、PT孔开放、膜电位降低、呼吸链解耦连、线粒体内渗透压升高、内膜发生肿胀，并且释放出膜间促凋亡蛋白，最终引起细胞凋亡。

2. **死亡受体通路**　目前研究较多的是细胞膜死亡受体Fas蛋白，属于肿瘤坏死因子受体（TNFR）家族，是一类跨膜蛋白，它的胞外部分含有一段富含半胱氨酸的区域，胞内部分有一段由同源氨基酸残基构成的结构，具有蛋白水解功能，称为"死亡结构域"。"死亡结构域"使死亡信号继续向下游传递，启动级联反应，导致细胞凋亡。

3. **内质网通路** 由内质网应激（endoplasmic reticulum stress，ERS）启动的凋亡通路是一种不同于死亡受体介导或线粒体介导细胞凋亡的通路。分子伴侣糖调节蛋白78（glucose regulated protein 78，GRP78）增加是内质网应激的重要标志。在正常的生理情况下，GRP78与内质网膜上的跨膜感受蛋白结合。当内质网中未折叠蛋白聚集时，GRP78则与它们解离，致跨膜感受蛋白被激活，激发未折叠蛋白反应（unfolded protein response，UPR）的信号级联，启动内质网应激反应，增强内质网的蛋白折叠能力，促进相关蛋白降解，重建内质网功能平衡，使细胞能够在变化了的环境中生存下来。

UPR可能通过某些特定基因的转录来增强蛋白质折叠的能力，保持内质网稳定，维持细胞的正常功能，但当稳态不能重建，UPR信号转导途径将通过细胞凋亡而引起细胞损伤。

（三）病理变化

典型的凋亡细胞在形态学上表现为初期细胞表面特化结构消失，如微绒毛和细胞突起消失，细胞连接松解，与相邻细胞分离（图5-43、图5-44）。随后，细胞缩小和变形，并向表面隆起；细胞质变致密，细胞

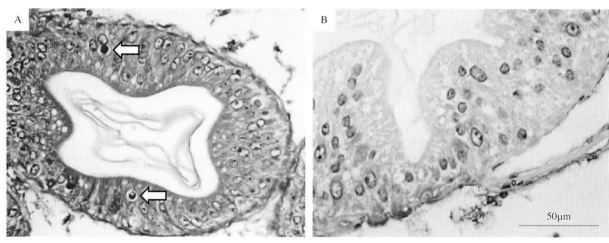

图5-43 饥饿导致中华绒螯蟹肝胰腺出现凋亡（⇨）
A.H&E染色 B.TUNEL染色

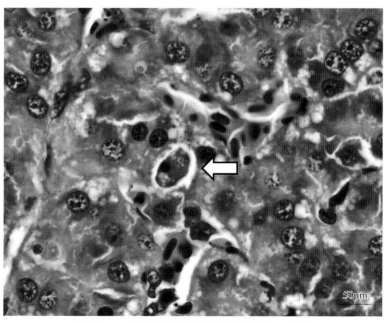

图5-44 虹鳟患IHN时可见肝细胞凋亡（⇨）

器聚集，线粒体尚完好，未见肿胀，滑面内质网扩张，其囊泡与细胞表面融合；核染色质发生浓缩，染色质聚集于细胞核周边而使细胞核呈现半月形（图5-45），或成团块状附着在内核膜上，进一步发生染色质断裂形成细胞核碎片；细胞质也发生断裂，细胞突出部分与胞体分离，最后整个细胞裂解为大小不等、由细胞膜包裹的、含有多少不等核碎片及细胞质的小体，称之为凋亡小体（apoptotic bodies）（图5-46、图5-47）。有些凋亡小体含细胞质成分和细胞核碎块，有些只有细胞质成分，经TUNEL染色呈棕黄色（图5-48）。

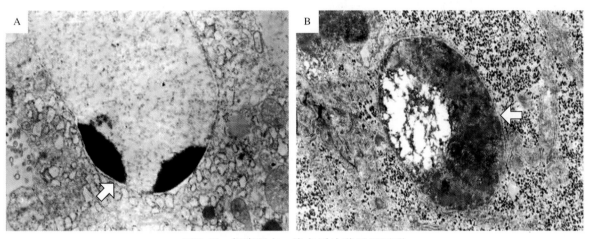

图5-45　细胞凋亡，染色质边移呈月牙形
A.嗜麦芽寡养单胞菌感染致斑点叉尾鮰肠上皮细胞凋亡　B.喹乙醇染毒14d致鲤肝细胞染色质浓缩、边移、呈半月状

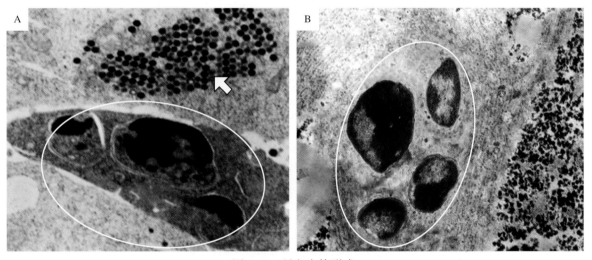

图5-46　凋亡小体形成
A.大鲵蛙病毒（➱）致EPC细胞凋亡（○）　B.喹乙醇染毒20d致鲤肝细胞凋亡小体形成（○）

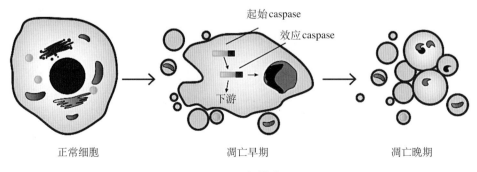

图5-47　凋亡模式图

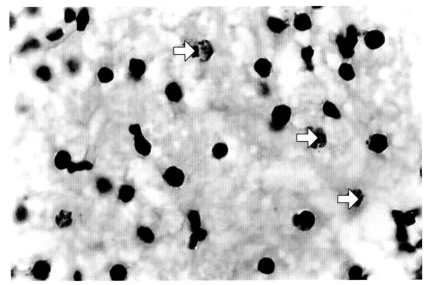

图5-48　喹乙醇染毒14d致鲤肝细胞凋亡（⇨，TUNEL染色）

细胞凋亡是最基本的生物现象，是机体生存和发育的基础。大量研究材料显示它涉及生命活动中的许多领域，包括发育、生长、造血、免疫、肿瘤发生等。通过凋亡可以清除多余的、无用的细胞。胚胎发育过程中一些遗迹如人类胚胎的尾芽和鳃随发育定期消亡，就是通过凋亡的方式进行的。细胞凋亡也可作为机体的自身保护机制，以清除发育不正常及对机体有害的细胞，畸胎瘤就是未彻底凋亡的残留胚层结构存留所致。B细胞和T细胞发育成熟过程中本该发生凋亡的细胞保留下来将形成自身抗原，导致自身免疫性疾病。细胞凋亡的异常改变包括凋亡不足或凋亡过度都可引起一些疾病。细胞凋亡的调控失常与肿瘤的发生关系密切，当机体某个基因发生突变而导致凋亡信号下调、凋亡不足时，可引起细胞异常增生而发生肿瘤。

第六节　细胞超微结构的基本病变

超微病理学是研究细胞、细胞外基质的超微结构变化，分析疾病病因和发病机制的一门学科。细胞是机体的基本组成单位，细胞的病变是疾病发生的重要病理基础。从细胞的超微结构和功能上认识细胞和组织，将有利于阐明疾病的发生、发展规律，发现不同疾病的共同规律与特殊病变，进而提高对疾病的理论认知和诊断，指导疾病的预防和治疗。

随着电子显微镜和超薄切片技术的应用，细胞的观察从细胞水平深入到了亚细胞水平，细胞的结构观察更加清晰明了。本节将对细胞膜、细胞器和细胞核的超微结构进行简单介绍，并重点阐述各结构的在疾病状态下的超微病理变化。

一、细胞膜正常超微结构

（一）细胞膜超微结构

细胞膜（cell membrane）又称质膜（plasma membrane），是包裹细胞最外层的薄膜，由磷脂双分子层构成，是细胞的重要组成部分，对细胞起隔离保护作用，在细胞的物质交换、信息传递、免疫识别和运动等方面也具有重要作用（图5-49）。细胞膜和细胞器膜，如线粒体膜、高尔基体膜、内质网膜、溶酶体膜和核膜等，统称为生物膜。电镜下，细胞膜厚约10nm，由三层结构组成：内、外两层电子密度大，电镜下颜色较暗；中间层电子密度小，色较亮（图5-50）。

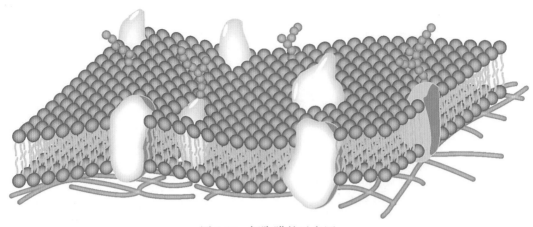

图5-49　细胞膜的示意图

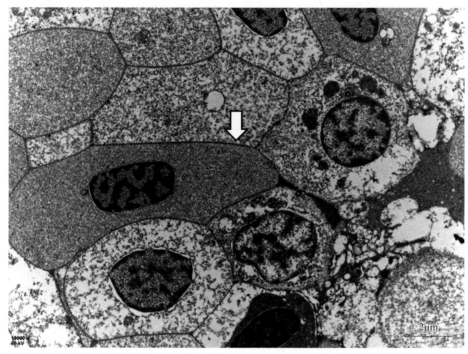

图5-50　黄颡鱼肾细胞，示细胞膜（⇨）

（二）细胞膜特化结构

在细胞膜的游离面上，为实现某些特定功能，细胞膜可形成一些特化的结构。例如，细胞外衣（cell coat）：细胞膜外表面向外伸展的一层约200nm的薄层绒毛状结构；微绒毛（microvillus）：细胞外表面向外伸出的指状突起；褶皱或片足：细胞外表面的扁形突起；圆泡：细胞外表面的泡状突起；纤毛（cilium）：呼吸道或生殖道腔面上皮细胞外表面的细长突起。

在细胞膜的接触面，细胞膜也可特化形成细胞间连接。①紧密连接：两相邻细胞膜融合形成一条平行于细胞膜的线，其总宽度小于相邻细胞膜厚度之和，常见于黏膜上皮细胞、室管膜细胞、某些毛细血管内皮细胞以及毛细胆管处的肝细胞之间，用以防止腔内物质渗入细胞间隙。②中间连接：两相邻细胞膜增厚，但不融合，细胞间间隙15～25nm，充满电子密度较高的丝状物质，常见于紧密连接下方。③桥粒：电镜下呈盘状，直径0.2～0.5μm；两相邻细胞膜平行，细胞间隙20～30nm，相邻细胞膜内侧各有一盘状、长0.2～0.3μm、厚30nm的电子密度较高的附着板，常见于中间连接的下方；相邻细胞间桥粒连接是对称的，若不对称则为半桥粒。④缝隙连接：为4暗夹3明的7层结构，两相邻细胞间隙中每隔4.5nm有一个突出于膜表面的膜内微粒，是细胞间通信的结构基础。

在细胞膜的基底部，细胞膜可特化形成质膜内褶，即上皮细胞基底面质膜折向细胞质，形成长短不一的膜褶，主要参与离子和水的快速转运，常见于液体及离子交换频繁的细胞，如肾小管、胆囊等上皮细胞。

二、细胞膜的病变

细胞膜的病变可由生物、物理、化学和营养因素以及缺氧、缺血引起，导致细胞膜破裂、膜表面结构变形，表现为细胞膜鼓泡、突起、基底膜增厚以及细胞膜特化结构破坏、变形、形成髓鞘样结构等病理特征。如罗非鱼无乳链球菌感染可致红细胞膜变形；黑鲈镉中毒和金鱼急性铜中毒时肾小管上皮细胞刷状缘（brush border）紊乱、断裂；斑点叉尾鮰嗜水气单胞菌感染、草鱼蚕豆饲喂后，肠上皮细胞微绒毛断裂、脱落；患肠炎病鲟肠黏膜上皮细胞微绒毛断裂、脱落等（图5-51）。

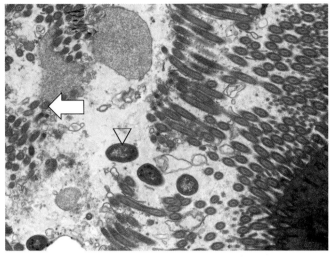

图5-51　鲟肠道纹状缘被细菌破坏、脱落（⇨），可见细菌（△）

三、细胞器的病变

（一）线粒体的病变

线粒体是细胞的能量工厂，在能量要求较高的细胞中尤其多，如心肌细胞。光学显微镜下，线粒体呈细线状或细颗粒状结构。在电子显微镜下，线粒体为长条状或卵圆形的由双层膜包绕的小体；其外膜平滑，内膜向腔内折叠形成许多突起，称为线粒体嵴（图5-52）。嵴的形状、数目和排列方式，因细胞种类不同而异。

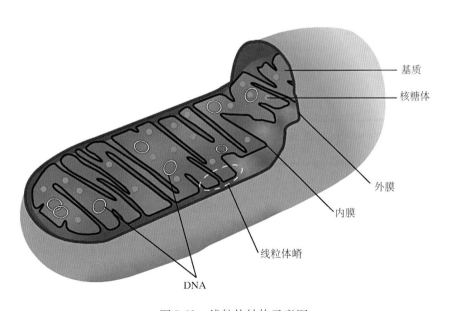

图5-52　线粒体结构示意图

基质
核糖体
外膜
内膜
线粒体嵴
DNA

　　线粒体的病变可见于大多数鱼类疾病。任何引起膜结构改变、缺氧或ATP生成减少的因素都可引起线粒体病变。其中，细菌感染、中毒等是引起线粒体病变的最常见原因。线粒体的病变主要表现为：体积增大，嵴变短、断裂、溶解消失，嵴间腔扩张，基质变淡，基质颗粒消失，并可出现絮状物、包涵体甚至无定形钙致密物沉积；双层膜破裂；有时可出现增生、数量增多，线粒体形态以及嵴形态改变等。如白鲈镉中毒时，线粒体浓缩或扩张；大黄鱼溃疡病、罗非鱼无乳链球菌感染、大黄鱼哈维氏弧菌感染、斑点叉尾鲴海豚链球菌感染、鲤微囊藻毒素中毒、黄颡鱼水肿病以及鲫疱疹病毒Ⅱ型感染等都能引起线粒体肿胀、嵴断裂，甚至出现空泡化（图5-53至图5-55）；西维因处理后，金鱼鳃氯细胞内线粒体数量增多，线粒体电子密度增加；大麻哈鱼患M47综合征后，肝细胞线粒体形态改变、嵴形态改变。

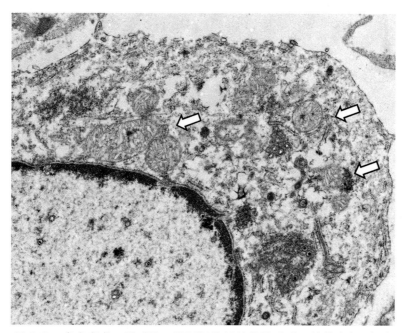

图5-53　疱疹病毒Ⅱ型感染，鲫肝细胞线粒体膜破裂、结构崩解（⇨）

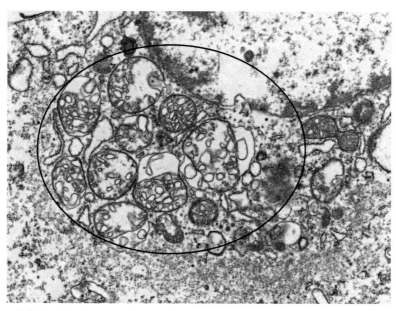

图5-54　草鱼患疖疮病时可见脾细胞线粒体严重肿胀变圆、嵴断裂、出现空泡化（○）

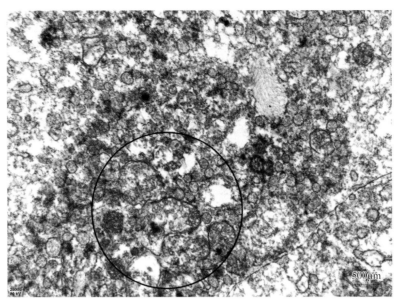

图5-55　黄颡鱼肝细胞线粒体肿大、膜破裂（○）

（二）内质网的病变

内质网是细胞内各种化学反应的重要载体。内质网由相互连通的膜性管网状系统构成，具有管状、泡状、扁平囊状三种形态。根据内质网的结构和功能，可将其分为两种基本类型：粗面内质网（rough endoplasmic reticulum，RER）和滑面内质网（smooth endoplasmic reticulum，SER）。RER：呈扁囊状，排列较为整齐，表面分布大量的核糖体而显粗糙，其功能与蛋白质的合成密切相关；SER：呈管泡状，是具有分支的立体网状结构，膜表面无核糖体附着而光滑，其功能与蛋白质的运输相关，也参与细胞的解毒（图5-56）。

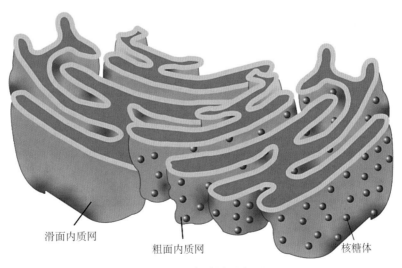

滑面内质网　　　　　粗面内质网　　　　　核糖体

图5-56　内质网示意图

生理情况、感染、中毒、物理化学损伤等，都可能引起内质网改变。粗面内质网常见的病变有：水肿、表面核糖体颗粒脱落、囊腔扩张变圆呈大小不等的囊泡，甚至崩解使细胞质电子密度显著下降而呈空泡状，池内含有絮状物甚至电子密度很高的蛋白质结晶物或髓鞘样小体。滑面内质网主要表现为：水肿和增生。如：斑点叉尾鮰海豚链球菌感染肝细胞、罗非鱼海豚链球菌感染脑小胶质细胞、鲤微囊藻毒素中毒的肝细胞、大麻哈鱼鱼苗患M47综合征的肝细胞，粗面内质网肿胀、扩张、形成髓鞘样小体；金鱼铜中

毒、剑尾鱼汞中毒、黄颡鱼患水肿病时，肝细胞粗面内质网解聚、断裂呈片段化；早熟大黄鱼精巢间质细
胞、剑尾鱼于多氯联苯中暴露、斑马鱼4-硝基苯酚处理后，肝细胞中内质网增生（图5-57至图5-59）。

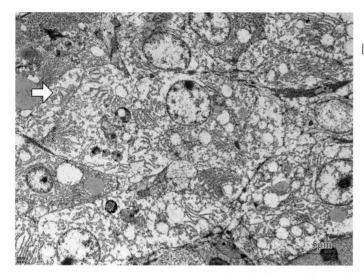

图5-57　黄颡鱼患水肿病时可见肝细胞粗面内质网解聚（➪）

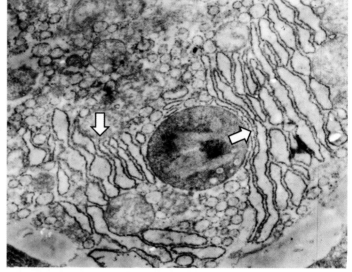

图5-58　感染海豚链球菌的斑点叉尾鮰肝细胞粗面内质网肿胀扩张、内腔扩大（➪）

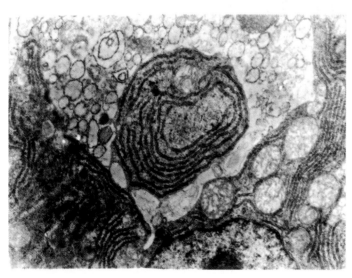

图5-59　感染海豚链球菌的斑点叉尾鮰肝细胞粗面内质网扩张变圆，有的出现同心层状排列

（三）高尔基体的病变

高尔基体又称高尔基器或高尔基复合体，是由一些平行排列的扁膜囊及其周围大小不等的囊泡组成的（图5-60）。3～8层相互通连的扁膜囊构成其主体结构，多呈弓形，表面无核糖体附着而显光滑。扁膜囊的凸面朝向细胞核，称为形成面；凹面朝向细胞游离面，称为分泌面。形成面有大量来自粗面内质网的小囊泡，称为运输小泡（transport vesicle）；分泌面有大量新形成的大囊泡，称为分泌泡（secretory vesicles）。高尔基体的主要功能是参与细胞的分泌活动，进行蛋白质加工、分类、包装和运输。

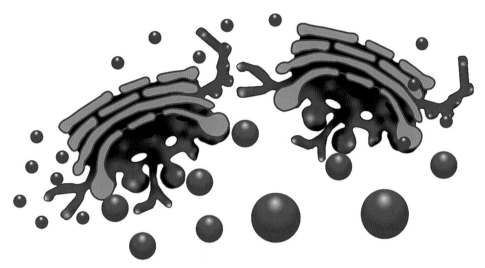

图5-60　高尔基体示意图

高尔基体的常见病变主要包括以下几种类型：

1. **高尔基体肥大**　在分泌物和酶类生产增强的细胞内，可见其高尔基体呈肥大状态，如虹鳟幼苗暴露在0.1%丙酮中22d，可引起肝细胞高尔基体肥大。

2. **高尔基体结构改变**　在各种细胞损伤时，高尔基体可出现与内质网相似的改变，并大多表现为其扁膜囊、大泡及小泡的扩张和破裂。如鲤微囊藻毒素亚急性中毒时，高尔基体扩张；虹鳟在5℃时，肝细胞内高尔基体潴留泡显著多于18℃；虹鳟多氯联苯Aroclor1254慢性中毒后，肝细胞内高尔基体潴留泡扩张。

3. **高尔基体缩小和部分消失**　可见于各种形式的细胞萎缩时。中毒可以引起肝细胞高尔基体萎缩和消失。

（四）溶酶体的病变

溶酶体（lysosome）是由单层膜包裹的内含多种酸性水解酶的囊泡状细胞器，近似圆球形，大小差异甚大。根据溶酶体的不同功能状态，可将其分为初级溶酶体、次级溶酶体和残余体。初级溶酶体的内容物均匀，内含多种水解酶，其共同的特征是都属酸性水解酶。次级溶酶体是初级溶酶体与内吞物或细胞内的自噬物融合形成的复合体，为执行消化功能的溶酶体，内部结构多样。未被消化的物质残存在溶酶体中形成残余体，它们通过类似胞吐的方式将内容物排出细胞。

中毒、细菌和病毒感染常引起鱼类溶酶体的病变，主要表现为数量增多、体积增大，次级溶酶体可见内含内质网、病毒、细胞质空泡及溶酶体过载。如虹鳟鱼苗暴露于0.1%丙酮7d、鲤铜中毒后，肝细胞内出现次级溶酶体；南方鲇溃疡综合征发生时，脾淋巴细胞溶酶体增多；底鳉暴露于10μg/L ZnCl$_2$ 8周后，鳞片细胞内溶酶体明显增加；黄颡鱼患水肿病时，肾小管上皮细胞溶酶体增多（图5-61）。

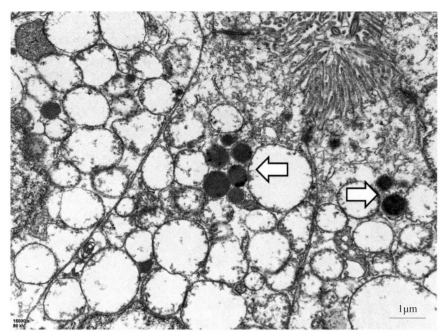

图5-61　黄颡鱼水肿病，肾小管上皮细胞溶酶体（▷）增多，线粒体显著肿胀

四、细胞核的病变

细胞核是细胞的核心部分，主要由核膜、染色质和核仁组成，核膜上可见核孔（图5-62），是遗传的物质基础，在一定程度上控制着细胞的代谢、生长、分化和繁殖。任何有核细胞去掉了细胞核，便失去其固有的生命功能，因此细胞核在细胞的生命活动中起着重要的作用。生物、物理、化学和营养性致病因素都可能引起细胞核不同程度的病变。

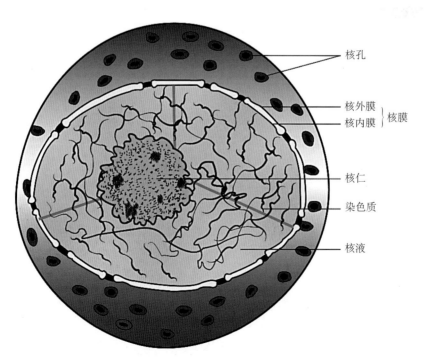

图5-62　细胞核结构模式图

（一）核大小的改变

鱼类细胞核的大小随不同鱼的种类变化而变化，与细胞的大小密切相关，但一般约占细胞总体积的10%。营养缺乏、中毒等病因常引起鱼类细胞核体积缩小，核质比减小，电子密度增加或降低。肿瘤细胞，细胞核增大，导致核质比增加。饥饿5d后银鲳的肝细胞核缩小；经异氰尿酸酯处理的斑马鱼雄鱼的精子、患M47综合征的大麻哈鱼鱼苗的中脑和小脑细胞的细胞核浓缩；海豚链球菌感染的斑点叉尾鮰脾淋巴细胞核染色质浓缩、边移、碎裂（图5-63）。

图5-63 海豚链球菌感染的斑点叉尾鮰脾淋巴细胞染色质浓缩、边移、碎裂（➩）

（二）核形态的改变

细胞核的形状与物种和细胞形状密切相关。一般情况下，凡等直径的细胞，如球形、立方形、多角形，其核一般呈球形；在柱状或梭形细胞中，核多呈卵圆形；而在扁平细胞中，核为长梭形；白细胞的核有的呈马蹄形，也有的呈杆状和分叶状。

细菌感染、中毒及营养缺乏或过剩都可引起鱼类细胞核形态的改变，主要表现为核丧失固有形态，形状不规则，出现核沟，空泡化，畸形核，甚至破裂等。如罗非鱼被海豚链球菌感染后，肾小管上皮细胞核畸形；狗鱼皮肤肿瘤细胞核形态多样；狗鱼被棘头虫感染后，肠道肥大细胞的细胞核畸形；鲟肠炎致肠道黏膜上皮细胞的细胞核变形（图5-64）；斑点叉尾鮰被海豚链球菌感染后，肾间组织细胞染色质边移、核碎裂（图5-65）；多氯联苯可导致斑点叉尾鮰肝细胞的细胞核畸形。

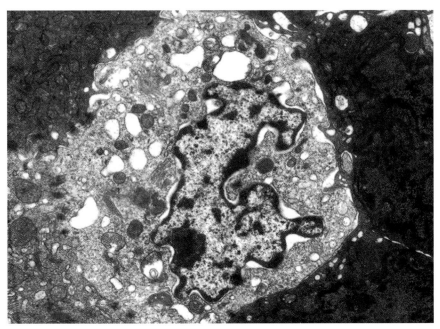

图5-64 患肠炎的鲟肠道黏膜上皮细胞的细胞核变形、染色质边移

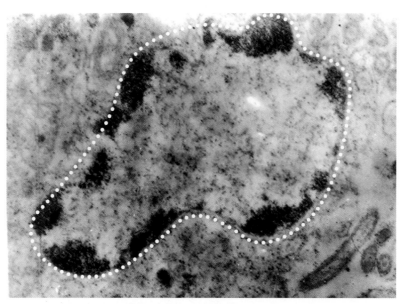

图5-65　斑点叉尾鮰肾小管上皮细胞染色质浓缩、边移（虚线）

（三）核膜的改变

核膜又称核被膜（nuclear envelope），是将核质与细胞质分隔开的膜结构，分为内、外两层，即核内膜和核外膜。核外膜表面常有许多核糖体附着，并常与粗面内质网相连接。核内膜常有染色质附着，并且附着纤维状物质，电子密度稍高，称为致密层。内、外核膜之间为核周隙，与内质网腔相通。中毒，细菌、病毒和寄生虫感染等都可使鱼类核膜出现病变，主要表现为核周隙增宽，外核膜水肿、外突甚至破裂。如硫酸铜在鲟体内蓄积，可引起细胞核形态不规则，核膜水肿、浮离等病变；传染性胰腺坏死病病毒侵染EPC细胞后，核膜扩张；嗜麦芽寡养单胞菌胞外蛋白酶可致斑点叉尾鮰肠上皮细胞核膜极度扩张（图5-66）；斑点叉尾鮰海豚链球菌病可见脾吞噬细胞核膜破裂，脑小胶质细胞核膜扩张（图5-67、图5-68）。

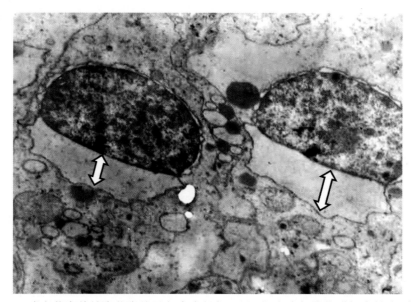

图5-66　嗜麦芽寡养单胞菌胞外蛋白酶致斑点叉尾鮰肠上皮细胞核膜极度扩张（⟺）

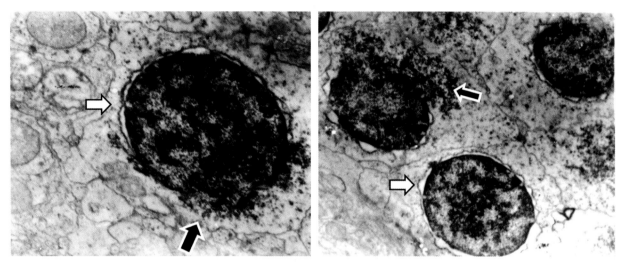

图5-67 脑小胶质细胞核膜不均匀扩张（▷）、破裂（▶），染色质外溢；细胞质内细胞器结构模糊或溶解消失

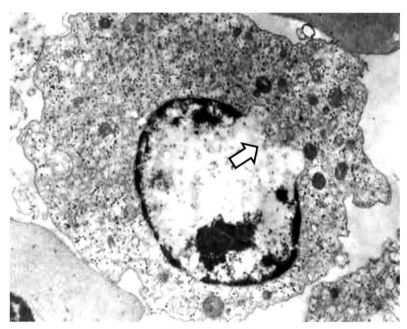

图5-68 核膜破裂（▷）

（四）核仁的改变

核仁（nucleolus）的功能是合成核糖体RNA。其呈球形，多为1～2个，但数量和大小依细胞种类及机能状态而不同。一般蛋白质合成快、生长旺盛的细胞核仁较多且大；而蛋白质合成不活跃的细胞核仁少甚至无。核仁在细胞核中的位置也不固定，蛋白质合成旺盛的细胞中，核仁常靠近核膜，有利于合成的RNA从细胞核输送至细胞质。电镜下核仁外形不规则，无膜，由颗粒部和纤维部构成，两者埋于无定形的基质中。纤维部和颗粒部都是由核糖核蛋白组成的。核仁基质由核蛋白构成。核仁周围有深染的异染色质包绕。引起鱼类核仁病变的常见原因是中毒，如鲟硫酸铜中毒后，肝胰腺细胞染色质离散。

（五）染色质的改变

染色质（chromatin）是主要由DNA和蛋白质按一定比例组合而成的丝状物，也含有极少量RNA（0.5%～1%）。根据功能状态的不同，分裂间期核内染色质可区别为常染色质（euchromatin）和异染色质

（heterochromatin）。异染色质为分裂间期不活泼的卷曲部分，此处的 DNA 与组蛋白结合紧密，异染色质由直径 10～25nm 的原纤维丝紧密缠绕而成，普通电镜下呈斑块或粗大不规则颗粒，电子密度很高。常染色质在分裂间期处于伸展状态，为极纤细的丝状物，直径仅3nm，形态不易察见，电镜下呈浅亮区域。细丝之间相互连接成网状，交接处有细微颗粒。

　　鱼类染色质的病变可表现为溶解变淡（图5-69）；染色质凝集在一起，电子密度加深（图5-70）；染色质边集，或裂解成大小不等的碎片；异染色质增加等。重金属如铜中毒，毒素、微生物侵染及饲料的种类和配方不当都可能引起鱼类染色质出现上述病理改变。如斑点叉尾鮰被海豚链球菌感染后，脾网状细胞染色质溶解，淋巴细胞染色质边移；大麻哈鱼鱼苗患 M47 综合征后，肌细胞细胞核边移；大黄鱼患白点病时，肝细胞核染色质边移。

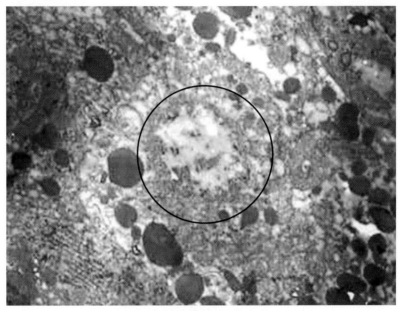

图5-69　细胞核溶解（○）

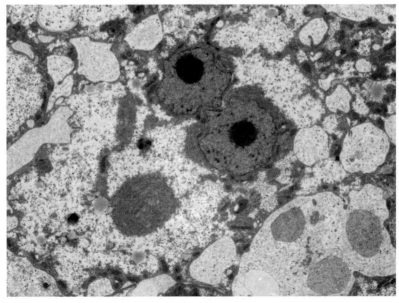

图5-70　鲈患肝病时可见肝细胞核染色质浓缩、电子密度加深

（六）核内包含物的出现

有时在核内可见到包含物，多为胞质陷入核内所致。可见到核被膜将其与核质分隔开，这类包含物称为假包含物，常见于损伤细胞和肿瘤细胞。还有一类是真包含物，常见的如病毒聚集物，可呈现很规则的结晶样排列，另外还可见细菌、小泡、同心板层小体等（图5-71）。

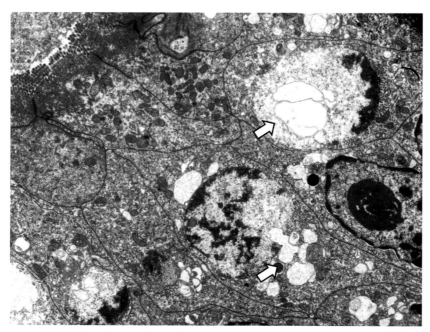

图5-71　中华绒螯蟹患肝胰腺坏死综合征时，肝胰腺细胞核内可见液泡样结构（⇨）

（七）核数量的改变

在有毒物质侵袭等条件下，细胞内还可出现双核甚至多核的现象。如肿瘤细胞、4-硝基苯酚处理后的斑马鱼肝细胞出现双核或多核现象。

第七节　细胞损伤的分子机制

细胞遭到不能耐受的有害因子刺激后，细胞及间质的结构和物质代谢发生异常变化，称为细胞损伤。细胞损伤的分子机制相当复杂：不同类型和不同分化程度的细胞对同一刺激的敏感性不同，损伤的分子机制可能不同；针对同一细胞的刺激因子不同，细胞损伤的分子机制也不尽相同；此外，同一刺激对同一细胞的损伤取决于刺激作用的持续时间和数量。研究表明，细胞损伤的分子机制主要包括自由基的氧化损伤、细胞因子的调节、信号转导障碍、胞外基质结构的改变等几方面。本节将对细胞损伤的各类分子机制进行简要介绍。

一、自由基与细胞损伤

自由基，也称游离基，是具有不成对电子的原子或基团，其化学性质十分活泼。生物体内的FRs通常指活性氧及其代谢产物。ROS即在分子组成上含有氧的一类化学性质非常活泼的物质总称，包括氧自由基（oxygen free radical，OFR）和不含自由基的含氧物，如过氧化氢（H_2O_2）、脂质过氧化物（LPO）、臭氧（O_3）等。自由基具有独特的生理作用，可参与机体ATP合成、杀灭病原微生物、羟化反应、解毒反应等。

但生物体内自由基产生过多、自由基清除能力下降，或者兼而作用，均可造成机体过氧化损伤。机体可利用酶促自由基清除系统和小分子的自由基以达到体内自由基的产生和清除平衡，不同于哺乳动物由单核细胞产生氧化酶，虹鳟的过氧化物酶不由单核细胞产生，而仅由中性粒细胞产生，测定过氧化物酶的含量可用于评价鱼类中性粒细胞炎症反应。

（一）生物体内自由基的种类

1. 非脂性FRs　如$O_2^- \cdot$、$HO \cdot$等。H_2O_2和$^1O_2$是氧化作用很强的ROS，经过反应可形成OFR或涉及FRs反应，因此常和非脂性FRs一起讨论。

2. 脂性FRs　OFR与多聚不饱和脂肪酸（polyunsaturated fatty acid，PUFA）作用后生成的中间代谢产物属于脂性自由基，如：L·（R·）脂自由基（烷自由基）、LO·（RO·）脂氧基（烷氧基）、LOO·（KOO·）脂过氧基（烷过氧基）、LOOH（ROOH）脂氢过氧化物等。

3. 一氧化氮（NO）　NO既是一种弱氧化剂，具有FRs的性质，同时又是一种抗氧化剂，能够保护机体，对抗一些病理性损害。它能与其他OFR反应，产生多种毒性代谢产物，如：NO与O_2^-反应生成氧化性更强的FR-过氧化亚硝酸阴离子（$OONO^-$）。

（二）自由基与疾病

自由基可造成生物膜（细胞膜、内质网膜、线粒体膜、溶酶体膜、小动脉管壁等）的脂质过氧化损伤，导致受体信号传递障碍，引起细胞凋亡或坏死，此外还可引起DNA和RNA交联或造成蛋白质、酶、氨基酸、多糖等物质的氧化破坏、肽链断裂、聚合交联、解聚失活，亦可使蛋白质与脂质结合形成聚合物（表5-1）。

表5-1　ROS的生成及其对机体的双重作用

生成	生理功能	病理损伤
①接受$1e^- \longrightarrow O_2^- \cdot$ ②接受$3e^-$及$3H^+ \longrightarrow H_2O$、$OH^-$ ③接受脂质自由基$L^+ \longrightarrow LOO \cdot$ ④接受$2e^-$及$2H^+ \longrightarrow H_2O_2$（激发态） ⑤吸收能量外层电子跃迁，自转多重为—$\longrightarrow {}^1O_2$（高能级）	①适量ROS促进WBC，杀灭细菌、病毒 ②促进肝、肾排除异物，解毒	①生物膜损伤，导致受体信号传递障碍，细胞凋亡、坏死 ②DNA、RNA损伤，引起"三致"或细胞死亡 ③蛋白质变性、破坏，多糖解聚引起酶、激素失活 ④蛋白质交联

在水生动物疾病中，一些病原（如细菌、病毒、真菌等）或外界的刺激因子（如氨氮、重金属、消毒剂、农药、藻类毒素等）都能够诱导机体产生过量自由基。如：石斑鱼神经坏死病毒（redspotted grouper nervous necrosis virus，RGNNV）、草鱼呼肠孤病毒和鲤春病毒血症病毒等均能够促进细胞ROS的大量产生，诱导细胞凋亡；部分细菌毒素或脂多糖也能诱导细胞ROS产生，导致细胞损伤；水霉能促进鲤的浆细胞产生ROS，使得细胞遭受氧化应激胁迫，造成损伤；微囊藻、鱼腥藻、节球藻等的毒素也能诱导鱼类细胞产生过量ROS，从而导致细胞凋亡。另外，部分农药（阿特拉津、百草枯）、杀虫剂（毒死蜱、敌百虫、氯氰菊酯）和重金属（铜、铬）不仅能够促进鱼类细胞ROS的大量产生，而且还能够高表达诱导型一氧化氮合酶（induced nitric oxide synthase，iNOS），促进NO的产生，从而使得细胞氧化损伤而凋亡。

二、细胞因子与细胞损伤

细胞因子（cytokines，CKs）是由细胞经刺激而合成、分泌的具有广泛生物活性的低分子（15～30ku）多肽、蛋白质或糖蛋白的总称，它们参与调节细胞生长、分化、免疫、炎症、组织损伤修复和抗肿瘤等过程。

（一）细胞因子的分类

根据细胞因子的结构和功能，可以将细胞因子分为：白细胞介素（interleukin，IL）、集落刺激因子（colony stimulnating factor，CSF）、肿瘤坏死因子（tumor necrosis factor，TNF）、干扰素（interferon，IFN）、趋化因子（chemokine，CK）、生长因子（growth factor，GF）以及细胞黏附分子（cell adhesion molecule，CAM）等。

（二）细胞因子的功能

鱼类常见细胞因子及其功能与人类和哺乳动物相似，可分为促炎因子和抗炎因子两类。其中，IL-1β、IL-6、IL-8、TNF-α以及INF-β等为促炎因子，IL-10、TGF-β等为抗炎因子。在水生动物中，虹鳟的IL-1β的功能研究比较深入，其具有诱导白细胞迁移、增强白细胞吞噬活性，促进细胞增殖，以及诱导头肾白细胞的COX-2和MHCⅡ表达等功能。适当的增加IL-1β可以促进免疫。

（三）细胞因子与疾病

促炎因子和抗炎因子相互作用、维持平衡以控制炎症、消灭感染。适当地提高促炎因子的含量可提高机体的免疫力。罗非鱼饲喂嗜酸乳杆菌后，可诱导IL-1β表达量增加，提高对嗜水气单胞菌的抵抗力；虹鳟注射IL-1β衍生肽可增加对VHSV的抵抗力。但过度提高促炎因子含量可引起炎症过度，造成系统性炎症反应综合征（systemic inflammatory response syndrome，SIRS）。罗非鱼无乳链球菌感染，急性死亡组IL-1β表达量显著高于其他组，表明过度的炎症反应可摧毁机体免疫系统，加速死亡。在一些病原或环境因素的作用下，鱼体的抗炎因子增加，抑制免疫反应，造成代偿性抗炎反应综合征（compensatory anti-inflammatory response syndrome，CARS）。罗非鱼在生活盐度从10g/L降至5g/L（以NaCl计）时，TGF-β减少，IL-1β不变，导致鱼体免疫功能下降。无乳链球菌感染罗非鱼后，毒力因子上调了鱼体抗炎因子IL-10，同时下调了促炎因子TNF-α、IL-6和INF-β，造成宿主免疫系统破坏，引起鱼体发病。

除促炎和抗炎外，细胞因子也能引起细胞死亡：草鱼呼肠孤病毒能够通过TNF-α诱导caspase-8通路，导致草鱼肾细胞凋亡；LPS通过诱导促炎因子IL-8和TNF-α的大量表达，促进草鱼细胞的凋亡；百草枯浸浴鲤后，肝细胞IL-6、IL-1β和TNF-α均大量表达，同时肝细胞出现凋亡；此外，鱼腥藻毒素和铜离子能分别通过诱导TNF-α和IL-1β过量表达，导致细胞损伤。

三、细胞信号转导与病理过程

细胞针对外源信息所发生的细胞内生物化学变化及效应的全过程称为信号转导（signal transduction）。细胞的信号转导过程为：细胞通过特定受体接受外界信号（第一信使），通过胞内转化，细胞内多种分子的浓度、活性、位置发生变化，形成第二、三信使，最终通过细胞应答做出反应，如代谢变化、细胞收缩、分泌因子、表达基因等。

（一）细胞信号的分类

细胞的信号可以是物理的、化学的也可以是生物信号，但信号最终通过转换形成细胞可直接感受的化学信号。化学信号通过细胞受体起作用，因此也被称为配体（ligand）。化学信号可分为脂溶性信号和膜结合型信号。脂溶性信息分子（如类固醇激素和甲状腺素等）能穿过细胞膜，与细胞质或核内的受体结合，改变靶基因的转录活性，诱发细胞特定的应答反应。而膜结合型信息分子不能穿过细胞膜，需通过与膜表面的特殊受体相结合才能激活细胞内的信息分子，调节靶细胞功能，称为跨膜信号转导（transmembrane signaling transduction）。

（二）信号转导通路

常见的信号转导通路有G蛋白介导的信号转导通路、酪氨酸蛋白激酶介导的信号转导途径、鸟苷酸环化酶信号转导途径和核受体超家族成员介导的细胞信号转导通路。

1.G蛋白介导的信号转导通路　G蛋白是指可与鸟苷酸可逆结合的蛋白质家族，当受体被配体激活后，G蛋白上的GDP被CTP取代，使G蛋白被激活，活性G蛋白与效应器作用，直接改变其功能，或通过产生第二信使影响细胞的反应。

（1）腺苷酸环化酶途径。活性G蛋白可改变腺苷酸环化酶（cAMP）的活性，从而调节细胞内cAMP浓度，cAMP可激活蛋白激酶A（PKA），引起多种靶蛋白磷酸化，调节其功能。

（2）IP_3、Ca^{2+}钙调蛋白激酶途径。a1肾上腺素能受体、血管紧张素2受体等可与G蛋白结合，激活细胞膜上的磷脂酶C（PLC），催化质膜磷脂酰肌醇二磷酸（PIP_2）水解，生成三磷酸肌醇（IP_3）和甘油二酯（DG）。IP_3促进Ca^{2+}释放，Ca^{2+}作为第二信使启动多种细胞反应。

（3）DG-蛋白激酶C途径。DG与Ca^{2+}能协调促进蛋白激酶C（protein kinase C，PKC）活化，激活的PKC可促进靶基因转录和细胞的增殖与肥大。

2.酪氨酸蛋白激酶介导的信号转导途径

（1）受体酪氨酸蛋白激酶途径。受体酪氨酸蛋白激酶（tyrosine protein kinase，TPK）的共同特点是受体细胞内含有TPK，配体以生长因子为代表。配体与受体结合后，酪氨酸残基自身磷酸化，进而活化TPK。磷酸化的酪氨酸通过级联反应向细胞内进行信号转导。主要调节细胞增殖和分化，与细胞增殖肥大和肿瘤发生有关。

（2）非受体酪氨酸蛋白激酶途径。细胞因子及红细胞生成素等的膜受体本身并无蛋白激酶活性，受体的细胞内近膜区可与细胞质内非受体IPK结合并发生磷酸化，进而与信号转导和转录激活因子（signal transducers and activators of transcription，STAT）相结合，使STAT中酪氨酸磷酸化，诱导靶基因的表达，促进多种蛋白质的合成，增强细胞抵御病毒的能力。

3.鸟苷酸环化酶信号转导途径　鸟苷酸环化酶（guanylyl cyclase，GC）信号转导途径主要存在于心血管系统和脑内，一氧化氮激活细胞质可溶性GC、心钠素及脑钠素膜颗粒性GC，增加cGMP生成，再激活蛋白激酶G（protein kinase G，PKG）磷酸化靶蛋白，发挥生物学作用。

4.核受体超家族成员介导的细胞信号转导通路　核受体存在于细胞质和细胞核，包括体激素受体、甲状腺素受体、维甲酸受体。核受体与配体结合后，进入核内与靶基因中的激素反应元件结合，调节靶基因的表达，调节机体的生长、发育、生殖，并参与体内的免疫与炎症反应。

（三）细胞信号转导的终止

细胞信号在产生、传递并导致细胞反应后，必须及时终止，否则可引起细胞信号转导障碍并导致细胞功能的紊乱。信号终止可发生在信号转导的各个环节。首先作为第一信使的配体会很快被降解失活或被重吸收；与配体结合的受体会被内吞而失去作用；与G蛋白结合的GTP可被水解成GDP而失活；被蛋白激酶磷酸化的信号转导蛋白可在蛋白磷酸酶的作用下去磷酸而失活，生成的第二信使也可被降解。信号终止是信号转导中的重要环节，由于信号终止障碍导致的信号积累会导致各种疾病乃至肿瘤的发生。

（四）细胞信号转导异常与疾病

细胞信号转导异常是指由于受体或受体后信号转导通路中的成分异常，使信号转导发生障碍（过强或过弱），结果导致靶细胞功能和代谢障碍，并引起疾病。

由于水生动物细胞损伤的分子机制研究还处在起步阶段，因此对其信号转导途径的研究仅有少量报道。如美人鱼发光杆菌亚种（*Photobacterium damselae* subsp. *piscicida*）所产生的细菌毒素AIP56通过激活

caspase-8、caspase-9和caspase-3的死亡受体通路诱导海鲈巨噬细胞和中性粒细胞凋亡反应；而节球藻毒素也能够通过激活caspase-9和caspase-3的死亡受体通路诱导鲫巨噬细胞凋亡；溶藻弧菌感染河豚后能够通过激活p53通路诱导细胞凋亡；最近研究发现，miRNA可单独或者与p53联合调节对虾或牙鲆细胞的凋亡反应。

四、细胞外基质与细胞损伤

细胞外基质（extracellular matrix）是指分布于细胞外空间，由细胞分泌的蛋白和多糖所构成的网络结构。

1. **细胞外基质的主要成分及生理作用** 细胞外基质主要包括糖蛋白、纤维性蛋白、糖胺多糖、蛋白多糖，还有组织液中的各种成分。细胞外基质是由胶原蛋白与弹性蛋白组成的蛋白纤维和由糖胺聚糖与蛋白聚糖形成的水合胶体构成的复杂结构体系，层黏蛋白和纤黏蛋白具有多个结合位点，在细胞与细胞外基质成分的相互黏着中起重要作用。细胞外基质中还有由血浆成分构成的组织液，包括水、氧气、二氧化碳、营养素和代谢产物。

2. **细胞外基质与疾病** 细胞外基质不仅提供细胞外的网架，赋予组织以抗压和抗张力的机械性能，而且还与细胞的增殖分化和凋亡等重要生命活动有关。细胞外基质三维结构及成分的变化，往往会改变细胞的微环境，从而对细胞的发生、增殖、移动、分化、代谢和凋亡等重要生命活动起重要的调控作用，导致多种疾病甚至肿瘤的发生。如灭多威可上调罗非鱼精巢的细胞外基质基因表达，影响精巢组织黏附性；无乳链球菌毒力因子菌毛蛋白（PilA）、层粘连结合蛋白（LmB）、透明质酸酶（hylB）分别通过与细胞外基质中的胶原蛋白、层粘连蛋白结合，分解基质中的透明质酸的方式，促进感染。

第八节 细胞自噬

细胞自噬（autophagy）即细胞的自我吞噬，在广义上为一种将细胞内物质靶向运输至溶酶体进行分解代谢的过程，狭义的细胞自噬为细胞分解自身各种内源性物质，如细胞器、细胞质等的现象。若细胞分解外源性物质如细菌、病毒等，则称为异噬。自噬存在于所有真核细胞中，且自噬相关基因和信号通路从酵母到人类细胞都高度保守。自噬在营养丰富、环境适宜时活性较低，主要参与细胞正常生理状态的维持，如更新长效蛋白、清除受损细胞器等。自噬在细胞处于不利环境（如饥饿）时活性增强，通过选择性和非选择性分解细胞内蛋白质、细胞器等维持细胞内氨基酸水平，以维持细胞生存。

一、自噬的类型

根据自噬的底物和运输方式的不同，可分为三种类型（图5-72）。

1. **小自噬** 又称微自噬（microautophagy）。该过程不形成双层膜结构，而是直接将底物通过溶酶体或液泡表面内陷吞入溶酶体。目前关于小自噬的研究较少。

2. **泛素介导自噬（CMA）** 选择性地将五肽残基（具有类似KFERQ序列）标记的蛋白，转运穿过溶酶体膜，进入溶酶体降解途径。靶向识别、蛋白质解折叠、LAMP-2a溶酶体蛋白的聚合是转运穿过溶酶体的限速因子。在降解过程中，标记蛋白可与作为限速因子的LAMP-2a溶酶体蛋白发生靶向识别、蛋白质解折叠与聚合生化过程。

3. **大自噬** 又称巨自噬（macroautophagy），也就是通常所说的自噬。该过程涉及膜的重排，通过形成双层膜结构的自噬体将底物包裹，自噬体再与溶酶体融合消化分解内容物，这种自噬常常可在电子显微镜下观察到（图5-73、图5-74）。下文主要关注大自噬（以下称自噬）。

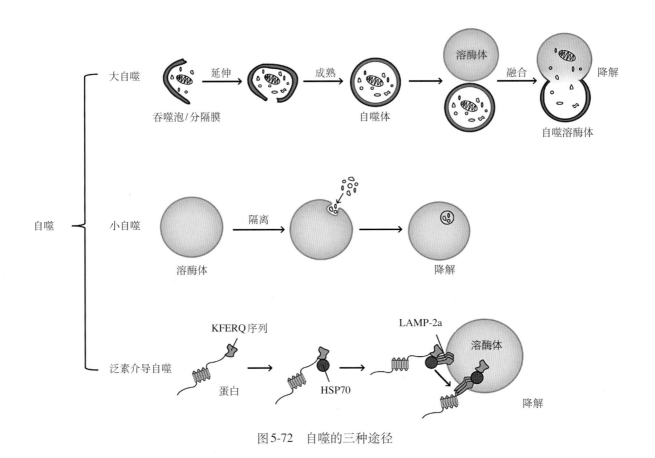

图5-72 自噬的三种途径

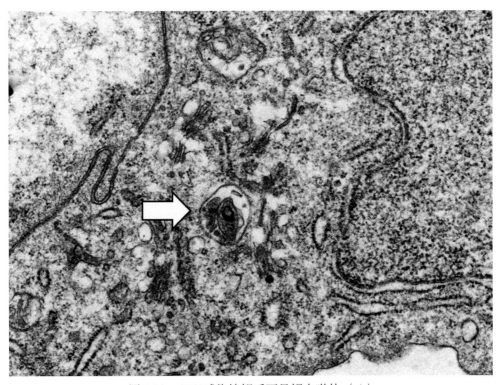

图5-73 CEV感染锦鲤后可见鳃自噬体（⇨）

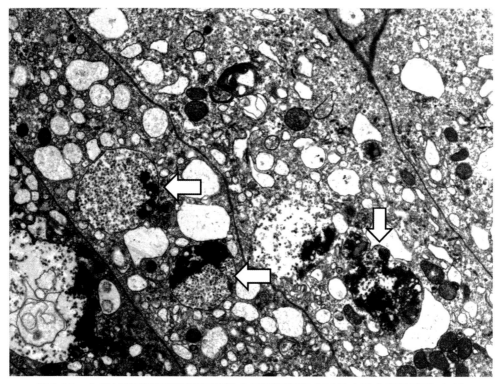

图5-74 中华绒螯蟹患肝胰腺坏死综合征后肝细胞内可见大量自噬溶酶体（⇨）

二、自噬的发生

自噬的发生可分为四个阶段：激活、发生、延伸与闭合、成熟与降解（图5-75）。

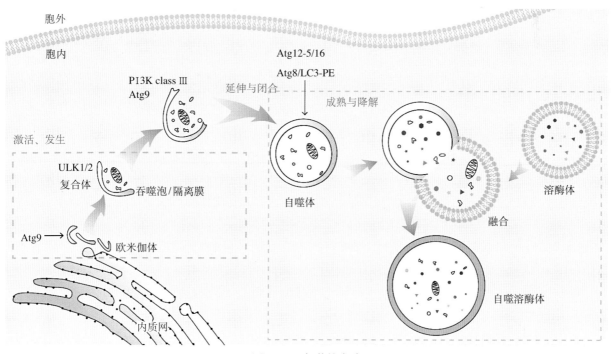

图5-75 自噬的发生

1. **激活** 在饥饿等环境因素下，细胞接受信号分子刺激，启动自噬。

2. **发生** 细胞接受自噬信号后，在细胞质的某处形成一个膜结构，并不断扩张。该结构由最初的平边逐渐向两面延伸，形成一个由脂质双分子层组成的敞开的口袋，称为吞噬泡（phagophore）或隔离膜（isolation membrane）。吞噬泡可能起源于胞内母体分子，也可能来自其他如内质网、线粒体等膜性结构。

3. **延伸与闭合** 吞噬泡不断"延伸"，将细胞质中需要降解的部分，如细胞器、长寿命蛋白等，搅入"口袋"中，然后"闭合"，成为密闭的球状自噬体（autophagosome）。电镜下结构特征为含有细胞质成分，如线粒体及内质网碎片等的双层膜结构。

4. **成熟与降解** 自噬体通过细胞骨架微管系统运输至溶酶体，自噬体的内膜被溶酶体酶降解，内容物合为一体形成自噬溶酶体（autolysosome）的过程称为自噬体的成熟。溶酶体降解自噬体及其中的内含物，得到氨基酸、脂肪酸等原料的过程为降解。降解后原料被输送到细胞质中，供细胞重新利用；不能回收利用的残渣被外排或滞留在细胞质中。

三、自噬的分子机制

自噬相关分子机制非常复杂，涉及的通路、蛋白因子繁多，但各进化阶段自噬相关因子均比较保守，因此鱼类与哺乳动物的分子机制大体相同。由于鱼类自噬分子机制的系统化研究较少，以下为哺乳动物的自噬分子机制（图5-76）。

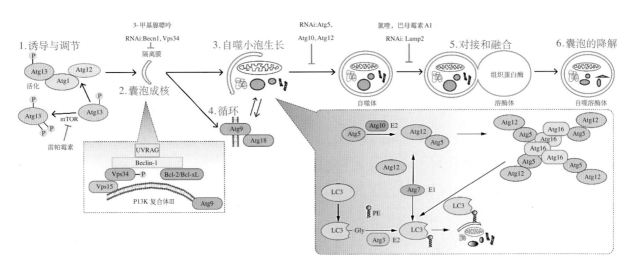

图5-76　自噬的发生机制

（一）激活

自噬的激活分为三种信号通路：TOR依赖、TOR非依赖和其他途径。

1. **TOR依赖信号通路** TOR是自噬中研究最广泛的负调节因子。TOR信号通路上有2个功能蛋白：TORC1（由raptor、GβL和PRAS40组成）和TOR2（由rictor、GβL、S1N1和PROTOR组成）。在营养充分条件下，TORC1呈活化状态，自噬蛋白-13（Atg13）高度磷酸化，对Atg1和Atg17亲和力低。当氨基酸饥饿等各种形式的应激抑制TORC1活性时，Atg13迅速去磷酸化，对Atg1和Atg17亲和力增加，继而激活Atg1，诱导自噬发生。

2. **TOR非依赖性信号通路**

（1）磷酸肌醇信号通路（cAMP-Epac-PLC-ε-IP$_3$）。细胞内肌醇和1，4，5-三磷酸肌醇（IP$_3$）是自噬

的负调控因子。细胞内cAMP介导Epac活化产生Rap2B，继而激活PLC-ε，活化的PLC-ε可水解PIP$_2$形成IP$_3$，抑制细胞自噬。当细胞内肌醇形成减少或过度消耗时，细胞过度表达IP$_3$激酶A，将IP$_3$磷酸化为IP$_4$，诱导细胞自噬。

（2）Ca^{2+}-calpain-Gsα通路。游离的Ca^{2+}是自噬的负调节因子。当细胞内IP$_3$水平降低，位于内质网上的IP$_3$R结合减少，抑制内质网释放Ca^{2+}，导致胞内Ca^{2+}浓度降低。细胞内Ca^{2+}是钙依赖性半胱氨酸激酶（如calpain1和calpain2）的激活因子。激活的calpain可通过裂解三聚G蛋白的α-亚单位（Gsα）激活Gsα，导致腺苷酸环化酶cAMP活化，抑制自噬发生。当Ca^{2+}浓度降低，calpain的激活受阻，胞内合成cAMP减少，自噬活性增强。

3．其他自噬调控因子

通过化学药物筛选各种自噬rapamycin增强子（SMERs）和rapamycin抑制子（SMIRs），发现在酵母中有5 000种化合物，在哺乳动物中有21种repamycin增强子和13种repamycin抑制子。如自噬的增强子二糖海藻糖，可作为"化学伴侣"与蛋白质直接作用，影响蛋白质折叠；哺乳动物O-亚型叉头框（FoxO）可调节自噬相关基因的表达，同时FoxO通过下游蛋白，如胰岛素样生长因子-1（IGF1）/PI3K-Akt信号通路调节自噬基因的表达。另外，神经酰胺、一些具有生物活性的鞘磷脂、活性氧可作为自噬的调节子。值得注意的是，在虹鳟肌细胞氨基酸饥饿时，IGF虽然可介导FoxO3磷酸化，但其并未引起自噬基因的表达。

（二）发生

自噬泡的形成起始于自噬相关大分子复合物磷酸肌醇-3-激酶（PI3K，由Beclin/Atg6、Atg14/barkor、Vps34和p150/Vps15组成）。Vps34与Beclin1复合物活化PI3K后产生PI3P。Beclin1可与抗凋亡蛋白Bcl-2、Bcl-xL结合，抑制自噬泡形成。饥饿条件可激活c-Jun NH2-terminal kinase-1（JNK1），使Bcl-2和Bcl-xL磷酸化，释放结合的Beclin1，诱导自噬泡形成。FIP200-ULK1/Agt1复合物也可诱导自噬泡产生。在营养缺乏条件下，ULK1/2去活化，继而磷酸化FIP200，诱导自噬泡形成。

（三）延伸与闭合

吞噬小泡的延伸仍可能需要其他细胞器的膜性结构参与。循环于高尔基体和内涵体之间的膜转运蛋白Atg9，可能参与自噬泡扩张过程的膜转运。自噬体膜的延伸涉及2个泛素样反应：①Atg12与Atg5共价结合。首先，Atg7（E1泛素激活酶样）激活Atg12，并将其转移至Atg10（E2泛素终止酶样）。然后，Atg12通过其甘氨酸末端—COOH与Atg5赖氨酸残基结合，形成Atg12-Atg5复合物。在此之后，该复合物与Atg16L1结合，形成Atg12-Atg5-Atg16L1四聚体。该四聚体是自噬体膜延伸所必须，但在自噬体形成后脱离。②MAP1-LC3/LC3/ATg8。LC3末端—COOH被蛋白酶Atg4B切割，产生细胞质亚型LC3-Ⅰ。LC3-Ⅰ在Atg7和Atg3（E2泛素终止酶样）作用下与PE（磷脂酰乙醇胺）结合形成LC3-Ⅱ。LC3-Ⅱ可特异性识别延伸的自噬体膜。LC3-Ⅱ在自噬体完成时依然存在，直至与溶酶体融合。当自噬体与溶酶体融合后，LC3-Ⅱ在Atg4作用下从自噬体表面脱落并回收。在这两个泛素样系统间也存在交互作用：Atg12-Atg5-Atg16L1复合物可作为E3泛素连接酶促进LC3-Ⅰ与PE结合；Atg16L1可携带LC3至脂质位点与PE结合；Atg10与LC3可相互作用，促进LC3与PE结合；同样地，Atg3与Atg12可发生相互作用，过表达的Atg3可增加Atg5-Atg12的结合。

（四）自噬体的成熟与降解

自噬体向周围聚集有溶酶体的微管组织中心（microtubule organizing center，MTOC）的移动需要有能量的供应。解聚微管或抑制主动运输将抑制自噬。形成多泡小体（MVBs）的蛋白如ESCRT的突变或消失将抑制自噬体成熟。UVRAG是一个Beclin1相互作用蛋白，也是自噬体上重要的融合蛋白，参与自噬体的成熟过程。UVRAG不与Beclin1结合的情况下，可募集C族Vps蛋白，继而激活Rab7，促进晚期内涵体和溶酶体融合。Rubicon 也可参与自噬体的成熟。Rubicon 是 Beclin1 复合物的组成部分，可抑制自噬体成熟。溶酶体酸化作用也是融合成功的关键。运用化学方法如 bafilomycin A1 抑制溶酶体 H^+-ATPase 将抑制自噬体与内涵体/溶酶体融合。

四、细胞自噬的生物学和病理学意义

（一）维持氨基酸池稳定

自噬的首要功能是在持续饥饿条件下，供给细胞氨基酸，通过氨基酸的糖异生作用提供所需能量。在正常情况下或短期饥饿条件下，蛋白酶系统可分解胞内蛋白，维持细胞内的氨基酸池的稳定。当饥饿持续时间较长，则主要通过自噬来供给细胞氨基酸。自噬在鱼类蛋白分解以维持鱼体生存方面具有重要作用。在野生环境下，鱼类经常经历饥饿，尤其是在产卵迁徙、季节变化时，鱼类可通过自噬降解蛋白质供给能量，从而在几个月甚至几年不摄食的情况下也能存活下来。当饥饿时，鱼类肌肉、肝等部位的蛋白质通过自噬分解成氨基酸。鲑在产卵迁徙过程中，当碳水化合物消耗殆尽，肌肉和肝的蛋白质自噬将提供机体所需能量。鲤在碳水化合物消耗完后，亦可首先通过蛋白质和部分氨基酸提供能量。虹鳟饥饿 14d 后，可大量诱导白肌中自噬基因如 *Atg8*、*LC3b*、*Atg4B*、*Atg12* 的表达。

（二）清除大分子物质和细胞器

自噬的第二大功能是清除细胞内受损或多余蛋白质、细胞器等物质，控制细胞质量。细胞在正常情况下会维持低水平的自噬。自噬失败将导致细胞内物质聚集，引起细胞病变，如人类的神经性退行性病、肿瘤形成等。此外，自噬对于细胞内病原（如志贺氏菌、链球菌、分枝杆菌等）也具有清除作用。自噬在鱼类卵泡发育中具有重要作用：虽然凋亡是排卵后卵泡分解的主要途径，但对于闭锁卵泡，自噬参与了卵泡的促存活以及排卵后的 II 型程序性死亡过程。相反，凋亡只在闭锁卵泡后期（即繁殖后 4 ~ 6 个月）产生。

（三）参与免疫反应

自噬可单纯作为从胞质到溶酶体/内涵体的运输途径，参与抗原的递呈。自噬可将内源性抗原递呈给 MHC II 类分子，供 CD4 + T 细胞识别。如流感病毒抗原与 LC3 结合后可优先进入自噬体且能够高效递呈给 MHC II 类分子。虹鳟感染鲑传染性贫血症病毒（infectious salmon anemia virus，ISAV）时，可诱导鲑细胞 ASK 发生自噬，细胞内出现双层膜或多层膜结构，但感染早期自噬相关基因如 *Atg3*、*Atg5*、*Atg6*、*Atg7*、*Atg8*、*Atg10* 和 *Atg12* 并未发生改变。

（四）参与隔离或包裹

在某些条件下，自噬被诱导后只起隔离作用，并不与溶酶体结合分解自噬体内容物。如内质网应激时，诱导产生的自噬体将内质网隔离以减轻内质网应激。然而，这种隔离保护可也被一些胞内寄生病原所利用。对一些胞内寄生菌，如嗜肺军团菌等，可通过自噬的隔离作用逃避细胞的先天性免疫，为其胞内生存提供小生境。

五、自噬的检测

自噬活性的增加表现为所有自噬性结构（包括自噬泡、自噬体、自噬溶酶体）均较基础水平增加。自噬功能障碍可表现在自噬通路的不同阶段，自噬体形成的上游通路（如隔离膜的集结和延伸步骤）受阻时出现自噬体（包括自噬溶酶体和自噬内涵体）数量减少（生成减少）；相反，自噬体形成的下游通路受阻时，自噬体数量可能增加（降解减少）。自噬过程由一系列自噬相关蛋白介导完成，这些蛋白质在自噬体形成的不同阶段发挥着重要作用。微管相关蛋白 1 轻链 3（microtubule-associated protein 1 light chain 3，MAP-LC3/Atg8）是自噬体膜上的标记蛋白，在细胞内存在两种形式：LC3-I 和 LC3-II。LC3 蛋白质合成后其C端即被Atg4蛋白酶切割变成LC3-Ⅰ（18ku），散在分布于细胞质内；当自噬体形成后，LC3-Ⅰ分解形成LC3-Ⅱ（16ku）和磷脂酰乙醇胺偶联，稳定地存在于自噬体内膜和外膜上直至被溶酶体分解。因此，LC3常被用来作为自噬体的标记，且LC3-Ⅱ的水平在一定程度上也可反应自噬体的数量。细胞自噬的检测方法见表5-2。

表5-2　细胞自噬的检测

方法		原理
形态学观察	电子显微镜	透射电子显微镜检测辨认自噬体的结构
自噬标记蛋白LC3检测	细胞免疫荧光	自噬诱导后，LC3-Ⅱ聚集于自噬体膜上，细胞表现为点状聚集增多。根据点状聚集的密集程度，判断细胞自噬的情况
	LC3蛋白conversion实验	自噬诱导后，细胞内LC3蛋白质总的表达水平差异不大，仅表现为LC3-Ⅰ减少和LC3-Ⅱ增加，通过检测LC3-Ⅱ/LC3-Ⅰ或LC3Ⅱ/（LC3-Ⅰ+LC3-Ⅱ），反映自噬水平
自噬流分析	长寿命蛋白检测	通过检测放射性标记的长寿命蛋白自噬性降解后培养上清中的放射性产物的活度检测细胞自噬性降解的能力
	LC3或其他自噬性底物检测	自噬诱导后，自噬体内膜上的LC3-Ⅱ被溶酶体降解，通过免疫印迹监测自噬过程中LC3蛋白量的变化或流式细胞仪监测GFP-LC3荧光强度的变化即可反映自噬活性
	LC3蛋白turnover实验	LC3蛋白conversion实验设计中，同时加入溶酶体抑制剂来检查自噬体的降解，通过比较溶酶体抑制剂存在与不存在的情况下LC3-Ⅱ蛋白表达的差别来反映自噬性降解
	RFP-GFP-LC3的溶酶体递呈	构建RFP-GFP-LC3串联体，自噬诱导后，可以观察到自噬体和自噬溶酶体分别呈黄色和红色标记，如果自噬体向自噬溶酶体成熟步骤受阻，黄色点状聚集增加，红色不增加
	GFP-LC3切割	LC3连同自噬体内膜和内容物一起被溶酶体降解，但GFP在溶酶休中不降解，仅表现荧光信号淬灭。在自噬性溶酶体降解后会释放出游离的GFP。故通过免疫印迹检测游离GFP蛋白监测自噬性降解的发生
自噬的实验性调控		通过实验性激活或者抑制自噬的方法观察细胞行为和效应分子的变化
体内自噬分析		①基于对组织切片标本进行电镜观察和LC3蛋白的检测 ②应用GFP-LC3转基因小鼠实现体内自噬的实时监测 ③构建自噬相关基因缺失

第六章 适 应

适应（adaptation）是指机体的器官、组织和细胞对体内、外环境条件中持续性刺激和各种有害因子产生的非损伤性应答反应。适应包括功能代谢和形态结构两个方面，其目的在于避免细胞和组织受损，在一定程度上反映了机体的调整应答能力。无论是在生理条件下维持动物的正常生命活动，还是在病理条件下出现抵抗障碍和损伤的过程，都包含着机体的各种适应性反应。适应反应一般表现为萎缩、肥大、增生、化生和代偿（图6-1）。这些反应是机体在进化过程中逐渐形成和完善的，在保证动物的生存中起着极为重要的作用。

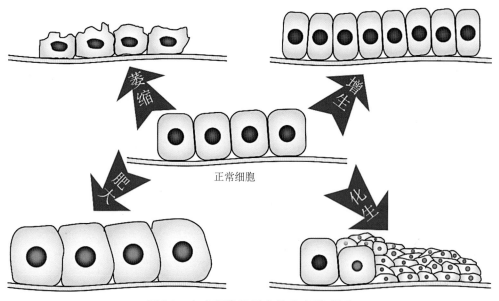

图6-1 上皮细胞的适应性改变模式图

第一节 萎 缩

萎缩（atrophy）是指已经发育到正常大小（成熟）的器官、组织或细胞，由于物质代谢障碍而发生体积缩小和功能减退的过程。器官、组织的萎缩是代谢机能低下，组成器官的实质细胞体积变小、数量减少所致，同时伴有功能降低。萎缩与假性肥大（pseudohypertrophy）、发育不全（hypotrophy）及不发育（agenesis）不同。假性肥大是指器官和组织由于间质增生压迫实质细胞，使实质细胞体积缩小，数量减少，而器官或组织发生体积变大和功能减退的病理过程，如肥胖症。发育不全是指器官和组织不能发育到正常的结构，体积一般较小，其发生原因可能是血液供应不良、缺乏特殊营养成分或先天性的缺陷。不发育是指一个器官不能发育、器官完全缺失或只有一个结缔组织构成的痕迹性结构，其发生原因往往和遗传因素、激素有关。

一、萎缩的原因和分类

根据发生的原因不同，萎缩可分为生理性萎缩和病理性萎缩两类。

1. 生理性萎缩　生理性萎缩（physiological atrophy）是指在生理状态下，某些组织器官随着机体生长发育到一定阶段时所发生的萎缩，也称为退化（involution），多与年龄有关，又称年龄性萎缩。老龄动物全身各器官会有不同程度的萎缩。鱼在繁殖后期生殖腺也会萎缩退化。

2. 病理性萎缩　病理性萎缩是指在致病因素作用下，机体在物质代谢障碍的基础上引起的组织器官的萎缩。引起病理性萎缩的原因很多，依据病变波及范围的不同可分为全身性萎缩和局部性萎缩。

（1）全身性萎缩。全身性萎缩（general atrophy）是指在某些致病因子作用下，机体发生全身性物质代谢障碍，导致全身各组织器官发生萎缩。全身性萎缩时，发生全身物质代谢障碍，常见低蛋白血症引起的全身性水肿，显现全身恶病质状态，称恶病质性萎缩。当发生全身性萎缩时，体内各器官、组织都发生萎缩，但其程度是不同的，常表现出一定的规律性：通常相对不太重要的器官先萎缩，脂肪组织的萎缩发生得最早、最显著，严重的几乎完全消失；其次是肌肉；再次是肝、肾、脾等器官。脑、心、垂体则萎缩最晚，萎缩程度也较轻微。

（2）局部性萎缩。局部性萎缩（local atrophy）是指在某些局部性因素影响下发生的局部组织和器官的萎缩。依据发生原因的不同，病理性萎缩又可分为如下几种类型：

① 营养不良性萎缩（malnutrition atrophy）。指长期饲料不足、慢性消化道疾病（如慢性肠炎）和严重消耗性疾病（如严重锥体虫病和恶性肿瘤等）引起机体营养物质的供应和吸收不足而导致全身性萎缩。发生全身性萎缩的动物多表现衰竭征象，精神委顿，严重消瘦，贫血和全身水肿，即呈恶病质状态。鱼类由于饵料不足，长期处于饥饿状态时，全身肌肉萎缩，背薄如刀刃，头大尾小，呈干瘪状，称为萎瘪病。如斑点叉尾鮰、鲤出现严重维生素E、硒缺乏时，肌肉萎缩，背部变薄变窄，严重时整个背部至尾柄部呈刀刃状，即"瘦背病"的外观（图6-2、图6-3）。

图6-2　硒缺乏的鲤（下）背部肌肉萎缩、变薄、呈刀刃状，上为正常对照

图6-3　硒缺乏的鲤（下）体横切面肌肉萎缩、变薄，上为正常对照

② 废用性萎缩（disuse atrophy）。指肢体、器官或组织长期不活动，神经向心性冲动和离心性冲动减弱或消失，以致组织代谢降低、功能减弱而发生萎缩。

③ 压迫性萎缩（pressure atrophy）。指器官或组织长期受压迫而引起的萎缩，这是一种较常见的局部性萎缩。其发生机理一方面是外力对组织的直接压迫作用，另一方面是受压迫的组织器官由于血液循环障碍，局部组织营养供应不足，以致相应组织的功能、代谢障碍。如在脑积水时，脑实质的萎缩；鱼腹腔内舌状绦虫或肿瘤压迫相邻组织、器官引起的萎缩。

④ 缺血性萎缩（ischemic necrosis）。指动脉不全阻塞，血液供应不足所致相应部位的组织萎缩，也称血管性萎缩。多见于动脉硬化、血栓形成或栓塞造成的动脉内腔狭窄。

⑤ 神经性萎缩（neurotic atrophy）。指神经系统损伤而发生的功能障碍，使受其支配的器官、组织因失去神经的调节作用而发生的萎缩。如脑、脊髓损伤而导致的肌肉萎缩。

⑥ 内分泌性萎缩（endocrine atrophy）。由于内分泌功能低下所引起的相应组织器官萎缩。例如，当哺乳动物垂体功能低下，垂体分泌的促甲状腺素、促肾上腺素、促性腺激素减少时，可引起肾上腺、性腺等器官萎缩。

⑦ 其他病理性萎缩。某些理化因素如辐射、化学毒物等也可以引起组织器官萎缩。放射线（X射线、γ射线等）照射可直接或间接引起局部性或全身性萎缩。这种萎缩是在变性的基础上发生的，如果照射强度过大则可引起组织的坏死。如用放射线照射治疗肿瘤时，被照射的局部组织可发生萎缩；慢性铅中毒也可引起肌肉萎缩（中毒性萎缩）；吡嗪酰胺和异烟肼可导致斑马鱼幼鱼的肝萎缩。

二、萎缩的病理变化

感染性因素、药物性因素以及营养性因素都可能引起鱼类组织器官萎缩。肉眼可见：萎缩组织和器官的体积缩小，重量减轻，边缘变锐，色泽变深，质地变硬，但一般保持原有的形状。镜下可见：萎缩器官的实质细胞体积变小或伴有数量减少，但萎缩的细胞仍保持原细胞形态，细胞质减少，核比正常浓染，称为单纯性萎缩（simple atrophy）。

肝细胞和心肌细胞等发生萎缩时，有时可见细胞质内出现黄褐色的不规则小体，称为脂褐素，这是自噬泡内未彻底"消化"的含脂代谢产物。感染哈维氏弧菌的大黄鱼的许多肝细胞的实质结构被明显破坏，呈现空泡化，局部肝细胞萎缩，随着病程的发展，肝细胞解体，形成局灶性坏死；飞机草95%乙醇提取物冻干粉对斑马鱼具有一定的毒性，当水浴浓度达500mg/L时，斑马鱼心肌组织充血严重伴有广泛性炎性细胞浸润，心肌纤维溶解、萎缩、坏死现象进一步加剧，导致心肌细胞排列紊乱，细胞间间距增宽，核固缩，而个别心肌细胞出现水肿现象，间距缩小；当鲤严重维生素E、硒缺乏时，肌肉出现病理性萎缩（图6-4）；中华绒螯蟹肝胰腺坏死综合征发生时，步足肌肉严重病理性萎缩（图6-5）。

图6-4 硒缺乏的鲤肌纤维萎缩、变性、坏死，炎性细胞浸润

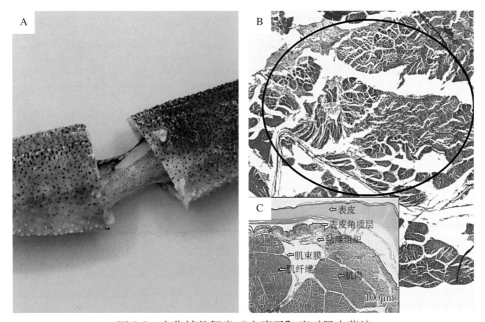

图6-5 中华绒螯蟹患"水瘪子"病时肌肉萎缩
A."水瘪子"病蟹肌肉萎缩大体照 B."水瘪子"病蟹的肌肉萎缩（○） C.蟹健康肌肉组织学结构

　　鱼胃肠道（仅部分鱼有胃）发生萎缩时，黏膜上皮大量脱落消失，肠黏膜萎缩比胃黏膜萎缩更显著，不仅上皮脱落，而且肠腺和绒毛的数量也明显减少。电镜下可见萎缩细胞的细胞质内除溶酶体外，细胞器

的数量减少和体积缩小，而自噬体增多。自噬体是由单层膜包裹一些退变细胞器或基质的囊泡，可与初级溶酶体融合形成自噬溶酶体，其中退变细胞器可被溶酶体酶消化，不能完全消化的则形成残体。残体可排出细胞外，或长期存留于细胞内（如脂褐素）。

在鱼类渗透压调节范围内，不同盐度的水体中鱼类的肾小体也会出现一定的适应性变化。如与淡水养殖的鲈相比，海水养殖鲈的肾小球及肾小管结构上出现萎缩现象；高盐度会引起珍珠龙胆石斑鱼幼鱼的肾小管数量减少，颈段、近曲小管、集合管明显萎缩，管径缩小；患鲤疱疹Ⅱ型病毒病的异育银鲫肾小球萎缩、肾小管管壁变薄，有的肾小管上皮细胞脱落、肾间质出现空泡、炎性细胞浸润。由于环境因子刺激和寄生虫寄生等原因，鱼鳃小片会出现萎缩。如急性氨氮胁迫会导致淇河鲫幼鱼鳃小片出现不同程度的萎缩，鳃丝基部充血肿大，鳃丝间隔增大，上皮细胞排列紊乱、脱落；小瓜虫在鳃部位的寄生会导致青海湖裸鲤和黄河裸裂尻鱼鳃丝粘连，鳃小片和鳃丝上皮细胞萎缩、脱落，鳃丝结构被严重破坏。

萎缩是一种环境条件改变下的适应现象，有利于在不良环境影响下维持机体的生命活动。另一方面，萎缩的器官或组织代谢和机能降低，对机体的生命活动是不利的，如全身性萎缩，各器官机能下降，机体处于免疫抑制，若继续发展、不断恶化会导致机体衰竭和多因并发其他疾病而死亡。

萎缩一般是可复性的，如果能及早去除病因，萎缩的器官或组织仍可恢复原状。如果病因继续加重，萎缩的细胞则逐渐消失。发生于机体重要器官（如脑）的局部性萎缩可引起严重后果；发生于一般器官的萎缩，特别是程度较轻时，通常可由健康部分的机能代偿而不产生明显的影响。

第二节　肥　大

细胞、组织或器官的体积增大并伴有功能增强的现象称为肥大（hypertrophy）。肥大是机体适应性反应在形态结构方面的一种表现。肥大的基础是实质细胞体积增大或数量增多，或二者同时发生。虽然肥大和增生是两种不同的适应过程，但是引起细胞、组织和器官肥大的原因常类同，所以二者常相伴发生。对于细胞分裂增殖能力活跃的组织器官如卵巢，其肥大可以是细胞体积增大（肥大）和细胞数量增多（增生）的共同结果，但对于细胞分裂增殖能力较低的器官，如心脏等，其组织器官的肥大仅因细胞肥大所致。

一、肥大的原因和分类

按组织和器官肥大形成的原因不同，肥大可分为生理性肥大和病理性肥大。

1. **生理性肥大**　在生理条件下，体内某一组织、器官为适应生理机能需要而发生的肥大，称为生理性肥大。需求旺盛、负荷增加是生理性肥大的常见原因。这种肥大的器官功能增强，并具有更大的贮备力。

2. **病理性肥大**　在病理条件下所发生的肥大，称为病理性肥大。这种肥大的器官具有适应疾病造成的机能负担增加或代偿某器官机能不足的作用，具有一定的代偿意义，故又称为代偿性肥大（compensatory hypertrophy）或功能性肥大，如心脏瓣膜病引起的心脏肥大。心脏局部缺血时也可引起心脏肥大（图6-6）。代偿性肥大的器官体积增大，重量增加，功能增强，往往能获得较长时间的功能代偿，但是代偿性肥大器官的贮备力却相对地降低，而且这种代偿能力也是有限的。若肥大的器官超过其代偿限度便会发生失代偿，如肥大心肌引起的心功能不全。若因分泌激素过多作用于效应器所致，称为内分泌性肥大（endocrine hypertrophy）或激素性肥大，如甲状腺功能亢进时，甲状腺素分泌增多，引起甲状腺滤泡上皮细胞肥大。大黄鱼患溃疡病时，其鳃丝脱落、鳃小片肥大；银剑鱼患分枝杆菌病时，肾明显肿胀并发黄，脾极度肥大。

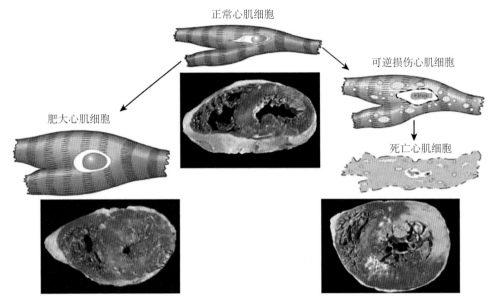

图 6-6 正常心肌细胞、适应心肌细胞、可逆损伤心肌细胞与死亡心肌细胞的对比（氯化三苯四唑染色）
注：心肌肥大（左下），心肌坏死（右下），透壁光区后外侧左心室代表急性心肌梗死。
(Vinay Kumar，2017.Robbins basic pathology)

二、肥大的病理变化

眼观可见肥大的器官、组织体积增大，颜色加深，质地变实。镜下可见肥大的细胞体积增大，细胞质增多，细胞核也相应增大且深染。肥大的细胞内许多原癌基因被活化，导致DNA含量和细胞器（如微丝、线粒体、内质网、高尔基复合体及溶酶体等）数量增多，结构蛋白合成活跃，细胞功能增强。因此，肥大时细胞增大并非由细胞水肿所致。肥大细胞蛋白合成增加的机制还未完全清楚。细胞肥大产生的功能代偿作用是有限度的。如心肌过度肥大时，心肌细胞的血液供应相对缺乏；心肌细胞中产生的正常收缩蛋白，也会因胚胎性基因的激活，转变为产生收缩效率较差的幼稚收缩蛋白；部分心肌纤维收缩成分甚至会溶解和消失，形成可逆性损伤，最终导致心肌整体负荷过重，诱发功能不全（失代偿）。此外，器官内实质组织萎缩，但间质组织增生，会造成器官外形增大的假性肥大现象。发生假性肥大时，增生的间质主要是脂肪组织，出现明显的间质脂肪浸润。当牙鲆患淋巴囊肿病毒（lymphocystis virus）引起的鱼类皮肤传染病时，病鱼体表出现大小不等的水泡状突起。成纤维细胞是淋巴囊肿病毒的主要靶细胞，镜下可见鱼表皮下结缔组织中的成纤维细胞被病毒感染后致使细胞增生、变圆、肥大和聚集，形成淋巴囊肿细胞，在其细胞质内可见大量的包涵体和病毒颗粒。当唐鱼暴露在铜中时，鳃小片肥大；当唐鱼暴露在氯氰菊酯中时，肝细胞肥大，肝血窦变窄。当鲫暴露在镉中时，鳃小片上皮增生和片层融合，黏液细胞肥大和增生，以及黏液细胞空泡化。

第三节 增 生

细胞有丝分裂活跃而引起器官、组织内细胞数目增多的现象称为增生（hyperplasia），常导致组织或器官的体积增大和功能活跃。增生通常是由于细胞受到过多激素刺激以及生长因子与受体过度表达，也与细胞凋亡被抑制有关。增生是适应机体需求并在机体控制下进行的一种局部细胞有限的分裂增殖现象，一旦除去刺激因素，增生便会中止。这和肿瘤不受控制的恶性增生是完全不同的。肿瘤细胞的增生与机体的需求无关，这一过程一旦开始，即使病因消除也不会停止。增生也是间质的重要适应性反应。细胞增生和再生可以同时出现，通常增生是为了适应增强的机能需要，而再生是为了替代丧失的细胞。

一、增生的原因和分类

增生的原因主要包括慢性刺激、慢性感染、抗原刺激、激素刺激和营养物质缺乏。体内某些常发生慢性反复性组织损伤的部位，由于组织的反复再生修复而逐渐出现过度的增生，发生于某些慢性病变。如肝炎时肝细胞的增生，肠炎时肠上皮细胞和腺细胞的增生等为实质细胞增生；巨噬细胞、血管内皮细胞和成纤维细胞增生为间质成分增生。炎性增生具有限制炎症扩散和促进炎症区组织修复的作用。

免疫细胞病理性增生多因慢性传染病与抗原刺激，网状内皮系统和淋巴组织再生，增生的脾肿大，细胞分裂相应增多，网状细胞再生。在慢性炎症中，增生最明显的是成纤维细胞和新生毛细血管共同组成肉芽组织，以修复组织缺损。在炎症后期，某些器官、组织的实质细胞也可发生增生。少数增生也可见于炎症早期，如急性肾小球肾炎时血管内皮细胞和球系膜细胞明显增生等。此外，某些器官内分泌障碍可引起激素刺激，从而出现增生。

根据发生的原因不同，增生可以分为生理性增生和病理性增生两类。

1. **生理性增生**　生理性增生是指在生理条件下，组织或器官由于生理机能增强而发生的增生。生理性增生又可以分为激素性增生和代偿性增生。如在高海拔地区空气氧含量低，机体红细胞代偿增多。

2. **病理性增生**　病理性增生是指在致病因素作用下引起的组织或器官的增生。根据其原因，又可分为代偿性增生（compensatory hyperplasia）和内分泌性增生（endocrine hyperplasia）。

（1）代偿性增生。在组织损伤后的创伤愈合过程中，成纤维细胞和毛细血管内皮细胞因受到损伤处增多的生长因子刺激而发生增生。慢性炎症或长期暴露于理化因素也常引起组织细胞特别是皮肤和某些脏器被覆细胞的增生。

（2）内分泌性增生。病理学增生最常见的原因是激素过多或生长因子过多。

二、增生的病理变化

环境因素、细菌或病毒感染、激素等都可以引起鱼类各组织器官的增生。肉眼可见增生的机体器官体积增大，镜下观察增生时细胞数量增多，细胞和细胞核形态正常或稍增大。细胞增生可为弥漫性或局限性，分别表现为增生的组织均匀弥漫性增大；或者在组织器官中形成单发或多发性增生结节。大部分病理性（如炎症时）的细胞增生，通常会因引发因素的去除而停止。若细胞增生过度失去控制，则可能演变为肿瘤性增生，如食蚊鱼暴露在废水中后鳃上皮细胞增生肿大，出现动脉瘤。卵形鲳鲹感染鲕诺卡氏菌后，解剖发现其鳃、肝、肾、脾出现0.1～0.2cm的白色结节，病理组织学可见鳃小片上皮细胞肿胀、增生，脾有增生的淋巴细胞浸润和肉芽肿病变。鲤患痘疮病时，皮肤出现增生性白色结节，组织切片可见病灶周边皮肤上皮细胞大量增生（图6-7、图6-8）。鲤铜中毒时，鳃小片上皮细胞增生，排列混乱，间隙消失，鳃

图6-7　患病鲤尾鳍、背鳍上出现石蜡样增生物

丝增生呈棒状。此外，斑点叉尾鮰感染维氏气单胞菌可致脾间质细胞增生（图6-9），CEV感染致鲤鳃明显增生（图6-10），西伯利亚鲟海豚链球菌感染致瓣肠黏液细胞增生（图6-11），寄生虫感染致鲫鳃增生（图6-12）。

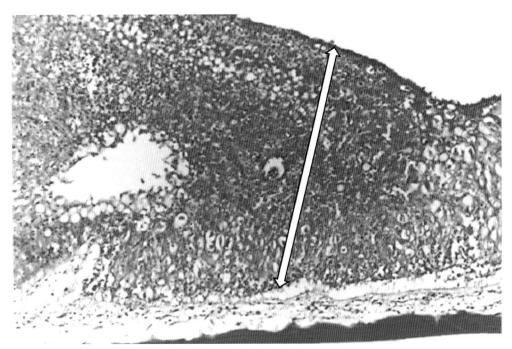

图6-8　痘疮病鲤表皮层上皮细胞极度增厚（⟺，H&E染色，×200）

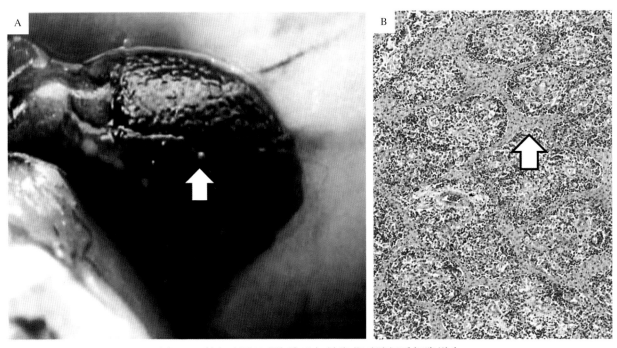

图6-9　斑点叉尾鮰感染维氏气单胞菌时脾间质细胞增生
A.脾肿大，增生白色结节（⇨）　B.结缔组织增生（⇨）

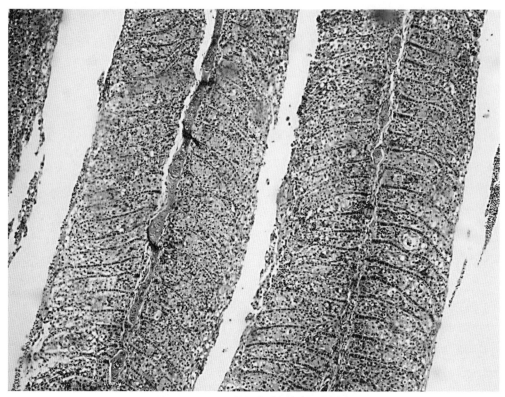

图6-10 CEV感染致锦鲤鳃小片增生

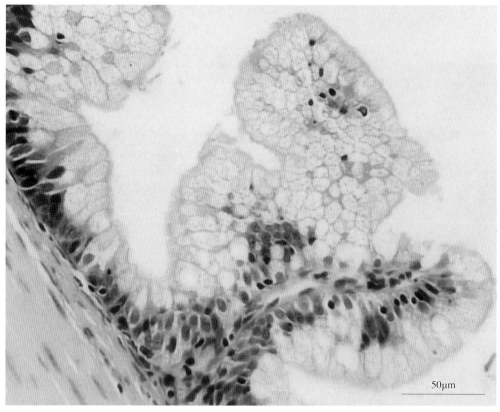

50μm

图6-11 海豚链球菌感染致西伯利亚鲟瓣肠黏液细胞增生

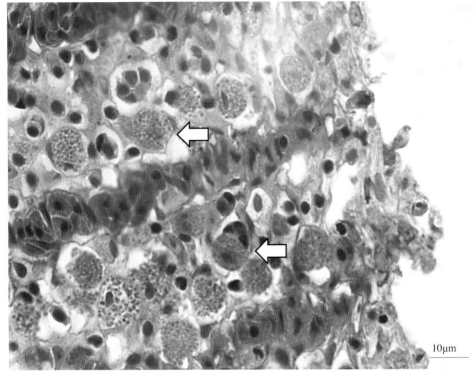

图6-12　寄生虫感染致鲫鳃上皮增生，嗜酸性粒细胞浸润（⇨）

第四节　化　生

一种已分化成熟的组织为适应环境的改变或在刺激因素的作用下，在形态和机能上转变为另外一种组织的过程，称为化生（metaplasia）。化生并不是由原来的成熟细胞直接转变所致，而是该处具有分裂增殖和多向分化能力的干细胞或结缔组织中的未分化间充质细胞（undifferentiated mesenchymal cells）发生转分化（transdifferentiation）的结果，本质上是环境因素引起细胞的某些基因活化或受到抑制而重编程化表达的产物，是组织、细胞成分分化和生长调节改变的形态学表现。这种分化上的转向通常发生于相近类型的组织，如上皮组织中的柱状上皮可化生为复层鳞状上皮，结缔组织中的疏松结缔组织可化生为骨、软骨组织。

一、化生的原因和分类

通常引起组织出现化生的原因有多种，如组织代谢障碍可致结缔组织骨化生；机械刺激和慢性炎症刺激下，变移上皮和黏膜上皮均可出现鳞状化生；维生素缺乏以及肿瘤发生时亦可见组织化生等。化生的机理可能与干细胞（如上皮组织的储备细胞、间叶组织的原始间叶细胞）调控分化的基因重新编程有关，属于细胞的转型性分化。化生也可能是环境因素引起相关基因的活化和/或抑制所致，部分通过特异基因DNA的去甲基化或甲基化来实现。根据化生发生的过程不同，化生可分为直接化生与间接化生两类。

1. 直接化生　直接化生是指一种组织不经过细胞的分裂增殖而直接转变为另一种类型组织的化生。如结缔组织化生为骨组织时，纤维细胞可直接转变为骨细胞，进而细胞间出现骨基质，形成的骨样组织经钙化而成为骨组织。

2.间接化生　间接化生是指一种组织通过新生的幼稚细胞转变为另一种类型组织的化生。这种化生是通过细胞增生来完成的，增生时先形成不成熟的细胞，在新的环境条件和新的机能要求下，按新的方向分化为不同于原组织的另一种类型的组织。如维生素A缺乏时，呼吸道的柱状纤毛上皮转变为角化性复层鳞状上皮（鳞状化生）。

化生通常发生在同源性细胞之间，即上皮细胞之间或间叶细胞之间，一般是由特异性较低的细胞类型来取代特异性较高的细胞类型。上皮组织的化生在原因消除后或可恢复，但间叶组织的化生则大多不可逆。根据化生发生的细胞类型不同，常见的化生主要表现为上皮组织的化生与间叶组织的化生。

（1）上皮组织的化生。

①鳞状上皮的化生。在慢性炎症或其他理化因素作用下，柱状上皮伴有细胞增生，逐渐向多边形、胞质丰富的鳞状上皮细胞分化，这种柱状上皮在形态和功能上均转变为鳞状上皮的过程称为鳞状化生（图6-13）。被覆上皮组织的化生以鳞状上皮化生（squamous metaplasia，简称鳞化）最为常见。如哺乳动物维生素A缺乏时，呼吸道的柱状纤毛上皮转变为角化性复层鳞状上皮（鳞状化生）。

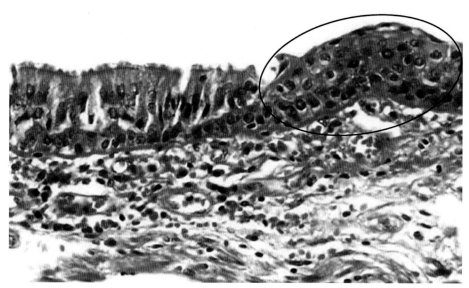

图6-13　柱状上皮化生为鳞状上皮（○）
（Vinay Kumar，2017. Robbins basic pathology）

②柱状上皮的化生。腺上皮组织的化生也较常见。如哺乳动物慢性胃炎时，胃黏膜上皮转变为含有帕内特细胞（panethcell）或杯状细胞的小肠或大肠黏膜上皮组织，称为肠上皮化生（intestinal metaplasia，简称肠化）。

（2）间叶组织的化生。间叶组织中幼稚的成纤维细胞在损伤后，可转变为成骨细胞或成软骨细胞，称为骨化生或软骨化生（chondrometaplasia）。这类化生多见于骨化性肌炎等受损软组织，也见于某些肿瘤的间质。

二、化生对机体的影响

化生是机体对不利环境和有害因素损伤的一种适应性改变，通常能增加该组织对某些刺激的抵抗力。虽然化生的组织对有害的局部环境因素抵抗力增加，但往往丧失了原有正常组织的功能，局部的防御能力反而被削弱。此外，化生是一种异常的增生，若久治不愈，则可能继发为肿瘤，甚至发生恶变。如在太平洋东北部黑岩鱼的脾和肾中发现了多重、不连续的结节病灶的软骨化生。此外，在外界药物等刺激下，鱼的鳃小片单层上皮可化生为复层鳞状上皮，细胞层次增多变厚可增强局部抵御外界刺激的能力，但失去原来的正常功能，也会造成鱼鳃从水中吸入氧能力下降的机能障碍。

第五节 代 偿

在致病因素作用下，体内出现代谢、功能障碍或组织结构破坏时，机体通过相应器官的代谢改变、功能加强或形态结构变化来补偿的过程，称为代偿（compensation）。代偿是机体在长期种系进化过程中获得的一种积极适应动态环境的抗病能力。它通过物质代谢的改变、功能加强和组织器官的肥大或增生来补偿病因作用所造成的损伤、障碍，使机体得以建立起新的动态平衡，从而使生命活动能在不利的条件下继续进行。一般而言，代偿以物质代谢加强为基础，先出现功能增强，进而逐渐在功能增强的部位发生形态结构变化。这种形态结构变化又可为功能增强提供物质保证使功能增强能够持续下去。食蚊鱼被暴露在较高浓度的高氯酸盐当中时，其甲状腺滤泡出现胶体损耗，滤泡上皮细胞出现代谢性增生和肥大以满足机体的需要。红鲫被暴露在0.025mg/L的四溴双酚-A下时，其甲状腺滤泡上皮细胞也发生代偿性的增生和肥大。在探讨多氯联苯对褐牙鲆幼鱼甲状腺的影响时发现，褐牙鲆幼鱼暴露在多氯联苯的50d，甲状腺滤泡上皮细胞数量增多、高度增加，胶质缺损，细胞肥大。根据其特点的不同，代偿的形式可以分为以下三种类型。

一、代谢性代偿

代谢性代偿（metabolic compensation）是指在疾病过程中体内出现的以物质代谢改变为主要表现形式，以适应机体新改变的一种代偿过程。如处于慢性饥饿状态的动物由于营养物质缺乏，在较长时期内能量来源主要是体内贮备的脂肪。

二、功能性代偿

功能性代偿（functional compensation）是最常见的代偿形式，指机体通过功能增强来补偿体内的功能障碍的一种代偿形式。例如，成对器官肾中的一个或肝的一部分因损伤而功能丧失时，健康的肾或肝的健康部分可出现功能加强，以维持肾或肝的正常功能。中华鲟发生严重细菌性烂鳃病时，鳃严重损伤，鳃小片坏死脱落，鱼体呼吸功能衰竭，鱼体缺氧，出现代偿性呼吸，病鱼大量吞食空气或水中气泡以弥补自身对氧的需求，吞食气体在胃中聚集，致使胃膨胀，鱼体失去平衡甚至上翻。在有机砷对鲫的急性毒性实验中发现，急性暴露实验中鱼脑谷胱甘肽-S-转移酶受到极显著的抑制，而鱼鳃和肝谷胱甘肽-S-转移酶在第2天时表现代偿性增强，在第5天时转变为明显的抑制。

三、结构性代偿

结构性代偿（structural compensation）是指以器官、组织体积增大（肥大）来实现代偿的一种形式，此时体积增大的器官、组织伴有功能加强。结构性代偿是一个慢性发展过程，一般在功能性代偿之后逐渐出现。代偿是机体的适应性反应，机体的代偿能力是相当大的，并具有多种多样的形式。但任何代偿又都有其一定的限度，也就是说机体的代偿能力是有限的，当某器官的功能障碍继续加重，代偿已不能克服功能障碍引起的后果时，新建立的平衡关系又被打破，出现各种障碍，即发生代偿失调，或称失代偿（decompensation）。

第七章　损伤的修复

机体的细胞、组织和器官等积极地与内外环境相互作用，不断调整其结构和功能，以适应内外环境变化的需求。当机体内外环境改变超过细胞、组织或器官的适应能力之后，会引起受损细胞和细胞间质发生物质代谢、组织化学、超微结构乃至光镜和肉眼可见的异常变化，称为损伤。损伤造成机体部分细胞、组织或器官缺损时，由周围健康组织细胞增殖分裂对所形成的缺损进行修补恢复的过程，称为修复，修复后的组织可完全或部分恢复原组织的结构和功能。修复主要是通过缺损部位周边的各种细胞再生来完成的。修复主要包括两种不同的形式：①由损伤周围的同种细胞增殖和组织干细胞增殖分化成熟来修复，称为再生（regeneration），如果完全恢复了原组织的结构及功能，则称为完全再生。②由纤维结缔组织来修复，称为纤维性修复，由于之后会形成瘢痕，故也称瘢痕修复。这两个过程都涉及各种类型细胞的增殖，以及细胞和细胞外基质（extracellular matrix，ECM）之间的密切相互作用。通常在许多常见损伤的类型中，两种修复方式对最终的修复结果都有不同程度的贡献，因此上述两种修复方式通常同时存在。在组织损伤和修复过程中，常伴有炎症反应。此外，肉芽组织形成、创伤愈合和机化也都属于修复的形式。

第一节　再　生

再生是指为修复受损的实质细胞发生的同种细胞的增生。再生本质上是为了修复机体损伤，而非吸收坏死物质或消除致炎因子。再生的细胞应与受损的实质细胞完全相同。

一、再生的概念

机体内死亡的细胞和组织可由邻近的健康细胞分裂增生而进行修复，这种细胞的分裂、增生、修复的过程称为再生。

二、再生的类型

再生可分为生理性再生和病理性再生两大类。

1. **生理性再生**（physiological regeneration）　是指在正常生理情况下，机体的某些细胞、组织不断老化、消耗，又不断由新生的同种细胞加以补充更新。例如，动物外周血液内血细胞衰老、死亡后，可不断地从造血器官进行血细胞的再生以得到补充；皮肤的表皮细胞衰亡脱落后，可由表皮基底层细胞不断分裂增生予以补偿；消化道黏膜上皮细胞 1 ~ 2d 更新一次；鱼类鳃永久暴露在水环境中，鳃中细胞不断的迭代更新等。这些都属于生理性再生。生理性再生的细胞在形态上和功能上均与原来衰亡的细胞完全相同。

2. **病理性再生**（pathological regeneration）　是指在病理情况下，机体细胞和组织等缺损后发生的再生。如炎症引起的细胞死亡与组织缺损，在愈合过程中由邻近的健康细胞增生而完成修复。病理性再生又可分为两类：当再生的细胞和组织在结构和功能上与原来的细胞和组织完全相同时，称为完全再生（complete regeneration），对于高等脊椎动物而言，只有发生在损伤范围小、再生能力强的组织中才能完全再生，而鱼类组织再生能力很强，鳍条、鳞片的损伤脱落都能完全再生；当缺损的组织不能由结构和功能完全相同的组织来修补，而以结缔组织增生的方式来修复时，则称为不完全再生（incomplete regeneration），多发生于损伤严重、再生能力弱或缺乏再生能力的组织中。

三、影响再生的因素

组织再生过程中会受到各种因素的影响，除了组织的损伤程度和组织自身的再生能力外，还包括全身和局部因素。了解这些因素，可创造条件加速和改善组织的再生修复。

（一）全身因素

1. **年龄**　一般而言，幼龄鱼的组织再生能力强，愈合快；老龄鱼的组织再生能力差，愈合慢。

2. **营养**　当动物严重缺乏蛋白质，尤其是缺乏含硫氨基酸（如甲硫氨酸、胱氨酸）时，肉芽组织及胶原纤维形成不良，组织再生缓慢且不完全，伤口愈合延缓。而缺乏维生素 C 时，成纤维细胞合成胶原障碍，导致创面愈合速度减慢。此外，已有研究表明，微量元素锌能促进受损组织的创伤愈合。

3. **激素**　机体的内分泌功能状态对受损组织的再生和修复有着重要影响。如肾上腺皮质激素能抑制炎症渗出、毛细血管新生和巨噬细胞的吞噬功能，同时还可影响成纤维细胞增生和胶原合成。因此，在创伤愈合过程中，应避免大量使用这类激素。

4. **神经系统状态**　当神经系统受损时，神经组织的营养机能失调，导致相关组织的再生受到抑制。

（二）局部因素

1. **伤口感染**　伤口感染是影响组织愈合的最重要的局部因素之一。局部感染时，许多化脓菌会产生相关毒素和酶，从而引起组织坏死、基质或胶原纤维溶解，加重局部组织损伤，阻碍组织愈合。此外，坏死组织及其他异物也会阻碍组织的再生和修复。

2. **局部血液循环**　局部血液循环一方面保证组织再生所需的氧气和营养，另一方面对坏死物质的吸收、排出及控制局部感染起重要作用。因此，局部血液循环良好，有利于受损组织的再生和修复，相反，血液供应不足则会延缓组织的创伤愈合。

3. **神经支配**　完整的神经支配对组织再生有一定的积极作用。当局部神经受损后，它所支配的组织再生过程常不发生或不完善，因为组织再生依赖于完整的神经支配。

4. **电离辐射**　辐射等刺激能够破坏细胞，损伤小血管，抑制组织的愈合和再生。如 X 射线照射导致的局部损伤可影响肉芽组织的形成，而紫外线照射则可加快组织的创伤愈合。

四、组织和细胞的再生能力

体内各种组织有着不同的再生能力，这是在长期进化过程中获得的。一般来说，分化程度低的组织比分化程度高的组织再生能力强，幼稚时期的组织比老年时期的组织再生能力强，在生理条件下经常更新的组织有较强的再生能力。体内各种细胞按其再生能力不同可分为三类：

1. **不稳定细胞**（labile cells）　是指在整个生命活动过程中不断地分裂增殖以补充其衰亡和损伤的一类细胞，如皮肤和黏膜的上皮细胞、造血细胞和间皮细胞等都属于这一类。这些细胞再生能力相当强，损伤后一般能完全再生。

2. **稳定细胞（stable cells）** 是指具有潜在再生能力的细胞，这类细胞在生理情况下一般不增殖，当组织遭受到损伤的刺激时，其较强的再生潜力就会立即表现出来，如肝、胰等腺细胞和血管内皮细胞、间叶细胞等。平滑肌细胞也属于稳定细胞，但一般情况下其再生能力较弱。

3. **永久性细胞（permanent cells）** 是指一些再生能力很弱或没有再生能力的细胞，一般情况下都不能再生，一旦遭受破坏则可成为永久性缺失，如骨骼肌细胞、心肌细胞和神经细胞都属于这一类。

五、组织的再生过程

组织损伤后，实质细胞再生的程度和过程，取决于该细胞再生能力的强弱和组织结构两种因素。

1. 上皮组织的再生

（1）被覆上皮的再生。被覆上皮细胞具有强大的再生能力。当皮肤或黏膜的复层鳞状上皮缺损后，由创缘底部的上皮基底层细胞分裂增生，向缺损中心伸展覆盖新生的细胞，先形成单层上皮，以后增生分化为鳞状上皮。当黏膜的柱状上皮缺损后，也由损伤部边缘的上皮细胞分裂增生来修补，新生的细胞初为立方形，以后逐渐分化成熟为柱状细胞。

（2）腺体上皮的再生。对于一般管状腺体上皮，如果损伤仅限于上皮细胞，基底膜尚完好，则可由存留的腺上皮细胞分裂增生，沿基底膜排列，完全恢复至原有结构。如果损伤导致基底膜结构被破坏，则难以实现再生性修复，而是形成瘢痕性修复。对于复杂的腺器官，如肝的再生也分两种：一种是肝细胞坏死时，不论范围大小，只要肝小叶网状支架完好，通过残存的肝细胞分裂增生可恢复至原有结构（图7-1）；另一种是肝细胞坏死较广泛，导致肝小叶网状支架塌陷，此时再生的肝细胞呈结构紊乱的结节状（结节状再生），从而导致不能恢复原有小叶结构和功能（如肝硬化），形成瘢痕性修复。

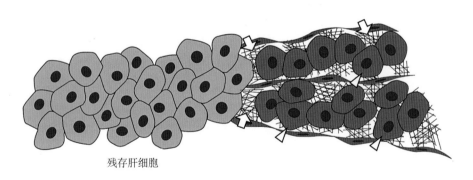

残存肝细胞

图7-1 肝细胞再生模式图

注：⇨示肝小叶网状支架；△示再生的肝细胞，沿支架再生，恢复原有结构。

2. 结缔组织的再生 结缔组织的再生能力很强，它不仅见于结缔组织损伤之后，还发生于其他组织的不完全再生时。在创伤愈合和机化过程中都可以看到结缔组织的再生。这种再生开始于成纤维细胞的分裂增殖，当成纤维细胞停止分裂后，开始合成并分泌前胶原蛋白，在细胞周围形成胶原纤维，细胞逐渐成熟，变成长梭形，核梭形、深染的纤维细胞埋藏在胶原纤维之中（图7-2）。

3. 血管的再生 毛细血管的再生又称血管形成，是以生芽的方式来完成的，即由原有毛细血管的内皮细胞肥大并分裂增殖，形成向外突起的幼芽，幼芽增生延长而形成一条实心的细胞索，在血流的冲击下，细胞条索中出现管腔，形成新的毛细血管，进而彼此吻合构成毛细血管网（图7-3）。这些新生的毛细血管将适应功能的要求而不断改建，有的关闭，内皮细胞被吸收消失，有的可逐渐发展为小动脉或小静脉，此时血管壁外的未分化间叶细胞可进而分化为平滑肌等成分，使管壁增厚。

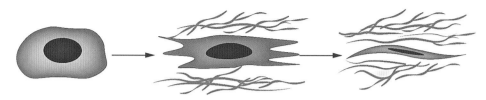

图7-2　原始间叶细胞转化为成纤维细胞，产生胶原纤维，再转化为纤维细胞的模式图

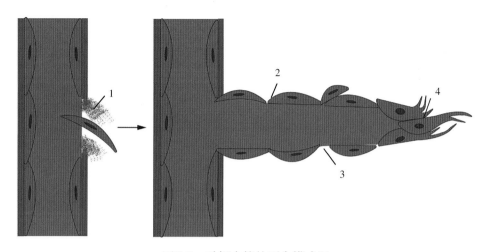

图7-3　毛细血管的再生模式图
1.基底膜溶解　2.内皮细胞增生　3.细胞间通透性增加　4.细胞趋化

4. **神经组织的再生**　神经细胞没有再生能力，中枢神经系统内的神经细胞坏死后由神经胶质细胞再生来修复，从而形成胶质疤痕。周围神经的神经纤维断裂时，只要神经纤维的断端与发出纤维的神经细胞仍保持联系，而且该神经细胞是完好的，一般都可以完全再生。外周神经受损时，若与其相连的神经细胞仍然存活，则可完全再生（图7-4）。若离断的两端相距太远或两断端之间有瘢痕组织相隔，再生的轴突均不能到达远端而与增生的结缔组织混杂在一起，卷曲成团，形成创伤性神经瘤，可引起顽固性疼痛。

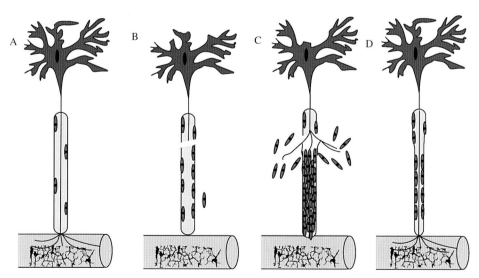

图7-4　神经纤维的再生模式图
A.正常神经纤维　B.神经纤维断离，轴突和髓鞘崩解
C.施万细胞增殖，轴突再生　D.轴突末梢增生，恢复正常结构

5. **骨组织的再生**　骨组织的再生能力很强。骨损伤后，主要由骨外膜和骨内膜内层的细胞分裂增生形成一种幼稚的组织进行修复，以后逐渐分化为骨组织，通常可完全再生。

6. **肌肉组织的再生**　骨骼肌的再生因肌膜是否完整及肌纤维是否完全断裂而有所不同。当损伤轻微，仅肌纤维部分发生坏死，而肌膜完整和肌纤维未完全断裂，则可恢复骨骼肌的正常结构。如果损伤使肌纤维完全断开，肌纤维断端不能直接连接，则需靠结缔组织连接。如果整个肌纤维连同肌膜均遭破坏，则只能通过结缔组织修复。平滑肌只有一定的分裂再生能力。如切断的肠壁，其断处的平滑肌只能由结缔组织来连接；哺乳动物心肌的再生能力极弱，心肌坏死后都是由结缔组织修复的，而水生动物心肌具有较好的再生能力，如斑马鱼心肌部分切除后可在一定时间内再生；大西洋鲑患传染性胰腺坏死病后，患心肌炎的心脏可出现心肌再生（图7-5）。

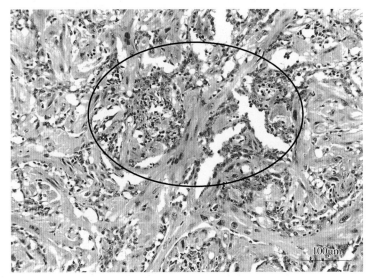

图7-5　大西洋鲑传染性胰腺坏死病发生后的心肌再生（○）
（由David Groman提供）

第二节　肉芽组织形成

机体组织损伤后的修复过程中，常出现由富有新生薄壁的毛细血管、增生的成纤维细胞和炎性细胞所构成的幼稚结缔组织，称为肉芽组织（granulation tissue），因此肉芽组织常伴有炎性细胞浸润，主要是巨噬细胞。机体进行纤维性修复时首先通过肉芽组织增生，溶解、吸收损伤局部的坏死组织以及其他组织中的异物，并填补组织缺损，之后肉芽组织转化成以胶原纤维为主的瘢痕组织，整个修复过程才算完成。修复过程中形成的肉芽组织数量取决于组织的缺损大小和炎症的严重程度。

一、肉芽组织的形态结构观察

肉芽组织主要包括四种成分，即新生的丰富的毛细血管、幼稚的成纤维细胞、少量的胶原纤维和数量不等的炎性细胞。

肉眼观察，新鲜的肉芽组织表面呈鲜红色，颗粒状，柔软湿润，富含毛细血管，没有神经，触之易出血，但无疼痛，因形似鲜嫩的肉芽而得名。而如果创面伴有感染、局部血液循环障碍或有异物残存时，肉芽组织生长不良，表面呈苍白色，水肿，松弛无弹性，颗粒不明显，触之不易出血，表面覆盖有脓性渗出物，这种肉芽生长缓慢，不易愈合，必须清除后使之重新长出健康肉芽才能愈合。光镜下观察，可见肉芽组织凸起的颗粒，这主要由成纤维细胞和新生的毛细血管组成，毛细血管多垂直向创面生长，并以小动脉为轴心，在周围形成袢状弯曲的毛细血管网（图7-6）。在毛细血管网周围存在许多新生的成纤维细胞，常伴有大量渗出液和炎性细胞。炎性细胞主要以巨噬细胞为主，也有数量不等的中性粒细胞和淋巴细胞。

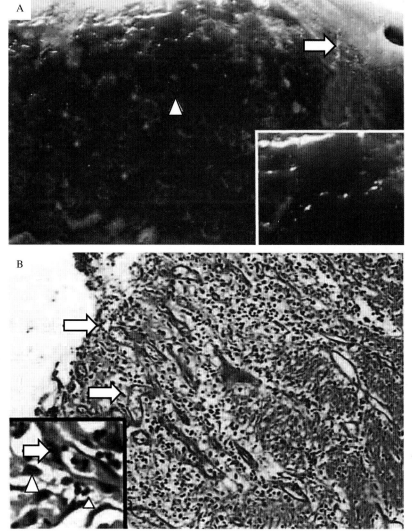

图7-6 肉芽组织形成
A.新鲜肉芽组织大体形态（△示肉芽组织，
鲜红湿润、颗粒状；⇨示残存的皮肤）
B.肉芽组织镜下形态（⇨示毛细血管与表
面垂直生长，近表面处弓形）
（王恩华，2015．病理学．3版）

二、肉芽组织的形成过程

肉芽组织源于受损组织周围的毛细血管和结缔组织，通常在组织损伤后2～3d即可产生，最初由成纤维细胞和血管内皮细胞增殖，随着修复进程的推移，逐渐形成纤维性瘢痕。肉芽组织形成的过程通常包括四个阶段：血管生成、成纤维细胞的增殖和迁移、细胞外基质的积聚和纤维组织的重构。

1. 血管生成（angiogenesis） 血管生成是指从组织中既存的成熟血管的内皮细胞增殖形成新的血管的过程。肉芽组织中的新生毛细血管来自原有的未受损的毛细血管内皮细胞的分裂增殖，以出芽的方式向外生长形成。血管在内皮生长因子（VEGF）和内源性一氧化氮（NO）的刺激下诱导血管通透性增强和促进血管舒张，血管壁上的周细胞从腔体表面分离并破坏基膜以促进血管芽的形成，内皮细胞向组织损伤区域迁移并增殖，以细胞外基质（ECM）蛋白为基本支架形成毛细血管，再招募内皮外细胞（小毛细血管为周细胞，大血管为平滑肌细胞）形成成熟的血管。血管生成后各种刺激因子消失，进而抑制内皮细胞的增殖、基底膜的迁移和沉积。也有研究表明，存在于骨髓中的内皮祖细胞也可被招募来促进血管的生成，但目前认为内皮祖细胞在大多数与伤口愈合相关的血管的生成过程中起着次要的作用。新生的毛细血管比较脆弱，其通透性比成熟的毛细血管高，它们相互联结，向着创面垂直生长。

血管生成是一个复杂而精密的过程，有着许多的因子参与其中。比如，VEGF是血管生成过程中最为重要的生长因子之一，在血管生成早期，VEGF与血管内皮细胞上的VEGF受体VEGF-R2结合，诱导血管通透性增强，同时介导内皮细胞的增殖和迁移；然后与另一个受体VEGF-R1结合，同时刺激机体产生内源性一氧化氮（NO），共同促进血管舒张，帮助血管管腔的形成。成纤维细胞生长因子（FGFs）是另一个重要的生长因子，它也能刺激内皮细胞的增殖，同时还能促进巨噬细胞和成纤维细胞迁移到受损区域，并刺激上皮细胞迁移覆盖到伤口表面。除此之外，新生的血管还需要招募周细胞和平滑肌细胞以及结缔组织的沉积来维持稳定。这些过程还包括了其他多种生长因子，如血小板源生长因子（PDGF）和转化生长因子β（TGF-β）：PDGF招募平滑肌细胞，TGF-β促进ECM蛋白的产生，并抑制血管生成后内皮细胞增殖和迁移。血管生成过程受到Notch信号通路的调控。

2. 成纤维细胞的增殖和迁移　在毛细血管内皮细胞分裂增殖的同时，损伤组织临近的间质中的纤维细胞和未分化的间叶细胞均肿大，转变为成纤维细胞并分裂增殖形成纤维母细胞，纤维母细胞的体积较大，与许多新生的毛细血管一起构成均匀分布的小团块，突出于表面，呈颗粒状外观。成纤维细胞的增殖和迁移也受到局部产生的细胞因子和生长因子的影响，如IL-1、PDGF、TGF-β和FGFs等。在损伤部位产生的这些细胞因子和生长因子招募成纤维细胞从周围组织进入损伤区域并向受损中心移动，其中的一些细胞可能分化为肌成纤维细胞，这些细胞含有平滑肌肌动蛋白，收缩活性强，可以将边缘组织拉向受损中心以封闭伤口。

3. 细胞外基质的积聚　新生的肉芽组织及其周围常存在大量的炎性细胞，以巨噬细胞为主，也有数量不等的中性粒细胞和淋巴细胞，中性粒细胞和淋巴细胞常分布于肉芽组织的表层。这些细胞可以吞噬细菌及组织碎片，当肉芽组织吸收清除了伤口内的坏死物质和填补了伤口后，即开始其成熟过程。增殖的成纤维细胞和新生血管的数量逐渐减少，但成纤维细胞开始合成更多的细胞外基质并在细胞外积聚。纤维母细胞在各种细胞因子和生长因子的刺激下合成前胶原，前胶原分泌到细胞外形成原胶原，相邻的原胶原进一步形成不溶性的胶原纤维。胶原纤维是修复部位结缔组织中的主要成分，对创伤愈合过程中张力的形成尤为重要。胶原纤维大量在受损部位积聚，瘢痕也由此趋于成熟，血管逐渐消退，最终血管丰富的鲜红肉芽组织转变为苍白的瘢痕。

4. 纤维组织的重构　在瘢痕形成之后，机体会对瘢痕进行重塑以增强它的强度和弹性。通过胶原蛋白的交联和胶原纤维大小的增加，伤口的强度得到了很好的增强。此外，积聚的胶原类型也由早期的Ⅲ型胶原变为更有弹性的Ⅰ型胶原。最初伤口的收缩由肌细胞引起，但细胞外基质积聚之后就由胶原纤维的交联来完成。随着时间的推移，结缔组织逐渐退化，瘢痕缩小。胶原蛋白和其他ECM蛋白的降解则是由基质金属蛋白酶（MMPs）家族完成，它们可由许多细胞类型产生，如成纤维细胞、巨噬细胞和一些上皮细胞等，而它们的合成和分泌也受到细胞因子、生长因子以及其他因子的调控。

三、肉芽组织的功能

肉芽组织在组织损伤的修复中具有重要的作用，其主要功能是抗感染、去异物和保护创面，机化血凝块、血栓、坏死组织及其他异物，填补伤口、连接缺损和增加伤口的张力强度。

1. 抗感染、去异物和保护创面　肉芽组织的形成常伴有炎性细胞的浸润，在伤口出现感染的情况下，可对感染物以及各种异物进行分解和吸收。

2. 机化血凝块、血栓、坏死组织及其他异物　肉芽组织在向伤口生长的过程，同时也是对伤口中血凝块和坏死组织等异物进行置换的过程，只有当这些异物被肉芽组织完全机化之后，才能给伤口愈合创造良好的条件。

3. 填补伤口、连接缺损和增加伤口的张力强度　成熟的肉芽组织中包含了大量的胶原纤维，最后转变为瘢痕组织（cicatricose），胶原纤维排列与表面平行，能适应伤口增加张力强度的需要。因此，早期的肉芽组织只能起填补伤口及初步连接缺损的作用，第3周后，张力强度迅速增大，至第3个月达最高点。瘢痕组织的张力强度虽然只有正常组织的70%～80%，但也足以使创缘牢固地结合起来。

四、结局

肉芽组织一旦完成修复就停止生长，并全面向成熟化发展。此时，肉芽组织中的液体成分逐渐被吸收减少，炎性细胞减少并逐渐消失，毛细血管数目减少，部分毛细血管闭塞，有的毛细血管的管壁可增厚而形成小动脉或小静脉。成纤维细胞产生大量胶原纤维，变为纤维细胞，使组织胶原化而转化为瘢痕组织。肉芽组织纤维化后呈灰白色，质地较硬，称为瘢痕（scar）。但对于鱼类而言，其组织再生能力很强，某些组织受损之后不会形成瘢痕。

瘢痕的形成意味着修复的完成，然而瘢痕本身仍在缓慢地变化。如有的瘢痕常发生玻璃样变，有的则发生瘢痕收缩，这种现象不同于创口的早期收缩，而是瘢痕在后期由于水分的显著减少引起的体积变小，有人认为也与肌纤维母细胞持续增生以至瘢痕中有过多的肌纤维母细胞有关。由于瘢痕坚韧又缺乏弹性，加上瘢痕收缩可引起器官变形及功能障碍，一般情况下，瘢痕中的胶原还会逐渐被分解、吸收，以至重构，因此瘢痕会缓慢地变小变软。但偶尔也有瘢痕胶原形成过多，成为大而不规则的隆起硬块，称为瘢痕疙瘩（keloid），易见于烧伤或反复受异物等刺激的伤口，但其发生机制不明。而瘢痕疙瘩中的血管周围常见一些肥大细胞，故有人认为，持续局部炎症及低氧促进肥大细胞分泌多种生长因子，使肉芽组织过度生长，因而形成瘢痕疙瘩。

坏死组织、炎性渗出物、血凝块和血栓等病理性产物如不能被完全溶解吸收或分离排出，则由周围新生的肉芽组织所取代，这一过程称为机化（organization）。如较大坏死灶或坏死物质难以被溶解吸收，或不能完全机化，则常由周围新生的肉芽组织将其包裹，称为包囊形成（encapsulation）。其中的坏死物质有时可发生钙化，如动物的结核病灶的干酪样坏死常发生这种改变。在纤维素性肺炎时，肺泡内的纤维素被机化，使结缔组织充塞于肺泡，肺组织变实，质地如肉，称为肉变（carnification）。因此，肉芽组织在不同的发展情况下会出现不同的结局。

第三节　创伤愈合

创伤愈合（wound healing）是指机体遭受外力作用导致机体组织受损，受损组织修复的过程，是包括各种组织的再生、肉芽组织增生和瘢痕形成的复杂组合。任何组织损伤的修复都是以坏死组织和炎性渗出物等病理性产物的清除和组织再生为主要过程。损伤的程度及组织的再生能力决定修复的方式、愈合的时间以及瘢痕的大小。最轻度的创伤仅限于皮肤表皮层，稍重则皮肤和皮下组织断裂，并出现伤口，严重的创伤可有肌肉、肌腱、神经的断裂乃至骨折。鱼类在运输或者日常养殖过程中出现鳞片的机械擦落和皮肤的擦伤，靠自身组织的再生可以完全愈合；但如果感染杀鲑气单胞菌、鳗弧菌（Vibrio anguillarum）和鱼嗜血杆菌（Haemophilus）这类易造成体表溃疡的病菌，则会在体表形成大小不一的溃疡灶，伤及真皮乃至肌肉，这种创伤就很难愈合，并且还会因此导致鱼类死亡。除此之外，水霉等真菌在体表寄生也会透过皮肤真皮深入肌肉，创伤难以愈合，水霉脱落后，鱼体肌肉直接暴露在水体中，易造成二次感染。

一、创伤愈合的基本过程

创伤愈合包括炎症与渗出、肉芽组织的增生以及瘢痕形成与重塑三个基本过程。这个过程可概括为以下几个阶段：①缺损部位出现血凝块；②伤口收缩；③吞噬细胞清除坏死组织；④基底部及周边生长肉芽组织；⑤上皮细胞覆盖表面；⑥形成瘢痕。

1. **缺损部位出现血凝块** 创伤一旦形成，伤口局部就会出现不同程度的组织坏死和血管断裂出血，数小时内便出现炎症反应，损伤区域出现红肿症状。创伤周围的小血管扩张充血，有浆液和白细胞的渗出，这具有临时填充和保护作用。早期的白细胞浸润以中性粒细胞为主，3d之后转为巨噬细胞为主。这些白细胞的主要作用是吞噬和消化伤口内的细菌、坏死的组织以及细胞碎片。同时，从伤口中渗出的血液和纤维蛋白原很快凝固形成凝块，有的凝块表面干燥形成痂皮，所产生的凝块和痂皮都起着保护伤口的作用。由于鱼类生存环境的特殊性，损伤部位无法形成痂皮。

2. **伤口收缩** 创伤形成后的2～3d，伤口边缘的整层皮肤及皮下组织向创伤中心移动，使得伤口迅速缩小，直到14d左右停止。伤口收缩的意义在于缩小创面，减少创伤与外界环境的接触面积，减轻创伤恶化的趋势。不过在各种具体情况下，伤口缩小的程度因伤口部位、伤口大小及形状而不同。目前认为伤口收缩是由伤口边缘新生的肌成纤维细胞的牵拉作用引起的，而与胶原的形成无关，因为伤口收缩的时间正好是肌成纤维细胞增生的时间。此外，5-羟色胺、血管紧张素（angiotensin）和去甲肾上腺素（noradrenaline）能够促进伤口收缩，而糖皮质激素和平滑肌拮抗药物则能抑制伤口收缩。

3. **吞噬细胞清除坏死组织** 创伤修复过程往往伴随着炎性细胞的浸润，这些炎性细胞以吞噬细胞为主，并含有数量不等的嗜中性粒细胞和淋巴细胞。这些细胞除了起吞噬细菌防止感染的防御性功能之外，还兼具吞噬创伤部位的细胞碎片和清除其中的坏死组织的作用，以促进肉芽组织的形成。

4. **基底部及周边生长肉芽组织** 大约从第3天开始从伤口的基底部及周边长出肉芽组织填平伤口。毛细血管以每日延长0.1～0.6mm的速度从既存的血管中不断增长向受损组织延伸。其方向大都垂直于创面，并呈袢状弯曲。由于形成的肉芽组织中没有神经的分布，因此无感觉。

5. **上皮细胞覆盖表面** 在肉芽组织形成过程中，其不仅发挥着抗感染和清除异物的作用，还能通过增生的各种细胞和细胞成分填充创伤部位，使得周围未受损的表皮细胞向受损中央增生、迁移，最后覆盖在创伤表面，并且肉芽组织还为表皮细胞的再生提供所需的营养和生长因子。在此过程中，表皮干细胞也被认为招募到血凝块下面并向伤口中心迁移，并增殖、分化为鳞状上皮覆盖创面。

6. **形成瘢痕** 肉芽组织成熟后，其中的成纤维细胞产生大量的胶原纤维，随着胶原纤维沉积得越来越多，最终瘢痕得以形成，瘢痕形成就意味着创伤愈合的完成。由于局部张力的需要，瘢痕中的胶原纤维最终表现得与皮肤表面平行。

二、创伤愈合的类型

创伤愈合根据损伤程度和有无感染，可分为一期愈合和二期愈合两种类型。

1. **一期愈合** 一期愈合又称为直接愈合，主要见于创缘整齐、组织缺损少、没有感染、经黏合或缝合后创面对合严密的伤口。这种伤口炎症反应轻、血凝块少、愈合时间短，形成的瘢痕小（图7-7）。

2. **二期愈合** 二期愈合又称间接愈合，是一种开放性愈合方式，见于各种严重的创伤。这种创伤组织缺损大、创缘不整齐、坏死组织多、出血较严重、伴有感染和严重炎症反应。这种创伤只有在感染过程被控制和病理产物基本清除以后，修复过程才能开始。因而二期愈合的时间长，形成的瘢痕较大（图7-8）。

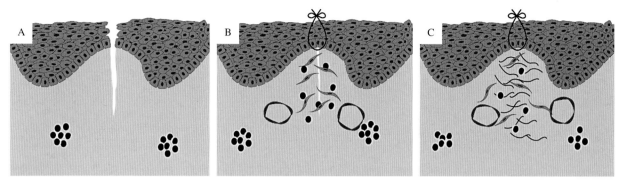

图7-7　一期愈合模式图
A.创缘整齐，组织破坏少　B.经缝合，创缘对合、炎症反应轻　C.表皮再生，愈合后少量瘢痕形成

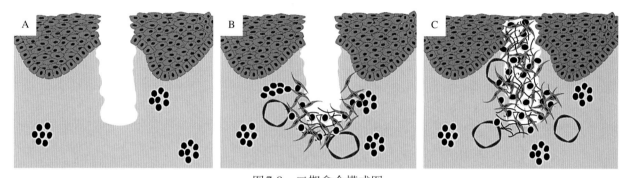

图7-8　二期愈合模式图
A.创口大，创缘不整，组织破坏多　B.创口收缩，炎症反应重　C.表皮再生，愈合后形成的瘢痕大

三、影响创伤愈合的因素

1. 全身性因素

（1）年龄。幼龄动物的组织再生能力强，愈合速度快；老龄动物的再生能力弱，愈合速度慢。

（2）营养。蛋白质和维生素是组织再生过程中的物质基础。严重的蛋白质、维生素 C 缺乏时胶原纤维的形成减少，使伤口愈合延缓。微量元素中锌对伤口愈合有重要作用。

（3）药物。大剂量的肾上腺皮质激素能抑制炎症渗出、毛细血管形成、成纤维细胞增生及胶原纤维合成，并加速胶原纤维的分解，不利于创伤的愈合。

2. 局部因素

（1）局部血液循环。局部血液循环一方面保证组织再生所需的氧气和营养，另一方面对坏死物质的吸收及控制局部感染也起重要作用。因此，局部血液供应良好时，再生修复较为理想；相反，局部血液供应不良（如淤血等）时，创伤愈合迟缓。

（2）感染与异物。感染对再生修复的阻碍非常大。伤口感染时，可引起组织坏死、胶原纤维或基质溶解，促进炎性渗出，加重伤口的损伤。当有异物残留于伤口时，亦可阻碍愈合，并利于感染。这种情况下，只有控制感染、清除坏死组织及异物后，修复才能顺利进行。因此，伤口如有感染，或有较多的坏死组织及异物，必然是二期愈合。

（3）神经支配。正常的神经支配对组织再生有一定的促进作用。当局部神经损伤后，这些神经分布区域的病变极难愈合，如自主神经损伤时，局部血液供应发生变化，对再生的影响极为明显。

第四节 机　化

机化是指坏死组织、血栓、脓液或异物等不能被完全溶解吸收或分离排出，而由新生的肉芽组织吸收取代的过程。

一、机化的病理生理过程

机体遭受损伤后，可出现各种病理性产物。当其数量较少时，通常靠酶解和巨噬细胞的吞噬作用清除。当病理性产物数量较多而不能消散时，在其周围出现肉芽组织增生，并向病理性产物内部生长。肉芽组织中的中性粒细胞和巨噬细胞的吞噬作用及酶的作用，使病理性产物逐渐被溶解、吸收；毛细血管能够促进吸收，成纤维细胞可填补缺损（图7-9）。在这些细胞的联合作用下，肉芽组织一边生长，一边吸收，最后病理性产物完全被取代而成为结缔组织，即发生机化。不能机化的病理性产物或异物则可由肉芽组织将其包裹，称为包囊形成。机化完成后，肉芽组织逐渐成熟并瘢痕化。

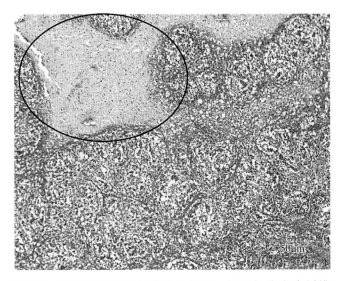

图7-9　患病长吻鮠亲鱼脾严重坏死，坏死部位由成纤维细胞填补（○）

机化往往以成纤维细胞增殖为特征。机体损伤后，细胞因子和趋化因子［包括血小板衍生的生长因子、转化生长因子-β（TGF-β）、表皮生长因子和胰岛素样生长因子］的释放会刺激肥大细胞、成纤维细胞、巨噬细胞和其他细胞来修复损伤组织。而损伤严重时可激活真皮深层成纤维细胞，这些成纤维细胞体积较大，增殖缓慢，产生大量胶原和炎性细胞因子（包括TGF-β），并合成低水平的胶原酶，从而减少胶原降解。这些被激活的深层真皮纤维母细胞形成细胞外基质（ECM），它由透明质酸、蛋白多糖、弹性蛋白和前胶原组成，作为细胞运动和血管形成的载体。成纤维细胞从骨髓迁移到伤口，分化成纤维母细胞，并增加局部TGF-β的产生，刺激纤维母细胞分化成肌成纤维细胞，随后，肌成纤维细胞收缩以减小伤口大小。

二、机化的作用

机化在消除和限制各种病理性产物的致病作用和保持机体内环境的稳定性中起着重要作用。本质上，它是一种具有适应意义的修复性反应；但是，机化有时也可给机体带来不利的影响，例如，两层浆膜因机化而粘连之后，将限制相应器官的活动。因此机化具有修复作用的有利一面，也有可能带来机能障碍的不利一面。

1. 机化对机体有利的一面

（1）它能修复伤口，使组织器官保持完整性。

（2）由于瘢痕组织含大量胶原纤维，虽然没有正常皮肤的抗拉力强，但比肉芽组织的抗拉力要强得多，因而这种填补及连接也是相当牢固的，可使组织器官保持其坚固性。

2. 机化对机体不利或有害的一面

（1）瘢痕收缩。特别是发生于关节附近和重要器官的瘢痕，常常引起关节挛缩或活动受限，如十二指肠溃疡瘢痕可引起幽门梗阻。瘢痕收缩可能是由于其中的水分丧失或含有肌成纤维细胞。

（2）瘢痕性粘连。特别是在器官之间或器官与体腔壁之间发生的纤维性粘连，常常不同程度地影响其功能。器官内广泛损伤导致广泛纤维化玻璃样变，可发生器官硬化。

（3）过度纤维损伤。机化往往以成纤维细胞增殖为特征，无论病变是局灶性还是弥漫性，都是肺损伤常见的反应。这种肺损伤模式都有一个共同因素：肺泡上皮基底膜受损。

第五节　鱼类常见组织器官的修复

在水产养殖中，鱼体在拉网应激作用下其体表、鳍条容易受到机械损伤。研究发现，相比哺乳动物和人，鱼类具有很强的再生能力，在一定条件下往往能自行完全修复受损组织，而不形成瘢痕。本节重点介绍鱼类鳍条、心脏、脑、肾和胰腺等组织器官的修复过程。

一、鳍条的修复

利用斑马鱼作为模式动物，进行鳍条截断造模后，受伤的鳍条能够快速准确地再生，还原其原有的形状和大小。

鳍条截断后的实验鱼，在最初几个小时由上皮细胞覆盖鳍条截断部位，在 1 ～ 2d 内，形成再生胚芽，胚芽（plumule）是形态相似的增殖细胞簇，由成纤维细胞样细胞从末梢迁移与成骨细胞接近截断切面形成（图 7-10）。鳍条的胚芽是再生结构的主要来源。

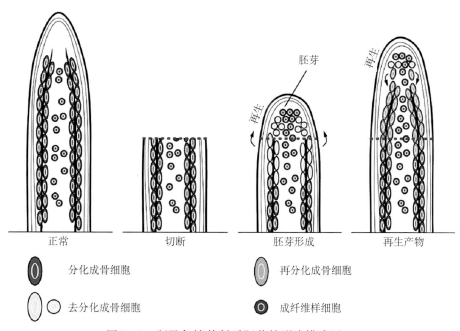

图 7-10　斑马鱼鳍截断后胚芽的形成模式图
（引自 Franziska 等，2011）

胚芽的形成是鳍条再生的第一步，鳍条还必须生长到适当的大小。再生产物的发生通过两个过程来实现：维持再生末端的增殖间隔和分化为最接近的细胞。增殖间隔通过间叶细胞与基部上皮细胞间的信号因子相互作用来实现。除了调节胚芽的形成，RA、FGF和Wnt信号因子正向调控胚芽增殖和外生性生长，而Wnt信号因子抑制这些过程。Igf（胰岛素样生长因子）受体或Tgf受体Alk4抑制后也能阻碍胚芽增殖，进一步表明鳍条持续性生长需要这些通路。有趣的是，Notch信号通路抑制或异常活化会阻止再生。除Notch信号因子外，其他通路也检测到对胚芽分化的影响作用。在移位激活再生过程中，Bmp和Heggehog信号因子引导骨骼形成，表明这些分子的功能是驱使成骨细胞在临近胚芽处再分化。此外，再生的速率取决于近远端截断切面，调控包括位置依赖性FGF信号因子的数量。

鳍条切除24h后，截断远侧成骨细胞去分化并开始增殖。去分化的成骨细胞从远侧迁移并形成胚芽的侧面部分。这样，胚芽由两种细胞构成：成骨细胞和成纤维细胞样细胞。成骨细胞源性胚芽细胞并不发生转分化，只能分化为成骨细胞。这样，骨组织通过分化成熟的成骨细胞再生（图7-11）。

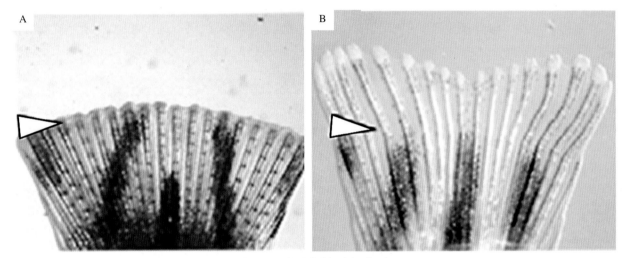

图7-11　斑马鱼鳍再生（△）
A.尾鳍切除后1d　B.尾鳍切除后7d
（引自Cristi 等，2007）

二、心脏的修复

坏死性损伤修复再生的细胞机制是相似的。在损伤早期，整个心外膜组织激活、增殖，然后覆盖于受损部位。与此同时，成熟的心肌细胞分裂增殖，并迁移至受损部位。

切除再生的过程：心室切除后，最先在切除部位形成血凝块以阻止出血，随着凝块处血红蛋白逐渐减少以及纤维蛋白富集，切除后2 ~ 3d，血凝块转变为纤维蛋白凝块。随后斑马鱼心脏开始再生，首先在切除部位形成祖细胞，多个祖细胞聚为一簇称为芽基（blastema）或胚芽，胚芽是受损组织或器官的幼稚细胞，由组织损伤处受损细胞直接分裂而来；其次心外膜组织激活，一部分心外膜细胞分裂增生包被受损组织，另一部分心外膜细胞被新生的组织细胞生长因子招募到新生组织深处，通过上皮-间质转化（EMT）形成冠状血管，为组织再生提供营养物质（图7-12）。

坏死性损伤再生的过程：心肌细胞坏死后先引发了炎症反应。在冻伤后第1天，伤口部位白细胞（主要是嗜中性粒细胞）浸润，冻伤后第3 ~ 7天，均能在损伤处发现嗜中性粒细胞与嗜酸性粒细胞。冻伤后的炎症反应可能引发了纤维变性，而纤维变性导致了胶原质沉积，这与哺乳动物创伤愈合类似。心室切除后再生，整个过程仅有少量或无胶原质瘢痕形成，相反，斑马鱼心脏冻伤后有较多的纤维瘢痕形成。但与哺乳动物心脏不同，斑马鱼的瘢痕组织随后能被吸收或移除，心脏仍能完全再生（图7-13）。但再生所需的时间是心脏切除后再生的2倍，多出来的时间可能用于消除瘢痕，但关于瘢痕消除的机制尚不清楚。

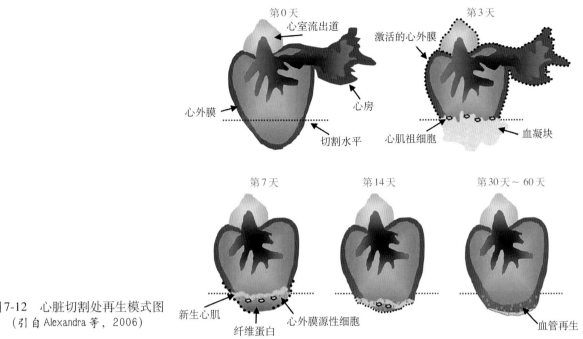

图 7-12 心脏切割处再生模式图
（引自 Alexandra 等，2006）

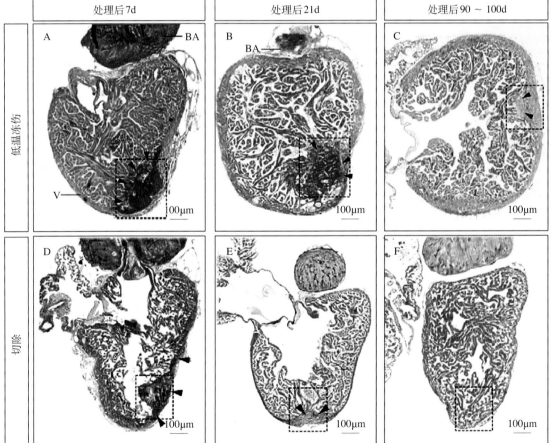

图 7-13 胶原质在冻伤与切除的心脏中的沉着与迁移变化（Picro-Mallory 染色）
A ～ C. 冻伤的斑马鱼心脏组织（冻伤后的心脏，有大量的胶原质沉淀，沉淀一直持续到修复后期）
D ～ F. 心室尖端切除后斑马鱼心脏组织（切除手术后的心脏与冻伤的心脏相比，产生的胶原质沉淀较少）
注：▲示胶原质沉淀，BA 为动脉球，V 为心室。胶原染色为蓝色，受损组织为红色，心肌为棕色。

（引自 Juan 等，2011）

三、神经组织的修复

斑马鱼能够再生视网膜、脊索的神经元和脑中的常驻星形胶质细胞。

1. 视网膜的再生修复　研究发现，鱼类可通过穆勒胶质细胞（Müller glia）去分化，并再次进入细胞周期以产生神经祖细胞（NPCs），且能表达多种基因指导视网膜发育。这些神经祖细胞增殖并迁移到受损组织处，分化为合适的神经细胞类型（图7-14）。穆勒胶质细胞是视网膜损伤处新的神经细胞来源。

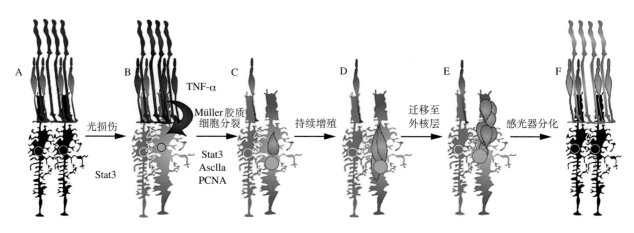

图7-14　光感受器受光损伤后再生模型

A.光损伤前，视网膜含健康的光感受器（蓝色）和静止态的穆勒胶质细胞（黑色）　B.强光照射后，濒死的光感受器（红色）产生TNF-α，并促进所有的穆勒胶质细胞表达Stat3，当应答穆勒胶质细胞（绿色），而不是其他穆勒胶质细胞（灰色），进入细胞周期的S期（DNA合成期）时，会上调Ascl1a和PCNA的表达量　C.第一次细胞分裂产生了神经祖细胞（深绿色）　D.神经祖细胞继续增殖　E.新生视网膜祖细胞迁移到损伤部位　F.神经祖细胞分化为视杆细胞和视锥细胞（绿色）

（引自Matthew等，2013）

2. 脊索的再生修复　鱼类脊索的再生修复与哺乳动物不同，成年斑马鱼具有很强的神经修复能力，损伤6周后即可自主恢复到损伤前的运动水平。斑马鱼除了能促进脊索损伤处轴突的生长，还能产生新的神经元和中间神经元。

脊索损伤修复过程包括细胞凋亡反应，清除死亡的细胞，形成新的神经元。位于室管膜的细胞常作为祖细胞（神经干细胞），祖细胞能再生神经元和胶质细胞，室管膜处形成的神经桥能指导神经轴突再生，浸润的炎性细胞能被完全清除，而炎症和免疫功能又促进了神经形成。脊索损伤的斑马鱼能完全再生而不形成胶质瘢痕。

3. 脑的再生修复　斑马鱼端脑损伤后，脑部结构在组织学水平上能迅速重建。在损伤早期，出现胶质细胞增生和急性炎症反应，最终清除并且不会形成永久性胶质瘢痕，这与哺乳动物的情况相反。脑部损伤会导致脑室祖细胞显著性增殖，而脑实质区浸润的白细胞、小胶质细胞、内皮细胞和少突胶质细胞的增殖有限。研究发现，脑室星形胶质细胞可作为一个损伤应答神经元祖细胞群：受伤后，这些细胞增殖，神经性基因转录上调，成神经细胞增多，成神经细胞能移动到脑室周质白质区（PVZ）和深入到损伤实质区，并存活至少100d。表明成年斑马鱼脑具有一个从内生的成年干/祖细胞中再生的巨大潜力，其再生模型见图7-15。

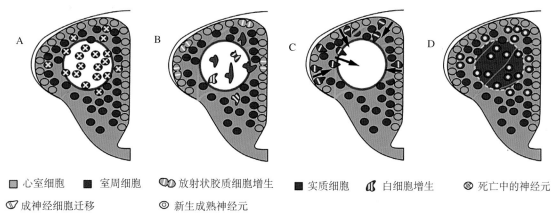

图7-15 斑马鱼端脑损伤后再生模型

A.损伤后4～24h,受伤脑半球的实质区和脑室周质白质区（PVZ）的神经元进入细胞死亡期　B.常驻小神经胶质细胞、浸润的白细胞和肿胀的星形胶质细胞进入活化增殖阶段,损伤后第4小时到第14天（第3天达到峰值）,星形胶质细胞出现了活化增生的特征　C.损伤后第3～14天,星形胶质细胞上调增殖并经历了随后的神经形成过程（活化的神经形成）,新生成神经细胞离开脑室并迁移到损伤处　D.损伤后第21～100天,在脑实质和脑室周质白质区检测到许多新产生的成熟和活跃的神经元

（引自Volker等,2011）

四、其他组织的修复

1. 肾的修复　正常情况下,随着鱼体的生长,鱼类的体重与体液不断增加,因此鱼类的肾功能不断增强以满足身体需要,通过以一定的速率增加新的肾单位实现。当肾受到急性损伤时,肾单位新生的速率将会加快,这些新生的肾单位来源于含有肾祖细胞的增殖细胞簇。

2. 胰腺的修复　鱼类胰腺切割处再生过程与有尾目两栖动物相似,即通过伤口部位的未分化的间叶细胞激增来促进再生,这不同于哺乳动物在损伤修复中发生的纤维化和炎症反应过程。β细胞祖细胞如Pdx1（转录因子）是分裂细胞群,可能是胰岛和胰腺腺管再生的来源。将注入了链唑霉素（STZ）的斑马鱼成鱼作为糖尿病模型,破坏胰岛后观察胰岛的修复情况,结果发现斑马鱼于2周内恢复了胰腺的功能,血糖达到正常水平。STZ处理3、7、14d后胰岛的修复情况如图7-16所示。

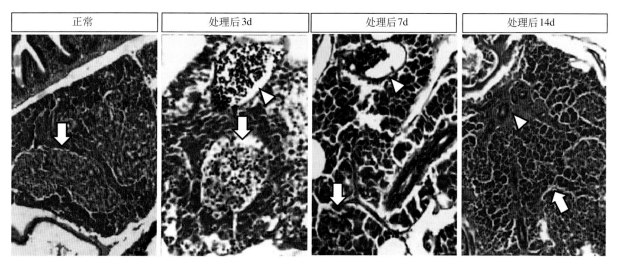

图7-16 胰腺的损伤修复（⇨示胰岛,△示导管）

（引自Jennifer等,2009）

第八章 炎　　症

与哺乳动物一样，鱼类也具有炎症反应，哺乳动物急性炎症反应的红、肿、热、痛和功能障碍，也可能以不同程度存在于鱼类的炎症反应中。由于急性炎症反应的目的主要在于局部化破坏或稀释刺激原（inciting agents）。鱼类也具有补体等内源性炎性介质，补体的经典代谢途径和旁路代谢途径皆存在于鱼类，其过程类似于哺乳动物的补体系统，但还需要更多的研究加以确认。鱼类也具有炎性细胞，如中性粒细胞、淋巴细胞、单核巨噬细胞等，与哺乳动物的炎性细胞相比，在形态、功能等方面存在一定差异（图8-1）。因此，认识鱼类炎症反应对探究鱼类疾病的发生机制及诊断都具有重要意义。

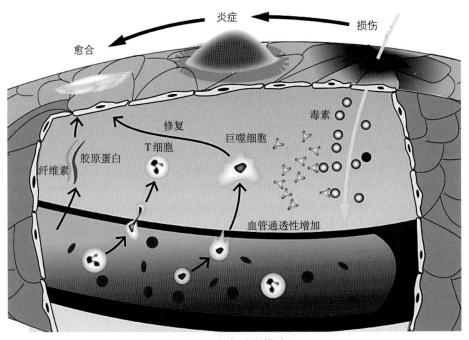

图8-1　炎症过程模式图

第一节　炎症的概念及原因

炎症，俗称"发炎"，是许多疾病中存在的一种基本病理过程，所谓"十病九炎"即表明了炎症的普遍性及炎症和疾病间的密切关系。炎症在鱼类的许多疾病的发生过程中普遍存在，如细菌性肠炎（bacterial enteritis）、细菌性败血症、诺卡氏菌病（nocardiosis）、链球菌病（streptococcicosis）、草鱼出血病、病毒性神经坏死病（viral nervous necrosis）、流行性溃疡综合征（epizootic ucerative syndrome，EUS）、头槽绦虫病（bothriocephalusiosis）和中华鳋病等，这些疾病尽管病因不同，症状各异，但都以不同组织或器官的炎症作为共同的发病基础。

一、炎症的概念

炎症（inflammation）是动物机体对各种刺激物引起的损害所产生的具有防御意义的应答性反应。这种反应包括从组织损伤开始直至组织修复为止的一系列复杂的病理过程，基本变化主要表现为组织损伤（变质）、血管反应（渗出）、细胞增生（增生）三个方面，其中血管反应（包括血流动力学改变、血管壁通透性升高、白细胞渗出和吞噬作用加强等）是炎症过程的中心环节。从现代免疫学角度看，炎症既包括非特异性免疫反应（如吞噬、补体的介入等），又包括特异性免疫反应（如浆细胞释放抗体介导的体液免疫、细胞毒性T淋巴细胞对靶细胞的攻击等）。炎症是动物整体反应的局部表现。

二、炎症的原因

凡能引起组织损伤的致病因素都可成为炎症的原因，概括起来有以下几种：

（一）生物性因素

细菌、病毒、真菌和寄生虫等病原是最常见的生物致炎因素，其产生的内外毒素、细胞内增殖、机械性损伤造成的破坏或作为抗原性物质引起的超敏反应，都可导致组织损伤而引起炎症。大多数的鱼类细菌性疾病都会引起炎症反应，例如肠型点状气单胞菌（*Aeromonas punctata* f. *intestinalis*）引起的鱼类细菌性肠炎，患病鱼剖解可见肠壁充血发炎，肠道内无食物，存在大量淡黄色黏液。寄生虫性鳃病均可引起鳃发生炎症反应，黏液分泌增多，炎性细胞浸润，但对鱼类危害较大的均为变质性炎（如隐鞭虫病），危害较小的均为增生性炎（如中华鳋病）。一些寄生虫或细菌还会诱导鱼类肝、肾等的肉芽肿形成，表现慢性炎症反应，如微孢子虫、诺卡氏菌等诱导形成肉芽肿。棘头虫、球虫等可在肠道寄生导致慢性炎症反应。

（二）物理性因素

高温、低温、放射性物质、挤压伤及互残所致的损伤等，均可引起炎症。炎症的发生多是其损伤组织造成的后果。当养殖鱼因应激因子如捕捞、运输、放养等人工操作或机械损伤、冻伤而受伤时也会导致病原继发感染，引起炎症反应的加剧。每年早春常有鱼病的大规模发生，常表现为体表溃烂与炎症反应，其发生原因是寒冷冬天导致鱼类冻伤，引发炎症反应，继发细菌感染而引起大量死亡。

（三）化学性因素

外源性化学性因子如强酸、强碱和某些有毒化学物质等，在其作用部位腐蚀组织而导致炎症。汪开毓等对鲤喹乙醇急慢性中毒病理研究发现：中毒鱼鳃小片呈现类似"卡他性炎"的变化，鳃小片上皮细胞增生，炎性细胞浸润，黏液分泌增多，肠道出现卡他性-坏死性肠炎。内源性化学物质如组织坏死崩解产物、某些病理条件下体内堆积的代谢产物（尿酸等），在其蓄积和吸收的部位也常引起炎症。

（四）某些抗原性因素

一些抗原物质作用于致敏机体后，造成组织损伤可引起超敏反应与炎症，如腹腔注射疫苗后，鲑出现明显的腹膜炎。

（五）病理性产物

某些病理产物也可引起炎症反应，如坏死组织、出血和癌组织分解产物等。

（六）某些正常的分泌物、排泄物或内容物

某些正常的分泌物、排泄物或内容物进入异位组织，也可引发炎症。如寄生虫致肠道穿孔引起肠内容物外溢引发腹膜炎。

致炎因子往往是诱发炎症的外因，炎症的发生与否还取决于机体的感受性、反应性和抵抗力等多方面。当致炎因子作用于机体后，首先被机体所感受，引起机体的防御反应，从而产生炎症。如当机体抵抗力强时，可以立即杀灭入侵的细菌，而不发生明显的炎症反应；当体抗力弱或入侵细菌较多、毒力较强时，机体无法立即完全消灭细菌，才发生炎症；当机体抵抗力过于低下时，则局部可能没有炎症反应就引起了严重的全身影响（如败血症）；当机体对某种病原作用处于过敏状态时，若再次接触该病原，则可引发过敏性炎症，出现明显的组织坏死或血管反应。过敏性炎症不能够体现机体防御能力的增强，而是病理性反应增强的表现。因此，改善饲养管理和增强鱼体自身抵抗力是防治炎症（疾病）的措施之一。

第二节　炎症介质

炎症介质（inflammatory mediator）是指在致炎因子作用下，由局部细胞释放或由体液产生的、参与或引起炎症反应的化学活性物质，故亦称化学介质（chemical mediator）。它们是诱导和调控各种炎症反应的重要化学物质，也可作为炎症反应的效应分子。炎症介质按其作用分为血管活性物、趋化剂和内生性致热源等；按其来源可分为细胞源性炎症介质和血浆源性炎症介质两类。

一、炎症介质的种类

（一）细胞源性炎症介质

1. 血管活性胺　主要是组胺（histamine）与5-羟色胺（5-hydroxytryptamine，5-HT），它们是炎症过程中第一批释放的介质。

组胺由组氨酸脱羧生成，储存于肥大细胞和嗜碱性粒细胞细胞质颗粒内，也存在于血小板中，并与肝素（heparin）、蛋白质结合，以复合物的形式存在。各种致炎因素、补体裂解产物C3a与C5a、细胞因子和中性粒细胞溶酶体内的阳离子蛋白等都能促使肥大细胞和嗜碱性粒细胞脱颗粒释放组胺。

5-羟色胺又称血清素（serotonin），是色氨酸脱羧、羟化生成的衍生物，主要存在于血小板、肠道嗜银细胞内。凝血酶、ADP、免疫复合物、血小板活化因子等可促使其生成。

2. 花生四烯酸的代谢产物　包括前列腺素、白细胞三烯和脂氧素。

（1）前列腺素（prostaglandin，PG）。广泛存在于机体的各种组织，其中血小板是PG的重要来源。各种类型的白细胞（中性粒细胞、单核细胞和巨噬细胞等）都能产生与释放PG。PG是花生四烯酸通过环氧化途径生成的代谢产物，根据其分子结构特点，将PG分成许多种，与炎症过程关系密切的有PGE_2、PGI_2、PGF_2和TXA_2。

（2）白细胞三烯（leukotriene，LT）。主要来源于嗜碱性粒细胞、肥大细胞和单核细胞等白细胞，是花生四烯酸通过脂氧化酶途径生成的代谢产物。对炎症起重要作用的主要包括LTB_4、LTD_4和LTE_4等。

（3）脂氧素（lipoxin，LX）。主要由血小板通过转细胞生物合成机制形成。血小板本身不能形成脂氧素，只有当其与白细胞相互接触并由白细胞内衍生的中间介质转入后才能形成。如脂氧素A_4和B_4就是由血小板内的12-脂氧酶作用于来自中性粒细胞的中间介质LTA_4形成的代谢产物。

3. 白细胞产物　中性粒细胞与巨噬细胞在炎症过程中可以通过释放两类物质来杀灭病原微生物，其中一类是白细胞在吞噬过程产生的氧代谢产物（氧自由基），另一类是白细胞细胞质中的溶酶体成分。

（1）溶酶体成分。中性粒细胞与巨噬细胞的溶酶体内含有40多种酶性与非酶性成分，他们均具有致炎作用。作为炎症介质，可将其分为酶性介质和非酶性介质两大类，前者包括组织蛋白酶与中性蛋白酶等；后者有阳离子蛋白、阴离子蛋白等。溶酶体成分必须经过脱颗粒才能发挥作用。

（2）氧自由基。当中性粒细胞与巨噬细胞吞噬入侵的微生物形成吞噬体时，可产生超氧负离子（O_2^-）、过氧化氮（N_2O_2）和羟自由基（·OH）等大量的氧代谢产物，即氧化自由基。他们本身具有损伤组织的作用，如与NO结合形成活性氧中间产物$OONO^-$和NO_2等，则具有多种炎症介质的作用。

4. 细胞因子 是一组由免疫细胞和非免疫细胞合成、分泌的非免疫球蛋白性质的多肽类介质。其种类繁多，功能广泛，来源复杂，并与激素、神经肽、神经递质共同组成了细胞间信号分子系统，参与调节机体的免疫应答、炎症反应、损伤修复、细胞生长、分化等过程。细胞因子根据生物学效应的不同，分为白细胞介素、肿瘤坏死因子（tumor necrosis factor，TNF）、转化生长因子（transforming growth factor，TGF）、干扰素（interferon，IFN）、趋化因子（chemokine）和淋巴因子（lymphokine，LK）等。鱼类存在如白细胞介素（IL-1β、IL-2、IL-6、IL-18等）、干扰素（IFN-Ⅰ、IFN-Ⅱ、IFN-γ等）、趋化因子（CXC与CC家族成员等）、转化生长因子（TGF-β）和肿瘤坏死因子（TNF-α）等多种细胞因子，它们参与鱼类非特异性和特异性免疫防御与炎症反应等过程，在维持机体内环境的稳定方面发挥重要作用。

5. 急性期蛋白 是指炎症、感染等引起机体组织损伤的急性期内，主要由肝细胞合成的一组蛋白质。正常情况下，机体血液中不存在或仅含极少量的急性期蛋白，当组织损伤后，急性期蛋白迅速合成并释放到血液。由于它们在血液中的存在是组织损伤和初期炎症反应的一个标志，因此将其称为急性期蛋白。急性期蛋白不仅是炎症反应的生物学标志，也是炎症过程的调节因子。

（1）C-反应蛋白（CRP）。CRP是最早被发现的急性期蛋白，在组织损伤初期，CRP被迅速释放进入血液，其血浆浓度较静止期增加100～1 000倍。CRP在炎症中的主要作用是限制过度的炎症反应，减轻组织的损伤，在炎症早期对维持机体内环境的稳定发挥重要作用。

（2）血清淀粉样蛋白A（serum amyloid A，SAA）。主要由肝合成的一组载脂蛋白，分为急性期SAA和结构SAA，前者是主要的急性期反应蛋白。在炎症过程中，SAA的血浆浓度较静止期增加1 000倍。目前对SAA在炎症中的作用还不是很清楚，但其对炎性细胞的黏附、趋化等方面的作用已受到关注。

（3）溶菌酶（lysozyme）。是一种较小的阳离子酶，大量存在于血清和黏膜分泌液中，主要由颗粒性白细胞、单核细胞、巨噬细胞、黏膜上皮等产生。溶菌酶的抗菌作用较其他能直接杀灭细菌的物质小，主要消化已通过其他机制杀灭的细菌的细胞壁碎屑。

（4）纤维连接蛋白（fibronectin，FN）。是血浆和细胞质中的一种大分子糖蛋白，血浆中的FN由内皮细胞产生，间质的FN由局部上皮细胞或成纤维细胞合成。FN作为一种调理素可使细菌聚集，并促进吞噬细胞的吞噬作用，可刺激肝枯否氏细胞清除血液中的细菌；还可聚集在炎症灶，对纤维蛋白和变性胶原蛋白有强烈的趋化作用，致成纤维细胞和内皮细胞在炎区增生，并在愈合时的细胞粘连过程中起作用。

（二）血浆源性炎症介质

在致炎因子作用下，存在于血浆内的凝血系统、纤维蛋白（原）溶解系统、激肽形成系统和补体系统可同时或先后被激活，产生多活性的炎症介质，称为血浆源性炎症介质。主要有纤维蛋白肽、纤维蛋白（原）降解产物、激肽和补体裂解产物等。

1. 凝血系统 凝血系统启动激活后，血浆中的纤维蛋白原分子在凝血酶的催化作用下发生水解，生成纤维蛋白A肽与B肽，两者合称为纤维蛋白肽，他们具有升高血管通透性和对白细胞的趋化作用。

2. 纤溶系统 在启动凝血系统的同时，也激活纤维蛋白溶解系统，该系统在激活过程中通过水解纤维蛋白，使纤维蛋白凝块溶解而与凝血作用相拮抗。纤维蛋白（原）被纤维溶解酶降解，形成多肽A、B、C、Y、D、E等片段，这些片段总称为纤维蛋白（原）降解产物。其中的A、B、C片段具有增强组胺与激肽、升高血管壁通透性的作用，而D、E片段具有升高血管壁通透性的作用。

3. 激肽系统　激肽系统包括激肽释放酶原、激肽释放酶、激肽释放酶结合蛋白、激肽原和激肽等。血浆激肽释放酶原是肝细胞合成的一种碱性糖蛋白，被凝血因子XII的活化产物激活而转变为血浆激肽释放酶，它促使血浆中的高分子质量激肽原生产缓激肽；组织激肽释放酶原在炎症受损时释放的组织蛋白酶的作用下转变为组织激肽释放酶，其使血浆中的低分子质量激肽原生成胰激肽，胰激肽经氨基肽酶的酶解作用也生成缓激肽。激肽能使毛细血管和微静脉内皮内微丝收缩，内皮细胞间出现裂隙，进而升高血管通透性；也能刺激神经末梢，产生疼痛，并调节其他炎症介质的合成。

4. 补体系统　在致炎因子作用下，补体系统可通过经典途径与替代途径被激活，产生许多具有不同生物活性的裂解产物，尤其是C3与C5被激活后形成的裂解片段C3a、C5a与C3b在炎症过程中发挥重要的炎症介质作用。C3a与C5a能促使肥大细胞和血小板释放组胺，升高血管通透性。C3b是一种重要的调理素，中性粒细胞与巨噬细胞膜上有C3b受体，C3b包被的病原菌易被吞噬细胞识别和吞噬。补体系统是鱼类抵抗微生物感染的重要成分，C3是鱼类补体系统的主要成分。鱼类补体对热不稳定，硬骨鱼类补体因子是通过多糖（如脂多糖）或免疫球蛋白Fc区域的糖基部位来激活的，能够通过攻膜复合物完成细胞溶解作用。

在炎症过程中，凝血系统、纤溶系统、激肽系统和补体系统之间存在密切的关系，以凝血因子XII被激活作为联系这四个系统的中心环节。XII a（活化的凝血因子XII）启动凝血系统，同时又可启动激肽形成系统与纤溶系统，纤溶酶产生后，不仅分解纤维蛋白（原），又可激活补体系统。这四个系统的活性产物之间相互影响、相互制约，是炎症发展的一个重要基础。

二、炎症介质的作用与特点

（一）炎症介质的作用

炎症介质通常以复合物形式存在于体内，在致炎因子的作用下才会大量产生、释放，并变为具有生物活性的物质，在炎症过程中发挥重要的介导作用，主要表现为使血管扩张、血管壁通透性升高及对炎性细胞的趋化、激活和聚集等。各种炎症介质的主要作用见表8-1。

表8-1　炎症介质的作用

炎症介质种类	作用
组胺，缓激肽，PGE_2，PGD_2，$PGF_{2\alpha}$	血管扩张
组胺，缓激肽，C3a，C5a，白细胞三烯C_4、D_4、E_4，P物质，活性氧代谢产物	血管通透性升高
白细胞三烯B_4，C5a，阳离子蛋白，细胞因子（IL-8、TNF）	趋化作用
PGE_2，缓激肽	疼痛
细胞因子（IL-1、TNF）	发热
氧自由基，溶酶体酶	组织损伤

（二）炎症介质的作用特点

1. 各种炎症介质的致炎效应不尽相同。一种炎症介质可表现出不同的致炎效应，而不同的炎症介质也可表现出相同的致炎效应。

2. 炎症介质可作用于一种或多种靶细胞，依细胞和组织的类型不同而有不同的作用。炎症介质作用于细胞后可进一步引起靶细胞产生第二级炎症介质，使最初炎症介质的作用进一步加强或被抵消。

3. 炎症介质的释放可同时激活起反作用的拮抗物，起到负反馈作用。

4.不同的炎症介质系统之间有着密切的联系，如补体系统、激肽系统、凝血系统、纤溶系统的激活产物在炎症反应中是重要的炎症介质，组织损伤时激活的Ⅻ因子可启动上述四大系统的激活，各系统激活过程的中间产物往往也可激活其他系统。这些炎症介质的作用是相互交织在一起的。

5.几乎所有介质均处于灵敏的调控和平衡体系中。在细胞内处于严密隔离状态的介质，或在血液和组织内处于"前体"或"非活性"状态的介质，都必须经过许多步骤才能被激活，在其转化过程中，限速机制控制着产生介质的生化反应的速度。

第三节 炎症的基本病理过程

炎症局部的基本病理变化是组织损伤、血管反应和细胞增生，通常概括为变质（alteration）、渗出（exudation）与增生（proliferation），但因致炎因子和炎症类型的不同或在炎症的不同时期，三者的变化程度有所差异，一般早期以变质和渗出为主，后期则以增生为主，三者之间互相联系，互相影响。变质是损伤性过程，渗出和增生是对损伤的防御反应和修复过程。

一、组织损伤

组织损伤是指炎症局部组织细胞发生各种变性、坏死的过程。它常常是炎症发生的始动环节，主要是致炎因子的直接作用（直接损伤或破坏细胞的物质代谢）或局部血液循环障碍（使组织细胞缺氧并发生代谢障碍）所造成。在发生组织损伤的局部，既有形态的改变，也有不同程度的代谢与功能障碍。

（一）形态变化

形态变化主要表现在炎症灶内实质细胞发生不同程度的颗粒变性、脂肪变性或水泡变性，严重时则发生凝固性坏死或液化性坏死。实质器官（如心、肾、肝）发生炎症时，实质细胞的变质较为明显。间质内的纤维（包括胶原纤维、弹性纤维、网状纤维）肿胀、断裂、溶解或发生纤维素样坏死，而纤维之间的基质（含透明质酸、黏多糖等）可发生解聚、黏液样变性、纤维素样变性和坏死等。组织细胞变性、坏死可释放大量的化学物质，释放的大量水解酶，如蛋白酶（protease）、酯酶（esterase）和磷酸酯酶（phosphatase）等，可进一步引起周围组织细胞的变性、坏死；释放出的一系列炎症介质又可引起血管反应，出现充血、渗出等变化。如南方鲇坏死性皮肌炎发生时，皮肤与肌肉组织严重坏死，肌细胞蜡样坏死，间质炎性细胞浸润（图8-2、图8-3）。

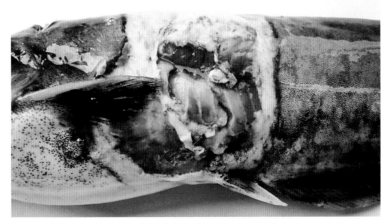

图8-2　南方鲇坏死性皮肌炎发生时，皮肤与肌肉坏死

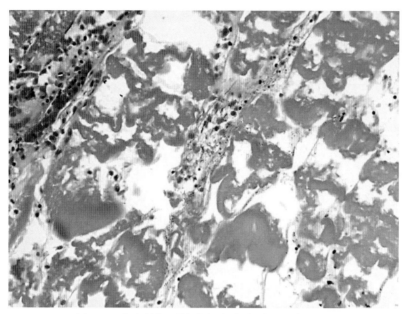

图8-3　南方鲇坏死性皮肌炎发生时，肌肉坏死

（二）代谢变化

炎症灶内组织物质代谢的特点是分解代谢加强、氧化不全产物堆积和组织内渗透压升高。

1.分解代谢增强、氧化不全产物堆积　炎症早期，局部组织的耗氧量增加（可比正常时增加2～3倍），糖类、脂肪、蛋白质分解代谢增强，氧化过程增强，之后由于血液循环障碍和局部酶系统受损造成缺氧，使局部氧化过程迅速降低，从而导致各种物质氧化不全，产生大量中间代谢产物如乳酸、脂肪酸、酮体、氨基酸等，出现局部酸中毒，加重了炎症局部组织细胞的变性和坏死。急性炎症酸中毒明显（pH可降至5.6～6.5），慢性炎症pH降低不明显（pH 6.6～7.1）。

2.组织内渗透压增高　炎症区分解代谢增强和坏死组织崩解，蛋白质等大分子分解为较多的小分子物质，从而使炎症区胶体渗透压升高。与此同时，局部H^+、K^+、SO_4^{2-}等离子浓度升高，导致炎症区晶体渗透压升高。

（三）功能变化

轻度的形态与代谢变化可使局部组织细胞的功能降低，但物质代谢障碍或发生坏死时，功能则完全丧失。

二、血管反应

在致炎因素、炎症介质的作用下，可进一步导致血流动力学改变，发生充血、淤血甚至血流停滞；同时血管通透性明显升高，血管中液体成分与细胞成分渗出，白细胞吞噬作用加强。这些变化共同构成了作为炎症发生中心环节的血管反应。渗出的液体和细胞成分，称为炎性渗出物或渗出液。渗出在炎症反应中具有重要的防御作用，是消除病原因子和有害物质的积极因素。血管反应包括血管反应和血液流变学改变、血管壁通透性升高以及血液的液体渗出和细胞渗出三部分。

（一）血管反应与血流动力学改变

1.血管管径与血流的改变　炎症过程中组织发生损伤后，通过神经反射及一些化学介质作用立即出现暂时性的血管痉挛，随后细动脉、毛细血管开放，局部血流加快，血量增多，血压升高，动脉性充血。血管扩张是血流动力学的主要变化，血管扩张的发生机制与神经轴突反射和体液内化学介质的作用有关。血流加快持续时间数分钟至数小时不等，炎症继续发展，原来的动脉性充血转变为静脉性充血，细静脉扩张、血流逐渐变慢，导致静脉性充血（淤血），甚至发生血流停滞，为血液成分渗出创造条件（图8-4）。

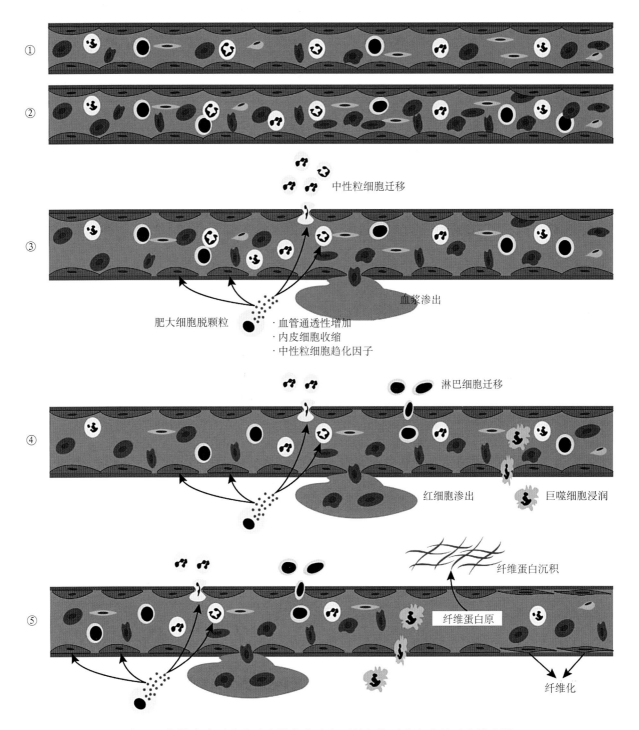

图8-4　急性炎症时血流动力学变化及主要的细胞反应和血管反应模式图

2. **血管通透性升高** 炎症时血管通透性升高是渗出的必要条件，主要发生于微静脉和毛细血管。血管通透性的高低取决于血管内皮细胞的完整性。炎症时可使血管内皮细胞收缩、损伤、交接处出现明显裂隙、血管基底膜断裂及消失等变化。

（二）血液成分渗出

由于血管壁通透性升高，微循环血管内的流体静压增加和局部组织渗透压升高，使血液成分透过血管壁进入到炎症局部组织，分为液体渗出和细胞渗出。

1. **液体渗出** 炎症过程中血管内液体成分通过血管壁进入到血管外的过程称为液体渗出（fluid exudation）。炎性渗出液的成分可因致炎因子、炎症部位和血管壁受损程度的不同而有所差异。首先渗出的是水分子、无机盐，随着血管壁的通透性升高，血浆中各种成分相继渗出，依次为白蛋白→血红蛋白→β-球蛋白→γ-球蛋白→α-球蛋白→β-脂蛋白→纤维蛋白原。渗出的纤维蛋白原在坏死组织释放的组织因子等作用下，立即聚合成网状的纤维素，称为纤维素性渗出。炎症过程中液体的渗出造成的局部水肿即为炎性水肿，这种水肿液被称为渗出液或炎性渗出液（inflammatory exudate）。炎症的渗出液与单纯血管内压力升高而漏出的漏出液是不同的，前者蛋白含量高，超过2.5%，密度在1.018kg/L以上，含较多细胞成分，外观浑浊，易在体内外发生凝固；而后者蛋白含量低于2.5%，密度在1.018kg/L以下，不含或只含少量细胞成分，外观澄清且不发生凝固。渗出液潴留于浆膜腔（围心腔与腹腔等），称为炎性积液（inflammatory effusion）。

炎性渗出液对机体有重要防御作用，它有稀释毒素、减少毒素对局部组织损伤的作用；给局部带来葡萄糖、氧等营养物质和带走代谢产物；渗出物含抗体、补体、溶菌素（bacteriolysin）、备解素（properdin）、内毒素脱毒因子、透明质酸酶抑制剂（hyaluronidase inhibitor）等，有利于消灭病原菌，增强局部防御能力；渗出物含纤维蛋白原，在坏死组织释放出的组织凝血酶的作用下纤维素交织成网，阻遏了病原微生物的扩散，有利于吞噬细胞进行吞噬，使病灶局限化，利于后期的组织修复。但是渗出液过多可引起压迫和阻塞，如体腔积液可压迫内脏器官，影响其功能；纤维素渗出过多而又不能被完全吸收，当发生机化时，可导致发炎组织与邻近组织的粘连而影响其正常生理功能。

2. **细胞渗出** 炎症过程中，除了血液液体成分渗出外，还有各种血细胞的渗（游）出（leucocyte emigration），称为细胞渗出。白细胞穿过血管壁游出到血管外的过程即为白细胞渗出（leukocyte extravasation）。白细胞的渗出是一个主动运动过程，经过边集附壁、黏着、游出和趋化等步骤到达炎症局部病灶，发挥重要的防御作用（图8-5、图8-6）。炎症时游出的白细胞称为炎性细胞（inflammatory cell）。渗出的炎性细胞进入组织间隙并向炎症灶的中心做定向移动并聚集的过程，称为趋化作用（chemotaxis）（图8-7、图8-8），能诱导白细胞作定向游走的化学物质称为趋化因子。研究证明，趋化因子有特异性，即有些趋化因子只能吸引中性粒细胞，另一些趋化因子能吸引单核细胞或嗜酸性粒细胞等。此外，不同细胞对趋化因子的反应能力也不同，粒细胞和单核细胞对趋化因子反应较显著，而淋巴细胞反应较微弱。趋化因子分为外源性和内源性两种，细菌及其代谢产物属于外源性趋化因子，而由体内产生的趋化因子，如补体成分等为内源性趋化因子。渗出的白细胞弥散性分布于炎症区的现象，称为炎性细胞浸润（inflammatory cell infiltration）。炎性细胞浸润是炎症反应的重要形态学特征。具有吞噬能力的白细胞游出后，能将病原体、抗原抗体复合物和组织崩解碎片吞噬并进行消化，此称为白细胞的吞噬作用（phagocytosis），它是炎症防御过程的主要组成部分。吞噬作用是一个复杂的过程，包括识别和附着、吞入、杀伤或降解。吞噬细胞借助其表面的Fc和C3b受体，识别被调理素（如免疫球蛋白Fc段、补体等）包绕的异物，经抗体和补体与相应的受体结合，异物就被黏附在细胞表面，吞噬细胞内褶和外翻伸出伪足，将异物包绕吞入胞质内形成吞噬体，并与溶酶体融合形成吞噬溶酶体。细菌等在吞噬溶酶体内被具

图8-5　白细胞边移、贴壁及渗出
　　　　模式图

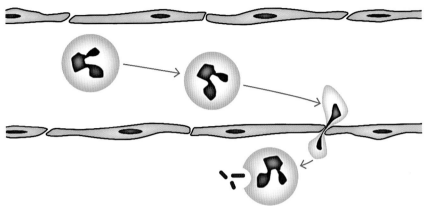

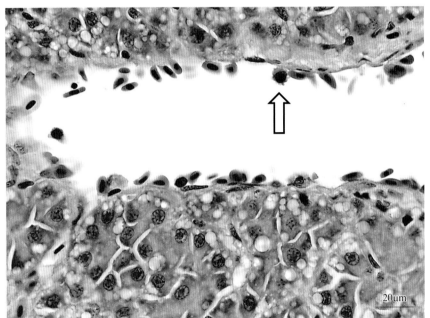

图8-6　肝血管内白细胞边移、贴
　　　　壁（⇨）
　　　　（由David Groman提供）

20μm

图8-7　大西洋鲑肝血管周围大量
　　　　单核细胞聚集（○）
　　　　（由David Groman提供）

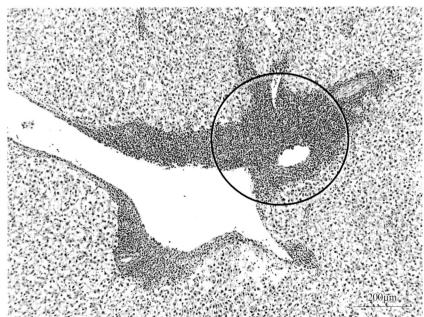

200μm

有活性的氧代谢产物，如过氧化氢、次氯酸等杀伤或降解。如果被吞噬的病原微生物毒力较强不能被消化时，则可能在吞噬细胞内繁殖（如分枝杆菌、鲥诺卡菌等），并通过吞噬细胞移动而造成病原体在患病动物体内播散。

炎症过程中的各种细胞反应是炎的重要标志和形态学基础，在炎症的发生、发展和转归中发挥着不同的作用（表8-2）。炎性区的炎性细胞多数来源于血液，如中性粒细胞、嗜酸性粒细胞、单核细胞、淋巴细胞等，少数来自组织增生的细胞，如由巨噬细胞转化而来的上皮样细胞与多核巨噬细胞等。鱼类也具有中性粒细胞、单核细胞、淋巴细胞和血栓细胞等。不同鱼血液中这些细

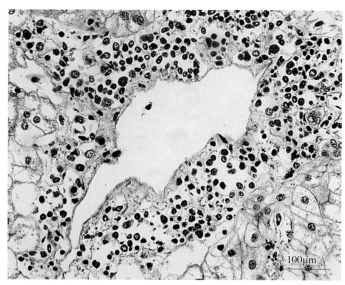

图8-8 感染迟缓爱德华氏菌的大鲵肝静脉炎性细胞浸出

胞的相对比例不同，以淋巴细胞数目最多。炎性细胞是探讨疾病的发生机理、进行病理学诊断和鉴别诊断的重要依据，下面介绍常见的几种鱼类炎性细胞的形态特点及功能。

表8-2 炎性细胞的形态、特征和功能
（刘东戈等译，2018.鲁宾病理学精要）

细胞类型	形态	特征和功能
中性粒细胞	（图示：颗粒（溶酶体）、初级颗粒、次级颗粒）	**功能** • 急性炎症反应的重要细胞 • 吞噬微生物和组织碎片 • 介导组织损伤 **主要炎症介质** • 活性氧代谢产物 • 溶酶体颗粒包含物 **初级颗粒** • 髓过氧化物 • 溶菌酶 • 防御素 • 杀菌性/通透性增加蛋白 • 弹性蛋白酶 • 组织蛋白酶-3 • 葡萄糖醛酸酶 • 甘露糖苷酶　　• 磷脂酶A_2 **次级颗粒** • 溶菌酶 • 乳铁蛋白 • 胶原酶 • 补体激活因子 • 磷脂酶A_2 • CD11b/CD18 • CD11c/CD18 • 层粘连蛋白 **三级颗粒** • 白明胶酶 • 纤维蛋白溶酶原激活因子 • 组织蛋白酶 • 葡萄糖醛酸酶 • 甘露糖苷酶
单核/吞噬细胞	（图示：溶酶体、吞噬小泡）	**功能** • 调节炎症反应 • 调节凝血/纤溶通路 • 调节免疫反应 **主要炎症介质** • 细胞因子：IL-1、TNF-α、IL-6、化学趋化因子（如IL-8、MCP-1）　　• 溶酶体酶：酸性水解酶、丝氨酸蛋白酶、金属蛋白酶（如胶原酶） • 阳离子蛋白 • 前列腺素/白三烯 • 纤溶酶原激活因子 • 促凝血活性 • 氧代谢物形成

（续）

细胞类型	形态	特征和功能	
肥大细胞（嗜碱性粒细胞）	抗体 组织胺颗粒	功能 • 结合IgE分子 • 包含电子致密颗粒 主要炎症介质 • 组胺	• 白三烯（LTC、LTD、LTE） • 血小板激活因子 • 嗜酸性粒细胞趋化因子 • 细胞因子（如TNF-α、IL-4）
嗜酸性粒细胞	糖原颗粒 嗜酸性颗粒	功能 • 宿主抗寄生虫感染的免疫应答 • 产生多种促炎症介质及免疫调节分子 主要炎症介质 • 细胞因子与趋化因子	• 脂类介质：血栓素B$_2$、胶原酶等 • 结晶颗粒蛋白：嗜酸性粒细胞过氧化物酶、嗜酸性粒细胞阳离子蛋白等
淋巴细胞		功能 • 在免疫应答中起核心作用 主要淋巴细胞类型及功能 ①胸腺依赖淋巴细胞（T细胞） • 细胞毒性T细胞：特异性杀伤带抗原的靶细胞 • 辅助性T细胞：调节/协助免疫反应 • 抑制性T细胞：抑制辅助性T细胞活性 ②骨髓依赖淋巴细胞（B细胞） • 增殖分化为浆母细胞/浆细胞，生成抗体	③自然杀伤细胞（NK细胞） • 参与抗肿瘤的非特异性免疫 • 杀伤多种病毒感染的细胞 • 特异性免疫调节 ④NKT细胞 • 分泌Th1和Th2细胞因子 • 与细胞毒性T细胞相同的杀伤靶细胞作用
内皮细胞		功能 • 维持血管完整性 • 调节血小板聚集 • 调节血管收缩和舒张 • 介导炎症白细胞募集	主要炎症介质 • von Willebrand因子 • 一氧化氮 • 内皮素 • 前列腺素类物质

中性粒细胞（neutrophilic granulocyte）：又称小吞噬细胞，是急性炎症、化脓性炎症及炎症早期最常见的炎细胞。成熟中性粒细胞的细胞核呈肾形或分叶状（图8-9），细胞质内富含中性颗粒，其内含有酸性水解酶、中性蛋白酶和溶菌酶等。中性粒细胞运动能力很强，是炎症反应中最活跃的一种细胞。在非酸性环境中能吞噬大多数病原微生物和细小的组织崩解产物；在酸性条件下开始崩解，释放多种酶类，溶解周围变质细胞和自身而形成脓液。中性粒细胞这一名称是从人体组织学借用而来，由于所含颗粒不一定呈中性染色，细胞核也不一定呈多叶形，如禽类的中性粒细胞细胞质内的颗粒染色反应呈酸性，故称为伪嗜酸性粒细胞，或嗜异染性白细胞。鱼类上曾称为"第一型白细胞"，但目前广泛采用的仍然是中性粒细胞这一术语。中性粒细胞也是硬骨鱼类中最常见的粒细胞，其超微结构在各种鱼类间大不相同，主要表现在细胞质颗粒的形态结构上。中性粒细胞见于急

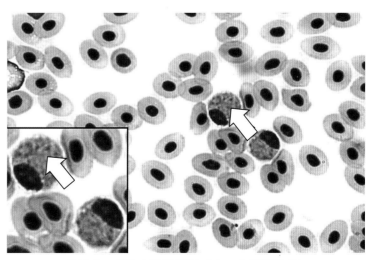

图8-9　草鱼中性粒细胞（⇨，吉姆萨染色）

性炎症，尤其组织有损伤时更容易看到。然而，多数情况下中性粒细胞并不是鱼类主要炎性细胞，比起哺乳动物来，鱼中性粒细胞所占血液血细胞百分比相当低。鱼的中性粒细胞含有多种哺乳动物中性粒细胞所具有的酶。依被吞噬颗粒本身性质及鱼体本身免疫状况，鱼中性粒细胞表现不同程度的吞噬能力。

嗜酸性粒细胞（eosinophilic granulocyte）：常见于寄生虫感染和过敏反应性炎症。成熟细胞核多分为两叶，呈卵圆形，细胞质内含有丰富粗大的强嗜酸性颗粒即溶酶体，内含多种水解酶（如组胺酶、芳基硫酸酯酶等），但不含溶菌酶和吞噬素（phagocytin）。因此，当其颗粒释放时可水解组胺等，对抑制I型超敏反应有重要的意义。具有一定的吞噬能力，运动能力较弱，能吞噬变态反应时的抗原抗体复合物，调整限制速发型变态反应，同时对寄生虫有直接杀伤作用。大多数鱼类都具有嗜酸性粒细胞。电镜下，鱼类嗜酸性粒细胞颗粒内的晶状结构及核心是其形态鉴定的判断依据。与哺乳动物的肥大细胞在细胞染色、分化途径以及免疫功能上存在相似性，在急性组织损伤和细菌感染的情况下能够脱颗粒，释放颗粒中的活性成分。鱼类嗜酸性粒细胞也具有吞噬能力，在寄生虫长期感染的情况下能够聚集在寄生部位，参与机体抵御寄生虫的免疫反应。它还参与了抗原捕获，并传递给脾，具有启动和支持适应性免疫的作用。

嗜碱性粒细胞（basophilic granulocyte）：多见于变态反应性炎症。胞体大小不等，呈卵圆形或圆形。细胞质着色浅，充满大小不等的嗜碱性异染颗粒，细胞核较小而圆，分叶不清，常呈S形或T形，被嗜碱性颗粒所覆盖。嗜碱性粒细胞有IgE和Fc受体，能与IgE结合，当受到过敏因子刺激时，带有IgE的嗜碱性粒细胞与特异性抗原结合后，立即引起细胞脱颗粒，释放出组胺、5-羟色胺和肝素等炎症介质，引起过敏反应（I型变态反应）。只有少数鱼类才有嗜碱性粒细胞，而鱼类的嗜碱性粒细胞的功能目前尚难定论。

淋巴细胞（lymphocyte）：主要见于慢性炎症、急性炎症的恢复期及病毒性炎症和迟发性变态反应过程中。淋巴细胞是免疫系统的最基本功能单位。从形态上淋巴细胞可分为小、中、大三类。小淋巴细胞为成熟的淋巴细胞，细胞核圆形或卵圆形，细胞质较少，嗜碱性（图8-10）。根据免疫学机能的不同，淋巴

细胞又分为T淋巴细胞（胸腺依赖淋巴细胞）与B淋巴细胞（骨髓依赖淋巴细胞）。T细胞和B细胞具有不同的膜表面标志（包括表面受体和表面抗原）。在炎症反应过程中，抗原致敏T淋巴细胞产生和释放IL-6、TNF-β、淋巴因子等多种炎症介质，主要介导细胞免疫并在免疫应答中起调节作用，具有抗病毒、杀伤靶细胞、激活巨噬细胞等作用。B淋巴细胞则产生抗体参与体液免疫。现已证明鱼类同样存在相当于哺乳动物T细胞、B细胞的两类淋巴细胞。鱼类B细胞最早产生于头肾，随后出现在脾、血液、肠道、鳃和皮肤。在成体鱼类的头肾、脾和外周血中，B细胞达到22%～40%。

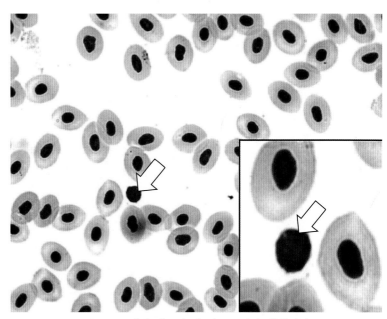

图8-10　草鱼淋巴细胞（⇨，吉姆萨染色）

部分研究发现，一些鱼类的肠黏膜和黏膜下层分布有较多的T细胞，而B细胞主要在固有层中参与黏膜免疫应答。对鲑的研究发现，头肾含有绝大部分的增生性的B细胞前体细胞和浆细胞，还定居了很重要的部分活化的B细胞群体和浆母细胞。血液中含有休眠的不分泌抗体的细胞，缺乏浆细胞。

单核细胞（monocyte）与巨噬细胞：又称大吞噬细胞，见于急性炎症后期、慢性炎症、某些非化脓性炎症（分枝杆菌、病毒及寄生虫感染时）。细胞体积较大，呈多形性，常有伪足样突，细胞核呈肾形或折叠弯曲的不规则形，染色体颗粒纤细而疏松，着色较浅（图8-11）；细胞质丰富，内有大小、致密度、形态和功能状态均不一致的溶酶体，富含酸性磷酸酶和过氧化物酶。单核巨噬细胞具有活跃的吞噬能力，能吞噬大病原体、组织分解物、凋亡细胞及异物。它还参与特异性免疫反应，摄取并处理抗原，将

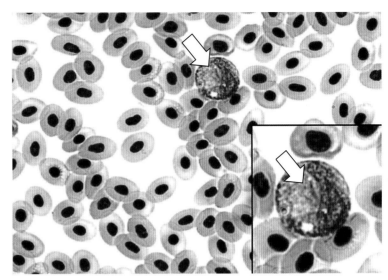

图8-11　草鱼单核细胞（⇨，吉姆萨染色）

抗原信息传递给淋巴细胞而形成特异性致敏细胞，产生抗体。

　　鱼类血液循环中的单核细胞来自肾造血组织，在形态和组成上都与哺乳动物相似。鱼类单核细胞也有较多的胞质突起，细胞内含有比较多的液泡和吞噬物，可进行活跃的变形运动，具有较强的黏附和吞噬能力，能够在血液中对异物和衰老的细胞进行吞噬消化。环境污染或疾病感染都能引起鱼类血液中单核细胞数目显著增加。单核细胞是在造血组织中产生并进入血液的分化不完全的终末细胞，它还可以随血流进入各组织并在适宜的条件下发育成不同的组织巨噬细胞。巨噬细胞可通过多种途径参与鱼类的非特异性防御。在特定的条件下巨噬细胞还可转化为上皮样细胞（epithelioid cell）、朗汉斯巨细胞（langhans type giant cell）或异物巨细胞（foreign body giant cell）（图8-12），它们是肉芽肿性炎灶内的特异性成分。多核巨细胞具有很强的吞噬能力，常见于慢性炎症或肉芽肿性炎，如海分枝杆菌与鰤诺卡氏菌感染后形成结节的边缘。

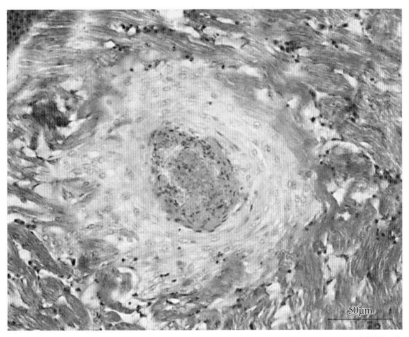

图8-12　大口黑鲈患鰤诺卡氏菌病，可见心肌肉芽肿外周大量上皮样细胞

三、细胞增生

在致炎因子、组织崩解产物或某些理化因素的刺激下，炎症局部的实质细胞、间质细胞、炎性细胞（主要是巨噬细胞、淋巴细胞和浆细胞）等发生增生。一般情况下，炎症早期，细胞增生不明显，随着病程的发展，增生逐渐明显，在炎症后期增生占据主导地位。增生的细胞除巨噬细胞、淋巴细胞、浆细胞等炎性细胞外，常见而且重要的还有成纤维细胞和血管内皮细胞等。炎症时的增生从一定意义上说也是机体对致炎因子损伤的防御性反应。增生的巨噬细胞具有吞噬病原体和清除组织崩解产物的作用；增生的纤维母细胞和血管内皮细胞形成肉芽组织，有助于使炎症局限化和最后形成瘢痕组织而修复。

但在一定条件下，增生却又阻碍了病变的修复，影响器官的功能。如细菌性烂鳃病及CEV和KHV感染的鳃上皮细胞过度增生，使鳃丝呈棍棒状，或使鳃丝相互融合，影响鳃的换气功能（图8-13、图8-14）。在炎症后期，某些器官、组织的实质细胞也可发生增生。

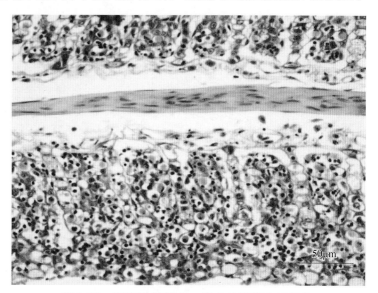

图8-13　CEV致鲤鳃炎，鳃小片呼吸上皮增生

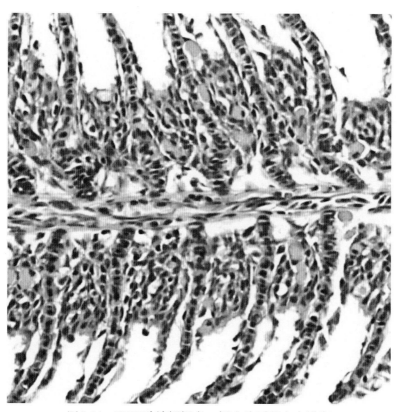

图8-14　KHV致锦鲤鳃炎，鳃小片呼吸上皮增生

综上所述，任何炎症的局部都有变质、渗出和增生三种基本病理变化，这三者既有区别，又互相联系、互相影响，组成一个复杂的炎症过程，在此过程中有致炎因子对机体的损伤作用，同时有机体的抗损伤反应，这是各种炎症的共性所在。但因个体差异、致病因素的种类和疾病发展阶段的不同，上述三种基本病变并非均等，可能以其中的一种或两种基本病理变化为主，并决定了炎症的基本性质。

第四节 炎症的全身反应

在高等恒温脊椎动物炎症局部可出现红、肿、热、痛和功能障碍等症候。全身反应有发热、白细胞数量增多、单核巨噬细胞系统机能增强和实质器官病变等变化，但在鱼类等低等变温脊椎动物可能没有发热的表现。

一、白细胞增多

炎症过程中，外周循环血液单位体积内白细胞数量往往发生变化，常出现白细胞增多（leukocytosis）（图8-15）。白细胞增多是机体防御的一种表现，不同的炎症反应会导致不同的白细胞种类增多。如出现化脓性感染时，中性粒细胞会大量增加；慢性炎症或是病毒感染，会引起淋巴细胞的增多；慢性肉芽肿则以单核细胞增多为主；寄生虫感染或是一些变态反应，则会导致嗜酸性粒细胞增多。随着病程的进展，如果外周血液中白细胞总数及各种白细胞比例逐渐趋于正常，应视为炎症转向痊愈的一个指标。反之，在炎症过程中，若外周血液中白细胞总数显著减少或突然减少，则表示机体抵抗力降低，往往是预后不良的征兆。

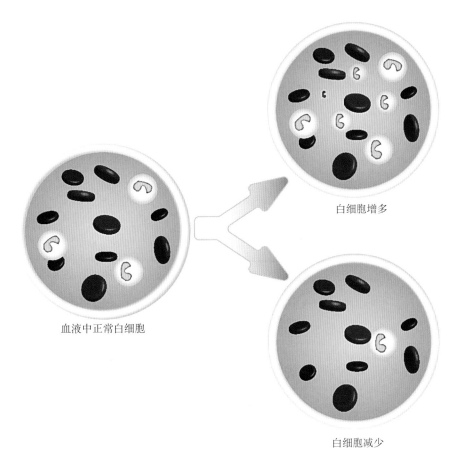

白细胞增多

血液中正常白细胞

白细胞减少

图8-15 白细胞数量变化

二、单核巨噬细胞系统机能增强

炎症时，尤其是生物性因素引起的炎症，常见单核巨噬细胞系统机能加强，表现为细胞活化增生，常见肝、脾肿大，肝、脾的网状细胞和内皮细胞增生，体积增大，且吞噬和杀菌机能加强，并释放出大量溶菌酶和一些溶酶体酶。炎症时单核巨噬细胞系统机能增强，与某些介质释放增多有关，如巨噬细胞活化因子（MAF）、单核细胞趋化蛋白1（MCP-1）和巨噬细胞移动抑制因子（MIF）等。

三、实质器官的病变

由于病原微生物的毒素或是其他因素（血液循环障碍等）的作用，一些实质器官（如心、肝、肾）的细胞常发生物质代谢障碍，细胞出现浑浊、变性甚至坏死等损伤。

第五节 炎症的类型

在临诊上，根据炎症的经过将其分为超急性炎症（peracute inflammation）、急性炎症（acute inflammation）、亚急性炎症（subacute inflammation）和慢性炎症（chronic inflammation）四种类型，而急性和慢性炎症最常见（图8-16）。亦可根据炎症病变部位和引起炎症的原因分类，如病毒性肝炎、细菌性肠炎等。而根据炎症的主要病变特点又可分为变质性炎症、渗出性炎症和增生性炎症。以下介绍以病变特点分类的各种炎症的病理变化特征。

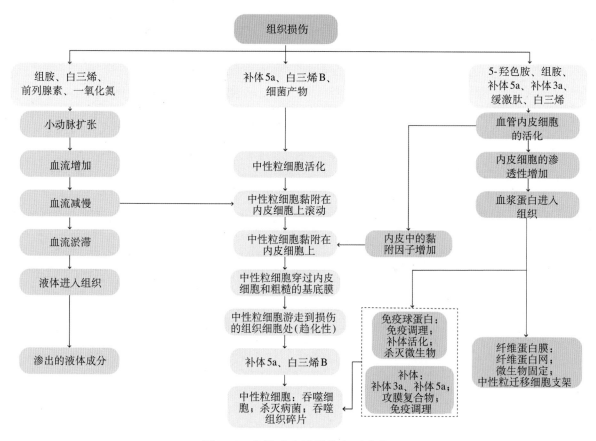

图8-16 急性炎症进程的主要阶段
（赵德明等译，2015. 兽医病理学．5版）

一、变质性炎症

变质性炎症（alterative inflammation）是指炎症局部组织的细胞以变性和坏死为主要特征的一类炎症，渗出和增生在此类炎症中较轻微。主要发生在肝、肾、脾、脑、心等实质器官，也可见于骨骼肌，在鱼类鳃也常见。变质性炎症多呈急性经过，有时也可转变为亚急性或慢性。常由感染、中毒和变态反应等引起，炎症的相应器官有明显功能障碍。轻度的变质性炎症以实质细胞的变性为主，病变器官在眼观上与实质器官的变性相似，都表现为肿大、质软与色淡等，但镜下，除实质细胞发生不同程度的颗粒变性、水泡变性、脂肪变性等变化外，尚可见渗出与增生变化，尤其有炎性细胞浸润。严重的变质性炎症以坏死变化为主，故称为坏死性炎症，如坏死性肝炎。发生坏死性炎症的器官，常见大小不等并和周围组织界限清楚的灰白色或灰黄色坏死灶，镜下可见实质细胞变性坏死，并伴有血管充血、出血及炎性细胞浸润。

当石斑鱼受到溶藻弧菌（*Vibro alginolyticus*）感染时，鳃、肝和肾等组织器官的共同组织病理变化主要表现为细胞变性、坏死，炎性细胞浸润，呈变质性炎症。拟态弧菌（*V. mimicus*）感染可引发明显的坏死性肌炎（图8-17、图8-18）。点状气单胞菌点状亚种（*Aeromonas punctate* subsp. *punctata*）引起鱼类的打印病，皮肤肌肉表现为坏死性炎症（图8-19）。嗜水气单胞菌（*Aeromonas hydrophila*）引起鲤穿孔病，肌肉可呈变质性炎，病程较长的可见肉芽组织增生。罗非鱼无乳链球菌（*Streptococcus agalactiae*）感染可见坏死性脾炎（图8-20）。鲑鳟鱼类IHNV感染，脾、肾与心等表现出明显的变质性炎症（图8-21、图8-22）。此外，营养缺乏也可能引起鱼类的变质性炎症，如鲤缺乏硒元素时可致骨骼肌的变质性炎症，表现为肌纤维的变性、坏死及炎性细胞浸润。

图8-17　拟态弧菌感染致黄颡鱼坏死性皮肌炎

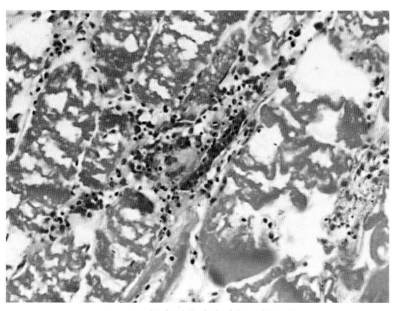

图8-18　拟态弧菌感染致坏死性肌炎

图8-19　金线鲃打印病表现为坏死性皮肌炎

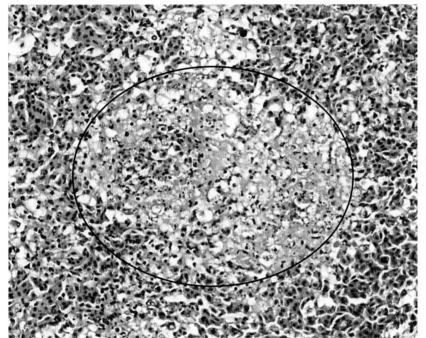

图8-20　无乳链球菌感染致罗非鱼
　　　　坏死性脾炎（○）

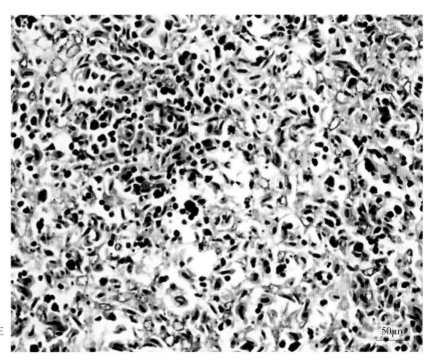

图8-21　IHNV感染致虹鳟坏死性
　　　　脾炎

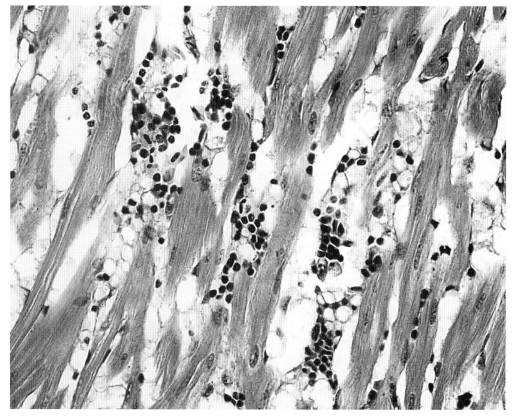

图8-22　IHNV感染致虹鳟变质性心肌炎

二、渗出性炎症

渗出性炎症（exudative inflammation）是以渗出变化为主要特征的一类炎症。由于血管壁的损坏，炎症灶中有大量的渗出物，包括细胞渗出和液体渗出。渗出性炎症时，组织细胞常有较为明显的变性、坏死，但增生变化比较轻微。根据渗出物的主要成分和病变特点，可将渗出性炎症分为浆液性炎症、纤维素性炎症、化脓性炎症、出血性炎症和卡他性炎症。

（一）浆液性炎症

浆液性炎症（serous inflammation）是指以血浆成分渗出为主的炎症。通常将此种渗出液称为浆液，主要含白蛋白、纤维蛋白原，还可见白细胞、脱落的上皮细胞或间皮细胞。浆液一般比较稀薄，稍浑浊，容易凝固。各种理化因素（机械性损伤、冻伤、烫伤、化学毒物等）和生物性因素等都可引起浆液性炎。浆液性炎是渗出性炎的早期表现。浆液性炎常发生于黏膜、浆膜和疏松结缔组织等处。浆液性炎是渗出性炎症中比较轻微的一种，多呈急性经过，如致炎因子消除，渗出的浆液易被吸收，但渗出物过多则可压迫脏器与周围组织，引起功能障碍。

斑点叉尾鮰维氏气单胞菌（*Aeromonas veronii*）感染及罗非鱼无乳链球菌感染时，表现出明显的浆液性肠炎（图8-23），肠黏膜下层和浆膜层水肿，炎性细胞浸润，小血管和毛细血管充血。草鱼肠型点状气单胞菌感染致肠炎，肠道充血发红，肠腔内有大量渗出的血液、黏液；组织学上表现为黏膜上皮坏死、脱落，固有膜淤血、出血，大量炎性细胞浸润，肠腔内有大量坏死、脱落的上皮细胞与渗出的红细胞（图8-24、图8-25）。大菱鲆感染虹彩病毒时，肠道固有膜和黏膜下层可见浆液性炎症。黄颡鱼腹水病时，腹部膨胀，腹腔内积有大量淡黄色或清亮透明积液，呈浆液性炎的表现。

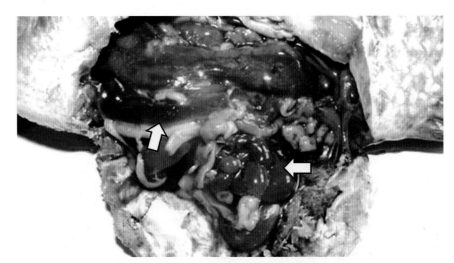

图8-23　无乳链球菌感染罗非鱼致浆液性肠炎（⇨）

图8-24　肠型点状气单胞菌感染草鱼致浆液性出血性肠炎

图8-25　肠型点状气单胞菌感染草鱼致肠黏膜上皮坏死、脱落，固有膜与黏膜
　　　　下层淤血、出血，大量炎性细胞浸润，肠腔内充滞坏死、脱落的上皮
　　　　细胞及渗出液

（二）纤维素性炎症

纤维素性炎症（fibrinous inflammation）是指以渗出物中含有大量纤维素为特征的渗出性炎症。纤维素即纤维蛋白（fibrin），来源于血浆中的纤维蛋白原。纤维蛋白原从血液中渗出后，受到来自组织所释放的酶的作用而凝固成为淡黄色或灰黄色的纤维素，一般呈丝状、絮状、网状或在浆膜与黏膜上形成纤维素膜。纤维素性炎的发生是由细菌毒素等各种内、外源性毒物导致的血管壁严重损伤、通透性增高的结果。纤维素性炎多发生于浆膜（胸膜、腹膜、心外膜）、黏膜（胃肠道等）。发生于黏膜者，渗出的纤维素、坏死组织和白细胞共同在黏膜表面形成一层灰白色假膜，故又称假膜性炎症（croupous inflammation）。发生于浆膜时，渗出的纤维素呈丝网状、絮状或片状沉积于浆膜面上，浆膜腔内常蓄积含有大量絮片状纤维素的浑浊的渗出液（图8-26）。在鳗鲡赤点病、鱼类链球菌症时的心外膜上常见大量絮状的纤维素外渗，表现为明显的纤维素性心包炎。大菱鲆肠球菌（*Enterococcus faecalis*）感染时，肠道黏膜上常见纤维素性伪膜。

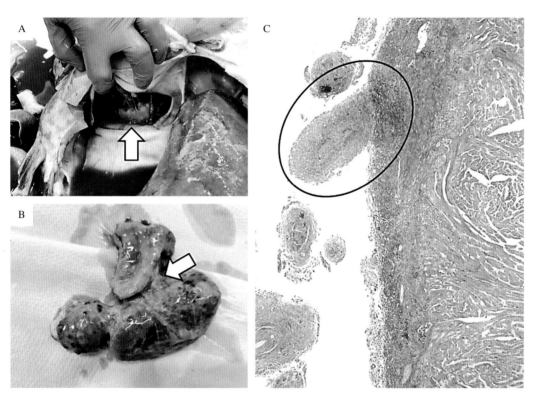

图8-26 心肌炎病毒感染大西洋鲑致纤维素性心包炎
A.围心腔积液，心脏和心包膜粘连（⇨） B.心包炎，大量纤维素渗出（⇨）
C.心外膜上渗出的纤维素（○），可见心外膜增厚，大量炎性细胞浸润
（由David Groman提供）

（三）化脓性炎症

化脓性炎症（suppurative inflammation）是有大量中性粒细胞渗出并伴有不同程度的组织坏死和脓液形成的一种渗出性炎症。脓液（pus）即脓性渗出物，是由大量溶解、坏死的白细胞（多数为中性粒细胞，其次为淋巴细胞和单核细胞）、细菌、坏死组织碎片和少量浆液构成。化脓灶的坏死组织被中性粒细胞或坏死组织产生的蛋白酶所液化，从而形成脓液的过程称为化脓。化脓性炎主要出现于细菌感染症。某些化学物质如松节油、巴豆油等，或机体自身的坏死组织如坏死骨片，也能引起无菌性化脓性炎。鱼类的中性粒细胞主要由肾的造血组织制造，当患化脓性炎时，造血组织内中性粒细胞显著地增殖。脓液一般为浑浊的凝乳状，有的稀薄，有的黏稠。浅在性脓灶，坏死组织脱落后形成糜烂或溃疡；深部组织的脓肿，所遗

留的局部损伤需要肉芽组织的增生进行修复，通常脓液不能外排时，脓肿周围会形成一层肉芽组织被膜。当机体抵抗力下降，化脓性炎症损坏静脉和淋巴管时，病原体会进入血液和淋巴液，并大量繁殖引起致命的败血症或脓毒败血症。

由于致炎因子和发生部位的不同，化脓性炎症有多种表现。黏膜表面发生化脓性炎时称为脓性卡他（purulent catarrh）；脓性渗出物大量蓄积在浆膜腔，称为积脓（empyema），见于化脓性胸膜炎、化脓性腹膜炎时；组织内发生的局限性化脓性炎称为脓肿（abscess），表现为炎区中心坏死液化而形成含有脓液的腔，脓肿周围肉芽组织可增生包围形成脓肿膜，早期脓肿膜具有吸收脓液的作用，晚期有限制炎症扩散的作用；发生在疏松结缔组织的弥漫性化脓性炎症，称为蜂窝织炎（cellulitis）。荧光假单胞菌（*Pseudomonas fluorescens*）感染罗非鱼时，病鱼眼球、脾、鳔多处形成化脓灶；感染大西洋鲑时致化脓性心包炎（图8-27）。大菱鲆感染肠球菌或杀鲑气单胞菌，齐口裂腹鱼与罗非鱼感染无乳链球菌时，眼球周围呈现急性

增生性化脓性炎，尾柄皮肤下常发生化脓性炎（图8-28至图8-30）。鲤科鱼类的疖疮病也可发生化脓性炎（图8-31）。鲑科鱼类杀鲑气单胞菌、黄杆菌感染也可引发皮下肌肉的化脓性炎症（图8-32至图8-34）。鲇与鳗鲡迟缓爱德华氏菌（*Edwardsiella tarda*）感染时，急性病例可见病鱼臀鳍、尾鳍基部肌肉迅速形成化脓灶，并发展成为充满大量气体的凸起脓肿，病变部位褪色，切开病变组织，溢出强烈恶臭，坏死组织达到整个坏死空腔的1/3。

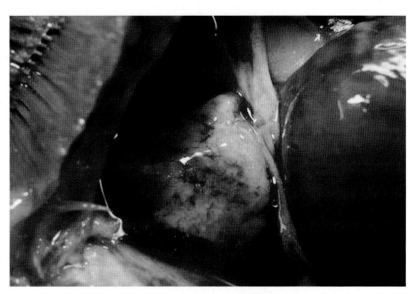

图8-27　荧光假单胞菌感染大西洋鲑致化脓性心包炎
（汪开毓等译，2018. 鲑鳟疾病彩色图谱. 2版）

图8-28　无乳链球菌感染齐口裂腹鱼致尾柄出现化脓灶

图8-29　杀鲑气单胞菌感染大菱鲆致皮下肌肉化脓性炎（○，疖疮）

图 8-30 杀鲑气单胞菌感染大菱鲆
致皮下肌肉化脓性炎，可
见细菌团块（⇨）

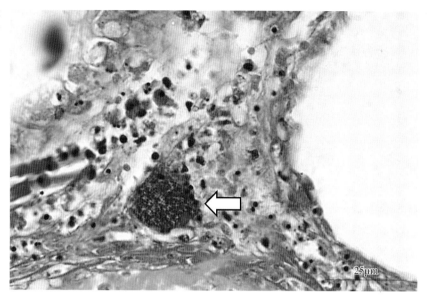

图 8-31 鳙患疖疮病时可见尾柄化脓
性炎症

图 8-32 杀鲑气单胞菌感染大西洋
鲑致皮下肌肉化脓性炎
（疖疮）

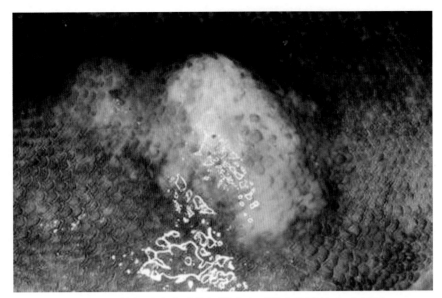

图8-33　杀鲑气单胞菌感染虹鳟致皮下肌肉化脓性炎（疖疮）

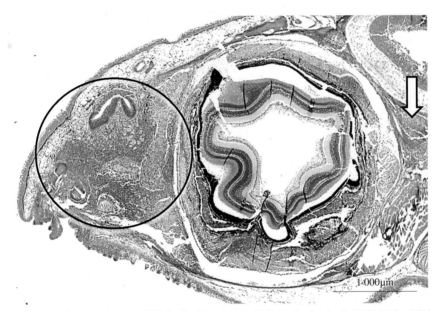

图8-34　黄杆菌感染大西洋鲑鱼苗引起严重的颅软骨炎（⇨）和蜂窝织炎（○）
（由David Groman提供）

（四）出血性炎症

出血性炎症（hemorrhagic inflammation）是指炎性渗出物中含有大量红细胞的炎症。它是致炎因子损伤微血管壁，造成血管壁通透性显著升高的结果，因此，出血性炎症并不是一种独立的炎症，常与其他类型的炎症混合发生，以混合性炎症的形式表现出来，如浆液出血性炎症、出血性坏死性炎症等。出血性炎症的渗出液呈红色，炎区的变化和单纯的出血变化相似。但镜下，炎区除可见到大量的红细胞外，还伴有充血、水肿和炎性细胞浸润等变化。鱼类的出血性炎症常见于各种严重的传染病和中毒性疾病等，如草鱼出血病、红头病、耶尔森氏菌病、气单胞菌性败血症、链球菌病、肠型败血症和拟态弧菌感染等（图8-35至图8-40）。出血性炎症一般呈急性经过，预后往往不良，由于常引起广泛性的损害，加上炎区内出血严重，鱼会因为贫血而死亡。

图8-35 拟态弧菌感染鲇致出血性
肝炎

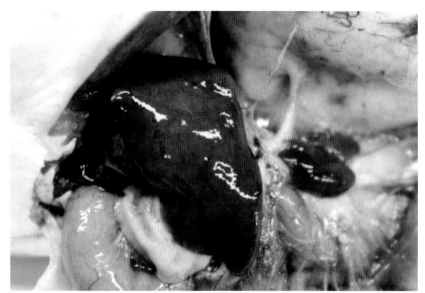

图8-36 草鱼出血病病毒感染致出
血性肠炎

图8-37 嗜水气单胞菌感染鲟致口
腔周围出血性炎

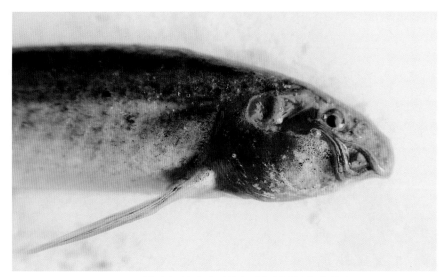

图8-38　维氏气单胞菌感染泥鳅致鳃盖出血性炎

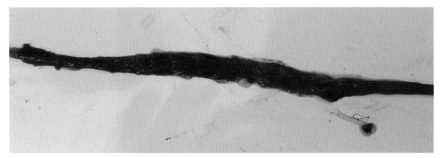

图8-39　鮰爱德华氏菌感染致斑点叉尾鮰出血性肠炎

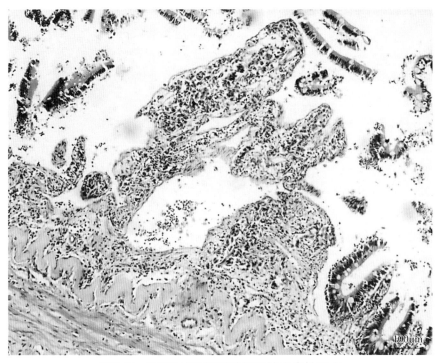

图8-40　IHNV感染虹鳟致坏死性出血性肠炎

（五）卡他性炎症

卡他性炎症（catarrhal inflammation）是指发生在黏膜的一种渗出性炎症，卡他（catarrh）是希腊语"向下流"的意思。根据渗出物成分不同，一般将其分为浆液性卡他、黏液性卡他和脓性卡他等。浆液性卡他以大量浆液渗出为主（图8-41），实则是发生在黏膜的浆液性炎症。黏液性卡他在炎性渗出的同时，伴有黏液腺和黏膜上皮分泌亢进，从而使渗出物中含有大量黏液，十分黏稠。脓性卡他是发生在黏膜的化脓性炎症，其渗出物中含有大量的脓细胞。

鲑鳟鱼类内脏真菌症、IHNV及疱疹病毒感染、鲤喹乙醇中毒时，肠道大量的黏液性炎性物质渗出，肛门后拖着一条黏液便，表现为典型的黏液性卡他性炎症变化。

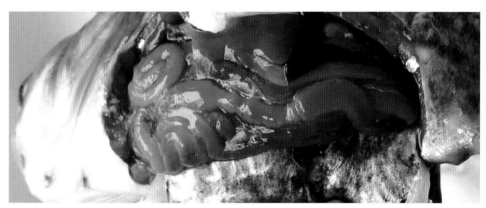

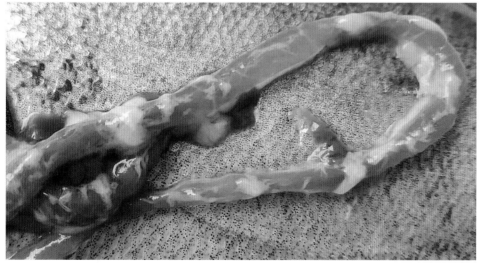

图8-41　卡他性肠炎
（由肖健聪、黄永艳提供）

上述各类型的渗出性炎症，主要根据病变特点和炎性渗出物性质划分，从渗出性炎症的发生和发展来看，它们之间既有区别又有联系，往往是同一炎症过程的不同发展阶段。

三、增生性炎症

增生性炎症（proliferative inflammation）是以结缔组织或某些细胞增生为主，变性与渗出变化轻微的一类炎症，多呈慢性经过。根据增生组织的成分与结构特征，可将增生性炎症分为普通增生性炎症和特异性增生性炎症。

（一）普通增生性炎症

根据炎症的经过，普通增生性炎症分为以下两种类型：

1.急性增生性炎症（acute proliferative inflammation）是以组织增生为特征的一类急性炎症，常见于脑、脾和肾等。在脑，主要见于病毒和寄生虫等引起的非化脓性脑炎，增生的细胞是神经胶质细胞，常形成胶质细胞结节。在肾，见于以增生为主的急性肾小球肾炎，增生的细胞是肾小球毛细血管内皮细胞、血管系膜细胞以及肾小囊脏层上皮细胞。脾发生急性增生性炎症时，常见淋巴细胞、网状内皮细胞和淋巴窦内皮细胞明显增生（图8-42）。

2.慢性增生性炎症（chronic proliferative inflammation）是以间质纤维结缔组织大量增生并有程度不等

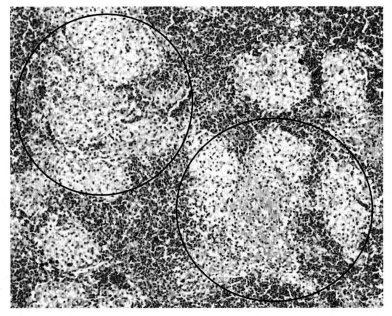

图8-42　急性增生性脾炎，可见大量网状细胞增生（○），椭球体肥大

的淋巴细胞、浆细胞和巨噬细胞浸润为特征的慢性炎症（图8-43）。由于炎症起始于间质，故又称为慢性间质性炎症，如间质性肾炎（interstitial nephritis）、慢性间质性肝炎（chronic interstitial hepatitis）、慢性增生性肠炎（图8-44）、慢性增生性脾炎（图8-45）等。发生慢性增生性炎症的组织器官，在炎症后期往往体积缩小，质地变硬，器官表面由于大量增生的结缔组织收缩而凹凸不平。

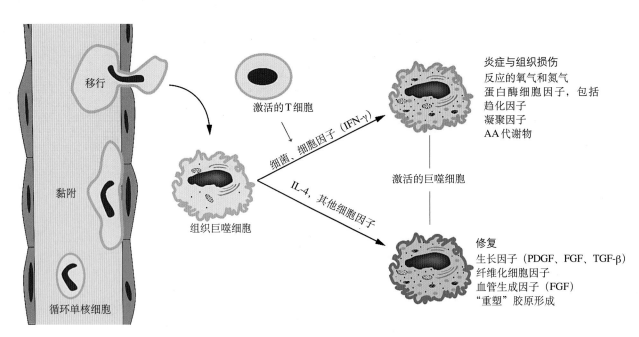

图8-43　激活的巨噬细胞在慢性炎症中的作用
（仿《兽医病理学》，5版）

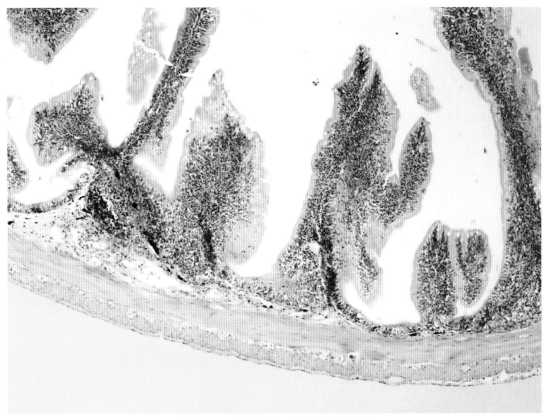

图 8-44　加州鲈肠道慢性增生性炎

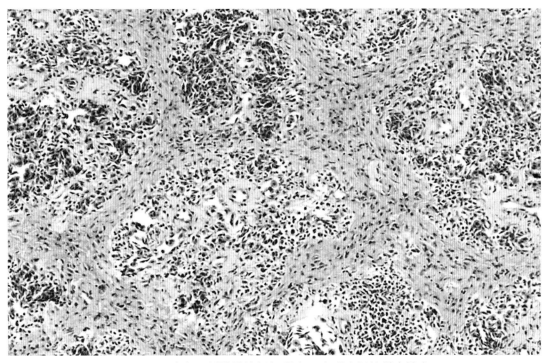

图 8-45　脾大量纤维结缔组织增生，表现为慢性增生性炎

（二）特异性增生性炎症

特异性增生性炎症是由某些特定的病原微生物（如分枝杆菌、诺卡氏菌等）引起的一种增生性炎，是一种慢性炎症。炎症局部形成肉眼可见的白色或灰白色结节，组织学上主要由巨噬细胞及其演化细胞构成边界清楚的结节性病灶，称为肉芽肿（granuloma）（图8-46至图8-48）。

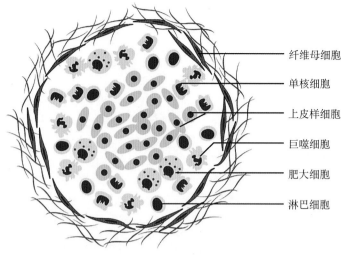

纤维母细胞
单核细胞
上皮样细胞
巨噬细胞
肥大细胞
淋巴细胞

图8-46　肉芽肿模式图

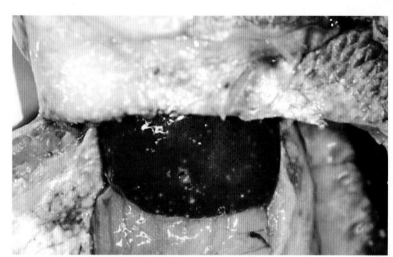

图8-47　鰤诺卡氏菌感染大口黑鲈致肝出现白色结节

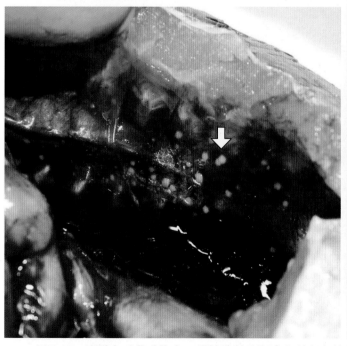

图8-48　鰤诺卡氏菌感染大口黑鲈致肾及腹腔出现白色结节（⇨），结节内大量分泌物包裹分枝杆菌

炎症初期，局部可见大量巨噬细胞，之后巨噬细胞转变为上皮样细胞，其中部分上皮样细胞又融合为朗汉斯巨细胞。在这些细胞间还夹杂有淋巴细胞、浆细胞。炎症后期，增生的肉芽组织将上述病灶包裹，形成肉芽肿（图8-49、图8-50）。典型的感染性肉芽肿从肉芽肿中心向外依次由三部分组成：①中心部分：

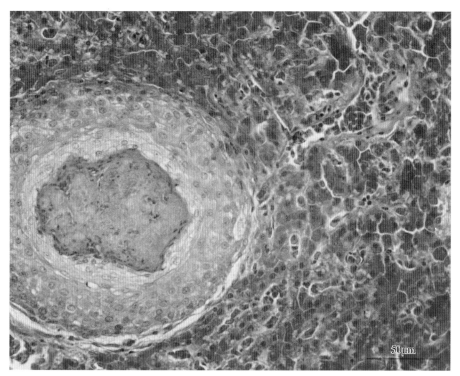

图8-49 鰤诺卡氏菌感染大口黑鲈致肝出现肉芽肿

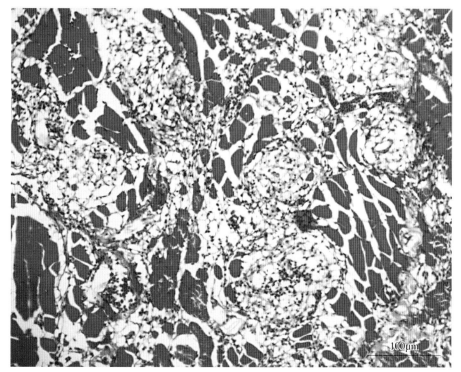

图8-50 EUS病鱼肌肉肉芽肿

为病原或病理性产物，是不同病原引起的肉芽肿的区别所在，也是鉴别诊断的主要依据之一。如鱼类的海分枝杆菌（*Mycobacterium marinum*）、鰤诺卡氏菌（*Nacardia seriolea*）及巴斯德菌（*Pasteurella skyensis*）等引起的肉芽肿，中心是干酪样坏死、钙化及病原菌；而鱼类链球菌肉芽肿的中心则为化脓灶，可见大量脓细胞。②中间部分：由上皮样细胞、巨噬细胞及朗汉斯巨细胞组成，是特异性增生性炎的标志（图8-51）。③外围部分：为肉芽组织，其中可见淋巴细胞与浆细胞。

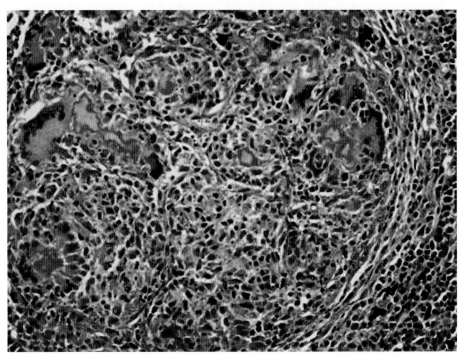

图8-51　巴斯德菌感染大西洋鲑致脾肉芽肿，可见朗汉斯巨细胞
（汪开毓等译，2018.鲑鳟疾病彩色图谱．2版）

第六节　炎症的结局类型及其生物学意义

在炎症过程中，损伤和抗损伤双方力量的对比决定着炎症发展的方向和结局。如抗损伤过程（白细胞渗出、吞噬能力加强等）占优势，则炎症向痊愈的方向发展；如损伤性变化（局部代谢障碍、细胞变性坏死等）占优势，则炎症逐渐加剧并可向全身扩散；如损伤和抗损伤矛盾双方处于一种相持状态，则炎症可转为慢性并迁延不愈（图8-52）。同时炎症也是一把双刃剑，一方面是动物机体的一种重要的保护和防御反应，另一方面也可引起机体的机能、代谢和形态结构的损伤，剧烈的炎症甚至可危及动物的生命，因此，认识炎症的生物学意义对临床上炎症的正确处理具有重要的作用。

一、炎症的结局

（一）痊愈

1.**完全痊愈**　炎症病因消除，病理产物和渗出物被吸收或排出，组织的损伤通过炎症病灶周围的健康细胞再生而得以完全修复愈合，局部组织的结构与功能完全恢复至其正常状态。完全痊愈常见于短时期内能吸收消散的急性炎症。

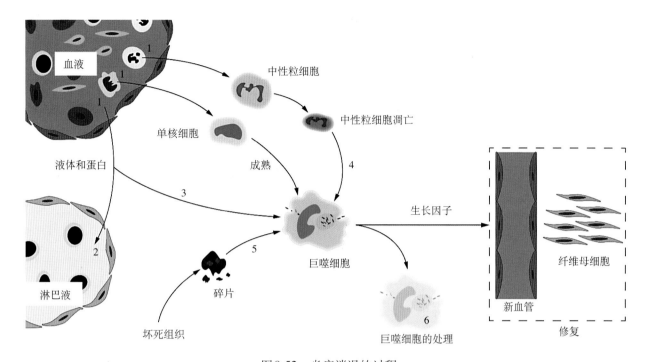

图 8-52 炎症消退的过程

1.恢复正常的血管通透性 2.水肿液的排出及蛋白质进入淋巴管 3.通过胞饮进入巨噬细胞
4.凋亡中性粒细胞的吞噬作用 5.坏死碎片的胞吞 6.巨噬细胞的处理，巨噬细胞也产生生长因子，发起后续的修复流程

（赵德明等译，2015.兽医病理学.5版）

2.不完全痊愈 通常发生于组织损伤严重，不容易被吸收消散时，虽然致炎因子被清除，但损伤的组织需要通过血管和成纤维细胞的增生，形成肉芽组织取代修复缺损的组织。之后，肉芽组织中的毛细血管及炎性细胞数量逐渐减少，胶原纤维大量增生，故引起局部瘢痕形成。慢性炎症纤维素的形成见图8-53。正常结构不能完全恢复，功能也可有不同程度的障碍。

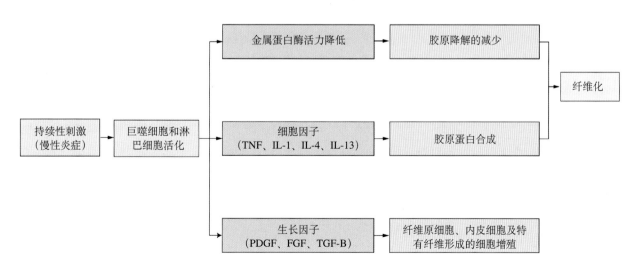

图 8-53 慢性炎症中纤维素的形成
（赵德明等译，2015.兽医病理学.5版）

（二）迁延不愈

致炎因子不能在短时间内清除，长期或反复作用于机体，机体抵抗力低下和治疗不及时、不彻底，则炎症迁延不愈，由急性炎症转为慢性炎症。如人类的急性病毒性肝炎转变为慢性肝炎等。

（三）蔓延扩散

主要出现在病原微生物引起的炎症，当机体抵抗力下降或病原微生物数量增多、毒力增强时，未经适当治疗，病情恶化，大量增殖的病原微生物则通过组织间隙向周围脏器蔓延扩散。主要方式有以下几种：

1. 局部蔓延　炎症局部的病原微生物可经组织间隙或器官的自然通道向周围组织蔓延，使炎症区扩大。如心包炎可蔓延引起心肌炎。

2. 淋巴道蔓延　病原微生物在炎区局部侵入淋巴管，随淋巴液流动扩散至其他部位。

3. 血液蔓延　炎区的病原微生物或某些毒性产物侵入血液循环，可引起菌血症、毒血症、败血症和脓毒败血症。

（1）菌血症（bacteremia）。是指病灶局部的细菌经血管或淋巴管侵入血液，但不繁殖与产生毒素的现象，故无全身中毒症状。

（2）毒血症（toxemia）。是指病原微生物的毒素及其他毒性产物被吸收入血而引起的全身中毒的现象，常伴有实质器官变性、坏死和黏膜出血、水肿等，但做血液细菌学检查为阴性。

（3）败血症（septicemia）。是指病原微生物侵入血液后，大量繁殖并产生毒素，引起机体严重物质代谢障碍和生理机能紊乱，呈现全身中毒症状并发生相应的形态学变化的现象。除有全身中毒症状外，还有皮肤、黏膜多发性出血斑点，肝、脾、肾等实质器官变性、坏死等。

（4）脓毒败血症（pyemia）。是指由化脓菌引起的败血症。除败血症的表现外，突出病变为多器官（如肝、脑、肾等）出现多发性细菌栓塞性脓肿。

二、炎症的生物学意义

炎症具有重要的生物学意义，大多数的动物疾病都与炎症有关，很多疾病就是以炎症命名的，如肌炎、脑炎、肝炎、肠炎和肾炎等。炎症是动物机体一种最重要的保护和防御性反应，如果没有炎症或炎症反应不充分，动物就不能控制感染，器官和组织的损伤以及各种创伤就不能愈合，动物也就不能正常生存与繁衍。

炎症是致炎因子引起的组织损伤和机体发动的抗损伤之间复杂斗争的局部表现。致炎因子的损伤作用表现为发炎组织物质代谢障碍及在此基础上引起的细胞的变性、坏死或凋亡；淤血与瘀滞使炎灶局部营养物质和氧供应减少，更加重了组织损伤的程度；炎区感觉神经末梢敏感性升高，加之某些炎症介质和病理性产物的致痛性作用引起局部疼痛；发炎组织正常结构和凋谢过程的破坏引起相应的机能障碍等等。机体的抗损伤主要表现是：充血和血浆渗出，有利于给炎症区输送抗体和补体成分，也有利于稀释毒素；白细胞渗出和吞噬活性加强，有助于清除病原微生物和组织坏死崩解产物；炎区内巨噬细胞、血管内皮细胞和成纤维细胞增生，能防止病原扩散，使炎症局限化。损伤与抗损伤这对矛盾，贯穿炎症发展的始终。但是，损伤与抗损伤的区别是相对的，在一定条件下它们是可以相互转化的，如炎性渗出液具有稀释、中和毒素，阻止病原微生物扩散和促进吞噬的作用，但鱼类鳃出现炎症时，大量的渗出液则影响其换气功能；再如炎症灶内白细胞渗出是炎症防御反应的重要一环，但炎症中白细胞崩解，其溶酶体释放出的多种酶类可造成局部组织的损伤。

因此，在评价炎症的生物学意义时，应坚持一分为二的辩证唯物主义观点，对其利弊具体分析。在实际临床工作中，要根据炎症的发展规律和机体状况，采取适当措施，既不能盲目抑制炎症，又要对炎症的发展做适当的控制，以减轻炎症可能对机体造成的危害。

第七节 败 血 症

败血症是指病原（微生物、原虫等）侵入血液循环，大量繁殖，持续存在，产生毒素，与不断蓄积的代谢产物共同引起机体严重物质代谢障碍和生理机能紊乱，呈现全身中毒症状并发生相应的形态学变化的现象。在败血症的发生、发展过程中可出现菌血症、病毒血症（viremia）、虫血症（parasitemia）和毒血症。

一、病因及致病机理

1. 原因　败血症一般多由细菌、病毒、寄生虫等病原生物感染所引起，真菌、有毒代谢产物和组织坏死分解时产生的有毒物质也可引起败血症。细菌是其最主要、最常见的原因。由嗜水气单胞菌引起的淡水鱼类细菌性败血症，也称细菌性败血症（bacterial septicemia），在20世纪80年代末90年代初曾在我国上海、江苏、浙江、安徽、广东、广西、福建、江西、湖南、湖北、河南、北京、天津、四川、陕西、山西、云南、内蒙古、辽宁、吉林等20多个省份暴发、流行，危害之大损失之大是十分罕见的，可以说，是我国养鱼史上，危害鱼类最多、危害范围最大、分布地区最广、流行季节最长、危害养鱼水域类别最多、造成的损失最大的一种急性传染病。

2. 发生机理　病原体侵入门户（如体表、消化道黏膜等）后侵入机体，侵入机体的病原不能被局部组织和血液中的吞噬细胞、免疫球蛋白和补体等消灭，在局部增殖，引起局部损伤，导致局部炎症，这个局部炎症灶称为原发性感染灶。在原发性感染灶内，不断增殖的病原体的损伤作用与机体的抗损伤作用进行激烈斗争，若病原体的损伤作用明显占优势，病原体可从原发性感染灶内损伤的小血管进入血液循环并引起菌血症、病毒血症或虫血症，病原大量繁殖，产生毒素，进一步引起全身中毒症状和败血症变化。

嗜水气单胞菌属于条件致病菌，它们平时以腐生状态存在于鱼的皮肤、肠道和水体，当鱼处于良好条件时，它们与鱼体保持一种平衡状态，并不使鱼致病；但当条件改变时，平衡破坏，暴发疾病，这些条件包括水温、水体理化因子、养殖密度、鱼体是否受伤或抵抗力下降等。许多证据表明，大多数运动性气单胞菌病流行时，都与应激有关，养鱼池或水族箱内鱼体过密，水中溶解氧降低，同时鱼体不断排泄出代谢废物，在这种情况下，水质变差，很适宜条件致病菌的繁殖和入侵鱼体。据报道，营养不良的鱼体特别易继发感染运动性气单胞菌，就如皮肤或鳃损伤时的易感程度一样。在诸种致病诱因中，鱼体受损伤是一个非常重要的因素，许多人工试验，如王肇赣（1985）、孙其焕（1986）、林敬洪（1988）等用去鳞或去鳞损皮进行浸泡、涂抹和注射菌液的方法，均成功地使鱼人工感染运动性气单胞菌。但是对于体表保持完整无损的正常鱼，浸泡、涂抹，甚至倒入培养好的高浓度细菌浸泡也不能使鱼感染。这一事实说明鱼体受伤给细菌打开了侵入之门，创造了感染的有利条件，而体表完整的正常鱼体，由于皮肤、鳞片、黏膜等屏障机构完整，能有效地阻挡细菌的侵入。一旦细菌从损伤处侵入鱼体，便在皮下组织繁殖，有的繁殖后随血液流到全身各组织，引起败血症，有的则停留在伤口处，使局部组织发生病变，从而出现充血、出血、水肿、发炎、坏死、腐烂及溃疡形成等病变，如打印病、烂尾病或溃烂病的患病鱼局部组织的坏死、溃烂。至于鱼体的受伤原因则主要是牵网和长途运输时碰伤、擦伤，其次是寄生虫咬伤和水生植物擦伤。关于肠道内的条件性致病菌如何引起鱼体发病，徐伯亥等（1988）与高桥幸则（1984）的意见相似。他们认为当水温上升到18℃以上时，肠道内的病原性产气单胞菌开始大量繁殖，并通过肠壁微血管到达血液，引起肠壁微血管机能紊乱，在血液中该菌又不断增殖，并通过血液循环到全身各内脏组织，细菌大量繁殖，并分泌大量外毒素致使血管通透性改变，导致败血症，最后引起死亡。

二、病理变化

1.**最急性型** 主要由毒力很强的病原所引起，且机体免疫力低下，体内防御系统迅速被病原的损伤作用摧垮。发病快，多数病鱼在无任何临床症状的情况下突然死亡，无肉眼可见病理变化，部分仅表现出不典型的轻度败血症变化，全身性出血和其他病变较轻，偶见部分组织器官轻度出血，如心外膜、消化道黏膜等的轻度点状出血。

2.**急性型** 由毒力强的病原引起，且机体免疫力较低。病程可持续数日，终因机体防御功能衰竭而死亡。急性败血症可出现明显的临床症状和典型的病理变化，因毛细血管普遍受到损伤，导致体表、鳍、黏膜和各组织器官均出现多发性的出血性斑点（图8-54、图8-55）。嗜水气单胞菌引起的急性败血症还可见明显的淡黄至红色、透明或混浊的腹水。

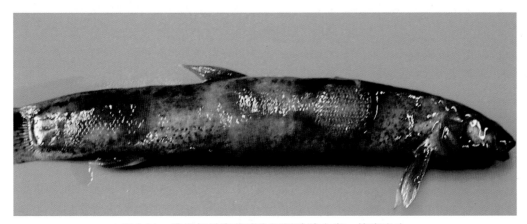

图8-54 维氏气单胞菌感染泥鳅致败血症，体表出血

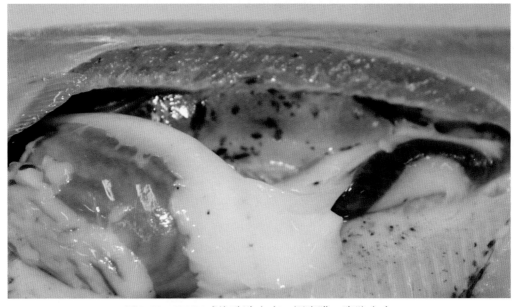

图8-55 IHNV感染致败血症，鳔腹膜、脂肪出血

3.**重要器官病变**

（1）脾。有颌鱼类中，眼观脾肿大，颜色可呈樱桃红色、深红色、暗红色、黑红色或紫红色，脾质地变软（图8-56），严重者脾髓质软如泥，呈煤焦油状。镜下可见脾严重变质和渗出性病变，脾实质细胞大

面积坏死崩解，形成大小不等的坏死灶，白髓缩小或消失。被膜和小梁的平滑肌及胶原纤维肿胀、溶解、排列疏松。脾组织严重充血、出血，浆液-纤维素及炎性细胞渗出和浸润。脾组织多被红细胞占据，淤血和出血严重时，几乎成一片血海，可见残存的白髓、小梁和坏死灶（图8-57）。

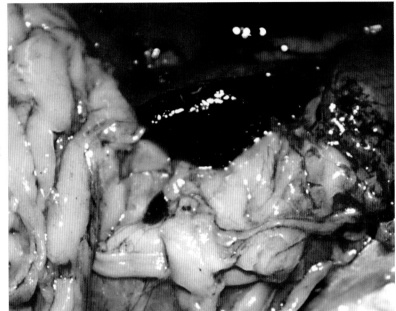

图8-56 温和气单胞菌感染裂腹鱼致脾肿大，呈暗红色

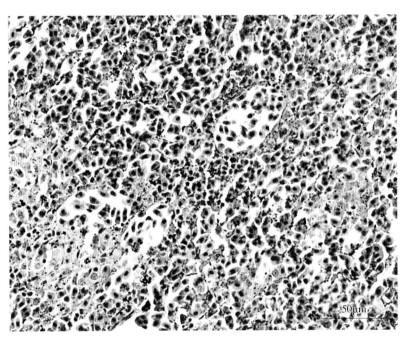

图8-57 温和气单胞菌感染裂腹鱼致脾充血、出血，淋巴细胞坏死

（2）心脏。眼观心脏肿大，心腔扩张，心腔内充满凝固不良的血液。心肌质地松软，弹性降低，切面土黄色、浑浊无光。有的因充血、出血、变性和坏死而呈红、黄、灰等不同色彩。心内膜、心外膜有数量不等的出血斑点。镜下可见心肌纤维呈水泡变性或脂肪变性，有时还可见局灶性充血、出血、浆液渗出、淋巴细胞浸润和心肌细胞坏死，偶见坏死灶（图8-58）。

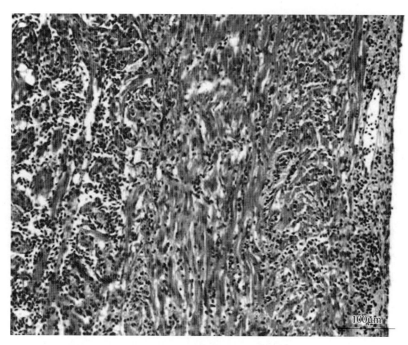

图8-58 大西洋鲑呼肠孤病毒感染致败血症，心肌变性、出血、炎性细胞浸润
（汪开毓等译，2018. 鲑鳟疾病彩色图谱. 2版）

（3）肝。眼观肝肿大，呈灰黄色或土黄色，质地脆弱（图8-59）；镜检，肝细胞呈水泡变性或脂肪变性，甚至发生坏死，中央静脉、窦间隙及小叶间静脉扩张充血（图8-60、图8-61），窦壁内皮细胞肿大，有时可见少量炎性细胞浸润。

图8-59 SVCV感染鲤致败血症，腹腔积液、肝出血（○）

图 8-60 SVCV感染鲤致肝细胞坏死（△）
　　　　 与炎性细胞浸润（⇨）

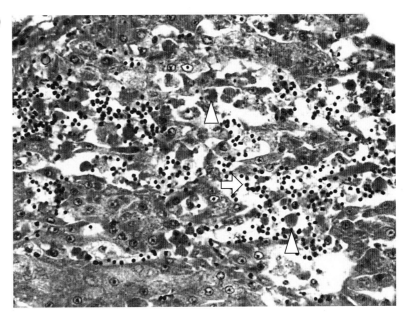

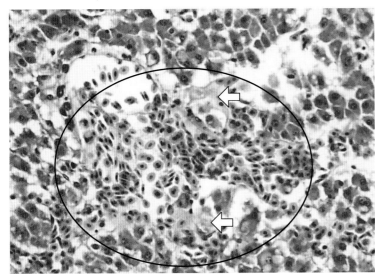

图 8-61 无乳链球菌感染罗非鱼致肝淤血、
　　　　 出血（○），肝细胞空泡变性与坏
　　　　 死（⇨）

（4）肾。眼观肾肿大，质地松软，被膜易剥
离，皮质部呈灰黄色或土黄色，严重病例肾表面
和切面可见大小不一的出血斑点（图8-62）；镜
检，肾小管上皮细胞广泛性变性或坏死，间质内
有时可见局灶性炎性细胞浸润，偶见肾小球肾炎
（图8-63、图8-64）。嗜水气单胞菌感染时肾间造
血组织也表现出明显的坏死。

图 8-62 温和气单胞菌感染裂腹鱼致肾肿大、淤血

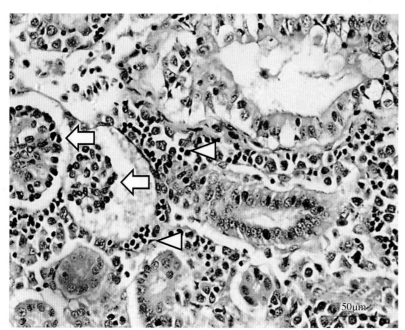

图 8-63　温和气单胞菌感染裂腹鱼致败血症，肾小管上皮细胞坏死、肾小球肾炎（⇨），间质内炎性细胞浸润（△）

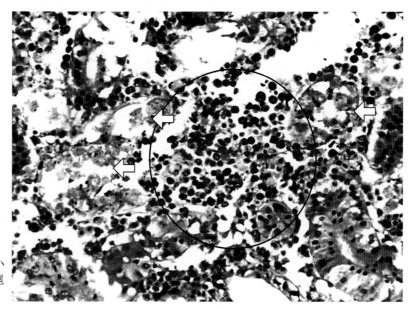

图 8-64　SVCV感染鲤致败血症，肾小管坏死（⇨），间质炎性细胞浸润（○）

（5）脑。眼观脑软膜充血，有的可见脑膜出血斑点（图8-65）；镜检，脑软膜下和脑实质充血、水肿和出血，毛细血管内有透明血栓形成，神经细胞呈不同程度的肿胀、固缩等变质性变化，有时可见炎性细胞浸润及神经胶质细胞增生等变化（图8-66）。病毒性败血症时，在小血管周围可见以淋巴细胞和巨噬细胞为主要成分的"管套"现象；化脓菌性败血症时小血管周围主要是中性粒细胞和淋巴细胞形成的"管套"现象。

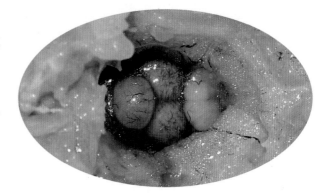

图 8-65　无乳链球菌感染罗非鱼致败血症，脑膜充血

图8-66　无乳链球菌感染致脑水肿，
　　　　胶质细胞增生，神经元固缩

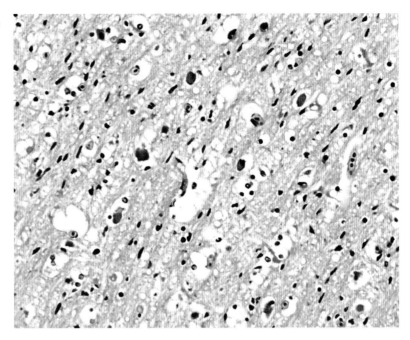

（6）鳃。眼观鳃呈暗红色，肿胀，黏液分泌增多，或发生坏死；镜下鳃小片毛细血管扩张、淤血、出血，上皮细胞肿胀、坏死、脱落（图8-67），鳃小片间巨噬细胞、淋巴细胞、中性粒细胞等炎性细胞浸润。

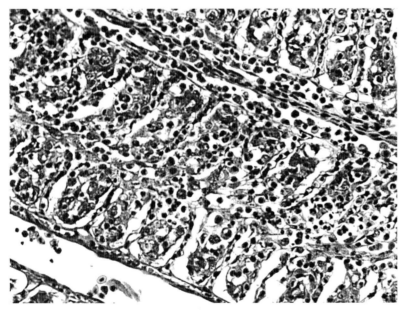

图8-67　无乳链球菌感染致鳃小片上
　　　　皮细胞坏死及炎性细胞浸润

（7）消化道。呈出血性（胃）肠炎变化，消化道黏膜甚至浆膜均可见大小不等的出血斑点，肠腔内充满大量黏液，肠壁变薄（图8-68）；组织学上，肠上皮细胞变性、坏死、脱落，固有膜充血、出血，黏膜下层水肿增厚，炎性细胞浸润（图8-69）。

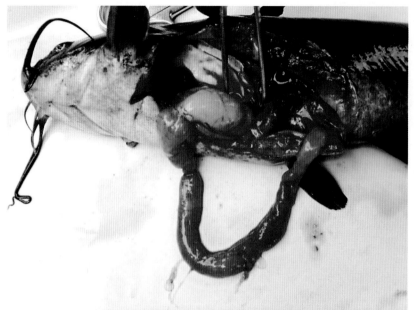

图8-68 鮰爱德华氏菌感染斑点叉尾鮰致肠型败血症，肠充血，肠壁变薄

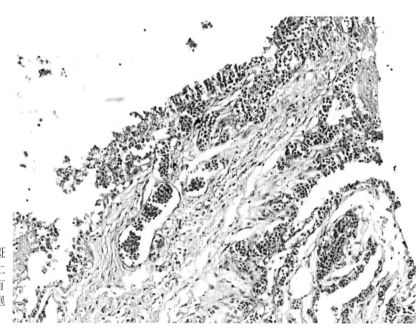

图8-69 嗜麦芽寡养单胞菌感染斑点叉尾鮰致败血症，肠上皮细胞坏死、脱落，固有膜充血、出血，炎性细胞浸润

三、结局和对机体的影响

1. **结局**　败血症一般预后不良。败血症的中后期，病原对机体的损伤作用已占绝对优势，而机体的防御能力趋于瓦解，故机体多因中毒、机能衰竭与休克而死亡。

2. **对机体的主要影响**　败血症多为急性过程，如不能及时查明病原，治疗用药不当和错误，患病动物一般会很快死亡。

第九章　缺　氧

水生动物与水环境直接接触，只能利用水体中溶解的氧气，通过呼吸、血液循环完成氧的摄取和运输，以保证细胞生物氧化的需要，任何一个环节发生障碍都能引起缺氧。缺氧是水生动物常见的一种病理现象，一旦出现缺氧，鱼体的形态、代谢和功能都会发生异常变化。

第一节　缺氧的概念及常用检测指标

缺氧是指当组织细胞供氧不足（绝对不足或相对不足）或其利用氧的过程发生障碍时，机体的代谢、功能及形态结构发生异常变化的病理过程。鱼类只能利用水体中溶解的氧气，当水环境中溶解氧不足时就会出现缺氧，但是不同水生动物对溶解氧不足的耐受程度不同，因此某一个特定的溶氧量不可作为判断所有鱼类是否缺氧的依据。例如，当水体溶解氧含量小于2.0mg/L时，草鱼、鳙会因为溶解氧过少而出现浮头，而乌鳢却可正常摄食而无明显缺氧症状。

不同水生动物对缺氧的耐受力存在差异，通常是软体类>环节类>甲壳类>鱼类。不同品种的鱼类对缺氧耐受也不同，由于水越深其氧气含量越低，所以底栖鱼类通常比其他鱼类更耐低氧。如鲇通常栖息在缓慢流动的底部栖息地，包括湿地和漫滩，与其他被研究的鱼类相比，它是最耐缺氧的鱼类；比目鱼是一种底栖物种，也具有较好的耐缺氧性。鲫属鱼类如鲫和金鱼，对缺氧/无氧浓度表现出显著的耐受性差异，鲫能够在缺氧状态下存活数月。鲤对缺氧却不耐受，只能在室温下缺氧1~2h或在23℃下缺氧1h(0.8 mg/L)。冷水鱼类、温水鱼类及热带鱼类对低氧的耐受程度也不相同，如将一些冷水鱼暴露在25℃的饱和氧气（0.8 mg/L）水中会导致死亡。此外，亲缘关系近的鱼类，对缺氧情况也呈现出不同的耐受程度，如茴鱼是一种需要高氧气浓度的鲑，而梭鱼（两种都属于原棘翅目）却是耐缺氧的。

通常用氧分压、氧含量、氧容量、氧饱和度和氧离曲线等检测指标去判断动物是否存在缺氧。

氧分压（partical pressure of oxygen，PO_2）：指溶解于血液中的氧所产生的张力，也称为氧张力（oxygen tension），包括动脉血氧分压和静脉血氧分压。比如当空气中氧分压降低，由于通气或换气功能障碍影响氧弥散入血液，动脉血氧分压降低，从而导致机体缺氧。

氧含量（oxygen content）：指100mL血液中实际含有的氧量，包括血红蛋白（hemoglobin，Hb）结合氧和溶解于血浆中的氧。比如当空气中氧分压降低、血红蛋白减少或者血红蛋白与氧结合能力下降，会造成血液中氧含量变小引起缺氧。

氧容量（oxygen capacity）：每100mL血液中，血红蛋白（Hb）结合氧气的最大量为血液的氧容量。通常人体的氧容量为20mL/100mL，鱼类为5~20mL/100mL。血红蛋白和氧结合的程度在鱼体内主要受到氧分压和pH的影响。当血红蛋白含量减少及其与氧结合能力下降时，氧容量变小。

氧饱和度（oxygen saturation）：指血红蛋白与氧结合的百分数，可用氧含量占氧容量的百分比计算。

氧离曲线（oxygen dissociation curve）：指氧饱和度与氧分压之间的关系曲线图，大体呈S形。不同品种的鱼类，氧离曲线存在差异。如鲤血红蛋白对氧气的亲和力要比鳟强（图9-1）。因此，鲤能够适应生活在溶氧量比较低的水体中，但是在身体组织中氧气和血红蛋白的离解就比较困难，需要在氧分压很低时才离解。鳟相反，需要生活在溶氧量较高的水体中，但是很容易把氧释放到身体组织内。

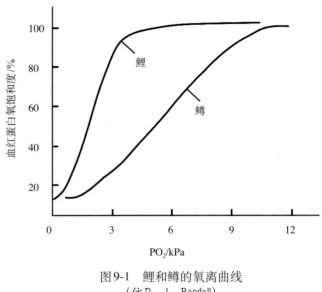

图9-1　鲤和鳟的氧离曲线
（仿 D. J. Randall）

第二节　缺氧的主要原因

通常养殖水体中的溶解氧有5%～10%为鱼虾蟹类所消耗，80%～90%为其他生物呼吸、有机物分解和底质化学耗氧所消耗，其余为其他因素所消耗。引起水生动物缺氧主要有以下几种原因：

一、生物性因素

这是引起缺氧的主要因素。一是水生动物的养殖密度过大，对水体中有限的溶解氧消耗过快，导致水体溶解氧不足引起缺氧；二是各种细菌、病毒、真菌和寄生虫等，通过其产生的内外毒素、机械性损伤、细胞内增殖造成破坏等作用导致水生动物呼吸器官受损，引起呼吸障碍，使得机体供氧不足而缺氧；三是当水体中氮、磷等营养成分过度增加，将造成淡水、海水富营养化，使得浮游植物特别是藻类过量繁殖，引起水华（water bloom）或赤潮。藻类的大量繁殖将大量消耗水体溶解氧，又因为大量藻类覆盖水面，光线难以进入水体促进水生植物光合作用产生氧气，空气中的氧气又不能很好地溶于水体，导致水体溶解氧低，过量繁殖的藻类腐败将释放大量毒素，会伤害水生动物包括呼吸器官在内的组织器官，最终综合导致水生动物缺氧和大面积死亡。

二、物理性因素

高温、雷雨天气，水温表层高、底层低，引起水体对流，上述特定气候发生时养殖水体溶解氧减少，容易导致水生动物氧气摄入不足而发生缺氧。例如高海拔地区，气相中的氧分压很低，因此在氧完全饱和的情况下，水中的氧含量同样也很低。洪水发生后，泥沙大量附着在鳃小片上，也容易导致缺氧的发生。此外，冬季部分地区天气寒冷，水体表面结冰，阻止了空气中氧气在水中的溶解而引起缺氧。

三、化学性因素

富营养化导致的水质污染是造成缺氧的重要因素。营养物质（如氮）流入小溪和河流，最终表现为刺激植物生长和导致藻华。水华中的藻类最终会死亡，沉积物中的细菌呼吸增强，微生物氧化腐蚀，这种衰变会导致溶解氧的耗尽，并可能导致水生环境中的缺氧或"死区"。水底有机物分解，消耗大量氧气，并释放出有毒有害物质，如沼气、硫化氢、氨、氰化物、有机酚等，这些有害物质不易从水体中放出，加速了鱼类的缺氧死亡；有时即使水体中溶解氧充足，但水体中二氧化碳含量过高（如水温 21 ~ 22℃，二氧化碳含量 80mg/L），也会影响水生动物血液中二氧化碳的放出，使得中枢神经系统麻痹，水生动物难以从水体中吸取氧气，从而引起缺氧。

此外，氨氮、亚硝酸盐等可引起鱼体内红细胞血红蛋白 Fe^{2+} 氧化，导致血液不能携带氧气，使鱼无法通过血液循环运输氧气，导致缺氧死亡。

四、其他因素

当杀虫剂、消毒剂使用不当，如剂量过大，会引起鱼类中毒，引发呼吸障碍，最终因供氧不足而导致缺氧死亡。

第三节　缺氧的类型及发生机理

根据缺氧的原因和血氧变化特点，可以将缺氧分为低张性缺氧、血氧性缺氧、循环性缺氧和组织性缺氧四种类型。

1. 低张性缺氧（hypotonic hypoxia）　指由于各种原因导致氧分压降低、氧含量和溶氧量减少、组织细胞供氧不足造成的缺氧。如高海拔地区，氧分压低；高温、雷雨、冰雪天气造成氧含量减少；养殖密度过大，水中溶解氧消耗过快，导致水体中溶氧量不够；鳃的换气功能障碍，导致动脉血氧分压和氧含量降低，组织细胞供氧不足造成缺氧。

2. 血氧性缺氧（hypoxemic hypoxia）　指由于血红蛋白含量减少或其性质发生改变，血液携氧能力降低或血红蛋白结合的氧不易释出，导致组织细胞供氧不足而引起的缺氧。大出血或贫血等原因造成血红蛋白含量减少，血液中氧含量和氧容量下降，导致组织细胞供氧不足而缺氧。在亚硝酸盐、磺胺类和硝苯化合物等中毒时，血红蛋白中的二价亚铁（Fe^{2+}）被氧化成三价铁（Fe^{3+}），失去结合氧的能力，而其余的 Fe^{2+} 与氧的亲和力增高，不易解离，氧离曲线左移，造成组织缺氧。

3. 循环性缺氧（circulatory hypoxia）　指由于组织器官的血流量减少，组织细胞供氧量不足所引起的缺氧。循环血量减少可以是全身性的（如休克），也可以是局部性的（如血管堵塞或管腔狭窄）。循环性缺氧包括缺血性缺氧和淤血性缺氧，前者是由于动脉压降低或动脉阻塞导致毛细血管血量减少，后者是因为静脉压升高血液回流受阻，引起毛细血管淤血。

4. 组织性缺氧（histogenous hypoxia）　指由于组织细胞利用氧的过程发生障碍而引起的缺氧。进入细胞的氧主要是在线粒体内合成ATP，当线粒体功能受到抑制或者损伤时，容易导致组织性缺氧的发生，如硫化氢、砷化物等毒物中毒时，抑制细胞色素氧化酶或干扰呼吸链其他递氢体，造成电子传递中断，抑制细胞氧化过程，导致组织中氧的利用出现障碍；细菌毒素和放射线等可直接损伤线粒体；组织严重缺氧也会抑制线粒体的呼吸功能。此外，呼吸过程中所需要的呼吸酶合成出现障碍也会导致组织细胞利用氧障碍。

第四节　缺氧引发的疾病及其病理变化

鱼类对缺氧的反应是呼吸运动的幅度和频率增加，表现为下颌前伸突出（图9-2），而其他活动表现为明显减少，大部分时间鱼在底部保持不动或是到水面呼吸。缺氧鱼的静脉活性增加，而其他活性会降低。

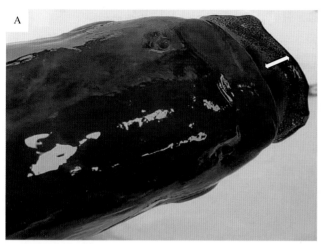

图9-2　鱼缺氧表现为张口呼吸，下颌前伸突出（⟺）

（A由肖健聪、黄永艳提供）

当水中溶氧量低时，水生动物由于缺氧到水面呼吸（如草鱼、鲤）或到岸上呼吸（如螃蟹）的现象叫浮头（图9-3）。长期缺氧会引起鱼体严重贫血、生长缓慢，背部色泽变浅。严重缺氧时，鱼会狂游乱窜，或横卧水面，呈现奄奄一息的濒死状态，并且会出现死亡。当水中溶氧量低于水生动物正常生理所需的最低限度时，就会引起大规模窒息死亡，叫泛池。不同种类的水生动物浮头和窒息死亡的溶氧量不同，草鱼、青鱼、鲢、鳙等鱼通常在水中溶氧量1mg/L时开始浮头，当溶解氧为0.4～0.6mg/L时，就会发生窒息死亡；鲤、鲫的窒息范围为0.1～0.4mg/L，鲫的窒息点比鲤稍低些；鳊的窒息点为0.4～0.5mg/L。水生动物对低氧的忍受力与健康状况、个体大小有关，例如溶解氧2.6～3mg/L时，健康状态下的虾不会发

图9-3　缺氧造成鲤的浮头和死亡

生窒息死亡，而患聚缩虫病的虾会窒息死亡；患鳃上寄生虫病的鲤发生浮头时，低氧对无寄生虫寄生的鲤没有影响，其原因是寄生虫的刺激使鳃上黏液增多，黏液阻碍了水和鳃丝的接触，导致氧气摄入不足。此外，水生动物的窒息点会随着水温、pH、水质等情况而有所差异。缺氧的病理变化常表现在鳃和肝，无论溶解氧和存活时间如何，所有受检鱼都表现出相同的体征。死亡时的鳃丝颜色正常，但是在死亡后2h内褪色为白色，在电镜下可见鳃上皮断裂。缺氧鱼的肝表现为充血，电镜下可见血管壁和肝细胞膜破裂、线粒体肿胀和细胞内空泡化，红细胞的形状没有明显的异常。此外，在某些特殊鱼类品种中，缺氧还会造成脊髓细胞、生殖细胞等损伤，如导致卵母细胞被卵泡包围无法排卵，睾丸的小叶变小且无法释放精子等。

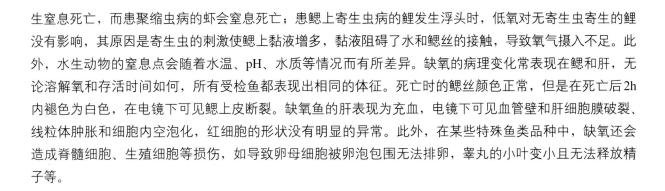

第五节　缺氧对机体的主要影响

机体对缺氧的反应，取决于缺氧的原因、程度、部位、持续时间以及机体的功能代谢状态。研究表明，生活在过饱和溶解氧或低溶解氧水体中的鱼类都会产生强烈的应激反应而影响其生长发育。适宜的溶解氧水平，是提高水产养殖产量的重要条件。亚致死性或长期缺氧会引起许多鱼类的应激反应，使鱼类正常的呼吸和新陈代谢紊乱，导致摄食量下降、食物转化效率降低、生长缓慢，甚至影响鱼类的行为、形态学特征、生理生化机制及生存策略。

一、缺氧对鱼类摄食与生长的影响

鱼类的生长受外源和内源因子的共同作用，溶解氧作为外源水质重要因子，适宜与否直接关系到鱼类的摄食和生长代谢。有研究表明，在低溶解氧水体中，多数鱼类（如大西洋鳕鱼、斑点叉尾鮰）的生长率、增重率、食物转化效率均低于正常溶解氧水体。

二、缺氧对鱼类生理代谢的影响

溶氧量与鱼类的呼吸代谢、糖酵解代谢、氧化还原反应等生理生化过程和血液生化指标密切相关。Fos 等研究证实鱼类的代谢水平与溶解氧密切相关，当溶解氧低于某个关键值时，鱼类将大幅度降低摄食量、生长速度和食物转化效率以适应此溶解氧水平的生理代谢，同时也表现出血红蛋白携氧能力提高、血红素（heme）浓度增加、肝糖原积累等生理适应。Sofronio 等发现血细胞比容（hematocrit）、血脂、三酸甘油酯和血清总胆固醇随溶解氧水平的增加而增加。Roesner 等研究发现鲫通过增加红细胞数量及提高血红蛋白氧气结合能力适应低氧环境。Rodrigo 等发现鱼长期暴露在缺氧环境中会导致身体长度、脊索直径、脊索鞘厚度和椎体高度减小。

三、缺氧对鱼类氧化‑抗氧化系统的影响

细胞需要少量活性氧来调节细胞活性和基因的表达，但是过多的活性氧会导致氧化应激反应，造成细胞坏死、凋亡和功能丧失。在长期的进化过程中，鱼类形成了一套完整的保护体系，即抗氧化系统来清除体内多余的活性氧离子。鱼类的耗氧率会随着溶解氧的下降或上升而变化，但是只能进行有限的调节，这意味着在溶解氧变动幅度较大时，鱼类的代谢率也将大幅度变化，从而引起体内活性氧生成速率的变化，即可能导致体内氧化‑抗氧化体系的失衡或重新调整。部分鱼类在低氧条件下会使用厌氧呼吸，增加了过氧化产物的生成，抑制过氧化氢酶的活性。可见，鱼类处于低氧状态时，肝和肌肉等多种组织会通过改变抗氧化酶的活性来应对缺氧引起的胁迫压力，其抗氧化机制也会发生改变。

四、缺氧对鱼类免疫系统的影响

环境胁迫对鱼类免疫防御力有较大的影响，往往造成鱼类免疫机能下降，甚至导致机体死亡，缺氧或低氧是很常见的一种环境胁迫。刘凯凯等从细胞免疫和体液免疫两个方面综述了缺氧胁迫对贝类免疫系统的影响，证实缺氧会影响血细胞总数、细胞吞噬作用、溶酶体活性、活性氧、抗氧化还原系统和免疫相关基因的表达。Boleza等研究了鳄在低氧条件下后头肾巨噬细胞的呼吸暴发和杀菌活性，结果显示低氧胁迫严重抑制了巨噬细胞的活力。史春路等认为，养殖鱼类慢性应激反应过程中血浆皮质醇水平会持续升高，对机体免疫机能具广泛抑制作用。有研究结果表明，鱼类免疫器官组织形态、特异性和非免疫能力与溶解氧水平密切相关，低氧胁迫导致草鱼脾系数显著降低，抑鱼类免疫能力。陈侨兰等研究发现，低氧条件会造成大口黑鲈肠道、鳃和皮肤组织的损伤，黏液细胞密度下降。

五、缺氧对鱼类心血管系统的影响

鱼类循环中控制静脉回流、心脏充盈和心输出量的机制与哺乳动物循环非常相似，但为了应对水中不同水平的氧气，鱼类已经进化出多种生理适应。心脏迷走神经张力增加，诱发心动过缓通常被视为对缺氧的反应，而心输出量保持不变或因心搏量代偿性增加而略微增加。轻度缺氧可增加心搏量，而不会伴随心动过缓，从而增加心输出量。严重的缺氧导致中心静脉压显著升高。

六、缺氧对鱼类生殖系统的影响

缺氧造成物种多样性和种群数量的下降，其中最主要的原因是损害鱼类的排卵过程，从而影响产卵和繁殖。生活在缺氧环境中的雌性鱼类，成熟卵巢较少，卵黄较小。Cheung等研究发现，低氧条件下日本青鳉雌鱼会表现为雄鱼特征，证实低氧会干扰鱼类性激素的合成和分泌，从而改变鱼类性别比例。有研究证实，持续性低氧会使鲤内分泌紊乱，促黄体生成素水平降低，导致卵母细胞无法发育成熟，性腺发育迟缓，抑制鲤繁殖。此外，低氧还会造成孵化率低、幼鱼存活率低、发育迟缓、性别比例失调，威胁整个种群的发展。

七、缺氧对鱼类行为的影响

鱼类对溶解氧的利用是限制鱼类栖息地质量、分布、生长、繁殖和生存等行为的重要理化因子。有研究表明，低氧显著影响鱼类的生理和行为，进而影响整个种群的生态特征。例如，缺氧时鱼类常常通过增加呼吸频率、游到水面呼吸或是游到溶解氧丰富区域等行为获取更多的氧气。有研究证实，在低氧条件下，鱼类的运动能力会不同程度降低，游泳速度也会明显下降。Hedges等证实，大西洋鳕鱼在溶解氧下降初期运动速度出现短暂增加（被认为是一种逃离不利环境的行为），随后慢慢降低，这是鱼类应对低氧环境的策略。

第六节 缺氧的结局

导致缺氧发生的原因不同，发病后的结局也存在差异。生物性因素主要会导致呼吸器官受损，如鳃丝肿胀、末端缺损、软骨外露，鳃小片坏死、脱落，鳃上皮细胞大量增生等病理变化，由于呼吸系统不能正常供氧而表现为缺氧，这类疾病在发病早期可以通过消除和杀灭病原恢复正常，但是发病晚期由于损伤严重也会导致死亡。物理因素导致的缺氧，如雷雨、高温天气等，可以通过人工增氧缓解和消除缺氧表现。化学性因素，如果是由于水中有机物含量过高，可以通过物理和化学增氧缓解；如果是由于重金属、硫化氢、氨、氰化物等有毒有害物质污染，消毒剂、杀虫剂使用不当，或是使用违禁药物导致呼吸系统严重受损，一般很难恢复，会造成鱼类急性死亡。

第十章 应 激

机体在受到各种内外环境因素刺激时所出现的非特异性全身反应，称为应激（stress）。多种因素均可造成鱼体发生不同程度的应激反应，如运输、拉网、捕捞等人为因素，水温、溶解氧、重金属等环境因素，以及病毒、细菌、寄生虫感染等生物因素。轻者导致鱼类食欲减退、发育不良、生长缓慢，引发各种疾病；重者可致鱼类机能丧失、系统紊乱，最终死亡。因此水产养殖生产中，通过降低人为因素、改善环境因素、控制生物因素、加强养殖管理和改善养殖环境，避免鱼类产生应激反应，以及正确认识鱼类应激反应并采取适当措施减少应激对鱼类的危害，对鱼类的健康生长和水产养殖业的健康发展越来越重要。

第一节 应激的概念

应激是指动物机体在受到各种内外环境因素刺激时所出现的非特异性全身反应。早在20世纪30年代，加拿大神经内分泌学家Hens Selye就已提出应激这一概念，他发现动物机体在受到一定刺激时，会出现一系列非特异性反应和病变，他将此称为全身适应综合征（general adaptation syndrome，GAS）。20世纪50年代，我国学者将"stress"这一概念译为"紧急状态"，直到60年代后才将"stress"统一译为"应激"。在国外，关于鱼类应激生物学的研究开始得较早，多涉足于水体理化因子及各种操作胁迫对鱼类的影响，特别是较深入地研究了鲑鳟鱼类的应激生物学；而在我国，最早于20世纪80年代有鱼类应激方面的记载，21世纪开始逐渐增加。

第二节 引起应激的常见因素

应激反应是机体适应、保护和防御机制的重要组成部分，其本质是一种正常的生理反应，其目的在于维持机体内环境的稳定，增强机体适应能力，提高机体防御能力。引起机体发生应激反应的各种刺激因素称为应激原（stressor）。根据其来源和种类不同，鱼类应激原大致可分为以下几类：

一、人为因素

在水产养殖过程中，拉网、捕捞、转移、运输等人为操作会导致鱼类在这些操作过程中经受一系列典型的、比较剧烈的刺激，从而产生相应的应激反应。如拉网中的挂网，捕捞后的装卸，运输过程中的拥挤，交通工具运行中的加快速度、刹车、颠簸摇晃及噪声，高养殖密度、饲养管理水平的降低、药物治疗、免疫接种等都会人为地引起鱼类发生应激反应。因此，合理的装载密度、稳定的水温和足够的氧气供应是保证养殖鱼类安全运输非常重要的因素。此外，在待产期和运输前，短时间内禁食对于减少应激反应是很有帮助的。

二、环境因素

环境既包括鱼类赖以生存的水环境，也包括大气等其他环境，各种环境因素的改变往往会引起鱼类发生应激反应。水环境应激因素主要包括溶解氧过低或超饱和，氨、硫化氢、二氧化碳、亚硝酸盐、重金属离子（锌、镉、铜、汞、铁等）等浓度超标和pH、水温、水流的变化等。此外，气候突变、温度剧烈变化、低气压和其他环境因素也会导致鱼类发生应激反应。

三、生物因素

鱼类在养殖过程中难免会受到各种病原微生物和寄生虫的感染或侵袭，引起应激反应甚至发生疾病，如病毒、细菌、真菌、立克次体（rickettsia）、螺旋体（spirochete）、原虫（小瓜虫、黏孢子虫、车轮虫等）和蠕虫（单殖吸虫、复殖吸虫、线虫、绦虫和棘头虫）等。鱼类之间或鱼与其他动物之间的残食、寄生、共栖、共生、食物竞争也会引起鱼类的应激反应。鱼类养殖过程中，常常是多种刺激因素共同作用，引发鱼体产生应激反应，如鲫鳃部受到病原感染后，再受人为刺激则可见鳃部大量出血等应激反应。

四、其他因素

鱼类的应激反应具有遗传特性，在大麻哈鱼和大西洋鲑的研究中发现，不同的基因对不同的刺激有不同的反应。因此，选择能够对环境刺激有容忍力的鱼种将更加适合现在高密度的水产养殖。在应激性疾病防治应用上，国外已经选育出低应激反应群体与高应激反应群体，并开始探讨细胞水平（或基因水平）的应激反应在养殖生产中的应用，如热休克诱导的热休克蛋白（或应激蛋白）HSP70对鲑鳟鱼类的渗透应激具有交叉保护作用。

另外，麻醉剂（如MS222和乙二醇苯醚）及镇静药物（如司可巴比妥、普罗比妥钠、依托咪酯、美托咪酯）等药物通过降低代谢、减少耗氧量及降低有毒废物的堆积，从而可降低鱼类应激反应。

第三节　应激反应的发生机理

应激是一种非特异性、全身性反应，从分子到细胞和组织的不同层面均可出现应激性反应。应激原作用于机体后，除引起各种非特异反应、病变以及神经内分泌变化外，还可引起基因表达的改变以及应激蛋白的合成等。随着科学技术的不断推进，对应激反应的研究目前已形成了三个独立的研究领域：①神经内分泌反应的研究；②急性期蛋白的研究；③基因表达的研究。

一、应激的神经内分泌反应

当机体受到外源性因素刺激时，机体可产生以一系列神经内分泌改变为特征的应激反应。在人类和陆生动物上，主要的神经内分泌改变包括交感-肾上腺髓质系统和下丘脑-垂体-肾上腺皮质系统的强烈兴奋。鱼类主要包括两个应激激素反应系统，一个是交感-嗜铬组织系统，另一个是下丘脑-垂体-肾间组织轴。

交感-嗜铬组织系统的激活可促使各组织中（主要是头肾）的嗜铬细胞大量释放贮存的儿茶酚胺类激素（catecholamine，CA），使血浆肾上腺素（adrenaline，A）或去甲肾上腺素含量显著升高。下丘脑-垂体-肾间组织轴通过下丘脑促肾上腺皮质激素释放因子（corticotropin releasing factor，CRF）、垂体促肾上腺皮质激素（adrenocorticotropic hormone，ACTH）、肾间组织皮质类固醇激素（corticosteroid）的级联释放，最终导致血浆皮质醇（cortisol）含量显著升高。

二、应激的细胞反应

生物机体在热环境下所表现的以基因表达变化为特征的反应称为热休克反应（heat shock response，HSR），而这些新合成的蛋白质称为热休克蛋白（heat shock protein，HSP）。除热应激之外，许多其他物理、化学、生物应激原以及机体内环境变化都可以诱导机体产生HSP。因此，HSP又被称为应激蛋白。鱼类应激的相关应激蛋白以HSP70的研究最为深入。

大量研究发现，氧胁迫或温度胁迫下尼罗罗非鱼、鲤等HSP70的表达在不同组织亦存在差异。刘庆全等发现，25℃热应激状态下HSP70在淞江鲈肌肉、肠、脑、皮肤、性腺、肝、心脏、鳃、鳍9个组织中普遍表达，其中在鳍中表达量最高，在性腺、鳃、脑、肌肉、肝、皮肤、肠中的表达量依次递减，在心脏中表达量最低。韩冬等研究发现，在急性热胁迫下，大西洋鲑肝热应激蛋白HSP70、HSPA8、HSP27和HSP90在基因水平显著上调，HSP70蛋白水平的表达也显著增加。

第四节　应激反应的发展过程

应激原持续作用于机体所引起的动态的连续过程称为全身适应综合征，在人类和陆生动物上，根据应激反应的发展过程，可将其分为警告期、抵抗期和衰竭期三个阶段。

一、警告期

警告期又可以分为休克和反休克两个阶段。当机体受到某种应激因子刺激后，机体在短时间内抵抗性较正常状态低，引起体温和血压下降、毛细血管通透性增加等生理变化现象，这一阶段可称为休克阶段。接着，机体表现为血压升高、呼吸加快、交感神经兴奋、激素分泌亢进，对刺激显示出积极的防御反应，从而进入反休克阶段。此时以交感-肾上腺髓质系统兴奋为主，表现为肾上腺素和去甲肾上腺素等儿茶酚胺类激素大量分泌，浓度升高，从而引起一系列器官系统活动的改变，包括中枢神经系统兴奋性增强、外周血管收缩、糖原和脂类的分解加强、血糖和血液中游离脂肪酸水平升高，为抗应激做好能量准备。

二、抵抗期

动物机体在经过短暂的动员阶段后，即进入抵抗期或适应阶段。在该阶段内，随应激反应时间的延长，机体的免疫机能受到损害，表现为血液中淋巴细胞、嗜酸性粒细胞减少，淋巴器官萎缩，细胞免疫抑制，炎症和过敏反应减轻，对某些疾病的抵抗力减弱。此外，肾上腺皮质大量分泌肾上腺皮质激素，使蛋白质、脂肪合成受到抑制，分解动员和转化加强，糖原异生加强；同时协同肾上腺素和胰高血糖素加速糖原的分解，最终使机体的总体抵抗力提高。然而这种抵抗力毕竟有限，当应激因子持续作用于机体，超出了机体的耐受限度时，便进入衰竭期。

三、衰竭期

在该阶段，机体表现为肾上腺肥大，但肾上腺皮质激素的分泌量减少，体内的营养物质储备减少，导致适应机能丧失、系统紊乱、许多重要机能衰退，最终死亡。

第五节 鱼类应激反应的基本表现

与人类及陆生动物一样，鱼类的应激反应也包括一系列复杂的生理变化。鱼类受到刺激后的应激反应可分为相互关联的三级反应，即初级反应、次级反应和第三级反应。初级反应是指鱼类在受到应激因子刺激时，最先表现出神经内分泌系统的变化，如儿茶酚胺和皮质类固醇激素分泌增加；次级反应是指由初级反应释放的激素引发的生理效应，如心脏的输出量增加、能量代谢加强等；第三级反应是指鱼体在初级和次级反应的基础上呈现出的生长抑制、繁殖障碍、免疫应答受损，甚至死亡等异常表现。

在初级和次级反应阶段，鱼体表现为警觉性增加、运动加强、呼吸加快（鳃盖活动增加）、顶流逆进和群体活动明显，常聚集在一起，躁动不安，争向水面活动，翻滚弹跳，表现出惊恐逃避、躲窜的现象。

进入第三级反应阶段，鱼体精神沉郁，活动减少，行动迟缓，离群独游，部分鱼不进食，并出现浮头，体色变深，肚腹朝上，时沉时浮或沉入水底、侧睡不动。严重时鱼体发硬，体表黏液增多，全身发红，体表可见显著充血、出血（图10-1至图10-4）。

图10-1 鲤全身皮肤应激性充出血

图10-2 鲫鳃部感染，再次受人为应激后鲜血直流

图10-3 鲫感染疱疹病毒Ⅱ型，鳃应激性充出血
（由袁圣提供）

图 10-4　鱼类应激性体表出血

A.患病鲢体表显著充血、出血　B.患病鲫鳃出血　C.病鱼鳃盖、下颌显著充血、出血

D、E.患病鲢鳃盖、下颌显著充血、出血

（A、C 由肖建春提供；B 由袁圣提供）

第六节　鱼类应激反应的结局

一、非生物因素应激

由非生物因素引起的鱼类应激反应，主要表现为三种情况：一是，当鱼体受到应激因子（如捕捞拉网、水质不良、水温突变、长途运输等）刺激时，即可突然、快速地发生大批鱼死亡，即使不死亡也表现为生命垂危，最终导致死亡。二是，鱼体受到非生物因素的明显刺激后，在短时间内多数出现惊恐、拥

挤、集群顶水运动，逐渐虚弱。解除不良刺激后，鱼类可恢复正常状态。若仍有不良刺激存在，可导致鱼发生衰竭死亡。三是，非生物因素应激原对鱼体刺激强度不大，但其影响是长期的，或是间断性、反复性的。鱼类在努力适应不良环境过程中，不良因素作用的累积效应，导致鱼类长期消瘦、发育不良、生长缓慢，并导致抵抗力下降，引发各种疾病。

二、生物因素应激

生物因素如细菌、病毒或寄生虫等感染鱼类时，同样会引发鱼类产生应激反应，进而导致鱼类发病。在经过治疗消除了生物应激原后，鱼类可逐渐恢复正常状态。但有时，治疗无效，鱼类最终仍会死亡。生物因素引起的应激反应与非生物因素引起的应激反应相比，其对鱼体造成伤害的方式更为复杂。病原生物本身会释放毒素或以其特有的侵害方式对鱼体造成损伤，因此在讨论生物因素引起的鱼类应激反应及其结局时，究竟是应激反应对鱼体造成的刺激为疾病的主要原因，还是病原生物致病为发病的主要原因，需要结合具体的发病情况进行判断，才能更好地进行治疗和对结局的评估。

第十一章　中　毒

毒物与水生动物接触后发生作用，造成机体暂时性或永久性损伤的过程称为中毒。中毒通常分为急性中毒和慢性中毒，其中，急性中毒是指毒物在短时间（数分钟至数天）内经皮肤、鳃和消化道等途径进入机体，引起水生动物迅速死亡；而慢性中毒是指毒物以较低剂量，长期（数天至数年）反复进入水生动物体内，引起水生动物采食量下降、体重下降以及疾病临床症状。水生动物生活在水环境中，水体是毒物来源的主要依托媒介。引起水生动物中毒的毒物一方面是异常的水质因子如氨、重金属、藻类毒素等，另一方面来自外源投入品如农药、杀虫渔药等。本章内容从异常水化学指标、藻类毒素和药物毒性三个方面，围绕养殖鱼类中毒机制和病理损伤进行介绍。

第一节　异常水化学指标

水化学指标是评价养殖水质好坏的重要指标之一，我国《渔业水质标准》中明确了渔业水域的水质指标安全范围（表11-1）。常见水化学指标包括酸碱度、氨氮、亚硝酸盐、溶解氧、生化需氧量、重金属和硫化物等。超出安全范围的水化学因子通过破坏宿主抗氧化系统或直接毒性引起水生动物机体病理损伤。水体pH>9时，水体对鱼类具有强烈的刺激性和腐蚀性，鱼在水中狂游乱窜，鳃、体表和消化道黏膜大量分泌黏液，表现为碱中毒。水中氨氮浓度超标会严重影响鱼类的生长，并造成体色发白、鳃损伤、组织缺氧坏死等多种病变。另外，水体中常见的重金属镉、汞、铬、铅、锰、锌等，通常会与体表及鳃分泌的黏液蛋白结合形成蛋白质复合物覆盖鳃和体表，使鳃受损呈灰白色，导致鱼类窒息死亡。在慢性中毒中，重金属在鱼体内不断蓄积，对肝和肾造成不可逆的病理损伤，最终导致鱼体死亡。本节简要介绍了氨氮、亚硝酸盐和重金属镉引起鱼类中毒的毒理机制和病理变化。

表11-1　渔业水域的水质指标安全范围

序号	项目	标准值
1	色、臭、味	不得使鱼、虾、贝、藻类带有异色、异臭、异味
2	漂浮物质	水面不得出现明显油膜或浮沫
3	悬浮物质	人为增加的量不得超过10mg/L，而且悬浮物质沉积于底部后，不得对鱼、虾、贝类产生有害的影响
4	pH	淡水6.5～8.5，海水7.0～8.5
5	溶解氧	连续24h中，16h以上必须大于5mg/L，其余任何时候不得低于3mg/L，对于鲑科鱼类栖息水域冰封期，其余任何时候不得低于4mg/L
6	生化需氧量（5d、20℃）	不超过5mg/L，冰封期不超过3mg/L

（续）

序号	项目	标准值
7	总大肠菌群	不超过5 000个/L（贝类养殖水质不超过500个/L）
8	汞	≤0.000 5mg/L
9	镉	≤0.01mg/L
10	铅	≤0.05mg/L
11	铬	≤0.1mg/L
12	铜	≤0.01mg/L
13	锌	≤0.1mg/L
14	镍	≤0.05mg/L
15	砷	≤0.05mg/L
16	氰化物	≤0.005mg/L
17	硫化物	≤0.2mg/L
18	氟化物（以F⁻计）	≤1mg/L
19	非离子氨	≤0.02mg/L
20	凯氏氮	≤0.05mg/L
21	挥发性酚	≤0.005mg/L
22	黄磷	≤0.001mg/L
23	石油类	≤0.05mg/L
24	丙烯腈	≤0.5mg/L
25	丙烯醛	≤0.02mg/L
26	六六六（丙体）	≤0.002mg/L
27	滴滴涕	≤0.001mg/L
28	马拉硫磷	≤0.005mg/L
29	五氯酚钠	≤0.01mg/L
30	乐果	≤0.1mg/L
31	甲胺磷	≤1mg/L
32	甲基对硫磷	≤0.000 5mg/L
33	呋喃丹	≤0.01mg/L

一、氨氮

水中无机氮主要以氨（NH_3）、铵根离子（NH_4^+）、亚硝酸盐（NO_2^-）和硝酸盐（NO_3^-）的形式存在，其在水体中相互转化维持动态平衡。水体中氨主要来源于生活排污、农业生产、有机碎屑沉积物和残饵排泄物等有机含氮物质降解。分子态氨对鱼类毒性最强，为铵根离子的300～400倍，即使水中仅有低浓度氨也会对鱼类产生影响。

（一）毒理机制

氨是淡水硬骨鱼体内氮的主要代谢产物之一，血液中氨的浓度高于1%会引起鱼类中毒死亡，低浓度也会对鱼体造成影响。鳃是鱼体氨排泄的主要器官，鱼体利用鳃扩散距离短、交换面积大的特点，将血液中高浓度的氨顺浓度梯度扩散到水体中。进入水体的NH_3会快速与水中氢离子结合形成NH_4^+，以此维持血液和水体间氨的浓度梯度差。但当外源性氨氮增加或水体中pH升高，使得水体中的氨浓度高于血液时，鱼类氨的排出量受到水体环境高浓度氨的抑制而减少，导致血液和组织中氨浓度蓄积升高。一方面，血液中高浓度的氨会增高血液pH，从而降低血液载氧能力；另一方面，分子态的氨具有亲脂性，可以穿透脂质性的细胞膜进入细胞，细胞内高浓度的NH_4^+可以置换K^+，使神经细胞去极化，并引起相关受体活化导致Ca^{2+}大量内流，引起细胞凋亡。随着水体中氨浓度的增加或作用时间的延长，鱼体中组织细胞出现抗氧化功能紊乱的应激现象，表现在总抗氧化能力、总超氧化物歧化酶、谷胱甘肽过氧化物酶和谷胱甘肽还原酶等的快速变化。

（二）病理变化

鱼类受氨氮刺激在水中快速翻转游动、呼吸急促。中毒病鱼体色发黑，体表和鳃丝黏液分泌增多。随着血液中氨浓度升高，鱼类游动变得迟缓、反应呆滞，慢慢沉入水底。鳃是鱼类氨中毒损伤的主要组织，表现为鳃丝毛细血管扩张充血，鳃小片呼吸上皮细胞肿胀变圆、细胞结构模糊，细胞排列紊乱。严重时呼吸上皮细胞浮离，甚至坏死脱落（图11-1），鳃小片基部细胞增生，鳃小片增厚、变形弯曲（图11-2）。

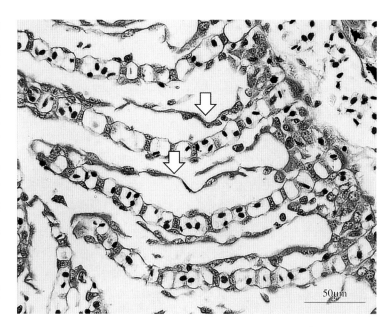

图11-1 杂交鲟鳃氨氮中毒引起呼吸上皮细胞浮离、坏死脱落（⇨）

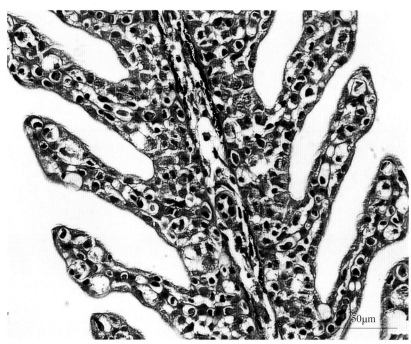

图11-2 杂交鲟氨氮中毒引起的鳃小片细胞增生

随着组织中氨浓度的增加，肝和肾表现为充血、水肿甚至坏死。氨胁迫下肝组织中央静脉扩张淤血，肝血窦内血液淤积，肝细胞肿大、细胞质内出现大小不等的空泡，肝细胞轮廓模糊，局部肝组织出现缺血缺氧而坏死、溶解，形成大小不相等的溶解灶（图11-3）；肾小管管腔缩小，肾小囊膨胀、充血、阻塞和出血，肾间质坏死、炎性细胞浸润等。氨氮处理还可以引起脑组织神经纤维解体、支持细胞减少、分泌细胞破裂。

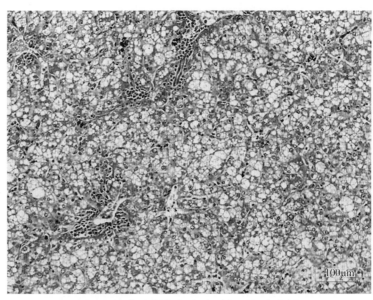

图11-3 杂交鲟氨氮中毒引起肝细胞变性

二、亚硝酸盐

在有氧条件下，水体中的亚硝化细菌和硝化细菌组成的生物滤池可以将氨硝化为亚硝酸盐（NO_2^-），然后再硝化为硝酸盐（NO_3^-）。天然水体中硝化细菌的生长繁殖速度远远低于亚硝化细菌，当生物滤池不活跃或大小不适宜时，水体中亚硝酸盐会蓄积导致鱼类中毒。但不同鱼类对亚硝酸盐的敏感程度存在差异，相较于斑点叉尾鮰、奥尼罗非鱼和鲤科鱼类，鲑科鱼类对亚硝酸盐更为敏感。

（一）毒理机制

鳃上的氯细胞是鱼类进行离子交换的重要场所之一。与Na^+和Cl^-转运相关的载体蛋白如Na^+/K^+-ATP酶（NKA）、Na^+-K^+-$2Cl^-$协同转运蛋白（NKCC）、Na^+/Cl^-协同转运蛋白（NCC）和Na^+/H^+交换蛋白（NHE）等均参与广盐性硬骨鱼类的机体渗透压调节。水中积聚的NO_2^-会与Cl^-竞争鱼类氯细胞上的离子交换位点，从而使得血液中亚硝酸盐浓度升高。血浆中的亚硝酸盐扩散到红细胞，会使血红蛋白中的二价铁离子氧化成三价铁离子，使血红蛋白变成高铁血红蛋白。多数鱼类在低氯化物的水中接触亚硝酸盐时，更容易形成高铁血红蛋白。当亚硝酸盐提高血液中高铁血红蛋白的比例时，血液总载氧能力降低，血液和鳃丝呈现出棕褐色。此外，亚硝酸盐还能促使细胞内活性氧过量产生，引起DNA损伤和细胞凋亡，进而导致血细胞数量减少。长期处于低浓度的亚硝酸盐环境中，机体由于持续性组织缺氧而表现为免疫力下降。

（二）病理变化

鱼类受亚硝酸盐刺激，临床症状表现以游动失平衡、呼吸困难、麻痹等缺氧性症状为主，严重时则引起急性死亡。亚硝酸盐中毒后鱼鳃出现典型的黑鳃（图11-4）和鳃丝表面脱黏。亚硝酸盐暴露后鱼体的抗氧化水平和神经递质受到

图11-4 亚硝酸盐中毒致鱼黑鳃
（由广州利洋水产科技股份有限公司提供）

影响，其中鳃和肝的超氧化物歧化酶、过氧化氢酶和谷胱甘肽-S-转移酶活性显著升高，而乙酰胆碱酯酶活性明显受到抑制；血浆中溶菌酶活性和免疫球蛋白受到抑制。组织病理变化可见鳃丝毛细血管扩张、红细胞淤滞，红细胞皱缩、变形破裂；鳃小片上皮细胞增生，鳃小片膨大。肝发生器质性病变，解毒功能被破坏。

三、镉

水环境中的镉主要来源于矿山开采、金属冶炼和电镀等人为活动。纯金属态镉基本无毒，而离子态镉易溶于水，对鱼类具有较大的危害。离子态镉主要以硝酸镉、硫化镉、氯化镉、乙酸镉等形式存在。体内积累的镉会引起鱼鳃、肝和肾等组织严重病变，导致鱼类代谢失调和免疫系统紊乱，表现出活动异常、生长缓慢或免疫力下降，甚至死亡。

（一）毒理机制

水环境中的镉离子可以通过鳃、消化道和皮肤进入鱼体内。机体在镉的作用下产生的大量氧自由基，对细胞内ATPase产生氧化作用，破坏酶的结构，从而抑制ATPase活性。在鳃上，镉通过干扰鳃中ATPase，进而影响鱼体的气体交换、离子运输和氨氮代谢等过程，加剧鱼类中毒。进入血液的镉主要绑定在白蛋白和其他高分子量蛋白上，以结合形式的镉被肝吸收。内脏中镉的积累会诱导肝组织合成金属硫蛋白（metallothionein，MT），形成复合物Cd-MT。释放到血液中的Cd-MT可以有效地通过肾小球受体介导的自由滤过作用，被肾小管上皮细胞吸入，在肾积累。而进入肾小管上皮细胞的Cd-MT会被溶酶体和内吞小体分解释放出游离的镉离子。大量释放的镉离子又能与机体内酶、核酸等生物分子相互作用，引起机体持续性损害。此外，镉离子还能与鱼类雌性激素受体结合，抑制雌性激素分泌，降低鱼类生殖能力。

（二）病理变化

镉中毒鱼类表现为离群独游、反应迟钝、体色发黑和脊椎弯曲。水环境中的镉会导致鳃小片呼吸上皮细胞变性，基底部氯细胞退化，鳃丝巨噬细胞、淋巴细胞和中性粒细胞浸润。镉离子中毒可引起肝胰腺充出血。组织病理表现为肝静脉淤血、血管壁受损、肝细胞肿胀、变性，胰腺腺泡细胞坏死，酶原颗粒减少，伴有炎性细胞浸润（图11-5）。肾小球毛细血管内皮细胞肿大、坏死，毛细血管扩张，肾小囊体积增大；肾小管上皮细胞肿胀、变性、坏死，与基膜脱落，管腔结构消失（图11-6）。脾细胞稀疏，网状细胞核成纤维细胞灶性增生，黑色素巨噬细胞聚集（图11-7）。头肾组织的血细胞减少，造血组织大量减少，并且

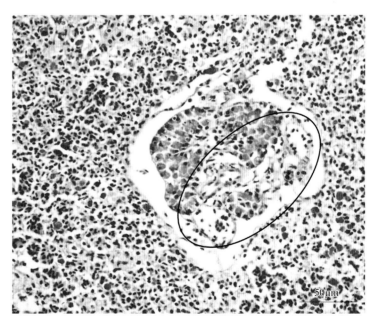

图11-5 镉中毒草鱼胰腺腺泡细胞坏死（○）

伴有黑色素巨噬细胞的出现和血窦中度充血。超微病理学可见鳃小片呼吸上皮细胞线粒体结构受损、肝细胞线粒体及内质网受损、细胞核中的染色质颗粒增加等。

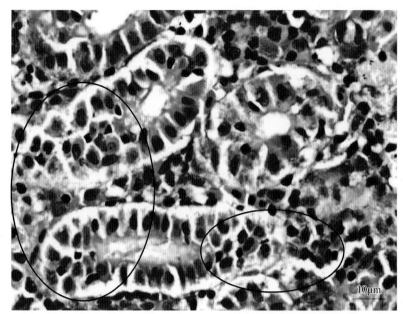

图11-6 镉中毒草鱼肾小管上皮细胞变性、坏死（○）

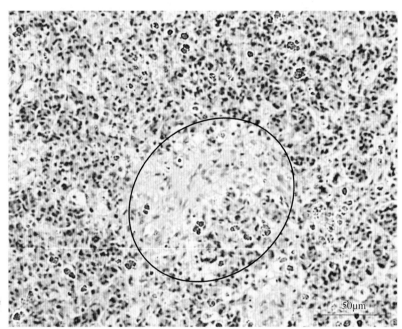

图11-7 镉中毒草鱼脾成纤维细胞增生（○）

第二节 藻类毒素中毒

　　藻类是具有叶绿素，无维管束，能进行光合作用，主要在水中营自由生活，以单细胞的孢子或合子进行繁殖的低等植物。目前，对渔业生产有害的藻类主要有绿藻门、金藻门、甲藻门和蓝藻门中的一些藻类。大量繁殖的藻类如绿藻门中的水绵和水网藻，可以通过竞争水体中的营养，阻碍鱼苗鱼种生长。藻类过度繁殖形成的水华还会引起水体缺氧，导致大量鱼虾因缺氧死亡。此外，有毒藻类繁殖还会在死亡后裂解释放出一种或多种藻类毒素，这些毒素在鱼体内积累并对组织器官产生毒害作用，最后引起鱼类大量死亡。微囊藻毒素（microcystin，MC）和三毛金藻产生的细胞毒素是淡水养殖中引起鱼类中毒的重要藻类毒素。

一、微囊藻毒素

微囊藻毒素是由蓝藻门中的铜绿微囊藻、鱼腥藻、颤藻、念珠藻等产生的一类细胞内毒素。其在藻细胞内合成，细胞破裂后释放出来，并表现出肝毒性、肾毒性、肠毒性和免疫毒性，具有强烈的致癌作用。研究发现，微囊藻毒素是一类具有生物活性的环状七肽，其结构为环状（D-丙氨酸-L-X-赤-β-甲基-D-异天冬氨酸-L-Y-Adda-D-异谷氨酸-N-甲基脱氢丙氨酸），其中Adda基团（3-氨基-9-甲氧基-2，6，8-三甲基-10-苯基-4，6-二烯酸）为一个特殊的氨基酸，X、Y为两种可变的L-氨基酸，被认为是造成肝毒性的重要基团。已知微囊藻毒素结构的变体多达80余种，目前最常见的是MC-LR、MC-RR和MC-YR（L、R、Y分别代表亮氨酸、精氨酸和酪氨酸），其中以MC-LR毒性最强。

（一）毒理机制

鱼体内的微囊藻毒素来源于食物链富集、直接摄入的产毒藻类或直接经鳃、皮肤和消化道吸收的毒素。其中，消化道吸收是微囊藻毒素进入鱼体的主要途径，毒素经肠道上皮细胞吸收入体，在肝、性腺和肾等组织富集。进入体内的微囊藻毒素会刺激血管内皮细胞，引起细胞线粒体损伤和细胞凋亡，导致血管损伤。同时，微囊藻毒素具有的Adda稀有氨基酸结构能与细胞内磷酸化丝/苏氨酸残基蛋白磷酸酶（PPP）家族中的PP1和PP2A发生特异性抑制作用，打破细胞内蛋白磷酸化/脱磷酸化平衡，从而解聚肌动蛋白纤维、微管和中间纤维，引起细胞骨架损伤，导致肝细胞形态改变，细胞间连接破坏，最终使细胞坏死。此外，研究认为微囊藻毒素会刺激组织产生大量的活性氧，增大鱼体内的氧化压力。而肝细胞内谷胱甘肽被大量消耗，从而发生脂质过氧化，引起肝实质细胞的氧化损伤，造成细胞膜脂质破坏，膜功能丧失，最终导致细胞崩解死亡。活性氧本身能够作为第二信使，可作用于蛋白磷酸酶PP1和PP2A调节细胞信号传导，进而影响细胞基因调控、细胞凋亡等方面的功能。

（二）病理变化

微囊藻毒素中毒时，鱼类鳃丝和鳃弓区域出血，腹部肿胀，腹鳍基部和肛门有出血点。解剖可见腹腔内有大量浅红色腹水，肝呈淡黄色或灰白色，质地松软、易碎裂，表面有出血点。肝是微囊藻毒素作用的靶器官，病理观察发现肝实质紊乱，中央静脉扩张并且见多灶性空泡化病变。肝组织血管破裂造成血细胞外溢，肝细胞细胞质固缩、呈空泡样变，核染色质浓缩、裂解，呈典型的凋亡状态，肝细胞间分隔成网状；大量巨噬细胞和中性粒细胞浸润。超微病变观察发现肝细胞内有巨大脂滴出现，储存的糖原减少，粗面内质网上附着的核糖体脱离、空泡化、线粒体肿胀，基质密度降低，有髓鞘样结构病变发生，部分核膜消失，靠近细胞膜处有微丝聚集。

性腺是微囊藻毒素积聚和作用的另一靶组织。中毒鱼类精巢结构降解，成熟精子比例下降，细胞间隙增大；卵巢组织间质出现水肿、空泡化，细胞间隙扩大，成熟卵母细胞退化，产卵数量减少。此外，肾表现为空泡样变，肾小球囊扩张，其中可见坏死的上皮细胞和固缩核，间隙组织充血水肿。鳃小片末端坏死、增生，上皮细胞与毛细血管浮离。此外，研究发现微囊藻毒素会引起EPC细胞发生皱缩，细胞内线粒体明显肿胀，嵴排列紊乱、数目减少甚至溶解消失，细胞质可见圆形脂滴增大，呈现空泡化。

二、三毛金藻毒素

三毛金藻（*Prymnesiacee*）是隶属于金藻纲、金胞藻目、三毛金藻科、三毛金藻属的一类半咸水藻类（图11-8）。自从1920年中荷兰沿海首次发现该藻以来，在世界许多地区都发现了它的存在和危害。三毛金藻的代谢物中含有毒素，可使鱼类中毒死亡。我国于1963年在大连市南关岭首次发现这种有害藻，其后又在全国许多地区先后出现并造成鱼类死亡，危害十分严重。

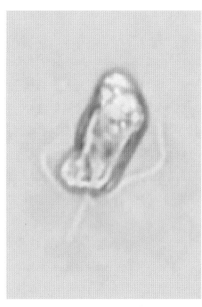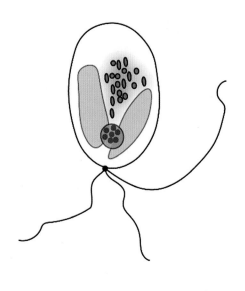

图11-8 三毛金藻水浸片形态
（由李华提供）

（一）毒理机制

三毛金藻引起鱼类中毒要经过五个阶段，包括毒素在细胞内合成、分泌、水中积累、激活和对鳃的作用。各阶段的强度受一系列内因和外因的影响，如一般在三毛金藻对数增长期末到平衡期，种群合成和分泌毒素的能力最活跃；其合成鱼毒素、溶血素和细胞毒都必须在光照下进行，但分泌到细胞外的毒素在光照下又会失掉活性，因此在光暗交替的条件下毒性最大。三毛金藻毒素是一种极不稳定的物质，在物理、化学和微生物因子的作用下极易分解和易被吸附，因而毒素的积累还与底质和其他水质条件有关。分泌毒素的活性受水温、光、pH、离子组成和各种相辅因子的影响，钙、镁离子对三毛金藻产生的毒素有直接激活作用，在各种相辅因子中链霉素、精胺和其他多胺类有机质可高度地激活毒性。同时，三毛金藻的毒素被钙和镁等二价阳离子激活后，在pH 9.0时毒性最强，pH 7.5以下毒性迅速降低，当pH为6.0时，毒性消失。因此在高温、高pH、缺磷和含有高度活性因子的水中，低的藻密度即可导致鱼类中毒。由于三毛金藻毒素是通过鳃起作用，因此，用鳃呼吸的水生动物在水中对三毛金藻的毒素都极敏感，但不同食性鱼类敏感性也存在差异，如养殖鱼类中鲢、鳙最为敏感，其次是草鱼、鲂、鲤、鲫等。

（二）病理变化

三毛金藻毒素引起鱼类中毒初期表现为呼吸频率加快、水中游动异常，鱼群表现为焦躁不安；随后停留在池塘四角或浅水池边地带，头朝岸边排列，游动迟缓呆滞、惊吓无反应。中毒鱼的鳃分泌有大量黏液，鳃盖、下颌、眼眶周围和体表充出血，鳍条基部尤其是胸鳍基部充血严重。鲤舞三毛金藻中毒血细胞观察表现为白细胞空泡化，红细胞细胞质内有红色不规则团块或半月形红色带，红细胞周围有大量红染物质。脾和肾组织病变明显，脾淤血，大量含铁血黄素沉着；肾间质拟淋巴组织增生。

第三节 药物中毒

在复杂的水环境中，养殖水产品健康状态受到环境因子、病原生物和野杂鱼等因素的影响，疾病时有发生。为了防控疾病的发展恶化，杀虫药物、清塘药物和消毒药物等在养殖生产中被广泛使用。古人云

"是药三分毒"，适量的药物可以杀灭病原，但过量的药物或不恰当的药物使用则可能会导致养殖鱼类出现急性或慢性中毒，轻者对鱼体本身造成暂时性损伤，重者对鱼体造成不可逆的损伤，甚至死亡。本节对硫酸铜、敌百虫和甲砜霉素的毒副作用及中毒病鱼病理变化进行介绍。

一、硫酸铜

硫酸铜（CuSO$_4$）为白色或灰白色粉末，水溶液呈弱酸性显蓝色，在水产养殖上常被用于治疗寄生虫病和控制藻类暴发。养殖中硫酸铜的大量使用加大了二价铜离子对水生动物的毒性风险。不同鱼类对硫酸铜的敏感程度存在很大差异，如大鳞副泥鳅和中华鲟幼鱼对硫酸铜敏感，而硫酸铜或硫酸铜与硫酸亚铁合剂在黄鳝、黄颡鱼和星斑川鲽等养殖中的安全浓度则较高，其中黄鳝的安全浓度可达中华鲟幼鱼的数百倍。

（一）毒理机制

硫酸铜进入水体后会解离出二价铜离子，而鳃丝分泌的黏液能直接吸附游离在水体中的铜离子并形成铜络合物，此时机体氧化还原酶系统中的酶以及硫基、氨基和亚氨基等活性因子能和铜离子结合，生成不溶于水的硫醇盐，并失去活性，导致鳃上皮细胞变性、异常增生，呈现出棒状鳃。鳃上附着的铜络合物阻断了鳃丝与水体的接触，从而妨碍鱼体进行正常的气体交换。同时，铜离子经体表、鳃和消化道多种途径进入机体，通过血液循环到达肝、肾和脑等器官并发生蓄积，引起器官的变性和坏死，造成功能障碍，加速鱼体的死亡。

（二）病理变化

硫酸铜中毒病鱼，临床上常表现为体色变化，如金鱼、鲫和虹鳟等体色逐渐变淡，剑尾鱼、中华鲟和刀鲚幼鱼等体色却表现为逐渐加深；伴有体表黏液增多、手摸有滑腻感；呼吸频率加快。随后鱼体失去平衡，有时头向上、身体向下与水面垂直，有时在水中侧游或转圈，后期大多数鱼侧躺在缸底部，呼吸微弱，对刺激反应迟钝。组织病理观察可见鳃小片呼吸上皮细胞肿胀变性、甚至坏死、脱落，呼吸上皮细胞与毛细血管分离。硫酸铜持续刺激会导致鳃小片上皮细胞增生，浸润的淋巴细胞、单核细胞一起填满整个鳃小片间隙，鳃小片增粗呈棍棒状。铜离子不断在肝肾蓄积，引起肝细胞变性坏死，细胞核溶解；中央静脉周围的肝细胞空泡变性严重，白细胞浸润；肾近曲小管上皮细胞颗粒变性甚至坏死，肾小球毛细血管扩张、充血。此外，中毒鱼脑膜水肿、增厚，毛细血管扩张充血，神经细胞肿胀、变性，小胶质细胞增生并吞噬变性、坏死的神经细胞，形成噬神经现象。肠上皮细胞坏死、脱落，固有膜和黏膜下层水肿增厚，伴有炎性细胞浸润（图11-9）。

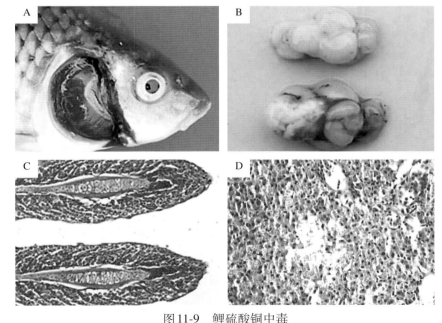

图11-9　鲤硫酸铜中毒

A.鳃上附着有淡蓝色的絮状物　B.脑肿胀，脑膜血管充血、出血，上为正常对照
C.鳃上皮增生，鳃丝呈棍棒状　D.肝溶解性坏死灶

二、敌百虫

敌百虫（$C_4H_8O_4PCl_3$）是一种有机磷酯类化合物，在中性及弱酸性溶液中较稳定，在碱性溶液中易形成毒性更强的敌敌畏。敌百虫是农业上常用的杀虫驱虫剂，具有高效、低毒和低残留的特点。在水产养殖中，敌百虫被用于杀灭单殖吸虫、甲壳类和水蜈蚣等寄生虫和敌害生物，但水体中过量的敌百虫也会导致鱼类中毒，尤其是在碱性条件下其毒性会大大加强。不同鱼类对敌百虫的耐受能力有差异，如虹鳟、奥尼罗非鱼较鲫、草鱼和鲇对敌百虫更为敏感。

（一）毒理机制

敌百虫可以通过鳃、消化道和体表进入鱼体，体内的敌百虫经过氧化后毒力进一步增强，经血液快速分布于全身多组织。敌百虫对鱼类的毒性主要是其水解产物敌敌畏所致，这是一种胆碱酯酶抑制剂，它能使鱼类的胆碱酯酶活性受到抑制，使胆碱能神经末梢所释放的乙酰胆碱不能及时消除而大量蓄积，导致神经冲动传导无法正常进行，进而使鱼类神经功能紊乱中毒死亡。鱼类长期接触敌百虫，会加剧机体氧化和脂质过氧化应激，导致体内抗氧化酶受到猛烈攻击，迅速破坏甚至失活。如黄鳝暴露于晶体敌百虫后，体内超氧化物歧化酶、谷胱甘肽过氧化物酶和过氧化氢酶的活性均下降，而且抑制程度与敌百虫浓度呈显著正相关。敌百虫不但直接影响鱼体内酶的活性，而且还会损害肝、肾和体内细胞的遗传物质。

（二）病理变化

鱼类敌百虫中毒表现为兴奋狂游，无目的乱窜，逐渐游动缓慢或漂游在水面，静卧或侧卧，甚至失去平衡，鳃盖和口张合缓慢，出现不同程度的呼吸困难。急性死亡鱼体僵直，体色苍白，鳃丝出血，眼球外凸，角膜浑浊，鳃盖和口部张开。发病鱼一般表现为体表色素加深、体表黏液分泌增多。中毒鱼鳃丝肿胀，伴有大面积充出血，鳃小片水肿、上皮细胞增生肿胀，鳃小片间融合，严重时鳃小片上皮细胞脱落。肝细胞体积增大，出现空泡变性，细胞核溶解，甚至出现肝细胞解体，出现肝组织局灶性坏死等现象。

三、甲砜霉素

甲砜霉素（thiamphenicol）是氯霉素类衍生物，为第二代氯霉素类抗生素，又名硫霉素、甲砜氯霉素，属于广谱抑菌性抗生素。甲砜霉素具有较强的抗菌穿透力，吸收迅速，且不易产生耐药性，药物吸收后广泛分布于血液及各组织中，体内抗菌活性与氯霉素中毒时相似，而毒性却有明显降低。水产养殖中甲砜霉素被用于出血病、肠炎、赤皮、烂尾、腐皮等细菌性疾病的治疗，具有较好的效果。然而，关于甲砜霉素的毒副作用研究仍值得关注。

（一）毒理机制

氯霉素类药物为脂溶性，可弥散进入细菌细胞内，与细菌70S核糖体的50S亚基上的A位可逆性地结合，抑制肽酰基转移酶和转肽酶的催化反应，致使氨基酰tRNA和肽酰tRNA不能与转移酶结合，阻碍肽链增长，使细菌蛋白质的合成受到干扰，从而达到抑菌作用。但是，氯霉素类药物在发挥抑菌作用的同时，也可以通过相同的机制抑制真核生物的线粒体蛋白合成，从而导致生物体的多器官毒性。甲砜霉素作为第二代氯霉素类抗生素，对生物体同样具有潜在的毒性。重复服用甲砜霉素不会诱发同氯霉素一样的再生障碍性贫血，但会产生造血抑制作用和可逆性贫血，而且，研究表明，高剂量、长时间使用甲砜霉素会抑制鲤机体抗氧化功能，导致活性氧自由基不能及时清除，损害机体正常生理生化功能。

（二）病理变化

甲砜霉素的连续高剂量投喂会影响鱼类食欲，引起消化系统炎症。剖检可见肝肿大、色淡质脆，胆囊充盈。随着投喂剂量升高，肝由早期的炎性细胞浸润的炎症病变，发展为肝细胞细胞质空泡化、细胞核溶解碎裂的变质性病变。中央静脉淤血，血管周围肝细胞凝固性坏死，伴有大量炎性细胞浸润，最终肝组织结构模糊。肠道黏膜层的黏液细胞增生明显，部分区域肠上皮坏死、崩解。此外，脾中有大量衰老和未成熟的红细胞，红髓区域血窦周围黑素巨噬细胞聚集增多；白髓区域网状内皮细胞增生，而淋巴细胞数量减少，使得脾空泡化。肾小管上皮细胞颗粒变性，肾小球肿大，肾囊腔变狭窄，肾间造血组织减少（图 11-10）。

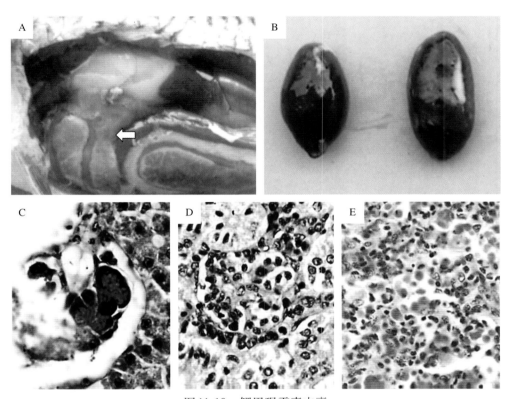

图 11-10　鲤甲砜霉素中毒
A.肝肿大，质地变脆，色泽变淡（⇨）　B.胆囊（右）极度扩张、充盈，左为对照
C.胰腺腺泡细胞变性、坏死，溶解消失　D.肾小管上皮细胞坏死、溶解，肾小球肿大增生
E.脾中出现大量衰老的和未成熟的红细胞

第十二章 肿 瘤

肿瘤（tumour）是指机体在各种致瘤因子作用下，局部组织细胞增生所形成的新生物，可分为良性肿瘤（benign tumor）和恶性肿瘤（malignant tumor）。肿瘤的出现通常代表机体出现了非正常和无法控制的，且对机体极为不利的细胞异常生长。肿瘤细胞是由正常细胞获得了新的生物学遗传特性转变而来的，伴有分化和调控障碍，并具有异常的形态、代谢和功能。这种生长与整体不相协调，当致瘤因素停止作用后，生长仍可继续。肿瘤夺取患体的营养，产生有害物质，引起器官功能障碍，恶性肿瘤还能浸润破坏正常组织，甚至发生广泛转移而危及生命。某些化学物质、重金属、电离辐射、慢性炎症、紫外线、某些病毒和污染物等均可导致肿瘤的发生，但总体来说致瘤因素目前还不是很清楚。随着水环境污染日益严重，鱼类肿瘤出现频率日益增加。到目前为止，鱼类肿瘤多呈散发，未见可引起大规模暴发的鱼类肿瘤病例的报道。本章阐述了肿瘤的发生原因、形态结构、生长与扩散、命名与分类及部分已报道的常见鱼类肿瘤。

第一节 肿瘤发生的原因

肿瘤形成的原因十分复杂，同一种肿瘤可能是由不同因素导致，同一种病因也可能诱发多种肿瘤。由于肿瘤的发生通常需要一个较长的过程，而大多数养殖鱼类的生命周期较短，大多数鱼类在有限的生命期内并不能形成肿瘤或发展成明显的肿瘤形态，已报道的鱼类肿瘤多在野生鱼中被发现。虽然有鱼类不同肿瘤的报道，但目前尚未发现大规模发生的具有传播性质的鱼类肿瘤病，对鱼类肿瘤的认识还十分有限。

鱼类肿瘤的致瘤原因主要有内因和外因两大类。内因包括遗传因素、激素作用等，已知的外因主要有病原性因素（如病毒和寄生虫等）、物理因素（如热刺激、机械刺激和放射线等）以及化学因素（如化学致癌物质、农药、重金属中毒等）。虽然对于鱼类肿瘤的报道较早，但是目前，明晰病因的只有病毒引起的虹鳟口腔基部上皮瘤和鲤的乳头肿瘤等少数几种肿瘤。

一、影响肿瘤发生的内在因素

鱼类的种属、年龄、品种与品系、性别、机体的免疫状态等存在差异，导致肿瘤发生率的差异明显。例如，某些肿瘤有明显的遗传现象，研究发现，一种遗传性基因在剑尾鱼属（*Xiphophorus*）的异常色素细胞生长中具有决定性作用，且该基因与红剑尾鱼（*X. helleri*）×斑点剑尾鱼（*X. maculatus*）杂交种患黑色素瘤有关，说明机体的内在因素在肿瘤的发生上有重要影响。

二、影响肿瘤发生的外在因素

引起鱼类肿瘤发生的外在因素与陆生动物较为相似，主要包括生物性因素、化学性因素和物理性因素。生物性因素包括病毒、细菌和寄生虫等病原；化学性因素包括水环境污染中的不同污染物，如亚硝胺类、多

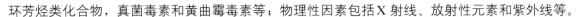

环芳烃类化合物，真菌毒素和黄曲霉毒素等；物理性因素包括X射线、放射性元素和紫外线等。

（一）生物性因素

许多肿瘤的发生与病毒感染有关，这些病毒将其遗传物质整合到宿主细胞的DNA中，使宿主细胞发生转化或与其他致癌因素（如微生物、环境致癌物等）协同作用，引起细胞突变。病毒引起的肿瘤兼有传染性质。到目前为止，已确认的鱼类病毒性肿瘤已有数十种之多，如狗鱼的淋巴肉瘤（lymphosarcoma）、大西洋鲑的平滑肌肉瘤（leiomyosarcoma）、两栖类豹蛙的卢开氏腺癌（Lucke adenocarcinoma）等。

（二）化学性因素

大多数的化学性致癌物质都属于前致癌物（precarcinogens）或称间接致癌物（indirect carcinogens），进入机体内后经代谢形成活泼的终致癌物。终致癌物大多具有活跃的亲电子结构，其在与细胞内DNA中的亲核基团相结合时，即可使其遗传性发生突变而引起致癌作用。已明确的化学致癌物质约有1 000多种，最常见的包括多环芳烃化合物、亚硝胺类、霉菌毒素、某些激素、农药和重金属等。

多环芳烃化合物：是最早被发现的化学性致癌物之一，其中致癌性最强的是3，4-苯并芘和3-甲基胆蒽等，它们广泛地存在于石油、煤焦油、烟草燃烧的烟雾中。

亚硝胺类化合物：此类物质的致癌谱广、致癌性强。变质的蔬菜和食物中亚硝胺盐的含量很高。亚硝酸盐与二级胺在胃内合成亚硝胺，亚硝胺在体内羟化形成致癌性很强的烷化碳离子而致癌。还可由硝酸盐还原成亚硝酸盐，亚硝酸盐再与二级胺、三级胺等反应而形成亚硝酸，因此，硝酸盐、亚硝酸盐和二级胺等物质都被认为是亚硝胺的前体物。

霉菌毒素：霉菌广泛存在于自然界中，其种类很多。某些霉菌的代谢产物的毒性和致癌作用已引起人们的高度重视，其中最重要的是黄曲霉菌（Aspergillus flavus）产生的黄曲霉素（aflatoxin），其衍生物约有20种，致癌性最强的为黄曲霉素B_1，主要存在于霉变的花生、玉米及谷物等食物中。当鱼类摄食了霉变的饲料，黄曲霉毒可在体内通过肝代谢，产生致癌性很强的环氧化物而诱发肝细胞癌。鱼食用了含有致癌物（如黄曲霉素、亚硝酸盐、呋喃类等）的饲料或药物，可引起鲤、鲫和翘嘴红鲌（Chanodichthys erythropterus）的乳头状瘤。

农药的致癌问题已引起广泛的重视，有致癌性的农药很多，如有机氯农药中的甲氧氯、灭蚁灵、二酯杀螨醇等；有机氮农药中的西维因、多菌灵、苯菌灵；有机磷农药中的敌百虫等。这些农药可诱发多种肿瘤。此外，镍、铬、镉、钴、砷、苯、氯乙烯等均可致癌。如砷可致皮肤癌；氯乙烯可致肝血管肉瘤；苯可致白血病等。再者，甾体类的雌激素已发现有致癌作用。有报道垂体前叶激素可促进肿瘤的生长和转移。工业废水会污染水质，水体中含有高浓度的硝基苯、四氯化碳、苯胺等物质时，可引起中华鲟肝肿瘤。组织病理观察可见其肝细胞核变大，呈椭圆形、多角不规则；核仁变大，大小不等；细胞质色深、粗大、丰富，以及细胞之间界限不清。

（三）物理性致癌因素

主要有X射线、各种放射性元素（铀、氡、钴、锶等）和紫外线等，长期接触可引起白血病和皮肤癌等。

第二节　肿瘤的形态和结构

因发生部位、组织来源、良恶性等不同，不同肿瘤的形态有较大差异。从组织学的角度来看，肿瘤由实质和间质两部分组成，前者是肿瘤的特殊组织即肿瘤细胞成分，后者则为非肿瘤成分，通常由血管与结缔组织等组成。肿瘤的实质与间质都是肿瘤整体的不可分割的两个部分。肿瘤的良性或恶性，取决于肿瘤的实质即肿瘤细胞是良性还是恶性。

一、肿瘤的一般形态

根据肿瘤的发生部位、组织来源和良恶性不同，肿瘤形态差异较大，常呈乳头状、菜花状、息肉状、分叶状、结节状、囊状、溃疡状、浸润性包块状等（图12-1）。一般来说良性肿瘤多呈结节状、乳头状、分叶状或息肉状，呈膨胀性生长，外有包膜包裹，与正常组织分界清晰，而恶性肿瘤多呈溃疡状、菜花状、浸润性包块状，并伴随出血和坏死，无包膜，与正常组织边界不清。具有浸润特性的恶性肿瘤，肿物的周边是不规则的，浸润性愈强，这种不规则的外观愈清楚。

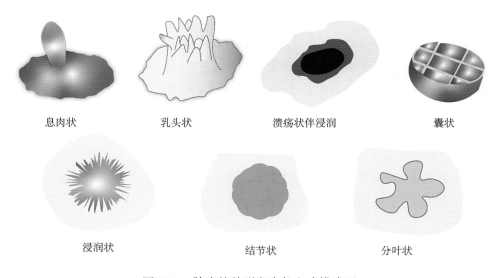

息肉状　　　乳头状　　　溃疡状伴浸润　　　囊状

浸润状　　　结节状　　　分叶状

图12-1　肿瘤的外形和生长方式模式图
（步宏等，2018．病理学．9版）

鱼类肿瘤的体积、颜色以及质地往往依据其源器官、肿瘤类型等差异而呈现较大的不同。首先，鱼类肿瘤的体积大小悬殊颇大。一般来说，凡对机体的功能无重大影响且时间较为长久的良性肿瘤，其体积往往较大；反之，对患体影响较大的恶性肿瘤，其体积较小。其次，肿瘤的色彩通常取决于瘤组织的种类、分泌物的化学成分以及肿瘤形成时间，例如，癌呈灰白色、淋巴肉瘤与纤维肉瘤（fibrosarcoma）常呈浅肉色、黑色素瘤呈黑色或棕褐色。另外，肿瘤的质地与其起源的组织、瘤内分泌物以及实质与间质比有关。例如，骨瘤（osteoma）最为坚硬，黏液瘤（myxoma）最柔软；囊性肿瘤（cystoma）由于其中含分泌物，质地柔软；髓样癌（medullary carcinoma）因实质密集、间质成分很少而质地柔软。

二、肿瘤的组织结构

肿瘤在组织结构上包括实质和间质两个部分。实质即肿瘤细胞，不同肿瘤的实质细胞的分化程度、排列方式及产生的分泌物和代谢产物都不一样，间质多由血管、纤维等非肿瘤成分组成，对肿瘤在结构上起到支架和提供营养的作用。

（一）肿瘤实质

肿瘤细胞是肿瘤的主要成分，其形态类属很多，它决定肿瘤的性质。多数肿瘤只有一种实质，如鳞状细胞癌（squamous cell carcinoma）（简称鳞癌）的实质由鳞癌细胞组成，腺癌（adenocarcinoma）由腺癌细胞组成；少数肿瘤有两种实质，如由鳞癌细胞与腺癌细胞组成的鳞腺癌；极少数肿瘤有多种实质，如由三种胚叶组织成分组成的畸胎瘤。动物几乎所有的组织都可发生肿瘤，但肿瘤实质各不相同。因此，肿瘤的实质是判断肿瘤组织来源、分类、命名和组织学诊断的依据。此外，与原先发生组织的细胞形态相似的瘤细胞称为同型性细胞（homotypical cell），由同型性瘤细胞构成的肿瘤通常为良性瘤。而瘤细胞与其原发组织在形态上差异很大的细胞称为异型性细胞（heterotypical cell），由其构成的肿瘤通常为恶性肿瘤。必须注意的是，不成熟、分化不良的瘤细胞，不等于一般未发育成熟的胚胎细胞。

（二）肿瘤间质

肿瘤间质一般由纤维结缔组织和血管组成，它对肿瘤实质起着支持和营养作用。其中，结缔组织的一部分是病变部位原有的，而大部分的结缔组织则是随肿瘤的生长而出现的。当瘤细胞向其周围健康组织侵犯或转移别处时，即利用该处原有的结缔组织作为肿瘤的间质，并进一步发生增生。由于间质作为肿瘤的支架兼具供应营养、排泄代谢产物与防御作用，因此它是肿瘤的不可缺少的成分。绝大多数的肿瘤都是有间质的，只有极少数的肿瘤无此结构。间质中的血管被认为是在肿瘤形成过程中生长的。如果其中没有血管生成，瘤细胞也就不再分裂繁殖，而处于静止状态。

三、肿瘤的异型性

肿瘤组织在细胞形态和组织结构上，与其来源的正常组织有不同程度的差异，这种差异称为肿瘤的异型性（atypia），包括组织异型性和细胞异型性。组织异型性即肿瘤组织与正常组织的形态结构差异，而细胞异型性指肿瘤细胞与其来源的正常细胞的差异。异型性大小是肿瘤组织分化或成熟程度高低的标志，也是划分肿瘤良恶性的主要组织学依据。一般良性肿瘤异型性小，恶性肿瘤异型性大。

（一）肿瘤细胞的异型性

良性肿瘤细胞与其起源组织细胞相似，组织分化成熟，异型性差；恶性肿瘤细胞分化差，异型性明显。主要表现以下三方面：

1. 瘤细胞的多形性　恶性肿瘤细胞一般较正常细胞大，通常可增大 1～2 倍或更大，但大小不等、形态不一，可呈圆形、椭圆形、蝌蚪形、不规则形等，有时还可发现一些体积巨大的瘤巨细胞（tumor giant cell）。

2. 瘤细胞核的多形性　瘤细胞核体积增大，大小不一。恶性肿瘤细胞的细胞核多畸变，表现为核形变长，核边向内凹陷或有锯齿状沟纹，或者核的轮廓不整齐，核出芽、分叶，或呈各种奇形怪状，并见双核、多核、巨核等。核质比增大 [正常为 1：（4～6），恶性肿瘤细胞接近 1：1]；恶性肿瘤细胞核内的 DNA 含量增加，核染色质过盛，核染色加深，蛋白质合成旺盛，常见核仁增大和数量增多。恶性肿瘤细胞繁殖速度很快，因此核分裂相多见，特别是出现不对称性、多极性及顿挫性等病理性核分裂相，较多的和异常的核分裂相具有恶性肿瘤病理学诊断意义。

3. 瘤细胞细胞质的改变　细胞质染色加深（嗜碱性增强）且深浅不一。有时细胞质中出现特异性物质，如黏液、糖原、角蛋白、色素等，这些物质有助于判断肿瘤来源。

（二）肿瘤组织结构的异型性

肿瘤组织结构异型性是指肿瘤组织在空间排列形式上与其来源的正常组织的差异。良性肿瘤细胞一般分化良好，其形态与其来源的组织细胞较为相似，即同型性细胞，异型性小；但也存在着组织结构的异型性，如平滑肌瘤细胞的形态与正常平滑肌细胞非常相似，但其排列与正常平滑肌细胞排列不同，呈编织状或旋涡状。恶性肿瘤组织结构的异型性非常明显，瘤细胞排列紊乱，失去正常的结构和层次，如鳞状细胞癌。肿瘤组织结构的异型性是确定良性、恶性肿瘤的主要形态学依据。

第三节 肿瘤的生长、扩散及影响

肿瘤的生长速度与肿瘤细胞分化程度的高低、营养状况及机体的免疫反应有关。恶性肿瘤分化程度低，生长速度快，在较短时间内即能形成明显的肿块；良性肿瘤分化程度高，通常都生长缓慢，甚至生长到一定程度还可停止（图12-2）。如果良性肿瘤短时间内生长速度加快，应考虑有恶变的可能。

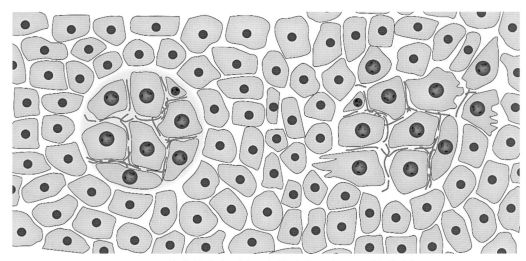

图12-2 肿瘤的分类（左：良性肿瘤；右：恶性肿瘤）

一、肿瘤的生长

肿瘤的生长主要有以下几种方式：

1. **膨胀性生长** 为大多数良性肿瘤的生长方式。瘤细胞生长缓慢，不侵袭周围组织，而是逐渐膨大，推开或挤压周围组织，并且常在其周围引起纤维组织增生而形成纤维性包膜。这类肿瘤常呈结节状，与正常组织分界清楚。

2. **浸润性生长** 为大多数恶性肿瘤的生长方式。瘤细胞迅速增生，并侵入周围组织，像树根长入泥土一样，沿组织间隙向周围组织不断扩展，所到之处，原有的组织被摧毁，肿瘤与健康组织之间不形成完整的纤维性包膜，与周围组织分界不清。

3. **外生性生长** 这种生长方式主要见于上皮性肿瘤。发生在体表、体腔或管道器官表面的肿瘤，向表面生长称为外生性生长，常突出表面呈乳头状、息肉状、蕈状、菜花状等。良性、恶性肿瘤都可呈外生性生长，但恶性肿瘤向表面外生性生长的同时还向深部浸润性生长。

二、肿瘤的扩散

肿瘤的扩散是恶性肿瘤的特征之一，是其浸润性生长的继续发展，其不仅可在原发部位继续生长，还可以通过多种途径扩散至全身其他组织。

（一）直接蔓延

瘤细胞由原发部位不断地沿组织间隙、浆膜、血管等直接延伸并侵入附近组织继续生长，称为直接蔓延（direct spread）。

（二）转移

恶性肿瘤细胞从原发部位侵入血管、淋巴管或体腔等，迁徙到其他部位并继续生长，形成与原发瘤同样类型的肿瘤，这个过程称为转移，所形成的肿瘤称转移瘤（metastatic tumor），目前已有鱼类黑色素瘤（melanoma）转移的报道。常见的转移途径有（图12-3）：

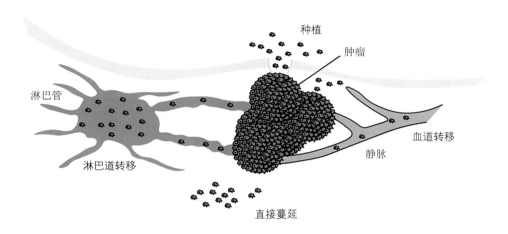

图12-3 瘤细胞扩散的四种机制

1.淋巴道转移（lymphatic metastasis） 癌通常通过淋巴道途径转移。哺乳动物的瘤细胞侵入淋巴管后，可随淋巴流到达局部淋巴结，并在其内生长繁殖形成转移瘤。由于鱼类没有成形的淋巴系统，只有与哺乳动物淋巴系统类似的次级循环系统，肿瘤细胞是否可经过次级循环系统转移到身体其他部位还需要进一步证实。

2.血道转移（hematogenous metastasis） 肉瘤通常通过血道途径转移，恶性肿瘤细胞侵入血管后可随血流到达远处器官并继续生长形成转移瘤。入侵的血管多是毛细血管和小静脉。肿瘤细胞在血液中往往是以瘤栓的形式随血流方向运行，转移瘤往往多个散在分布，边缘清楚，且多靠近器官的表面。

3.种植性转移（implantation metastasis） 常见于内脏器官的恶性肿瘤浸润至脏器浆膜面而穿入体腔时，瘤细胞可以脱落，像播种一样种植在体腔内各脏器的表面，并继续生长发展而成为新的瘤结节。

三、肿瘤对机体的影响

（一）良性肿瘤的影响

良性肿瘤与周围健康组织一般有明显分界，当其体积很小时，对机体生命活动一般无明显影响，而体积较大的良性肿瘤对机体的影响主要为压迫、阻塞以及功能障碍等。压迫局部组织或阻塞局部通道的现象在良性瘤中是很常见的，如生长在皮肤、皮下、肌肉和各内脏器官的体积较大的良性肿瘤，可妨碍血液的正常流动，使器官组织发生萎缩；发生于食管、胃和肠的大的良性肿瘤可能造成管道的阻塞，妨碍食物与排泄物的正常通过。

（二）恶性肿瘤的影响

恶性肿瘤与周围组织通常无明显分界，可对全身产生严重影响。和良性肿瘤一样，恶性肿瘤可对机体造成压迫、阻塞以及功能障碍等。恶性肿瘤由于生长迅速，易于发生坏死并引发感染；生长于各种管道的恶性肿瘤，可阻塞器官管道；生长于内分泌腺的肿瘤，能够诱发激素紊乱病症，而加重对机体的危害。此外，恶性肿瘤容易引起多种并发症，并发症一般视肿瘤的类别和位置而定，常见的并发症包括大出血和组织损伤。和人类的恶性肿瘤一样，恶病质（cachexia）是鱼类最普遍的一种不良影响，其特征为厌食、全身软弱、消瘦与显著的衰竭、负氮平衡、酸碱平衡失调等一系列现象。

第四节　肿瘤的命名和分类

由于肿瘤种类多，来源不同，为了方便肿瘤的诊断和防治，需要建立一套标准的命名和分类准则，一般是根据其组织发生的来源和良性或恶性肿瘤的不同而命名。

一、肿瘤的命名

（一）良性肿瘤

任何组织来源的良性肿瘤统称为瘤，通常是在来源组织的名称之后加上一个"瘤"（-oma）字。例如，起源于纤维组织的良性肿瘤称为纤维瘤（fibroma），起源于脂肪组织的良性肿瘤称为脂肪瘤（lipoma）等。有时肿瘤的命名要结合肿瘤形态特点和组织发生部位，如皮肤乳头状瘤（cutaneous papilloma）。

良性肿瘤的主要特征包括：①肿瘤的外形往往是以结节状、乳头状为主，和其周围的健康组织的分界清晰，并常伴有被膜，肿瘤的颜色和质地与发生组织相近，瘤组织内少有出血、坏死和糜烂等形成；②肿瘤生长较缓慢，一般都呈外生性膨胀式生长；③良性肿瘤很少产生异常的代谢产物；④良性肿瘤细胞分化良好，无明显异型性且无畸形；⑤良性肿瘤细胞的超微结构基本正常；⑥良性肿瘤通常不会转移；⑦良性肿瘤对机体的影响视发生部位而定，偶有并发症，一般无明显影响，如生长于担负有重要功能的器官或组织上，则有一定危害。

（二）恶性肿瘤

恶性肿瘤因其类型较多，命名方法也比较复杂。通常所说的"癌症（cancer）"泛指所有的恶性肿瘤，包括癌（carcinoma）、肉瘤（sarcoma）和母细胞瘤（blastoma）。其中，上皮组织来源的恶性肿瘤称癌，在组织或解剖部位的名词之后，加上癌字，即为该癌的种类名称，如鳞状细胞癌、腺癌、肝癌等。间叶组织来源的恶性肿瘤称肉瘤，其命名方式是：发生部位加起源组织，再加"肉瘤"二字，例如起源于纤维组织的恶性肿瘤称纤维肉瘤（fibrosarcoma）。来自未成熟的胚胎组织或神经组织的恶性肿瘤通常称为母细胞瘤，命名时可在母细胞瘤之前冠以组织或器官的名称，如肾母细胞瘤、神经母细胞瘤。

恶性肿瘤的主要特征包括：①肿瘤往往存在多种形态，一般无包膜或仅有不完整的包膜，与周围的健康组织的分界不清，组织内常有出血、坏死、糜烂或溃疡形成；②肿瘤的生长较快，呈浸润式生长，在生长过程中不仅对周围组织施加压挤，还能侵入和破坏原有组织，且少见停止生长现象；③恶性肿瘤核酸代谢旺盛，同时有大量异常代谢产物产生；④恶性肿瘤细胞具有分化差和异型性特征，表现为细胞体积增大、核增大、畸形、核质比失常、核仁增大或核仁数增多以及细胞质出现空泡等异常；⑤恶性肿瘤细胞的超微结构往往发生改变；⑥转移是恶性肿瘤的主要生物学行为之一；⑦恶性肿瘤如摘除或治疗不彻底，容易复发；⑧恶性肿瘤对机体的影响严重，可引起代谢紊乱、各种器官功能障碍、并发症以及恶病质。

二、肿瘤的分类

通常以组织来源为依据，把肿瘤分为不同类型，每一类型根据肿瘤的生长特性及对患体的危害程度的不同，又分为良性和恶性肿瘤。根据肿瘤的组织来源不同，则可分为上皮组织肿瘤、间叶组织肿瘤、神经组织肿瘤和其他类型肿瘤。与陆生动物相比，鱼类肿瘤研究十分不足，资料十分缺乏，给肿瘤的科学命名和分类带来了很多困难。Roberts R. J.将鱼类的肿瘤分为上皮性、间叶性、神经性、色素细胞性和胚胎性五大类，而Lionel E. Mawclesley Thomas则将鱼类肿瘤分为上皮组织性、非造血间叶组织性、造血组织性、神经组织性和特殊类型肿瘤共五大类。两者分类方法相似，把鱼类常见特殊肿瘤如色素细胞瘤单独列类或归为特殊类型肿瘤。但总体来说，由于鱼类肿瘤资料缺乏，到目前为止其分类及每一类中发现的肿瘤尚不完善。

第五节　鱼类常见的肿瘤

引起肿瘤形成的常见因素包括某些化学物质、重金属、电离辐射、慢性炎症、紫外线、某些病毒和污染物等，但总体来说致瘤因素目前还不是很清楚。目前，有报道的鱼类肿瘤包括乳头状瘤、软骨瘤（chondroma）、色素细胞瘤（chromatophoroma）、平滑肌肉瘤、纤维肉瘤、淋巴（肉）瘤、肝癌、肾母细胞瘤（Wilms tumor）、腺癌、血管瘤（hemangioma）等（表12-1），其中以色素细胞瘤等较为常见。

表12-1　鱼类常发生的自发性肿瘤的研究

鱼类	肿瘤类型	参考文献
黑鮰（*Ictalurus melas*）	乳头瘤	Grizzle et al., 1981
红鲑（*Oncorhynchus nerka*）	皮肤纤维肉瘤和胸腺淋巴瘤	
大鳞大麻哈鱼（*Oncorhynchus tshawytscha*）	肾乳头状囊腺瘤	Meyers et al., 1983
虹鳟	毛细血管血管瘤	
云斑鮰（*Ameiurus nebulosus*）	乳头瘤和肝肿瘤	Spitsbergen et al., 1995
大西洋鲑	淋巴瘤，黑色素瘤和甲状腺肿瘤	Munday et al., 1998
川鲽（*Platichthys flesus*）	肝癌	Cachot et al., 2000；Koehler et al., 2003
侧吻锉甲鲇（*Rineloricaria strigilata*）	骨板瘤（bony plates neoplasms）	Flores-Lopes et al., 2001
细尾带鱼（*Trichiurus lepturus*）	骨瘤	Lima et al., 2002
挪威舌齿鲈（*Dicentrarchus labrax*）	皮肤纤维乳头瘤（skin fibropapilloma）	
沙丁鱼（*Sardina pilchardus*）	平滑肌瘤	Ramos et al., 2003
鲣（*Cyprinus japonicus*）	黑色素瘤	
鲤	鳃胚细胞瘤（branchial blastomas）	Knüsel et al., 2007
星丽鱼（*Astronotus ocellatus*）	鳞状细胞癌	Rahmati-holasoo et al., 2010
东星斑（*Plectropomus leopardus*）	黑色素瘤	Sweet et al., 2012
玻璃梭吻鲈（*Sander vitreus*）	真皮瘤	
大西洋鲑	鳔平滑肌瘤和上皮乳头瘤	
大鳞大麻哈鱼	血浆白血病（plasmacytoid leukemia）	
白斑狗鱼（*Esox lucius*）和北美狗鱼（*E. masquinongy*）	淋巴肉瘤	
八角海盗鱼（*Agonus cataphractus*）	纤维瘤/纤维肉瘤	Coffee et al., 2013
白亚口鱼（*Catostomus commersoni*）	上皮瘤	
神仙鱼（*Pterophyllum scalare*）	唇纤维瘤	
深裂眶锯雀鲷（*Stegastes partitus*）	神经纤维瘤	
欧洲胡瓜鱼（*Osmerus eperlanus*）	产卵期乳头瘤	

一、色素细胞瘤

黑色素细胞瘤是色素细胞瘤中最常见的种类之一，可在多种鱼类中出现，野生鱼和人工养殖的鱼类均可患病。目前认为，黑色素细胞瘤是由黑色素细胞分化而来，主要发生在体表等黑色素较密集的区域。一些化学物质和紫外线是引起黑色素瘤最主要的原因。成熟的肿瘤通常在体表和皮下肌肉表现为凸起、质地柔软的黑色素区域。肿瘤中常有不同分化程度的黑色素细胞浸润和纤维沉积（图12-4、图12-5）。

图12-4 人工养殖大西洋鲑肌肉中出现界限明显的黑色素瘤
（汪开毓等译，2018.鲑鳟疾病彩色图谱.2版）

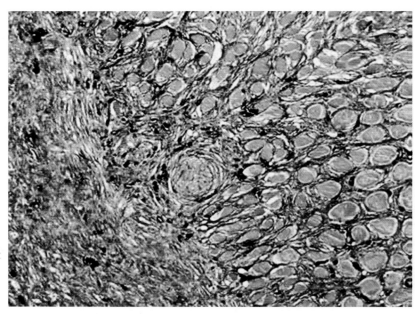

图12-5 人工养殖大西洋鲑白肌中浸润的黑色素瘤
（汪开毓等译，2018.鲑鳟疾病彩色图谱.2版）

红色素细胞瘤是由红色素细胞分化引起的肿瘤。肉眼观察可见红色素细胞瘤与机体组织分界线明显，肿瘤呈白色卵圆形，凸起于身体皮肤表面，肿瘤表面覆盖的表皮常常轻微溃疡。组织学研究表明，红色素细胞瘤来源于真皮的色素细胞层，通常可见由表皮构成的包膜，并且肿瘤表面的表皮严重腐烂。此外，肿瘤细胞在某些部位也可侵入周围组织。肿瘤中包含了红色素肿瘤细胞和纺锤状色素细胞。纺锤状色素细胞呈束状排列，细胞质内含有中等透明的、偏振光双折射的橄榄色至绿色的色素，细胞核圆形至卵圆形，含1～2个核仁，未见有丝分裂相（图12-6）。尚无其他器官病理损伤和肿瘤转移的报道。

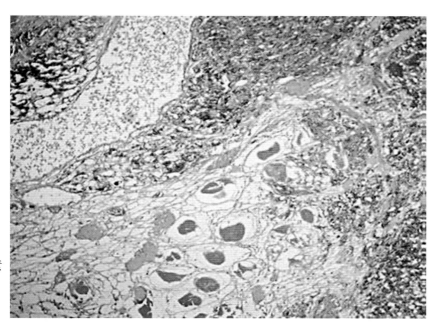

图 12-6　大西洋鲑体壁上的红色素
细胞瘤
(汪开毓等译，2018. 鲑鳟疾病彩
色图谱. 2 版)

二、乳头状瘤

乳头状瘤样增生是在鱼类皮肤和鳞片上出现的表皮良性肿瘤。发生于皮肤的乳头状瘤（图 12-7），多为结节状、分叶状，或是花椰菜样外观，或为簇状的细小刺突；表面通常粗糙，有裂隙；肿瘤呈深灰色或褐色，表层质脆而内层则比较坚实。发生于口腔黏膜的乳头状瘤，中等硬度，多为结节状；肿瘤表面一般光滑；颜色灰白或淡红。严重情况下，病鱼体表一半以上均被瘤状物覆盖，组织学可见表皮呈斑块样增生，每个斑块由复层鳞状上皮构成，增生的上皮细胞核仁明显，并伴有非典型核分裂相。乳头状瘤对鱼类危害性相对较小，最终会与皮肤剥离而使皮肤自愈。疱疹病毒Ⅰ型感染引起的鲤痘疮病可造成上皮细胞及结缔组织异常增生，增生物不侵入真皮，也不转移，幸存鱼常出现特征性的季节性诱发的皮肤乳头状瘤。淋巴囊肿病可导致病鱼的体表，特别是鳍和皮肤等部位分散分布着大小不同、呈白色或粉红色的乳头状肿

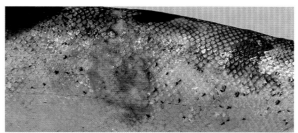

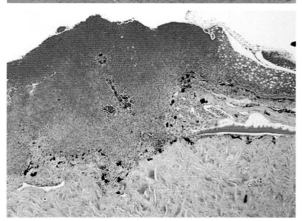

图 12-7　大西洋鲑皮肤乳头状瘤
(汪开毓等译，2018. 鲑鳟疾病彩色图谱. 2 版)

瘤，其中含大量膨大的囊肿细胞，囊肿细胞核膨大而不规则，细胞质中含有大量的病毒颗粒和包涵体。鲑在第二个夏季生长期时在其皮肤和鳞片上出现的表皮良性肿瘤，推测可能与疱疹病毒样病毒粒子相关。

三、肝细胞瘤和肝癌

肝细胞瘤（hepatoma）是起源于鱼类肝细胞的一种良性肿瘤。肝细胞瘤通常为结节样，单发或多发，有完整或较完整的包膜，色淡红或灰白，质地较坚实，很少发现有出血或坏死现象。瘤细胞与正常的肝细

胞十分相似，偶见体积稍增大。瘤组织缺乏正常肝小叶结构，无中央静脉与沿中央静脉呈放射状排列的肝细胞素，结节周围多有厚薄不等的结缔组织与正常肝组织分界。

鱼类患肝细胞癌时，因肿瘤在肝组织内生长而表现为肝肿大。当以结节状肿瘤出现时，肝的表面或切面可见单个或多个大小不等的结节，色灰白、质脆、无光泽、无包膜，结节与周围肝组织分界模糊不清，显示有扩散浸润现象，组织内可见出血、坏死（图12-8）；当肿瘤以弥漫状形式出现时，癌组织以一些灰白色或淡灰黄色的斑块或颗粒不规则地分布于肝各处，肉眼难以将肿瘤组织与正常组织确切分界。不同分化程度的肝细胞癌癌细胞形态有所差异，通常，癌细胞为多角形，体积较大，核大深染，核仁粗大，核畸形明显，核有丝分裂相多见，核膜粗糙，细胞质丰富。癌细胞常排列为肝素样或腺管样结构，或聚集呈团块样与岛屿样，索间可见血窦，癌组织内经常可以发现出血或坏死区。

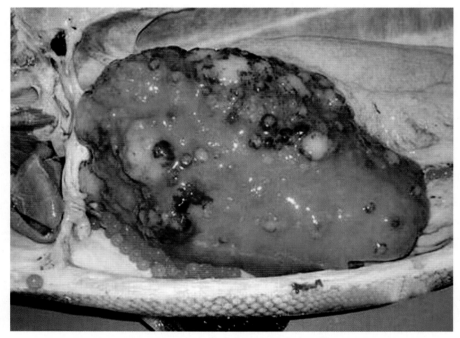

图12-8　人工养殖大西洋鲑亲鱼肝癌
（汪开毓等译，2018．鲑鳟疾病彩色图谱．2版）

四、颌鳞状细胞癌

鱼类的上颌或下颌是肿瘤易发部位，通常为分化程度高低不一的鳞状细胞癌，由于浸润生长，常诱发肿瘤至唇甚至口腔。鱼的颌鳞状细胞癌通常为不定形团块，肿瘤一方面向上下颌表面隆起生长，一方面沿唇扩散至口腔。肿瘤无包膜，无光泽，表面粗糙，呈粗颗粒状，质硬而脆，常有出血、坏死与溃疡。当坏死或溃疡病变严重时，颌骨组织也可遭受破坏而缺损。

五、淋巴瘤与淋巴肉瘤

起源于淋巴组织的淋巴瘤和淋巴肉瘤，在鱼类颇为多见。淋巴瘤为良性肿瘤，由淋巴组织过度增生而形成肿瘤（图12-9）。瘤细胞分化成熟，生长缓慢，不复发或发生转移。淋巴肉瘤则具恶性生物学行为，生长迅速，无限性生长，有广泛浸润以及复发和转移的性质。淋巴肉瘤在狗鱼科中的发生率远比其他鱼类高，例如白斑狗鱼和北美狗鱼的淋巴肉瘤等具有较高的检出率。

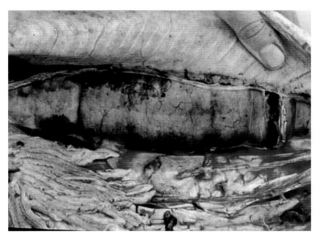
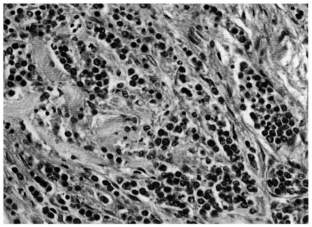

图 12-9　大西洋鲑肾淋巴肉瘤
（汪开毓等译，2018. 鲑鳟疾病彩色图谱. 2版）

六、血管瘤

血管瘤来源于血管内皮细胞，可出现在任何含有血管的组织和器官中。组织分化良好，基质内几乎不含或含极少量的纤维蛋白，镜下特征不明显，偶见邻近的正常组织在血管瘤内灶性分布。肿块嗜碱性，从皮下组织生长出来，由疏松和致密组织组成。致密组织内主要含有纺锤状肉瘤样细胞，这些细胞呈旋涡状或栅栏状排列，旋涡或栅栏状组织内有大量空隙或裂缝，其中包裹了红细胞（图 12-10、图 12-11）。某些区域偶尔可见出血和坏死，但恶性的血管肉瘤在鱼类中少有发现。

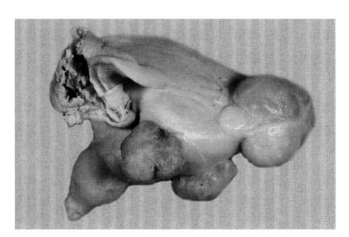

图 12-10　人工养殖大西洋鲑心室动脉瘤
（汪开毓等译，2018. 鲑鳟疾病彩色图谱. 2版）

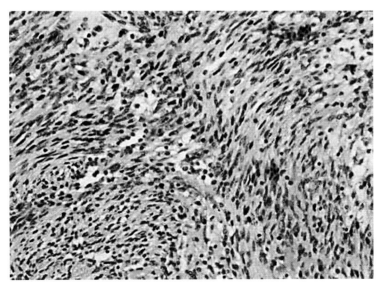

图 12-11　野生银鲑背鳍皮下血管瘤
（汪开毓等译，2018. 鲑鳟疾病彩色图谱. 2版）

七、纤维瘤和纤维肉瘤

纤维瘤和纤维肉瘤分别是由良性和恶性纤维母细胞组成的来源于间质细胞的肿瘤，通常呈结节状，体表或邻近体表可见损伤病灶，病灶与周围组织有明显界限（图12-12至图12-14）。肿块较柔软（黏液瘤），切面光滑、苍白。不同分化程度和不同胶原蛋白含量的纤维母细胞在基质中呈旋涡状或回旋状排列（图12-15至图12-18）。基质中心可能出现坏死，偶尔可在肾和鳔中发现转移灶。这些肿瘤在组织学上通常通过延长的纤维母细胞和呈旋涡状分布的致密胶原纤维进行分辨。

图12-12 草金鱼皮肤纤维瘤，体表可见损伤病灶

图12-13 金鱼体表纤维素细胞瘤

图12-14 金鱼体表纤维素细胞瘤，肿瘤橘黄色，表面可见充出血

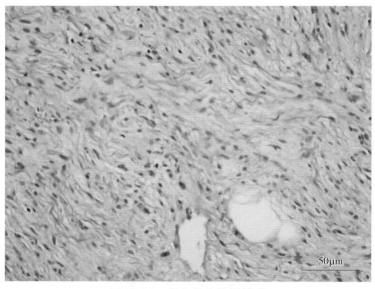

图12-15 草金鱼皮肤纤维瘤

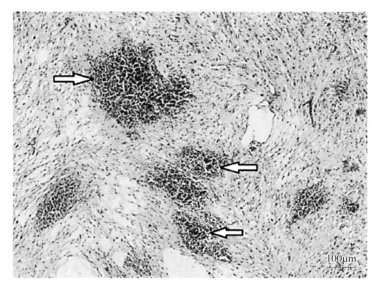

图 12-16　可见多个出血灶（⇨）

图 12-17　可见大量细胞质内含红色折光
　　　　　样色素颗粒的细胞（⇨）

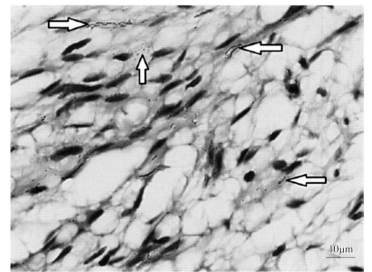

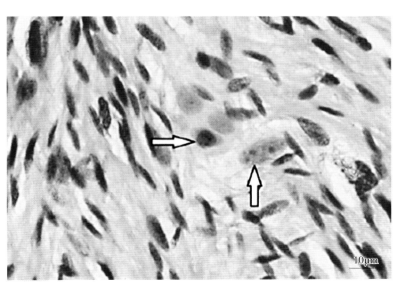

图 12-18　瘤细胞核大小不一，可见多核
　　　　　仁现象（⇨）

235

第二篇
系统病理学

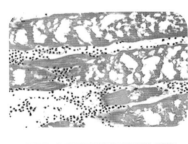

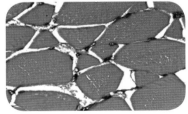

第十三章　鱼类被皮系统及运动系统病理

　　被皮系统由皮肤及其衍生物构成，而运动系统由骨、骨连结和骨骼肌三种器官组成。其中，皮肤和肌肉分别是被皮系统和运动系统最常发生病变的两大器官。皮肤是鱼类与外界环境接触的第一道屏障，起着调节渗透压、防止病原生物入侵、感觉以及维持身体完整性等重要作用。由于鱼类皮肤与水环境直接接触，长期暴露于外界环境中，因此极易遭受一些机械和理化因子的伤害。皮肤一旦受损，病灶极易扩散蔓延，一方面病原生物可迅速侵入体内引起系统性感染，另一方面皮肤由于缺损而导致渗透压失衡，机体离子调节功能出现紊乱。由于缺少了皮肤的保护作用，皮下肌肉组织暴露，往往继发感染病原而逐渐坏死，形成肉眼可见的溃疡性损伤。常见的鱼类皮肤病理主要表现为皮肤出血、皮炎等。当皮炎下行，可危及相邻肌肉，形成明显肌炎。本章重点讲述了皮肤和骨骼肌的正常组织学形态，以及皮肤出血、皮炎和肌炎等常见病理变化（图13-1）。

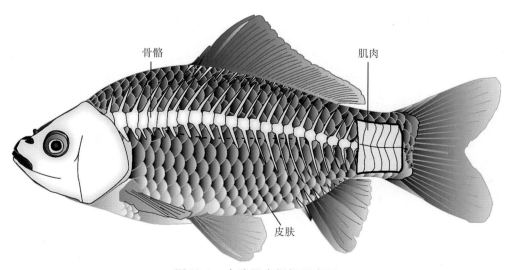

骨骼　　肌肉　　皮肤

图13-1　皮肤肌肉组织示意图

第一节　鱼类皮肤和骨骼肌的组织结构

　　皮肤是鱼类与外界环境接触的第一道屏障，起着调节渗透压、防止病原生物入侵、感觉和维持身体完整性等重要作用。

一、皮肤组织结构

不同的鱼类皮肤组成和厚度稍有差异，同一尾鱼不同部位的皮肤厚度也存在差异。鱼类的皮肤主要由表皮和真皮组成，某些部位还存在皮下层。根据品种的不同，或可见鳞片规律贯穿分布于表皮层和真皮层中。

表皮层（epidermis）：大多数鱼类表皮无角质层，由数层紧密相邻的上皮细胞构成。除上皮细胞外，还可见呈空泡状的黏液细胞及呈簇状的味蕾细胞和神经丘。硬骨鱼皮肤扫描电镜研究表明，表皮表面可见大量特殊的指纹状结构，尤其在鳞片表面更为明显，但在鳃和眼角膜皮肤上缺乏。黏液细胞可分泌黏液润滑体表、调节渗透压，而且黏液中亦有免疫球蛋白、溶菌酶、补体、凝集素和透明质酸等，在免疫和疾病中起到非常重要的作用。黏液细胞中的糖蛋白（可被PAS染成橘红色）在细菌和真菌感染中起到一定作用。一旦表皮层受损，皮肤完整性受到破坏，黏液保护功能缺失，极易受到外界病原入侵。

真皮层（dermis）：存在于表皮层和皮下层之间，起到连接表皮层和皮下层的作用。多数鱼类表皮层与真皮层之间存在明显的色素细胞层。真皮层主要由外层的疏松层和内层的致密层构成。致密层由大量的胶原纤维组成，而疏松层主要由海绵状疏松组织组成，其中存在血管及不同类型的细胞，包括粗颗粒嗜酸性粒细胞、中性粒细胞、神经细胞和色素细胞等（图13-2、图13-3）。

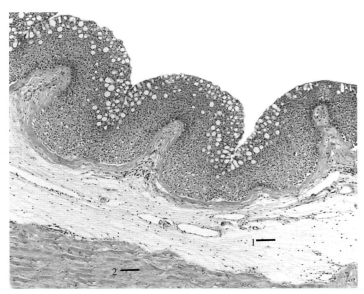

图13-2　草鱼上颌皮肤横切面
1.疏松层　2.致密层

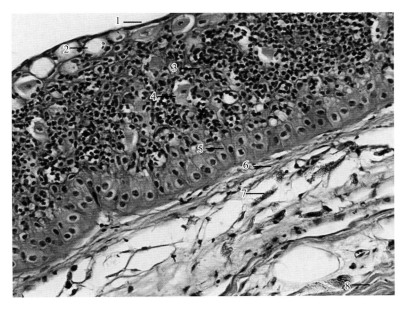

图13-3　草鱼背部皮肤横切面
1.表层　2.黏液细胞　3.中间层
4.浆液细胞　5.生发层　6.疏松层
7.色素细胞　8.致密层

皮下层（hypodermis）：位于真皮层和骨骼肌层之间，鲑鳟鱼类特别发达，鲤科鱼类稍弱。主要分布于身体两侧皮肤，由大量连接组织和一些脂肪组织构成。真皮层和皮下层组织结构较疏松，但分布大量血管，一方面病原可经破损的皮肤直接进入真皮层和皮下层，另一方面病原还可以通过其他门户进入血管，经血液循环到达真皮层和皮下层，引起皮炎和脂膜炎变化。

皮肤上还可见一些特化组织，如鳞片。鳞片在鱼体表呈覆瓦状排列，起到保护机体和隔绝病原体的作用。鳞片由前区、后区、上侧区和下侧区四个区组成，其后区从表皮层进入直达真皮层，故一些外源性因素作用下如由拉网导致机械损伤，极易引起鳞片脱落和皮肤损伤导致病原入侵。

二、骨骼肌组织结构

骨骼肌紧邻皮下层，根据颜色不同分为红肌和白肌（图13-4、图13-5），由骨骼肌纤维（或称肌细胞）组成，主要分布于鱼的体壁各部，负责鱼类的运动。肌纤维呈长圆柱形，有横纹，横切呈圆形或椭圆形，由肌膜、肌核、肌质和肌原纤维组成（图13-6、图13-7）。电镜下发现，红肌的肌质网不如白肌明显，但线粒体粗大且数量较多，糖原颗粒数量众多。肌纤维之间分布有数量不等的血管，为肌细胞提供氧气和养料。骨骼肌既可受到来自皮肤方向的感染，也可受到来自血管方向的感染，导致肌坏死或肌炎等不同的病理变化。

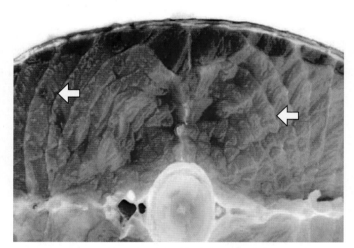

图13-4　大西洋鲑成鱼腹侧壁上的肌节（⇨）
（汪开毓等译，2018. 鲑鳟疾病彩色图谱. 2版）

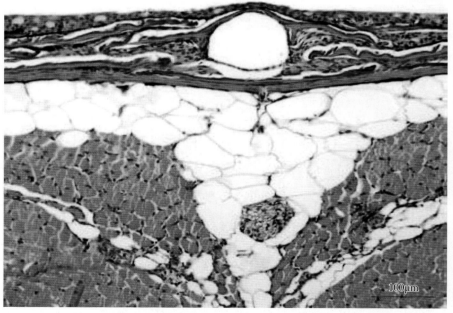

图13-5　大西洋鲑幼鱼的表皮、鳞片、体侧线、红肌和白肌（横切面）
（汪开毓等译，2018. 鲑鳟疾病彩色图谱. 2版）

图13-6 大西洋鲑鱼苗正常白肌
（由David Groman提供）

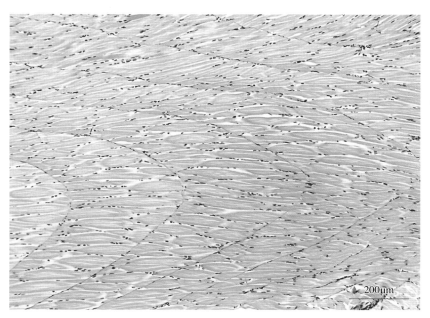

图13-7 腹部肌肉横切面（示骨骼肌）
1.肌膜 2.肌质 3.肌核

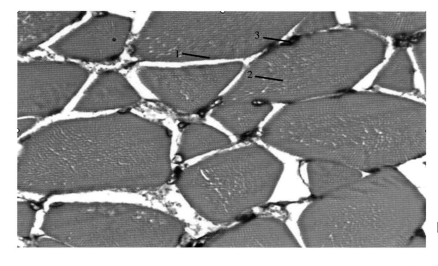

第二节 鱼类皮肤基本病理变化

鱼类皮肤直接与水环境接触，在一些外源性因素如机械损伤（如拉网、抢食）、化学物质毒害（如频繁超量使用消毒药）、病原入侵（如细菌、病毒、真菌、寄生虫感染）等作用下，完整性受到破坏，从而极易继发感染而出现病理损害。临床上常见的皮肤病变包括皮肤增厚、皮肤出血、竖鳞、烂尾和体表溃疡等，其病理学基础多为增生、出血和坏死等。

一、表皮增生

一些外源性因素，如机械刺激或生物因素刺激，易导致表皮层细胞极度增多，表皮层严重增厚，可增厚到正常的几倍至十几倍。表皮增生的主要表现为体表粗糙，凹凸不平，有异物样增生，呈透明或不透明的丘状或疹样变（图13-8），皮肤增厚程度不一，部分区域极度增厚呈赘生样。如比目鱼在水泥池养殖模式下，由于体表与池底摩擦导致表皮层皮肤增厚，体表手感粗糙，凹凸不平，呈略透明疹样增生物；疱疹病毒感染时，鲤表皮层由于病毒刺激出现明显皮肤增厚，形成肉眼可见的痘疮（图13-9）；小瓜虫感染皮肤后，虫体周围表皮细胞增生，表现为表皮层部分增厚等现象（图13-10）。增生的细胞主要为上皮细胞，在增生的组织内，偶尔可见坏死灶。灶内上皮细胞体积缩小，核染色质浓缩崩解。一些病毒性疾病引起的表皮增生，如鲤痘疮病，偶尔可在增厚的上皮中见到包涵体。此外，部分细胞还可能由于病原的入侵体积极度膨大，变成巨大细胞。如淋巴囊肿病毒感染上皮细胞后导致细胞体积极度增大，可增大至正常细胞的5万～10万倍。碘泡虫、吉陶单极虫和嗜子宫线虫寄生均可引起寄生部位组织增生（图13-11、图13-12）。

图13-8　南方大口鲇体表出现增生物
（由肖健聪、黄永艳提供）

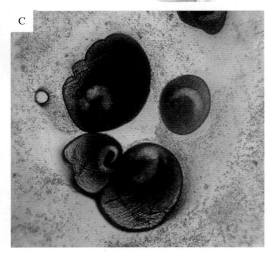

图13-9　患病鲤体表出现大量石蜡样增生物

图13-10　患小瓜虫病的斑点叉尾鲴体表出现大量小白点，表皮增生

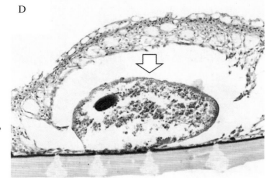

A、B. 斑点叉尾鲴体表大量小白点　C.小瓜虫虫体
D.表皮下小瓜虫（⇨），可见表皮层细胞增生

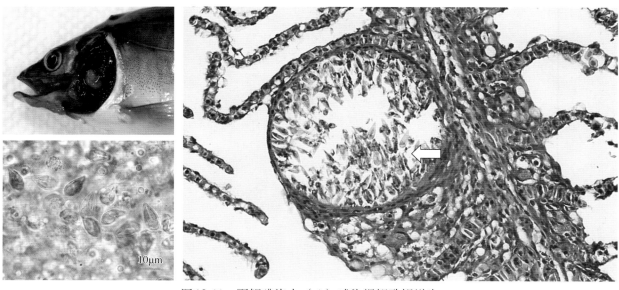

图13-11　野鲤碘泡虫（➩）感染裸鲤致鳃增生

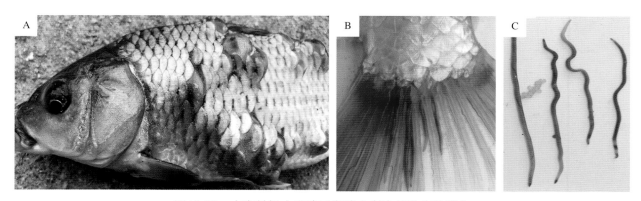

图13-12　吉陶单极虫和嗜子宫线虫寄生导致皮肤增生
A．吉陶单极虫寄生于鲤体表引起的增生性结节　B、C.嗜子宫线虫感染
（由袁圣提供）

二、皮肤水肿

水肿是鱼类皮肤常见的病理表现。当某些外源因素作用时，特别是在一些生物源性因素出现时，引起机体血管扩张、通透性增加或因水钠代谢失衡而导致组织水钠潴留等均可引发皮肤特别是真皮层或皮下层水肿，出现组织稀疏、间隙增宽等表现。

通常无鳞鱼皮肤水肿的大体变化不典型，而有鳞鱼常常在鳞片的鳞囊处表现明显。鳞囊因储存大量液体成分而表现明显扩张、增厚、间距增宽，并推动鳞片向上、向外扩张，引起肉眼可见的竖鳞表现（图13-13、图13-14）。如嗜水气单胞菌感染后，鲤和鲫可出现明显的以鳞囊水肿为特征的竖鳞表现。主要表现为真皮层极度疏松，组织间隙严重增宽，H&E染色下可见略带粉红色的水肿液充满整个真皮层，胶原纤维和弹性纤维犹如乱发状漂浮于水肿液之中。目前，除嗜水气单胞菌外，亦有豚鼠气单胞菌（Aeromonas caviae）、鮰爱德华氏菌等其他细菌性病原和鲤春病毒血症病毒等病毒性病原引起竖鳞症状的报道。因此，由皮肤水肿引起的竖鳞症状只是一种病理特征，并不是某种疾病的独特疾病表现，在诊断时应根据组织病理学变化结合疾病病史和其他实验室检测技术进行综合判断。

图 13-13　感染链球菌的罗非鱼尾柄部轻度水肿

图 13-14　鲫皮下水肿，全身鳞片竖立
（由袁圣提供）

三、皮肤出血

出血是鱼类皮肤最常见的病理表现之一，是机体受损的重要标志。出血不是某一种病的专一表现，大多数疾病，包括生物性和非生物性等多种因素引起的病害均可引起出血的发生，其中以生物性因素多见，如由呼肠孤病毒引起的草鱼出血病、由鲤春病毒血症病毒引起的鲤春病毒病、由嗜水气单胞菌引起的细菌性败血症和由鳗弧菌引起的鳗红点病等均可在皮肤上形成多少不等的出血。一方面，病原可通过直接感染血管内皮细胞，使内皮细胞受损坏死，毛细血管完整性受到破坏而引起出血，如引起草鱼出血病的呼肠孤病毒和引起鲑贫血症的正黏病毒（orthomyxovirus）均可感染血管内皮细胞，导致内皮细胞坏死而引起严重出血；另一方面，病原可通过分泌毒素，增加毛细血管通透性或破坏血管壁完整性而间接引起出血，如嗜水气单胞菌可分泌外毒素和溶血素，引起血管通透性增强和血管内皮细胞坏死而导致皮肤出血。

肉眼可见出血部位皮肤发红，指压不褪色。根据血管受损的范围不同、出血形状不同，常表现为点状出血、斑状出血、线状出血或片状出血。出血部位可发生于全身体表皮肤，多见于下颌部、鳃盖、腹部、体侧和鳍条等，偶尔也可见眼球下缘皮肤出血、口腔皮肤出血等（图 13-15 至图 13-18）。镜下常常可见出血在真皮层和皮下层表现明显。血细胞离开血管进入组织，分布于真皮疏松层、皮下层脂肪组织间质中，可呈灶状或散在分布。严重出血的组织中大量堆积溢出的红细胞，几乎被红细胞所代替，部分病变同时多见白细胞分布。由于出血是很多疾病的常见病理表现，并不是某一个疾病的特殊病征，故在诊断时除了观察出血引起的病理表现外，还应在出血部位如真皮层和皮下层仔细寻找引起出血的光镜下可见的致病病原，其中，细菌、真菌和大多数寄生虫特别容易在光镜下被找到，若是病毒引起的出血则需要在电子显微镜下寻找病原。

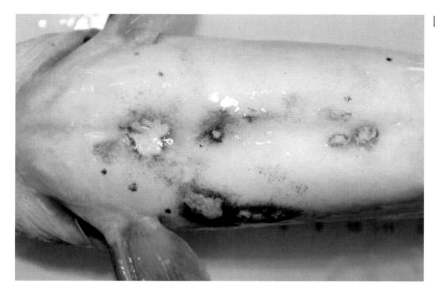

图13-15　链球菌感染罗非鱼致腹部
皮肤出血

图13-16　细菌感染致头部皮肤发炎，
　　　　　充血、出血，表皮糜烂
　　　（由肖健聪、黄永艳提供）

图13-17　细菌感染致皮肤发炎，充
　　　　　血、出血，烂尾
　　　　（由肖健聪、黄永艳提供）

图 13-18　患草鱼出血病的草鱼鳃盖、胸鳍出血

四、皮肤坏死

皮肤坏死是许多鱼类疾病在皮肤上最常见的表现，多表现为表皮层、真皮层甚至皮下层细胞出现不同程度的死亡，以表皮层细胞坏死最为多见。根据疾病发展的不同可分为由外而内的皮肤坏死和由内而外的皮肤坏死。由外而内的皮肤坏死多发生在机械损伤或化学损伤后，如人为操作，细菌、真菌或寄生虫损伤及长期大量用药，易导致表皮层完整性被破坏，此时由于显微镜下仅仅表皮层坏死脱落、色素细胞脱落减少，故眼观仅表现为皮肤褪色，并未见到明显可见的溃疡（图 13-19），此时最易继发感染水霉（图 13-20）。随着病程进一步发展，特别是继发感染细菌后如黄杆菌等可直接侵害鱼体皮肤，导致表皮层甚至真皮层和肌层坏死而引起明显的皮肤溃疡、鳍条溃烂等病变（图 13-21、图 13-22）；饲喂膨化饲料或冰鲜鱼的养殖鱼类由于某些营养物质缺乏而导致皮肤黏液分泌不足，从而表现出体表或鳍条特别是尾鳍发白等表现，另外也易受到水体微生物攻击引起皮肤坏死。由内而外的皮肤坏死多发生在一些细菌病导致的全身感染，病原到达肌肉后再外行入侵皮肤，如疖疮病引起的系统性感染，皮肤因受到来自肌肉的感染而受损。

皮肤坏死初期可见皮肤发白、褪色，形成肉眼可见的褪色斑，此时镜下可见表皮层细胞坏死脱落，部分累及真皮层，真皮层黑色素细胞受损减少，故大体病理表现为皮肤明显褪色斑，但并没有形成典型的溃疡。随着病程发展，坏死向外周、向组织深部扩展，深入真皮层和皮下层，引起整个皮肤坏死、脱落，露出骨骼肌，严重的骨骼肌亦坏死，形成较深的溃疡灶。如临床上常见的烂鳍、烂尾、皮肤褪色继发水霉或腐皮等症状，均是皮肤坏死的表现。在疖疮病发生时，病原菌通过血液循环到达肌肉组织，在肌肉组织中繁殖，逐渐形成液化性化脓性病灶，病灶逐渐从皮下肌肉往外扩展，慢慢感染到皮肤层，引起皮肤坏死、溃烂，最后形成开放性溃疡灶。皮肤坏死后，表皮层上皮细胞常表现为体积缩小，细胞核浓缩、裂解，最后坏死、脱落，甚至整个表皮层完全脱落，露出真皮致密层。在皮下层常发现数量不等的坏死灶，灶内混合出现坏死的组织细胞、浸润的白细胞和血细胞等。在疖疮病出现时往往可见大面积灶状坏死，多量炎性细胞浸润，其中以中性粒细胞最为多见。坏死的皮肤组织中常可见成团块状或散在分布的细菌或真菌菌丝。

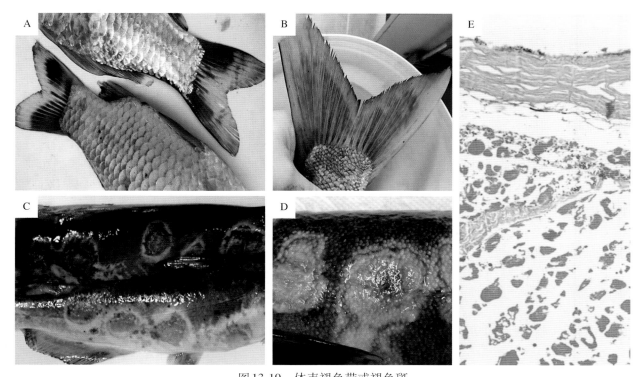

图13-19　体表褪色带或褪色斑

A、B.尾鳍边缘褪色，俗称"干尾"　C.感染嗜麦芽寡养单胞菌的斑点叉尾鮰皮肤可见明显褪色斑
D.齐口裂腹鱼体表明显褪色斑　E.感染嗜麦芽寡养单胞菌的斑点叉尾鮰皮肤表皮层脱落，真皮裸露
（A、B由肖健聪、黄永艳提供）

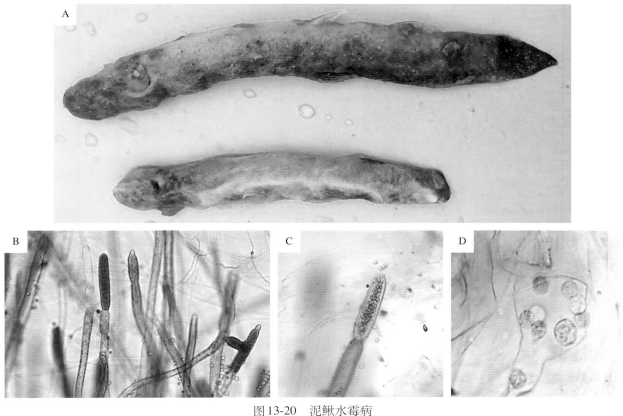

图13-20　泥鳅水霉病

A.水霉覆盖泥鳅整个体表　B.水霉菌丝　C.水霉菌丝释放的无性孢子　D.水霉菌丝释放的卵孢子

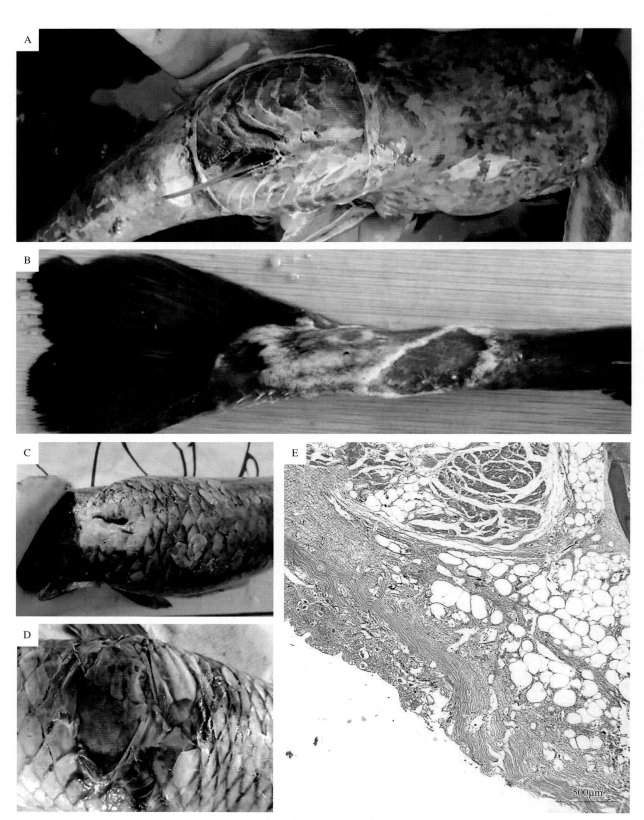

图 13-21　鱼类皮肤坏死，形成开放性溃疡

A.大口鲇皮肤坏死、溃烂　B.乌苏里拟鲿尾柄皮肤褪色、溃烂　C、D.草鱼维氏气单胞菌感染致皮肤坏死溃烂

E.乌苏里拟鲿皮肤病变交界处表皮层脱离，真皮裸露

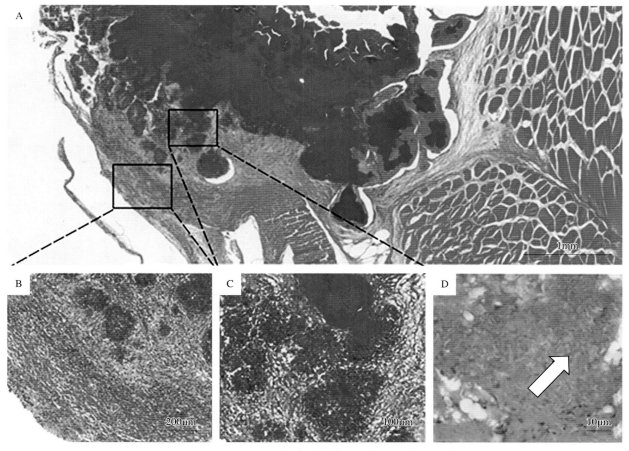

图 13-22　患病加州鲈皮肤溃疡灶的病理组织学观察
A.皮肤组织内的肉芽肿　B.真皮层毛细血管充血，结缔组织有炎性细胞浸润　C.蓝染团块
D.蓝染团块内沉着钙盐或鲕诺卡氏菌（⇨）

第三节　皮炎和肌炎

　　皮炎（dermatitis）是由各种内、外部感染或非感染性因素导致的皮肤炎症性病变的一个泛称。皮炎并非一种独立的疾病，其病因复杂多样，病变可单独或同时发生在表皮、真皮或皮下组织。肌炎（myositis）是由各种原因引起的骨骼肌炎症，以感染性因素最为常见。皮炎和肌炎可单独发生，也可同时发生，当皮炎和肌炎同时发生时合称皮肌炎（dermatomyositis）。皮肤和肌肉病变是鱼类养殖过程中最容易被发现也是最常见的鱼类病变之一，既可以出现由外而内的感染，也可以出现由内而外的感染。如在某些疱疹病毒、柱状黄杆菌、小瓜虫等感染性因素及氨氮、pH、药物等水环境化学因子的作用下，皮肤表皮层上皮细胞可受损变性坏死，小血管及毛细血管扩张、充出血，粒细胞及其他白细胞增生浸润，导致皮肤表皮层、真皮层甚至皮下层出现不同程度的炎症等皮炎表现。随着损伤下移，皮肤表皮层甚至真皮层细胞坏死脱落，累及肌肉组织，最终导致肌纤维变性、坏死，导致肌炎的发生。某些非生物性因素如硒、维生素C、维生素E缺乏，也可导致单纯性骨骼肌炎症。而另一些细菌如杀鲑气单胞菌可随着血液循环定植到肌肉中，并在骨骼肌组织内增殖，被感染的肌纤维变性、坏死，混合大量浸润的炎性细胞形成肌肉内疖疮，当疖疮病灶不断向外发展，皮肤组织受到牵连，最后皮肤坏死、破裂，形成开放性溃疡。水产养殖中，许多疾病均可

见皮炎、肌炎或皮肌炎（图13-23），如以烂尾、烂鳍为主要表现的柱形病，以体表皮肤肌肉溃烂为主要表现的溃疡病，以及以鳞片脱落、皮肤糜烂为主要表现的赤皮病等，都是皮肌炎的主要代表。此外，皮肤损伤发生后，往往引起寄生虫和水霉继发感染等。

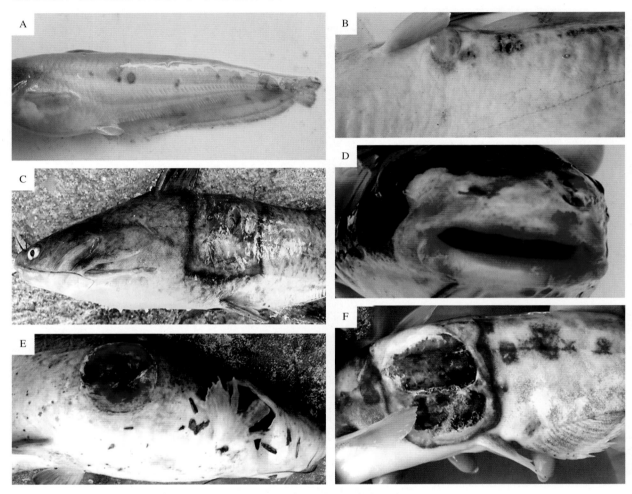

图13-23　鱼类不同程度皮肌炎
A．鲫爱德华氏菌致杂交鲇皮肤溃烂，出血发炎　B.大口鲇皮炎　C.拟态弧菌感染致黄颡鱼出血性坏死性皮肌炎
D.斑点叉尾鮰嘴部皮肤溃烂处出血发炎　E.斑点叉尾鮰体侧皮肤溃烂处出血性皮肌炎　F.大口鲇出血性坏死性皮肌炎
（A由广州利洋水产科技股份有限公司提供；B由肖健聪、黄永艳提供；C由袁圣提供；E由陈修松提供）

一、皮炎

单纯性的皮炎危害较轻，主要以皮肤组织的损害及炎症为主。一些寄生虫如小瓜虫、车轮虫等寄生在皮肤表皮层，某些细菌如黄杆菌感染的初期阶段，或疱疹病毒I型感染等都可导致皮炎的发生。皮炎主要引起表皮层大量细胞受损或表皮层增生，皮肤受损后表皮层保护功能丧失，渗透压调节能力障碍，可导致鱼体全身反应。

多子小瓜虫（*Ichthyophthirius multifilis*）等体表寄生虫感染可引起皮肤出现典型的增生性坏死性皮炎。多子小瓜虫是淡水鱼类最常见的寄生虫性病原，包括斑点叉尾鮰、黄颡鱼、鲤、草鱼、鲫在内的大多数养殖鱼类均可感染，主要寄生在皮肤和鳃上，形成直径1mm左右的肉眼可见的小白点。小瓜虫感染鱼类皮肤后，可钻入皮肤表皮层甚至真皮层，刮取皮肤细胞为食，刺激表皮层细胞大量增生，表皮增厚，可见大量炎性细胞浸润、少量细胞坏死等表现（图13-24）。大体病理的小白点和组织病理虫体的发现具有病理学诊断意义。

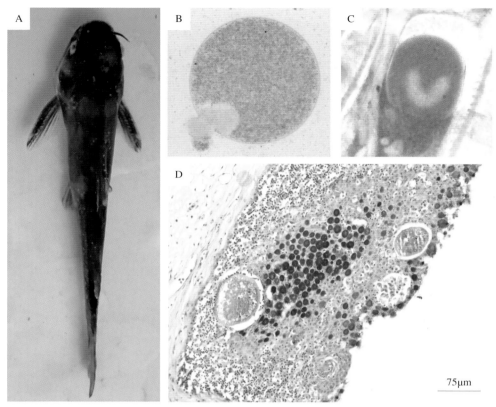

图 13-24　小瓜虫感染黄颡鱼引起寄生虫性皮炎
A.感染小瓜虫的黄颡鱼，可见皮肤小白点　B、C.镜下小瓜虫具马蹄形大核
D.黄颡鱼皮肤内可见小瓜虫虫体，可见表皮层增厚，黏液细胞增多，大量白细胞浸润

　　由淋巴囊肿病毒感染皮肤真皮组织内成纤维细胞可产生结节性皮炎。淋巴囊肿病毒可感染鲈形目、鲽形目、鲀形目中的125种以上的鱼类，病鱼主要表现为一种慢性的皮肤瘤样皮炎。大体病理表现为鱼的皮肤、鳍条和尾部多处出现直径1～10mm的聚集成团或分散的水泡样囊肿物，囊肿物呈白色或灰白色，较大的囊肿物上有肉眼可见的红色小血管，有的带有出血灶而呈微红色（图13-25、图13-26）。镜下可见皮肤极度增厚，真皮结缔组织中的成纤维细胞被病毒感染而严重肥大，体积可达正常细胞的数百倍，囊肿细胞最外缘为透明增厚的细胞膜（图13-25），胞内可见大量染成淡蓝色的病毒包涵体（viral inclusion body）（图13-26、图13-27）。

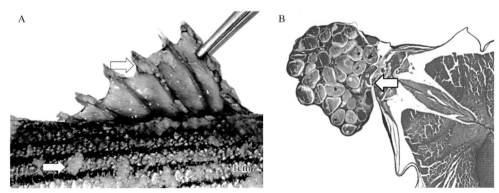

图 13-25　条纹鲈淋巴囊肿病
A.体表大量白色增生性结节（▷）　B.条纹鲈背鳍淋巴囊肿结节（▷）
（由 David Groman 提供）

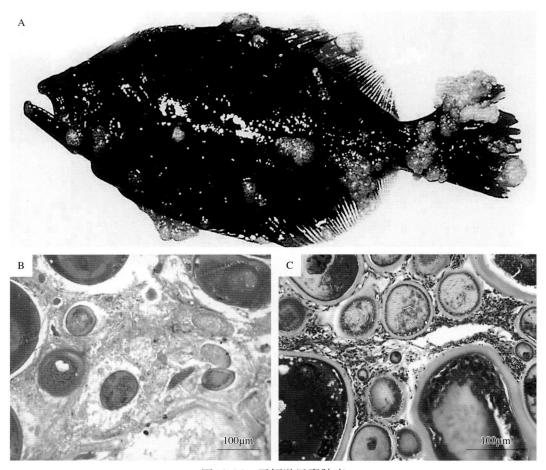

图13-26　牙鲆淋巴囊肿病
A.牙鲆体表淋巴囊肿赘生　B、C.牙鲆淋巴囊肿细胞发生早期
（由绳秀珍提供）

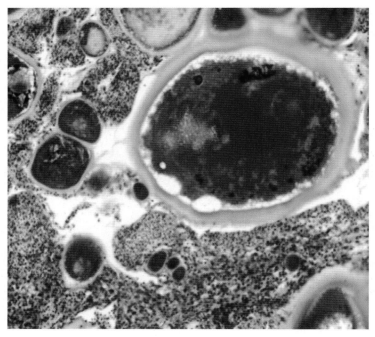

图13-27　淋巴囊肿病增生的结节中可见大量
巨大细胞，胞内可见蓝色包涵体

二、肌炎

单纯性肌炎常见营养性肌炎（nutritional myositis），主要包括由维生素E缺乏、硒缺乏和氧化鱼油中毒等导致的肌肉组织非感染性炎症。饲料中维生素E添加量不足或缺乏，如维生素E在加工和贮藏过程中破坏过多，使其不能满足鱼类正常生长的需要而发病。患维生素E缺乏症的斑点叉尾鮰和鲤出现典型的"瘦背"症，背部两侧肌肉明显萎缩变薄（图13-28、图13-29）。组织病理学表现为骨骼肌肌纤维严重变性、坏死，残存的肌纤维萎缩变细，肌纤维间隙增宽、水肿，间隙内大量炎性细胞浸润（图13-30、图13-31）。CEV感染鲤，也可见明显的肌炎表现（图13-32）。

图13-28　维生素E缺乏斑点叉尾鮰眼球突出，体壁肌肉萎缩（上：正常鱼；下：患病鱼）

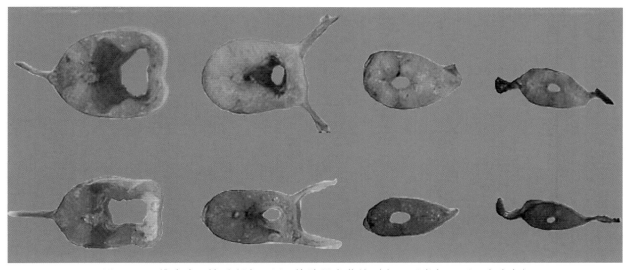

图13-29　维生素E缺乏斑点叉尾鮰体壁肌肉萎缩（上：正常鱼；下：患病鱼）

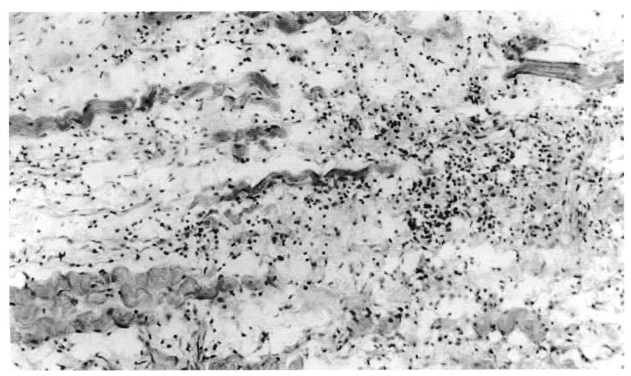

图13-30　维生素E缺乏鲤骨骼肌肌纤维变性（H&E染色，×100）

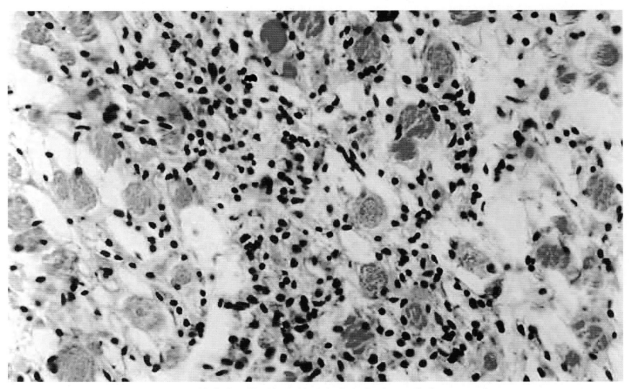

图13-31　维生素E缺乏鲤骨骼肌发生炎症（H&E染色，×400）

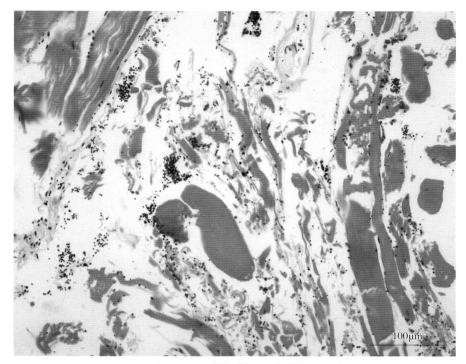

图13-32　CEV感染锦鲤后致病毒性肌炎

此外，若饲料中硒的添加量不足或长期暴露存放的饲料因硒氧化导致饲料中有效硒含量不足，长期投喂时，鱼会因硒的摄入量不足而造成组织器官的损伤，甚至发生死亡。硒缺乏的病鱼食欲减退，消瘦，背部两侧肌肉发生萎缩，体侧脊柱周围的红肌褪色，变得苍白，呈白肌外观，与周围白肌界限不清（图13-33）。镜下可见患病鱼的骨骼肌肌间隙明显增宽、水肿，后期肌纤维明显变细，发生明显的萎缩、变性和坏死，肌质溶解消失，间质大量炎性细胞浸润（图13-34、图13-35）。

图13-33　硒缺乏鲤体侧红肌褪色变白，与白肌分界不清，左为正常对照

图13-34 肌纤维染色不均，肌间隙明显增宽、水肿（H&E染色，×100）

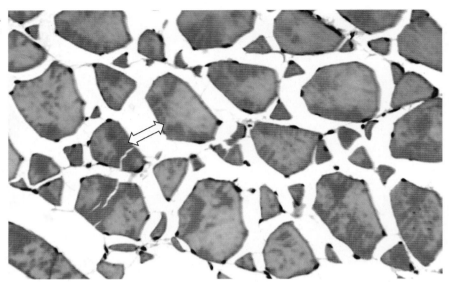

图13-35 硒缺乏鲤肌纤维萎缩、变性、坏死，炎性细胞浸润（H&E染色，×100）

三、皮肌炎

1. **细菌性皮肌炎**　多种细菌如柱状黄杆菌、海洋屈挠杆菌（*Tenacibaculum maritimum*）、爱德华氏菌（*Edwardsiella* sp.）以及气单胞菌属（*Aeromonas*）和假单胞菌属（*Pseudomonas*）的部分细菌都可感染皮肤肌肉，引起严重的皮肤肌肉坏死，并形成开放性损伤（图13-36）。其中，黄杆菌属的细菌是感染鱼类皮肤肌肉最常见的病原菌，主要包括嗜冷黄杆菌（*Flavobacterium psychrophilum*）、嗜鳃黄杆菌（*F. branchiophilum*）、柱状黄杆菌三种病原菌。嗜冷黄杆菌主要感染冷水养殖鱼类如鲑鳟，可导致体重超过60g的病鱼体表出现一处或多处皮下坏死，并伴随整个尾鳍部坏死。而柱状黄杆菌可引起多种鱼类的皮肌炎，感染后多表现为皮肤肌肉褪色、背鳍受损，引起明显的烂皮、烂鳍和烂尾等症状。进一步发展可感染下颌和上颌，导致皮下组织受损，造成严重的渗透压改变。该病皮肤坏死导致的渗透压紊乱可能是导致鱼死亡的主要原因。其他多种细菌如一些气单胞菌、假单胞菌等也可引起皮肌炎的发生。

图 13-36　鱼类细菌性皮肌炎

A、B.患柱形病斑点叉尾鮰尾鳍皮肤腐烂　C.患赤皮病草鱼体侧鳞片脱落，体表发红发炎　D.患柱形病斑点叉尾鮰尾柄处出现局灶性"马鞍状"溃疡灶　E.患赤皮病团头鲂体侧鳞片脱落，体表发红发炎　F.患疖疮病鲤体表形成明显溃疡灶

感染初期，皮肤表皮层上皮细胞变性、坏死、脱落，黏液分泌减少，大量细菌进一步黏附；之后整个表皮层细胞坏死脱落，黑色素细胞减少，肉眼可见皮肤褪色（图13-37）；随着病程的发展，病变累及真皮层及皮下层，小血管及毛细血管充出血，炎性细胞增生浸润，呈典型的脂膜炎（panniculitis）样表现，可在真皮层或皮下层的间质中发现大量黏附的细菌；随着病程进一步发展，表皮层及真皮层完全坏死脱落，骨骼肌裸露，肌间质中可见大量炎性细胞浸润，轻微水肿，部分肌纤维细胞质明显红染，细胞皱缩，呈明显的变性坏死表现，可在创面以及肌间质内发现大量长杆状细丝样细菌（图13-38、图13-39）。此外，该类病原多含有硫酸软骨素裂解酶（chondroitinase），可消化利用软骨细胞，故软骨细胞或软骨素丰富的组织如鳍条、鳞片、颌部和眼球软骨均会受到感染，可在这些部位找到大量长杆状细丝状细菌（图13-40、图13-41）。变形假单胞菌感染也可导致鲇皮肌炎，病变部位表皮层坏死脱落、真皮裸露，大量长杆状细菌和白细胞浸润（图13-42）。杀鲑气单胞菌感染导致大菱鲆典型皮肌炎，亦可在病灶中发现团状分布的细菌（图13-43）。

图13-37 鲈鲤皮肤表皮层完全坏死脱落，真皮层大量炎性细胞浸润（○）

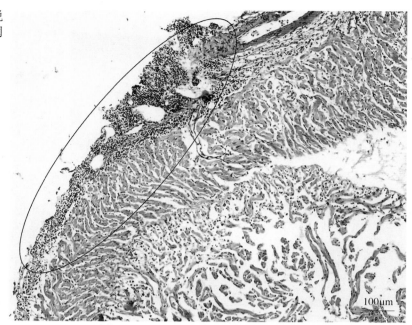

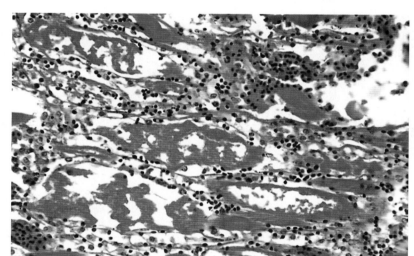

图13-38 溃疡部位肌肉组织肌质凝固，部分肌质溶解，肌间质大量炎性细胞浸润

图13-39 气单胞菌感染致骨骼肌变性、坏死、出血和炎性细胞浸润

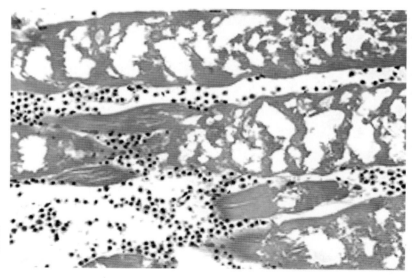

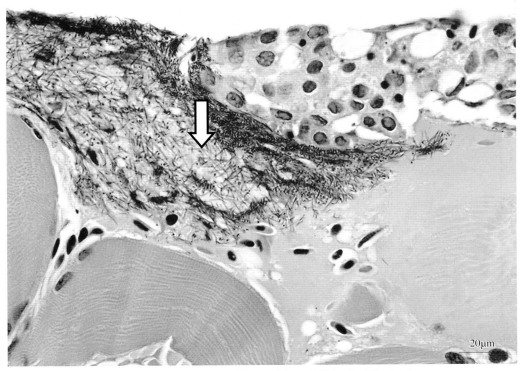

图13-40 大西洋鲑皮肤坏死脱落，丝状细菌感染（⇨）
（由David Groman提供）

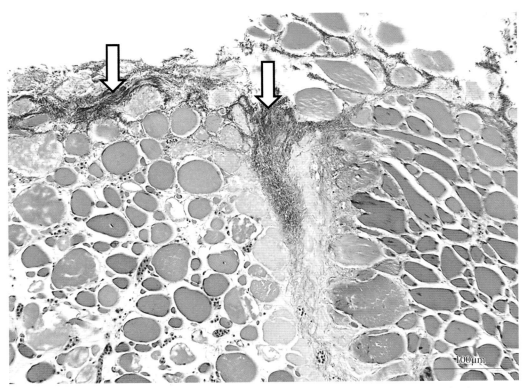

图13-41 圆鳍鱼溃疡性细菌性皮炎，可见大量丝状细菌覆盖在溃疡处（⇨）
（由David Groman提供）

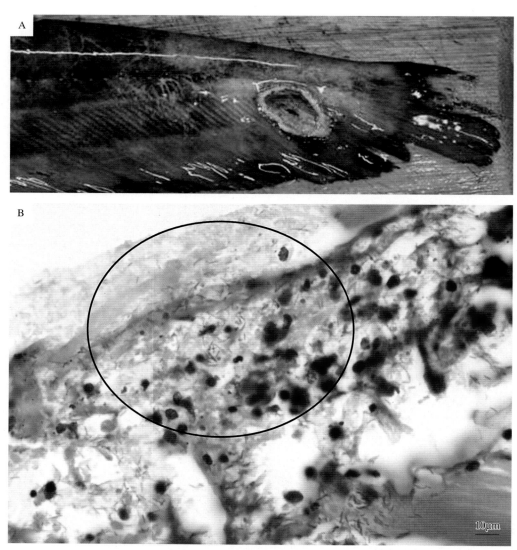

图 13-42　变形假单胞菌感染沟鲶致细菌性溃疡性皮肌炎

A.患病沟鲶体表溃疡　　B.患病皮肤表皮脱落，真皮裸露，大量炎性细胞浸润，病灶内可见大量长杆状细菌（○）

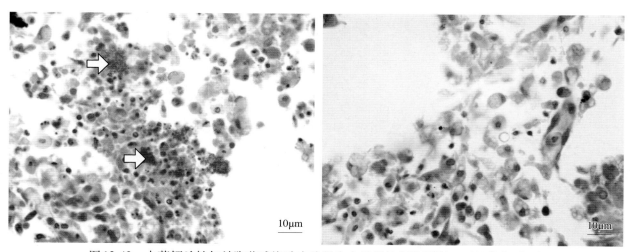

图 13-43　大菱鲆杀鲑气单胞菌感染致皮肤肌肉大量单核细胞浸润，可见菌斑（⇨）

　　与黄杆菌一样，海洋屈挠杆菌也可感染皮肤和肌肉，造成大西洋鲑和虹鳟等多种鱼溃疡性皮炎，主要表现为嘴部出血坏死，躯干和头部大面积坏死性病灶，鳍条腐烂，鳞片脱落、基部水肿（图13-44、图13-45）。组织学病变早期主要表现为皮肤表皮细胞坏死，伴有表皮中间层炎性细胞浸润及真皮层出血，后期感染下行波及皮下层及肌肉组织，形成严重的肌炎，在鳍条处可损伤鳍条软骨，最终导致皮肤溃疡和鳍条腐烂（图13-46）。坏死性口腔炎可进一步发展为蜂窝组织炎，甚至下颌形成穿孔。此外，近年来在黄颡鱼、杂交鲇养殖中暴发的拟态弧菌病也以体表皮肤肌肉溃烂为主要症状，组织病理学亦表现为严重的细菌性坏死性皮肌炎（图13-47）。

图13-44　海洋屈挠杆菌感染的人工养殖大西洋鲑头颅部和眼球被严重侵蚀
（汪开毓等译，2018. 鲑鳟疾病彩色图谱. 2版）

图13-45　海洋屈挠杆菌感染的海水养殖大西洋鲑尾部严重腐烂
（汪开毓等译，2018. 鲑鳟疾病彩色图谱. 2版）

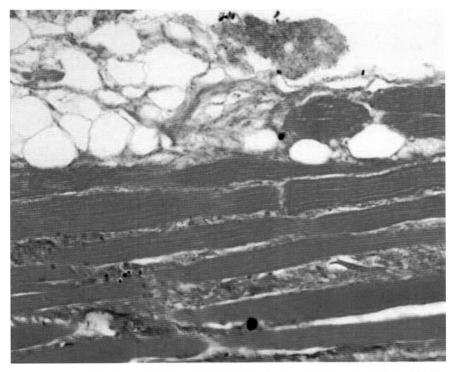

图13-46　海洋屈挠杆菌导致大西洋鲑溃疡性皮炎，创面及肌间可见大量细菌
（汪开毓等译，2018. 鲑鳟疾病彩色图谱. 2版）

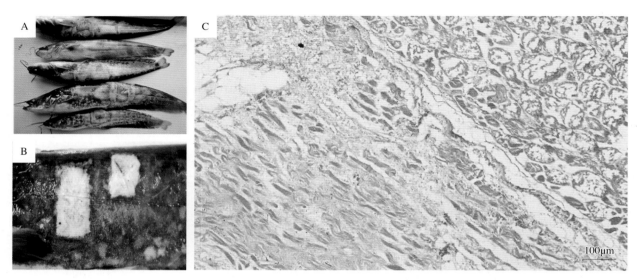

图 13-47　拟态弧菌感染导致沟鲶坏死性皮肌炎

A、B.患病沟鲶皮肤方形褪色，皮肤溃烂脱落，病灶边缘充出血

C.病变肌肉肌纤维变性、坏死，肌质溶解，间质大量炎性细胞浸润

2.病毒性皮肌炎　与细菌导致的皮肤肌肉病变相比，病毒引起的皮炎和肌炎发生频率稍低，往往肌炎出现较多，且多不与皮炎同时发生，但仍有部分病毒性疾病可出现明显的皮肤和肌肉损伤，如鱼呼肠孤病毒（piscine reovirus，PRV）可引起大西洋鲑出现明显的心肌和骨骼肌炎症（heart and skeletal muscle inflammation，HSMI）。此外，病毒性出血性败血症病毒（viral haemorrhagic septicaemia virus，VHSV）、鲑甲病毒（salmonid alphavirus，SAV）可分别引起虹鳟和大西洋鲑出现明显肌炎。

受到 PRV 感染的大西洋鲑红肌细胞严重变性，肌间大量炎性细胞浸润；而虹鳟感染 VHSV 后，病毒可损伤血管内皮细胞，骨骼肌肌间通常表现为明显的出血（图 13-48、图 13-49）；大西洋鲑或虹鳟感染 SAV 后红肌和白肌肌纤维均可表现为明显透明变性、肌质肿胀，红肌肌纤维呈强嗜酸性，后期可见不同程度的炎症和纤维化，白肌肌纤维病变与红肌相似，但受损面积较小（图 13-50、图 13-51）。

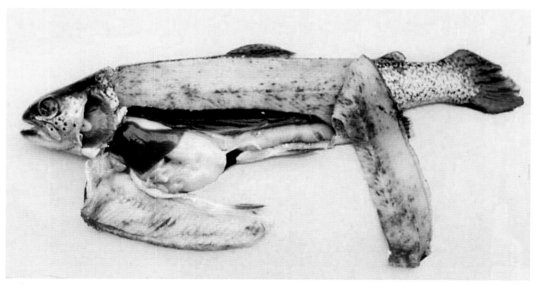

图 13-48　虹鳟病毒性出血性败血症，可见肌肉广泛性出血斑

（汪开毓等译，2018. 鲑鳟疾病彩色图谱. 2 版）

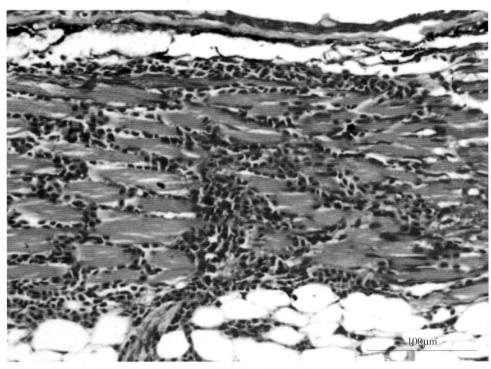

图 13-49　患病毒性出血性败血症的虹鳟苗严重肌间出血
（汪开毓等译，2018. 鲑鳟疾病彩色图谱. 2 版）

图 13-50　大西洋鲑 SAV 感染（慢性胰腺病）
（汪开毓等译，2018. 鲑鳟疾病彩色图谱. 2 版）

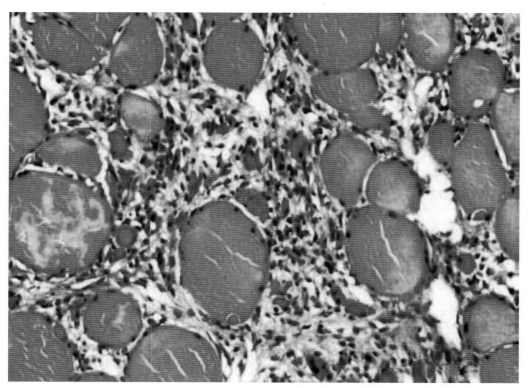

图13-51 感染SAV的大西洋鲑肌纤维变性肿胀、肌质碎裂，间质纤维化
（汪开毓等译，2018. 鲑鳟疾病彩色图谱. 2版）

3.真菌性皮肌炎 引起鱼类皮肤和肌肉病变的常见疾病主要包括水霉病（saprolegniasis）和流行性溃疡综合征。其中，水霉病主要是由水霉科（Saprolegniaceae）、水霉属的一些种类感染鱼的皮肤和鳃引起发病。该类病原一般由内外两种呈管状、不分隔的菌丝组成，包括生长于皮肤肌肉组织中的内菌丝和伸出皮肤之外的外菌丝。外菌丝较粗壮，分枝较少，伸出于鱼体组织之外，可长达3cm，形成内眼可见的灰白色棉絮状物；内菌丝分枝多而纤细，像根一样附着在动物的损伤处，可深入至损伤、坏死的皮肤及肌肉，具有吸收营养的功能。菌丝与皮肤或肌肉的组织细胞缠绕黏附，使组织发炎、坏死，最终鱼体因渗透压失衡，电解质紊乱等出现游动失常、食欲减退，很快瘦弱死亡（图13-52）。

图13-52 患水霉病的大口鲇皮肤寄生大量水霉菌丝

流行性溃疡综合征也可引起典型的皮肌炎，该病又称作红点病或霉菌性肉芽肿（mycotic granuloma），是由各种不同的丝囊霉菌引起的一种以体表溃疡为特征的流行性真菌性疾病。早期损伤主要表现为红斑性皮炎，此时难以观察到明显的真菌入侵。当损伤由慢性皮炎发展到局部区域严重的坏死性肉芽肿皮炎并出现絮状肌肉时，可以在骨骼肌中发现菌丝。丝囊霉菌可引起肌肉组织强烈的炎症反应，并在菌丝周围形成肉芽肿，肉眼表现为较大的红色或灰色的浅部溃疡，或在躯干和背部出现一些较大的溃疡灶，引起大量死亡（图13-53）。

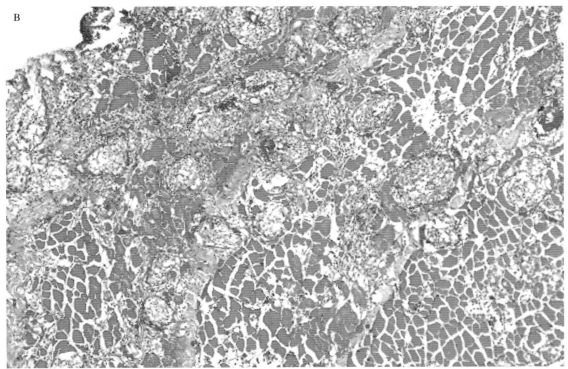

图13-53　丝囊霉菌致白乌鳢背部皮肤溃烂
A.患病白乌鳢体表溃疡　B.肌间质成纤维细胞增生，肉芽肿形成，可见丝囊霉菌菌丝

第十四章　鱼类呼吸系统病理

鱼类呼吸系统主要包括鳃、鳃盖和伪鳃（pseudobranch）。除此以外还包括一些辅助呼吸器官，如皮肤、肠道、鳃上器和鳍条等（图14-1）。其中鳃是鱼类呼吸系统中最重要的器官，是气体交换的重要场所，一方面血液流经鳃后获取氧气，另一方面将机体产生的CO_2、氮等废物排出体外。由于鳃直接与水体接触，仅有1～2层细胞将毛细血管和外界环境隔离，加上鳃本身含血量十分丰富，极易受到外界生物、物理及化学因素的刺激和损害。常见的影响因素包括水环境理化因子，如氨氮、亚硝酸盐、pH、硫化氢、外用化学药物等；生物因子，如细菌（柱状黄杆菌、嗜鳃黄杆菌）、病毒（疱疹病毒）、寄生虫（车轮虫、指环虫、三代虫、阿米巴原虫、微孢子虫）、真菌（水霉、鳃霉）、衣原体等。鳃部病变以鳃小片的变化最为常见，当鳃受到刺激后常常表现为鳃小片组织增生、水肿、融合、坏死等表现，影响呼吸功能和排毒功能，导致病鱼出现浮头等呼吸障碍表现。鳔是鱼类用以调节自身比重来达到上浮或下沉动作的器官，有的鱼类还可以通过鳔辅助呼吸，临床上鳔多以鳔炎病变为主。本章介绍了鳃正常组织结构及鳃和鳔的主要病理表现。

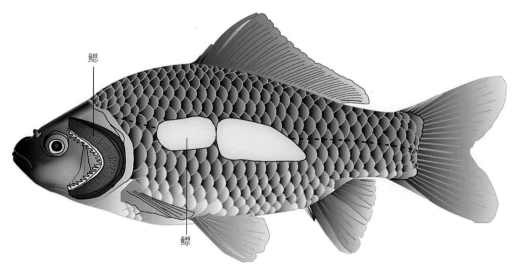

图14-1　主要呼吸器官示意图

第一节　鳃的组织结构

硬骨鱼类的鳃多位于鳃腔中，外覆鳃盖，一般有4对全鳃，1对伪鳃。每对鳃由鳃弓、鳃耙和鳃丝构成（图14-2）。鳃弓眼观白色，主要由软骨组织构成，根据鱼种类不同弯曲程度各异。鳃弓（gill arch）表面由复层上皮覆盖，内含入鳃动脉和出鳃动脉，两条脉管均有分枝进入鳃丝（gill filament）。鳃弓内侧附鳃耙（gill raker），呈梳齿状或箅齿状。每根鳃弓上附着两列鳃丝，每列鳃丝在鳃弓近端近1/2处由结缔组织和肌组织组成的鳃间隔连接，不同种类的鱼鳃间隔长度有较大差异。鳃丝中央有软骨细胞支撑，两侧分别附着多个鳃小片。鳃小片（gill lamella）是鳃气体和物质交换的最终场所，由呼吸上皮及柱细胞组成。相邻两个柱细胞胞体延长，围成毛细血管管腔。柱细胞及毛细血管两侧覆盖单层扁平上皮细胞即呼吸上皮（图14-3、图14-4）。有的鱼类如鲑科鱼类，在呼吸上皮和柱细胞之间还可见一些游走细胞。鳃小片基部还有多层上皮样细胞，其中含有黏液细胞和氯细胞。伪鳃紧贴鳃腔鱼体内侧，由大量丰富的毛细血管组成，可为眼球提供血液，也可参与感觉和渗透压调节（图14-5）。

图14-2 加州鲈的鳃

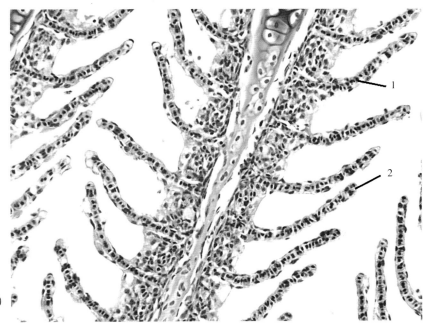

图14-3 鳃小片纵切面（示鳃小片）
　　　1.鳃小片 2.毛细血管

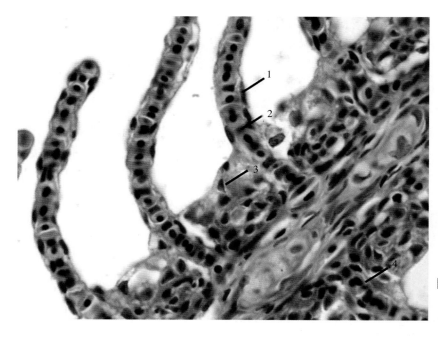

图 14-4　鳃小片纵切面
1. 呼吸上皮　2. 柱细胞
3. 氯细胞　4. 毛细血管

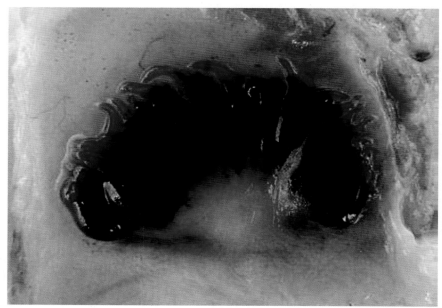

图 14-5　成年大西洋鲑伪鳃
（汪开毓等译，2018. 鲑鳟疾病
彩色图谱. 2版）

第二节　引起鳃病变的主要因素

由于鳃含血量丰富，直接暴露于外界环境中，加上组织极薄，极易受到外源性因素的影响及损害。鳃小片、鳃弓上皮及伪鳃均是病原入侵的重要门户。由于鳃的重要生理功能，鳃受损后对机体生命活动影响巨大。在养殖过程中，主要有理化因素和生物因素两方面的影响。

一、水体理化因子

水体中氨（NH_3）、亚硝态氮（NO_2^-）、硫化氢（H_2S）、外用药物以及非正常范围的pH、氮气和氧气浓度等均可引起鳃变化，其中以氨和亚硝态氮的损伤最为常见。由于长期高密度养殖，加之无法勤换养殖水体，导致水体累积大量动物排泄物、部分动物尸体及长期沉积的残饵和外用肥料等，引起水体氮含量逐渐升高，水体自净能力减弱。在正常氮循环下，这些氮可在微生物作用下先分解为氨（NH_3），氨在水体中进一步离解为离子态铵（NH_4^+）。在溶解氧丰富的水体中，亚硝化细菌和硝化细菌大量繁殖，铵态氮可被亚硝化细菌氧化为亚硝态氮（NO_2^-），亚硝态氮是一种很不稳定的中间产物，在硝化细菌的作用下很快氧化为硝态氮（NO_3^-）。在该氮循环过程中，离子态铵（NH_4^+）和硝态氮（NO_3^-）对鱼类并不表现明显的毒性，而氨（NH_3）和亚硝态氮（NO_2^-）对鱼类的毒性十分明显。但当水体含氮量过高，产生的NH_3和NO_2^-过多，或在水体缺氧的环境下，好气性细菌繁殖受到抑制，硝化细菌和亚硝化细菌繁殖受阻，厌氧性微生物（反硝化细菌）大量增多，水中有机物分解形成的总氨无法进一步氧化为亚硝态氮（NO_2^-）和硝态氮（NO_3^-），原有的亚硝态氮和硝态氮也会被反硝化细菌还原为总氨，从而引起有毒氨（NH_3）和亚硝态氮（NO_2^-）含量增多，导致鱼类氨中毒。

除此以外，外用化学药物也可引起鳃损伤。现代渔业养殖过程中，由于追求产量最大化，外源病原微生物大量繁殖，养殖户为了将微生物控制在一定数量，常常使用化学药物外用消毒或杀虫。但在施用过程中由于使用量大、施用频率高导致养殖鱼类鳃损伤，往往表现为鳃小片柱细胞损伤，相邻毛细血管融合，逐渐形成动脉瘤样病变，改变血流动力学，导致血栓的发生，最终影响气体交换。

二、生物因子

一些生物因素，如细菌、真菌、病毒、寄生虫等也可引起鳃出现不同程度的病理变化，该种类型的鳃损伤在临床上最为常见。正常情况下，由于鳃受到黏液和机体免疫细胞的保护，可以杀灭一定数量的病原生物，但当机体抵抗力下降或在适宜条件下病原生物大量繁殖，或因水质或人为操作等因素引起鳃受伤，病原生物可趁机在鳃中驻留并大量繁殖，从而引起鳃部病变。常见的鳃部病原包括黄杆菌属（柱状黄杆菌、嗜鳃黄杆菌）、气单胞菌属（杀鲑气单胞菌、嗜水气单胞菌、维氏气单胞菌）、假单胞菌属（荧光假单胞菌）的细菌，疱疹病毒（疱疹病毒Ⅲ型）、虹彩病毒属的病毒，水霉或鳃霉等真菌，原虫（车轮虫、斜管虫、小瓜虫、孢子虫、微孢子虫）、蠕虫（三代虫、指环虫）等寄生虫。病原微生物侵袭鳃后，可导致鳃增生或坏死等病理变化，氧气交换能力下降，呼吸功能受阻，病鱼出现浮头等临床症状，严重时开启增氧机不能缓解浮头症状，最后可出现窒息死亡。

第三节 鳃的基本病理变化

鳃含血丰富，壁极薄，常常受到外源因素的损伤，引起鳃增生或缺损等病理表现。鳃的大体病理变化多表现为颜色改变、鳃丝肿胀、出血斑点、鳃丝腐烂或鳃丝异物等；鳃的组织学变化以鳃弓上皮和鳃小片变化最为常见，常常出现鳃小片水肿、鳃小片增生、鳃小片融合、鳃血管扩张和鳃假囊肿样变，且常常可以通过组织学观察找到可能的致病病原，直接诊断疾病。

一、鳃小片水肿

鳃小片水肿后大体病变不典型，或可见鳃丝颜色变淡、轻微肿胀、鳃瓣较疏松等症状。组织病理常表现为呼吸上皮细胞水肿、浮离。如高浓度氯化钠可引起鲤鳃呼吸上皮细胞肿胀、体积增大、染色变淡，细胞膜边缘变得凹凸不平，有的甚至边界模糊不清，整个呼吸上皮层明显浮离，与鳃小片间隙增宽，且鳃小片基部上皮样细胞与周围组织间隙增宽（图14-6）。

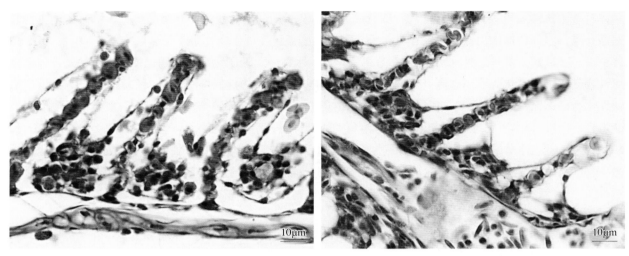

图 14-6　3%的氯化钠浸泡后，鲤鳃小片水肿，呼吸上皮肿胀、变性、坏死、浮离

二、鳃小片增生及融合

　　正常情况下，鳃小片之间携带相同电荷而相互排斥，在水体中分散从而与水体充分接触并进行氧气交换。在外源因素刺激下，鳃小片完整性受到破坏，所带电荷随之消失，从而导致相邻鳃小片粘连、融合。一方面，由于受到外源性因素刺激，如细菌、病毒、寄生虫或水体水质因素刺激，鳃小片基部细胞及上皮细胞大量增生，增生的细胞逐渐填充相邻鳃小片的空隙部位，使得鳃小片相对变短。增生严重的可见相邻鳃小片完全融合，最后连接成一片，整个鳃丝看起来呈棍棒状表现。另一方面，鳃小片呼吸上皮与柱细胞之间也可能出现大量细胞增生，使得整个鳃小片增粗，有的甚至增粗到正常的 4 ～ 5 倍（图14-7至图14-9）。

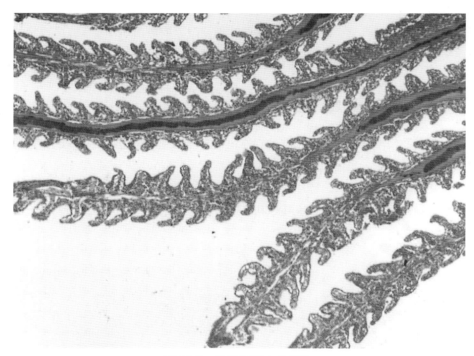

图 14-7　云斑鮰鳃小片增生

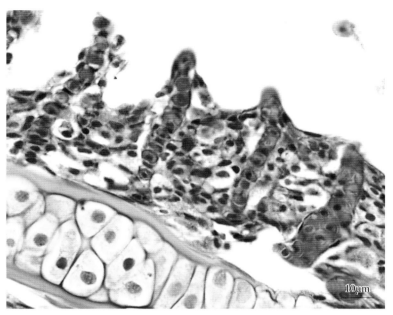

图14-8 鲤鳃小片基部细胞增生，部分鳃小片融合

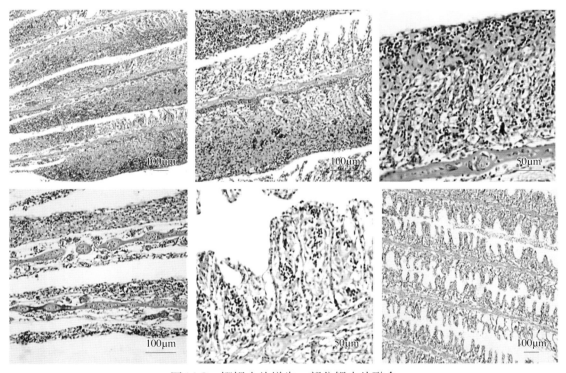

图14-9 鲫鳃小片增生，部分鳃小片融合

三、鳃毛细血管扩张

鳃血管扩张（telangiectasia）又叫鳃动脉瘤（lamellar aneurysm）样变，也是鳃常见变化之一。在某些外源性因素作用下，特别是一些外用化学药物刺激下，如氯制剂、双氧水、福尔马林等外用消毒药用药浓度过高或使用过于频繁，或者用重物猛击头部的方式进行安乐死，导致鳃小片柱细胞严重损伤、细胞破裂，相邻毛细血管融合，形成病理性毛细血管管腔变大、扩张，血液充盈的现象。血管扩张的鳃眼观多苍

白，并出现大小不等的红斑，类似出血点（图
14-10）。镜下可见鳃内散在分布大小不等的由
血管严重扩张引起的充血团块，充血团块由大
量红细胞组成，少见白细胞，团块外明显可见
毛细血管内皮细胞（图14-11至图14-14）。由于
血管管道发生物理性改变，从而改变了血流动
力学，团块内极易形成血栓，从而阻塞相应部
位血液循环（图14-15、图14-16）。随着时间延
长，血栓最终机化。

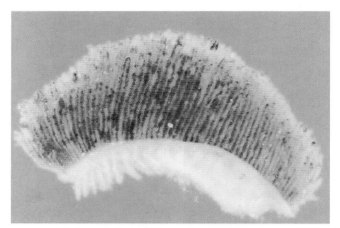

图14-10　毛细血管扩张导致的鳃丝大量红斑
（Ferguson H W，2006. Systemic pathology of fish）

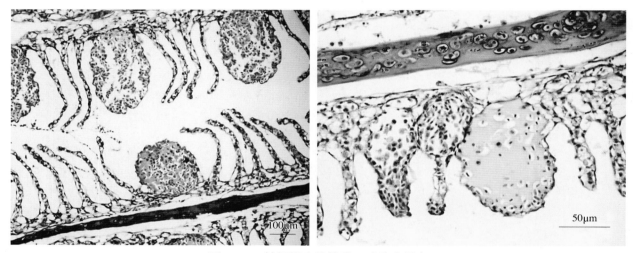

图14-11　鲈鲤鳃血管扩张，动脉瘤样变

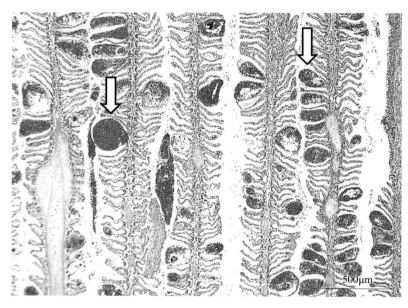

图14-12　虹鳟急性鳃小片动脉瘤样变（⇨）
（由 David Groman 提供）

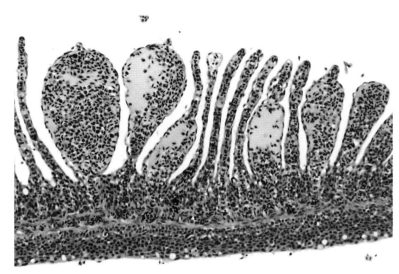

图14-13　鳃动脉瘤样变
（由David Groman提供）

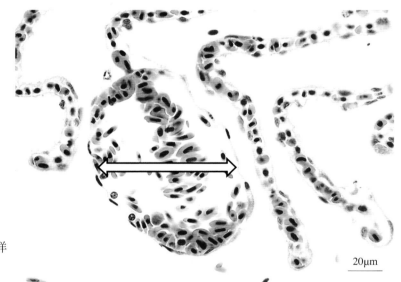

20μm

图14-14　大西洋鲑急性鳃小片动脉瘤样
　　　　变（⟺）
　　　　（由David Groman提供）

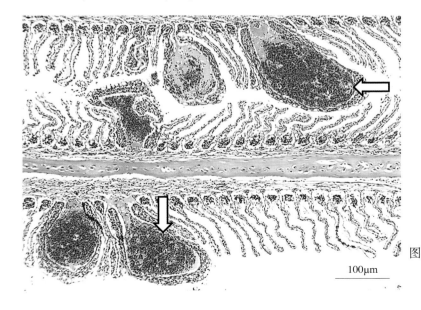

100μm

图14-15　过氧化氢造成大西洋鲑亚急性
鳃小片动脉瘤样变和血栓（⟹）
（由David Groman提供）

273

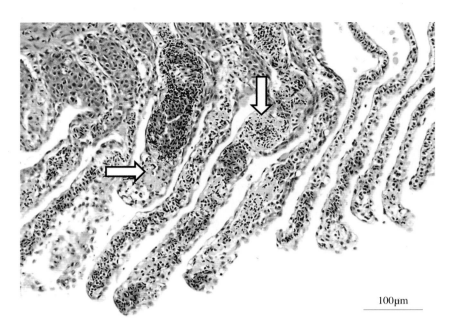

图 14-16　大西洋鲑鳃小片亚急性动脉瘤样变，部分区域可见血栓形成（⇨）
（由 David Groman 提供）

四、鳃假囊肿样变

假囊肿样变（pseudocyst-like change）在鳃的变化中极为常见，某些外源性因素，如细菌感染、寄生虫感染、病毒感染等情况常常可引起鳃出现轻微病理学改变，相邻两个鳃小片顶端黏附在一起，而底部仍然分开，形成囊肿样变化（图 14-17）。囊肿腔内常常可见一些病原，如黄杆菌、隐鞭虫、车轮虫、三代虫、指环虫、阿米巴原虫、藻类等（图 14-18）。由于鳃丝粘连，水流与鳃小片接触面积减少，鱼往往表现为呼吸障碍，在水表层游动，严重的出现浮头或窒息死亡。囊肿内的异物具有疾病诊断作用。

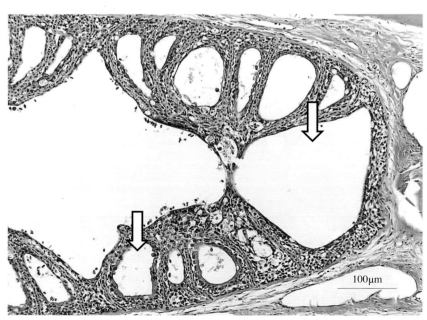

图 14-17　大西洋鲑鳃小片融合与假囊肿样变（⇨）
（由 David Groman 提供）

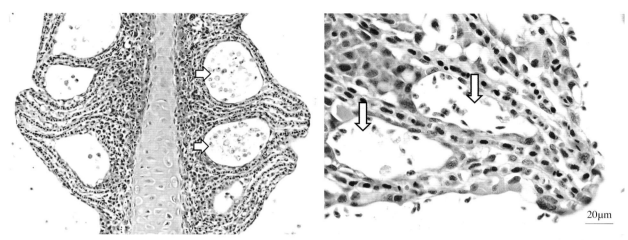

图 14-18 大西洋鲑鳃小片融合与假囊肿样变，囊肿腔内可见病原（⇨）
（由 David Groman 提供）

五、鳃巨大细胞

在鳃镜检过程中，常常可见一些异常巨大的细胞，也可以描述为细胞肥大，其大小波动范围极大，可能比正常细胞大 2 ~ 3 倍，甚至增大至数百倍。这些巨大细胞可能是肿大的呼吸上皮细胞、柱细胞或其他鳃细胞。肿大的原因根据侵入的物质不同而不同，往往是具有侵袭性的病原，包括细菌、病毒和一些寄生虫等。如衣原体可感染鳃上皮细胞，导致细胞体积极度增大，可至正常细胞的几十甚至上百倍，胞内充满大量均质沙粒样蓝染物质（即衣原体）（图 14-19 至图 14-21）；当疱疹病毒Ⅲ型感染鲤时，镜下可见体积增大 3 ~ 5 倍的巨大细胞，细胞质红染，细胞核增大蓝染、变为多形性，细胞核内可见 1 ~ 3 个数量不等的红染包涵体（图 14-22、图 14-23）；当微孢子虫感染鳃细胞后，被感染细胞体积增大，胞内可见颗粒样物质（图 14-24）。值得注意的是，并不是所有的病毒感染后都可以在细胞内形成光镜可见的病毒包涵体，只有当进入胞内的病毒数量较多，且排列较为规则时才能在光镜下被发现。

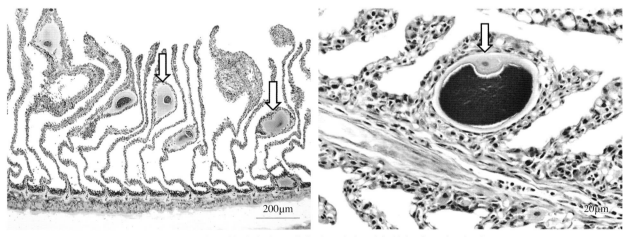

图 14-19 衣原体感染大西洋大比目鱼鳃引起的细胞肥大（⇨）
（由 David Groman 提供）

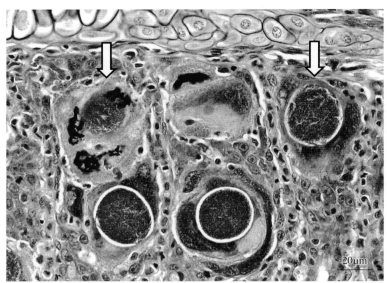

图14-20 衣原体感染大西洋鳕鱼鳃引起
的细胞肥大（⇨）
（由David Groman提供）

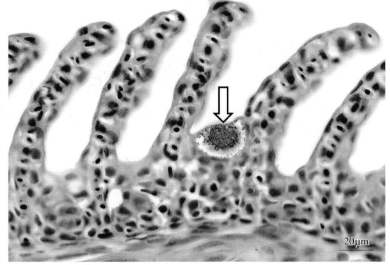

图14-21 大西洋鲑鳃上皮囊肿引起的细
胞肥大（⇨）
（由David Groman提供）

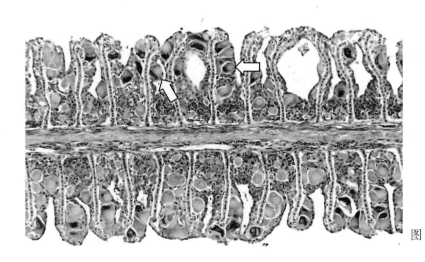

图14-22 鳕鳃疱疹病毒感染，可见细胞
肥大和核内包涵体（⇨）
（由David Groman提供）

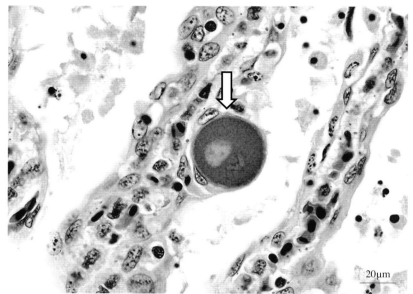

图14-23 虹彩病毒感染引起的大西洋鲟呼吸上皮细胞肥大，可见核内包涵体（⇨）
（由David Groman提供）

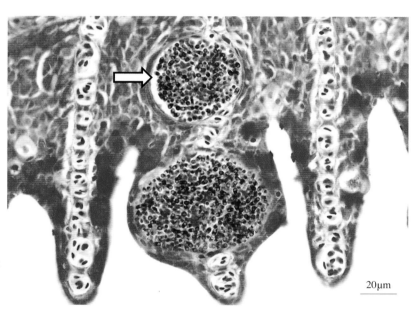

图14-24 微孢子虫感染造成大西洋鳕鱼鳃细胞肿大（⇨）
（由David Groman提供）

第四节 鳃 炎

由于鳃与水环境直接接触，在病原因素或环境因素作用下，鳃受到刺激后可出现不同程度的炎性反应。根据病因不同、刺激程度不同及病程的不同，鳃的应对策略也存在差异，一般可见以细胞肿胀和坏死、毛细血管扩张为主要表现的急性反应和以组织增生、融合、假囊肿样变为主要表现的慢性反应。鱼类患鳃炎后毛细血管与外界水环境距离增宽，呼吸上皮和氯细胞等损伤，气体交换受到影响，病鱼表现为活动能力减弱，摄食下降，严重的呼吸困难甚至窒息死亡。研究表明，当鳃呼吸上皮和氯细胞损伤后，病鱼渗透压调节能力减弱、酸碱失衡以及气体交换功能受损，表现为血浆钠、碳酸氢盐和氯化物降低，血中氧分压降低、二氧化碳分压升高，红细胞比容、血糖和总蛋白也增加。研究还发现各种原因导致的鳃炎可明显降低病鱼的食欲和饲料转化率，降低生长和生产性能，当使用化学药品如福尔马林、氯胺-T、过氧化氢和季铵化合物治疗后，鳃修复，病鱼摄食量逐渐增加，饲料转化率逐渐恢复。故鳃病的发生不仅影响鱼类的呼吸功能，也可影响其渗透压调节能力和生产性能，应早发现早干预，降低对渔业生产的影响。常见的鳃炎包括由黄杆菌等细菌导致的细菌性鳃炎、由疱疹病毒等病毒导致的病毒性鳃炎、由水霉或鳃霉等真菌导致的真菌性鳃炎和由阿米巴虫、车轮虫、小瓜虫、黏孢子虫等寄生虫导致的寄生虫性鳃炎。虽然导致鳃炎的病原不同，但病理学表现较为相似，需要在组织病理学诊断时仔细诊断病原的差异。

一、细菌性鳃炎

常见的细菌性烂鳃主要是由柱状黄杆菌、嗜鳃黄杆菌等黄杆菌属细菌导致的鳃部感染，其中我国以柱状黄杆菌导致的烂鳃最为常见。主要表现为鳃丝边缘发白，末端腐烂变色，鳃丝末端因腐烂变得参差不齐，有时被成块的污物和泥土附着。严重时鳃丝被侵蚀成柱状，鳃丝软骨外露发白，甚至整根鳃丝完全腐烂脱落，只剩下少量鳃残留在鳃弓上。由于腐烂的鳃丝参差不齐，称为"刷把样变"。在黄杆菌感染时，细菌还常常侵入鳃盖内侧皮肤，最后腐蚀鳃盖骨使鳃盖变薄、烂穿呈空洞状，称为"开天窗"（图14-25）。被感染的鳃正常结构消失。在感染初期，鳃小片上皮增生并伴随黏液细胞增多，增生的组织填充与相邻鳃小片之间的间隙。随着感染程度加深，鳃小片之间间隙被增生的细胞完全阻塞致鳃小片融合；鳃毛细血管

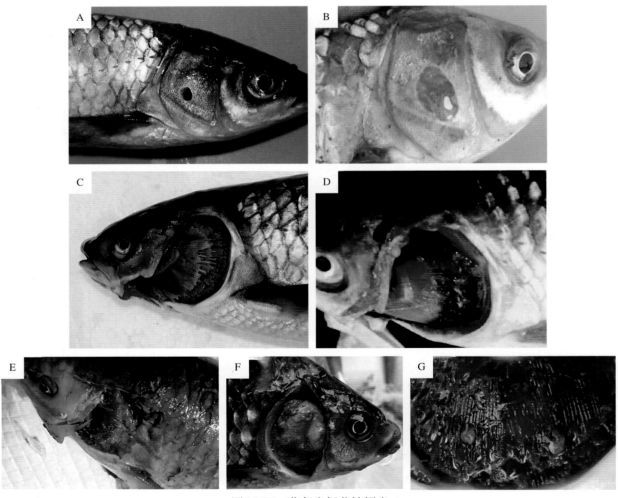

图14-25 草鱼患细菌性鳃炎

A～B.患病草鱼鳃盖内皮腐蚀，形成"开天窗"病变　C～G.鳃丝末端腐烂、发白并粘有污泥和杂物

（B由湖南渔美康集团提供；F由肖健聪、黄永艳提供）

充血，可见炎性细胞在病变区浸润。感染后期可见大面积鳃实质细胞坏死，尤其可见鳃小片上皮细胞、柱细胞坏死脱落，大面积鳃小片结构崩解，在坏死崩解的细胞团中可见H&E染色呈蓝染的柱状黄杆菌菌团，油镜下清晰可见呈长杆状的细菌，组织病理学细菌菌团的发现具有诊断意义（图14-26至图14-28）。感染终末期的鳃丝可呈明显的杆状，最终因呼吸衰竭和循环衰竭导致病鱼死亡。

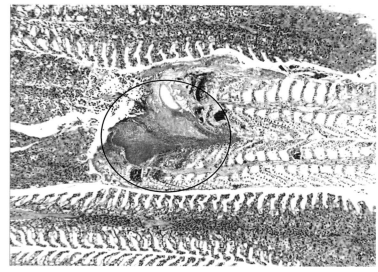

图14-26 鳃大量实质细胞坏死，鳃小片增生、融合，可见明显菌团（○）
（由David Groman提供）

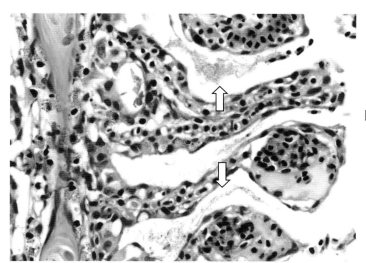

图14-27 细菌性鳃炎，呼吸上皮肿胀，鳃小片融合粘连，动脉瘤样变，鳃小片间细菌附着（▷）
（由David Groman提供）

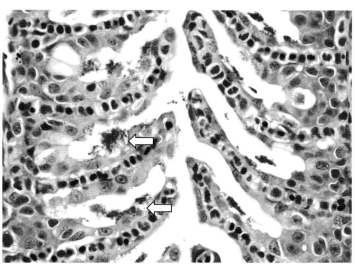

图14-28 细菌性鳃炎，呼吸上皮肿胀变圆，鳃小片间可见细菌团块（▷）
（由David Groman提供）

除了柱状黄杆菌和嗜冷黄杆菌等黄杆菌属细菌外，衣原体（chlamydia）和立克次体样（rickettsialike）

微生物也是鳃病变的主要细菌性病原。
病鱼大体病理表现为鳃白色结节样病
变。镜下可见病鱼表现为弥漫性鳃小片
增生、融合和坏死；呼吸上皮、氯细胞
和黏液细胞都可能被感染，大量的病原
体侵入细胞内，导致这些细胞肥大并最
终发展为含有病原体的巨大细胞，胞内
含有嗜碱性的细菌菌体，细胞外可见被
膜包裹（图14-29），这种巨大细胞具有
病理学诊断意义。由于鳃小片严重增生
融合，鳃表面积减少，导致氨排泄减
少，气体交换、酸碱平衡维持和盐代谢
能力减弱，病鱼表现为浮头、摄食量减
少、黏液分泌过多、游泳无力和嗜睡。

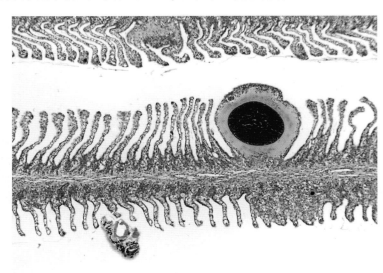

图14-29　鳕鳃上皮囊肿，可见被感染的巨大细胞
（由David Groman提供）

二、病毒性鳃炎

由疱疹病毒感染鳃导致的鳃炎是最常见的病毒性鳃炎之一，包括疱疹病毒Ⅱ型和Ⅲ型在内的病毒都可

导致宿主严重的鳃部病变。疱疹病毒Ⅱ
型可引起养殖的鲫和金鱼大规模感染
死亡，在我国鳃出血病一度成为鲫养殖
过程中的魔咒，严重限制着其健康养殖
的可持续发展。患病鱼鳃丝末端轻微
腐烂，鳃丝颜色加深或呈西瓜红样和出
血样表现（图14-30）。镜下可见鳃表现
为重度出血性坏死性鳃炎，低倍镜下可
观察到大面积鳃小片缺损，鳃丝出血
（图14-31）；高倍镜下可见鳃小片坏死、
脱落，鳃丝间有脱落堆积的红细胞和炎
性细胞。金鱼感染疱疹病毒Ⅱ型，鳃部
的病理变化与鲫类似，主要表现为急性
至亚急性坏死性鳃炎，严重的病例鳃小
片正常结构完全消失，呈弥漫性坏死，
可见大量柱细胞及上皮细胞坏死，染色
质边移最后消失，感染细胞最终坏死崩
解，组织中可见大量白细胞浸润（图
14-32、图14-33）。

图14-30　疱疹病毒Ⅱ型感染引起鲫死亡，鳃出血（⇨）
A.患病鲫鳃和体表出血　B.病鱼鳃充出血，呈西瓜红色
（A由肖健聪、黄永艳提供）

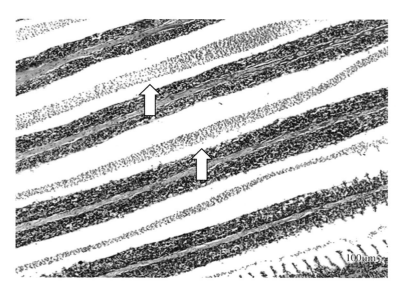

图14-31 疱疹病毒Ⅱ型感染鲫致鳃丝出血（⇨）

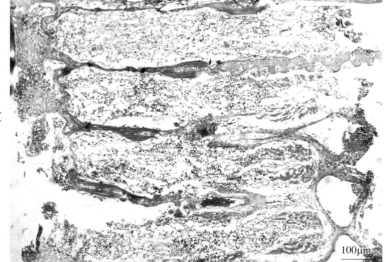

图14-32 患疱疹病毒Ⅱ型病的金鱼鳃严重坏死，结构消失
（由马志宏提供）

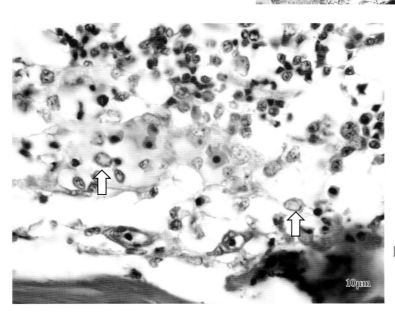

图14-33 患疱疹病毒Ⅱ型病的金鱼鳃细胞大量坏死，染色质减少，边移（⇨）
（由马志宏提供）

疱疹病毒Ⅲ型可感染锦鲤、金鱼等鲤科鱼类，鳕也可感染发病，眼观可见鳃灶性坏死、发白，病变区与周边界限明显，鳃丝形态完整，长度与正常鳃丝相近（图14-34）。镜下可见大量细胞增生，引起鳃小片严重增生并导致融合（图14-35、图14-36）。研究发现，这种病毒可感染金鱼鳃上皮细胞，当大量病毒粒子进入上皮细胞核后，整个细胞表现为严重肥大，体积可达正常细胞的10倍以上，H&E染色后细胞核内可见淡粉色的核内包涵体。鳃上巨大细胞和淡粉色核内包涵体具有病理学诊断意义。

图14-34　疱疹病毒Ⅲ型感染锦鲤致鳃灶性坏死

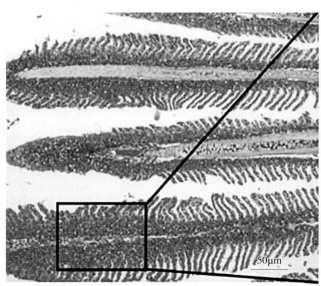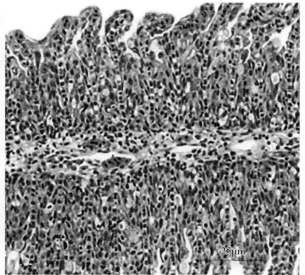

图14-35　疱疹病毒Ⅲ型感染致锦鲤鳃小片严重增生、融合

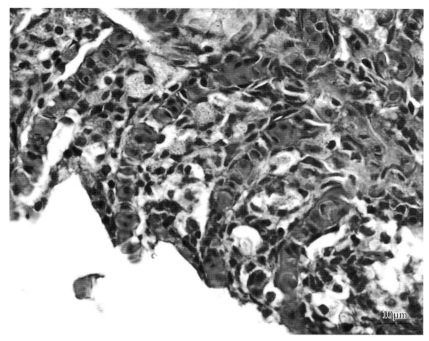

图14-36　疱疹病毒Ⅲ型感染锦鲤致鳃小片增生、融合

三、真菌性、寄生虫性和其他原因导致的鳃炎

集约化养殖条件下，往往出现过量投喂，特别是在幼鱼阶段易出现投喂过量导致大量残饵在池底的大量蓄积，若蓄积的残饵未能及时清除，极易滋生真菌。当幼鱼摄食了这些霉变的池底残饵后，易继发感染真菌性鳃病。寄生于我国鱼类的鳃霉，从菌丝形态和寄生情况来看主要包括两种类型，即寄生在草鱼鳃上的菌丝粗壮、少弯曲、少分枝、不进入血管和软骨、仅在鳃小片上生长的血鳃霉（*Branchiomyces sanguinis*）和寄生在青鱼、鳙、鲮、黄颡鱼鳃上的菌丝较细、常弯曲成网状、较多分枝、可侵入血管或穿入软骨生长的类似已报道的穿移鳃霉（*B. demigrans*）的霉菌。鲑鳟鱼类也有外瓶霉等其他真菌感染的报道。患病鱼表现为呼吸困难，鳃上黏液增多，可见鳃出血斑或瘀斑，呈花鳃表现，病程较重时病鱼高度贫血，整个鳃呈青灰色（图14-37）。组织病理学可见鳃严重增生，大面积区域鳃小片融合，上皮细胞明显肿大，大量实质细胞坏死（图14-38）。鳃小片组织间可见真菌菌丝和深染的真菌孢子（图14-38至图14-41），PAS染色呈红色（图14-42、图14-43），具有病理学诊断意义。研究发现，如果感染波及整个鳃，位于鳃腔背连合处的胸腺也可能受累，进而造成严重的免疫后果。

图14-37　鲇怀鳃霉感染

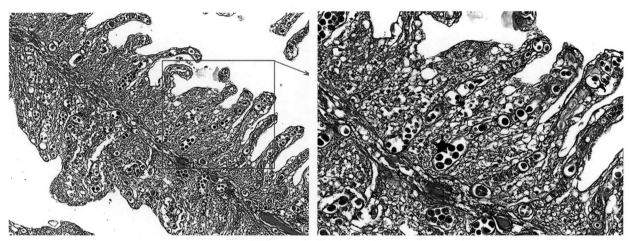

图14-38　真菌性鳃炎，可见鳃严重增生、粘连，不同部位可见真菌菌丝和孢子

图14-39　真菌寄生导致大西洋鲑鳃部分坏死，可见大量真菌菌丝（○）（由David Groman提供）

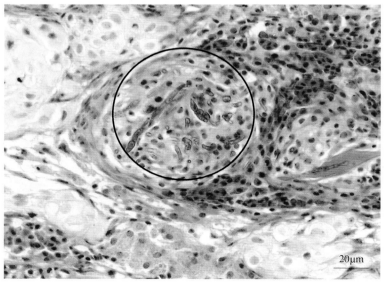

图14-40　大西洋大比目鱼鳃血管中的外瓶霉菌丝（○）（由David Groman提供）

图 14-41　鳃上真菌寄生，可见真菌孢子（⇨）
（由 David Groman 提供）

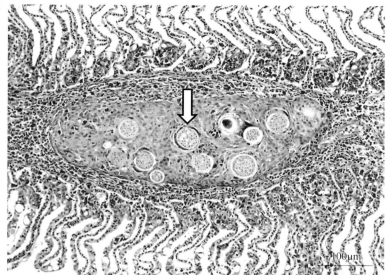

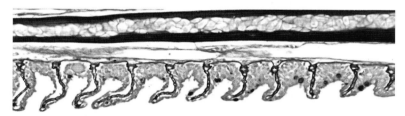

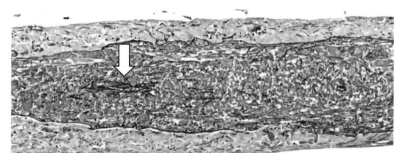

图 14-42　鳃真菌感染，PAS 染色可见大量真菌菌丝（⇨）
（由 David Groman 提供）

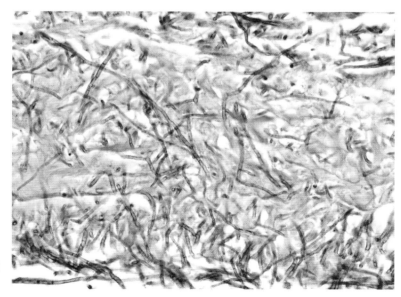

图 14-43　PAS 染色可见鳃上大量真菌菌丝
（由 David Groman 提供）

　　除了真菌外，不同类型的寄生虫也是造成鱼类鳃炎的主要原因，常见的有车轮虫、小瓜虫、斜管虫、隐鞭虫、孢子虫和微孢子虫等原虫（图14-44至图14-54），三代虫和指环虫等蠕虫（图14-55至图14-57），以及锚头鳋和中华鳋等甲壳类寄生虫（图14-58、图14-59）。由于寄生虫在鳃上活动摄食，刺激鳃黏液生成增多，上皮细胞广泛增生，鳃小片融合，严重的受感染鳃丝可呈棍棒状表现。除了常见的寄生虫外，由副变形虫属如阿米巴虫导致的阿米巴虫鳃病（amoebic gill disease，AGD）也是鱼类鳃炎的重要病原（图14-60至图14-62）。鱼类感染副变形虫后，鳃会发生严重的增生反应，最终导致大量死亡。发病严重时，鱼常表现为活力下降并在水面聚集，鳃盖处可见明显的白色斑点状病灶和大量黏液。镜下可见鳃上皮细胞出现鳞状复层增生，后期病变区上皮细胞出现肥大和增生，感染区域黏液分泌细胞增多、氯细胞减少，鳃小片形成假囊肿样变，在囊肿腔内或鳃小片缝隙中常能观察到虫体，具有病理学诊断意义。除了寄生虫导致的鳃炎外，水体藻类大量死亡产生的藻毒素或藻类本身导致的鳃病也十分常见，常常导致鳃实质细胞坏死，部分区域增生，可在鳃丝间隙或鳃小片间隙中发现藻细胞（图14-63至图14-65）。镜下藻细胞的发现具有诊断意义。

图14-44　裸鲤野鲤碘泡虫寄生，形成肉眼可见的巨大包囊（⇨）

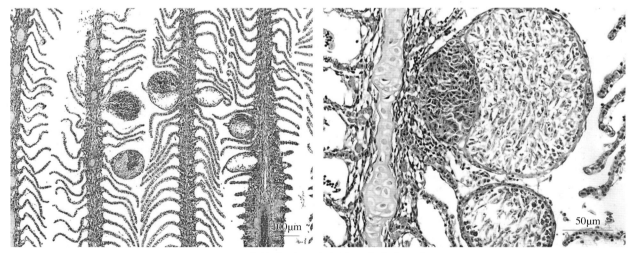

图14-45　裸鲤鳃孢子虫包囊，内含大量孢子

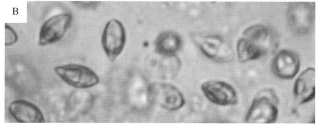

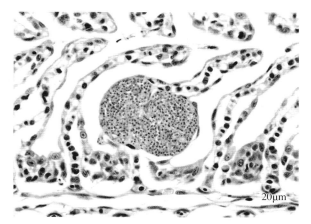

图 14-47　虹鳟鳃上寄生的微孢子虫
（由 David Groman 提供）

图 14-46　鳃洪湖碘泡虫病
A.鳃上白色包囊形成　B.孢子形态
（由袁圣提供）

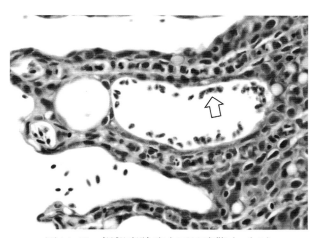

图 14-48　鳃假囊肿腔内可见隐鞭虫（⇨）
（由 David Groman 提供）

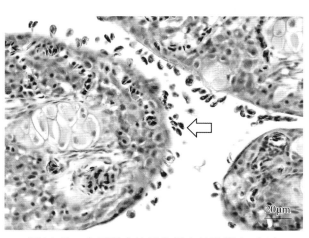

图 14-49　大西洋大比目鱼鳃上的隐鞭虫（⇨）
（由 David Groman 提供）

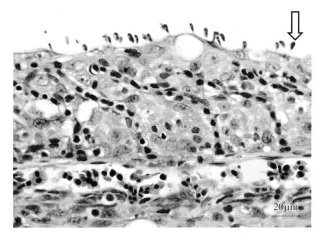

图 14-50　虹鳟鳃上的隐鞭虫（⇨）
（由 David Groman 提供）

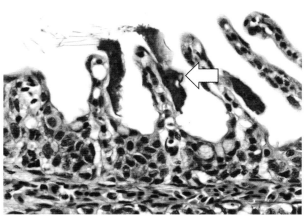

图 14-51　鳃小片上车轮虫寄生（⇨）
（由 David Groman 提供）

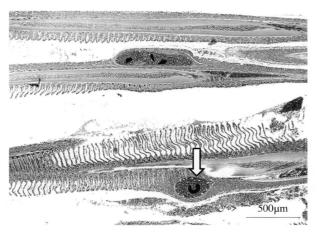

图14-52　条纹鲈鳃上寄生的小瓜虫（⇨）
（由David Groman 提供）

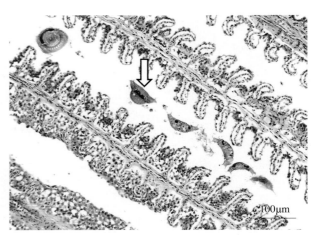

图14-53　条纹鲈鳃上车轮虫寄生（⇨）
（由David Groman 提供）

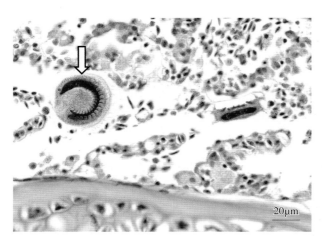

图14-54　海参斑鳃上车轮虫（⇨）
（由David Groman 提供）

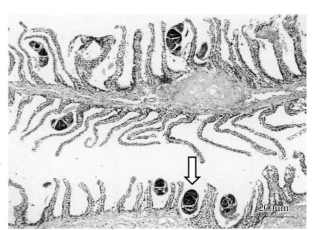

图14-55　海参斑鳃中的单殖吸虫（⇨）
（由David Groman 提供）

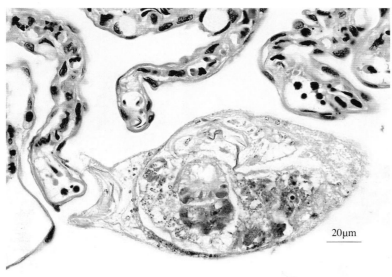

图14-56　奇努克鲑鳃中的单殖吸虫
（由David Groman 提供）

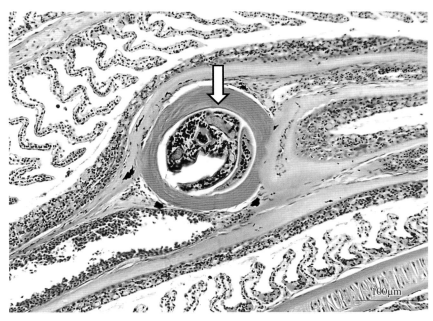

图 14-57 鳃上寄生增殖的复殖吸虫后囊蚴（▷）
（由 David Groman 提供）

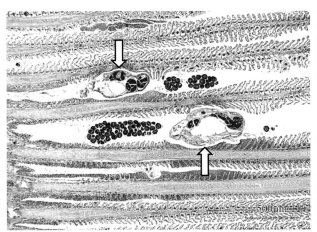

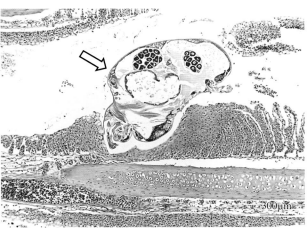

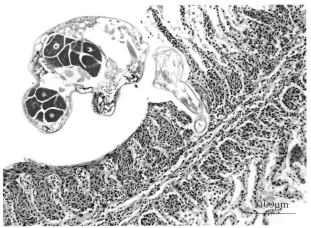

图 14-58 虹鳟鳃上桡足类生物寄生（▷）
（由 David Groman 提供）

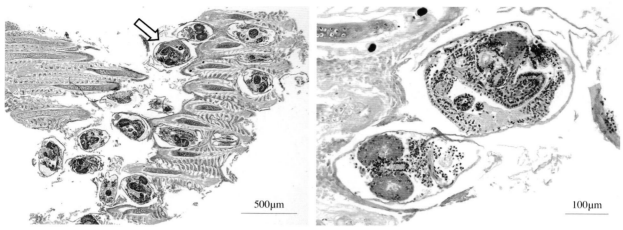

图14-59　大西洋鲑鳃中的淡水贻贝幼虫（⇨）
（由David Groman提供）

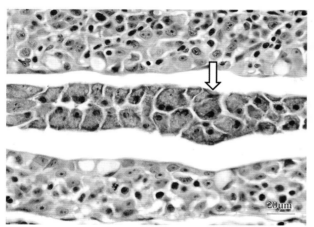

图14-60　虹鳟鳃上的淡水阿米巴变形虫（⇨）
（由David Groman提供）

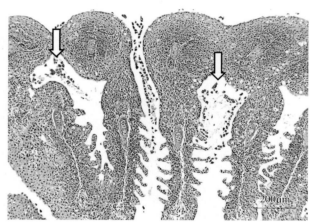

图14-61　虹鳟鳃上由淡水阿米巴变形虫引起的结节性
鳃病（⇨）
（由David Groman提供）

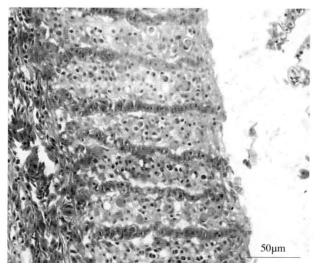

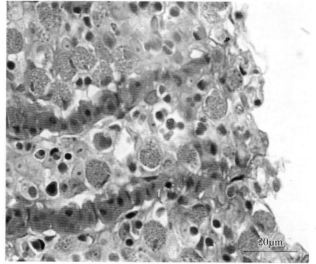

图14-62　鲤变形虫寄生致鳃小片融合，间隙可见大量嗜酸性粒细胞浸润

图 14-63　大西洋鲑鳃中的浮游植物碎屑
（由 David Groman 提供）

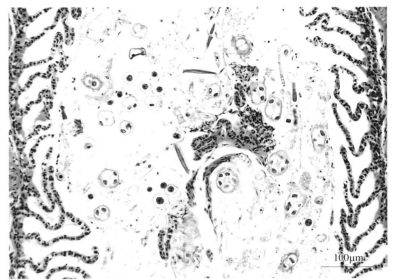

图 14-64　大西洋鲑鳃上的硅藻（⇨）
（由 David Groman 提供）

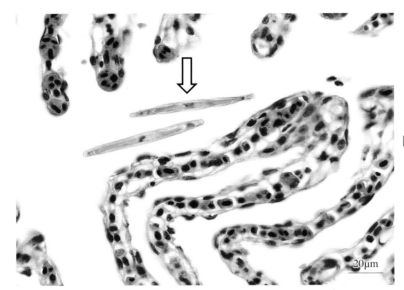

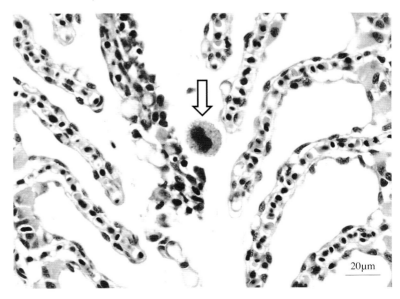

图 14-65　大西洋鲑鳃上的甲藻（⇨）
（由 David Groman 提供）

第五节 鳔　炎

　　鳔是鱼类用以调节自身比重来达到上浮或下沉活动的器官，大多数硬骨鱼类具有鱼鳔，位于体腔背上方。鲤的鳔分为两室，而鲑的鳔仅有一室，内充满氧气、氮气和二氧化碳。一些硬骨鱼类如鲤的鳔通过鳔管与食道相连，而另一些鱼类如鲈无鳔管与外界相通。鳔由里向外分为黏膜层、肌层和外膜层（图14-66至图14-68），黏膜层又分为黏膜上皮和固有膜，黏膜上皮由单层扁平上皮细胞和黏液细胞构成，固有膜内含有丰富的毛细血管，是病原感染的主要部位；肌层由内环肌和外纵肌两层平滑肌构成；外膜层由结缔组织构成，在鳔外膜最外层覆盖有一层间皮，构成与腹膜相连续的浆膜。

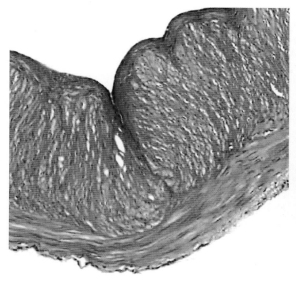

图14-66　草鱼鳔前室横切面

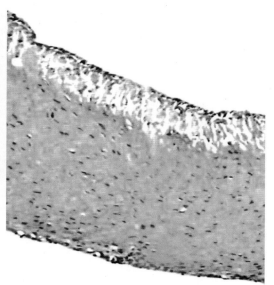

图14-67　草鱼鳔后室横切面

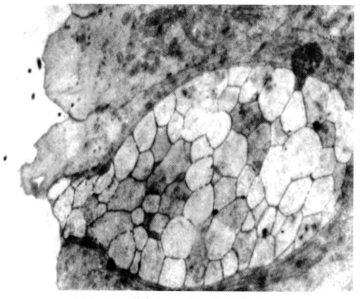

图14-68　草鱼鳔黏膜上皮层杯状细胞

与肝、脾、肾等含血量丰富的器官相比，鳔含血量相对较少，大部分疾病不易观察到鳔的病变，但一些疾病也有可能造成鳔的损伤，如部分真菌、细菌、病毒等可引起鱼类鳔炎。常见的鱼类鳔炎包括由鲤春病毒血症病毒（spring viraemia of carp virus，SVCV）引起的病毒性鳔炎。这种病毒可感染四大家鱼和其他几种鲤科鱼类，主要感染鲤，也可感染草鱼、鲢、鳙、黑鲫、鲫等。该病毒可侵袭毛细血管内皮细胞，导致鳔血管完整性受损而引起严重出血，在鳔壁上可见大小不等的出血斑（图14-69）。镜下可见固有层水肿增厚，小血管和毛细血管扩张，部分区域出血，红细胞外渗，炎性细胞浸润，黏膜上皮坏死脱落。

图14-69　各种原因引起的出血性鳔炎
A、B.SVCV引起的鲤鳔炎，可见大小不等的出血斑　C.疱疹病毒Ⅱ型导致的鲫鳔出血斑
D.SVCV引起的鲈鲤鳔前室壁出血　E、F.鳊出血性鳔炎
（A由肖健聪、黄永艳提供）

此外，当仔鱼鳔充气瞬间，可能会吸入外界真菌孢子，导致真菌在鳔内生长，引起真菌性鳔炎。另外，由于仔鱼腹壁肌肉很薄，体表感染真菌如水霉后，霉菌菌丝可直接穿透腹壁肌肉到达腹腔，最后进入鳔腔引起真菌性鳔炎。感染真菌的鳔常失去正常通透感，表现为鳔壁浑浊，乳白色样，鳔腔内可见炎性液体。镜下可见鳔壁黏膜层明显增厚，固有层大量白细胞浸润，鳔壁和鳔腔可见大量真菌菌丝，PAS染色呈橘红色（图14-70至图14-72）。

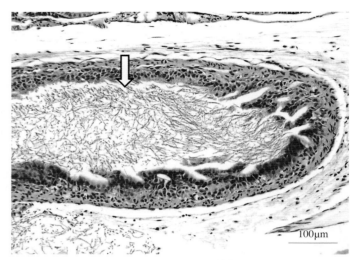

图14-70　大西洋鲑鳔真菌感染（➪）
（由David Groman提供）

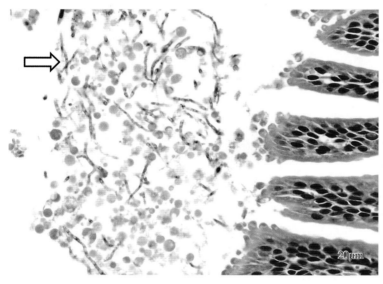

图14-71　大西洋鲑鳔中的真菌菌丝和孢子
（➪）
（由David Groman提供）

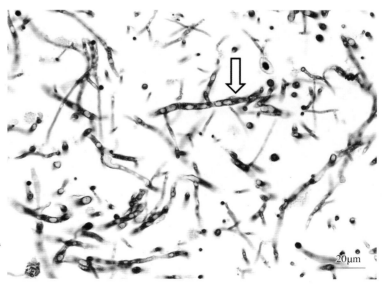

图14-72　大西洋鲑鳔中的真菌菌丝，可见
菌丝分隔（➪）
（由David Groman提供）

第十五章　鱼类心血管系统病理

心血管系统（cardiovascular system）是血液运输的通道，在氧气输送和物质供给方面发挥着重要的作用（图15-1）。但另一方面，心血管系统由于含有血液，营养物质十分丰富，一旦遭受病原入侵，病原可在短时间内大量繁殖，随着血液的流动运输到全身多个器官组织，影响范围可迅速扩大，对疾病的发展有着重要的影响。血液含量越丰富的器官病原数量往往也越高。同时，病原也可危害这个通道本身，即对心脏和血管造成危害。一旦心脏和血管出现病变，血液输送功能受到影响，即可影响全身各个器官的循环、代谢，机体可进一步出现全身系统性障碍。本章在鱼类正常心血管组织结构的基础上重点介绍了鱼类心血管系统常见的病理变化，包括心外膜炎（pericarditis）、心内膜炎（endocarditis）和心肌炎（myocarditis）及一些危害心血管系统的重要病害。

心脏

图15-1　心血管系统示意图

第一节　鱼类心血管的组织结构

与哺乳动物的双循环不同，鱼类血液循环为单循环。心血管系统主要包括位于围心腔的心脏和遍布全身的血管网（图15-2、图15-3）。一般认为鱼类的心脏由三部分组成，包括静脉窦（venous sinus）、心房（atrium）和心室（ventricle）。有的学者认为由四部分组成，包括静脉窦、心房、心室和动脉球（图15-4、图15-5）。心房和心室又分为三层，分别为心外膜层（epicardium）、心肌层（myocardium）和心内膜层（endocardium）。根据形态不同心肌层又分为致密层和海绵层（图15-6）。心内膜为一层扁平的单细胞层，覆盖在海绵层心肌的表面，与血液直接接触，是病原微生物侵入的重要部位（图15-7）。在静脉窦与心房之间（图15-8），心房与心室之间（图15-9），以及心室与动脉球之间均有防止血液倒流的瓣膜（图15-10）。此外，鳃动脉分枝出一条小血管（冠状动脉）进入心脏致密层，为心脏本身提供氧气和营养（图15-11）。

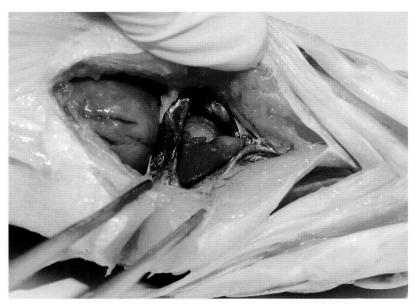

图15-2　加州鲈围心腔内的心脏解剖位置

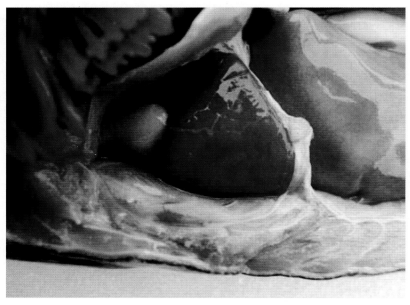

图15-3　成年大西洋鲑围心腔内心脏的位置
（汪开毓等译，2018. 鲑鳟疾病彩色图谱. 2版）

A

B

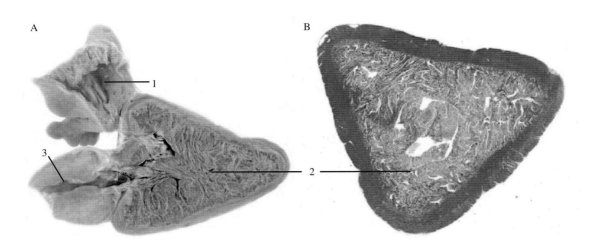

图15-4　大西洋鲑心脏
A.野生大西洋鲑心脏矢状切面（福尔马林固定样品）　B.大西洋鲑心室的横切面（染色切片）
1.心房　2.心室　3.动脉球
（汪开毓等译，2018. 鲑鳟疾病彩色图谱. 2版）

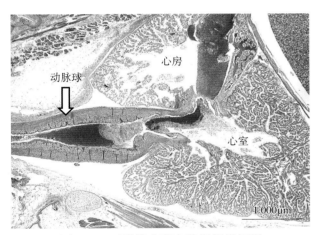

图15-5　正常海参斑心脏组织纵切图
（由 David Groman 提供）

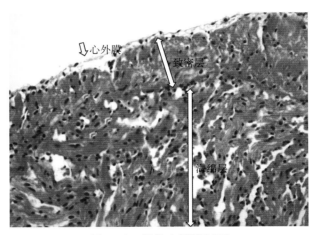

图15-6　草鱼心壁横切面

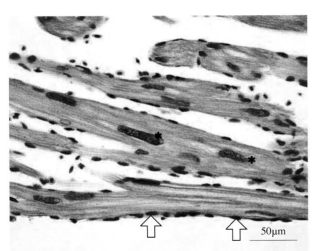

图15-7　大西洋鲑海绵状心肌纵切面（＊示心肌位于
中心的细胞核，⇨示心内膜细胞核）
（汪开毓等译，2018. 鲑鳟疾病彩色图谱. 2版）

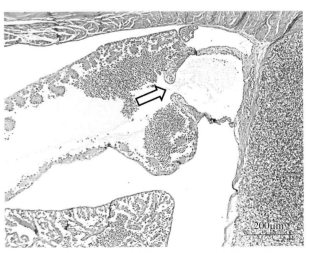

图15-8　大西洋庸鲽幼鱼的窦房瓣膜（⇨）
（由 David Groman 提供）

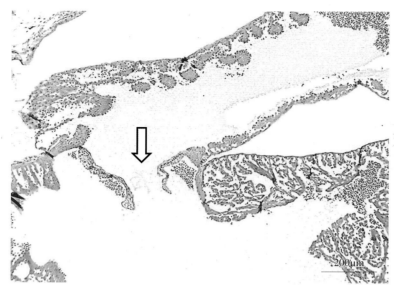

图15-9 大西洋庸鲽幼鱼的房室瓣（⇨）
（由David Groman提供）

图15-10 虹鳟半月瓣（⇨）
（由David Groman提供）

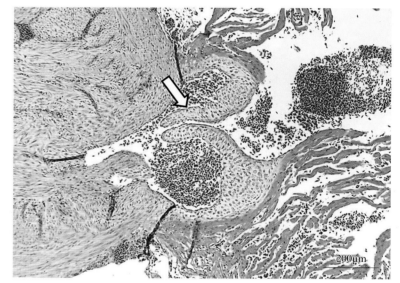

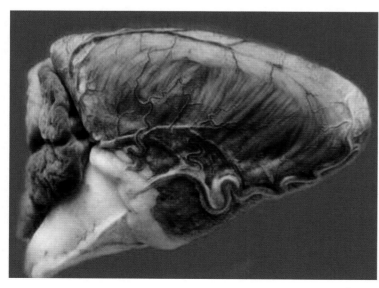

图15-11 成年养殖大西洋鲑心室和动脉球表
面的冠状动脉
（汪开毓等译,2018. 鲑鳟疾病彩色图谱. 2版）

鱼类血管系统主要包括动脉（artery）、静脉（vein）和毛细血管（capillary）。动脉和静脉均由三层组成，分别为由单层扁平内皮细胞构成的位于内层的内膜，由弹性纤维和胶原纤维组成的位于中层的中膜，以及由平滑肌纤维组成的位于外层的外膜。

第二节　常见心脏病变

心脏由于含血量丰富，是多种病原的损伤靶器官，如细菌性肾病病原可感染心脏，引起严重的细菌性心肌炎，杀鲑气单胞菌也可经血流到达心脏导致细菌性心肌炎；鱼呼肠孤病毒感染可导致鱼心肌和骨骼肌炎症，引起典型的病毒性心肌炎。不同原因导致的心脏病变可在心外膜、心内膜或心肌上出现不同程度的病理变化，从而引发心外膜炎、心内膜炎和心肌炎。

一、心外膜炎

心外膜炎是鱼类心血管病理中最常见的心脏病变。由于心外膜分布有大量的毛细血管，且该处组织较稀疏，病原微生物可通过血液循环到达心外膜从而引起心外膜炎症反应。心外膜炎发生早期，大体病变不典型。当心外膜严重炎症时剖检可见心脏体积增大，边缘钝圆，棱角消失，心脏表面发白且凹凸不平（图15-12、图15-13），有的可见围心腔积液。轻微的心外膜炎镜下仅见心外膜增宽、细胞成分增多、大量白细胞浸润、轻微血管反应（图15-14、图15-15）；严重的可见心外膜层极度增宽，甚至达到正常的10倍以上（图15-16），大量炎性细胞浸润，在浸润的细胞中可能发现病原。如肾杆菌感染鲑科鱼类时，除了感染肾组织外，对心脏也有极强的侵蚀性，常常引起典型的心外膜炎症（图15-17）。

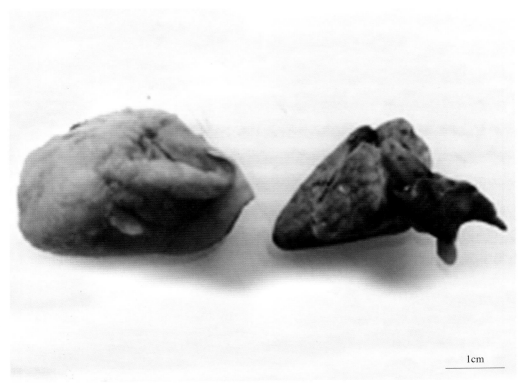

1cm

图15-12　大西洋鲑肾杆菌感染引起的心外膜炎，心脏极度增大（左：极度增大的心脏；右：心脏表面凹凸不平）

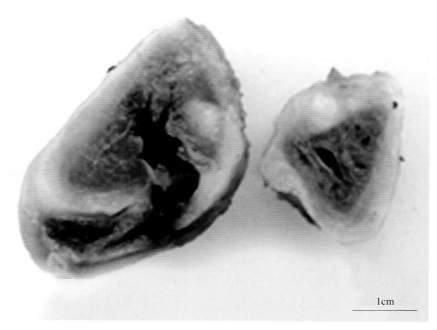

图15-13 大西洋鲑肾杆菌感染致
心脏壁层增厚，可见白
色结节

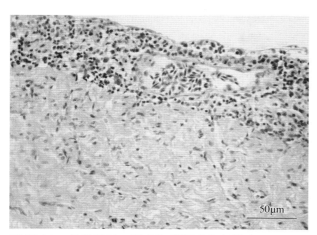

图15-14 疱疹病毒Ⅱ型感染彩鲫致心外膜炎，可见心
外膜增厚，炎性细胞浸润

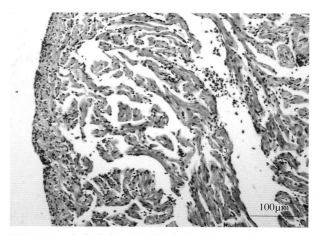

图15-15 疱疹病毒Ⅱ型感染金鱼引起明显的心外膜炎
（由马志宏提供）

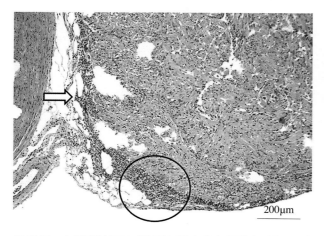

图15-16 大西洋鲑PRV感染引起的中度心外膜炎（○，⇨）
（由David Groman提供）

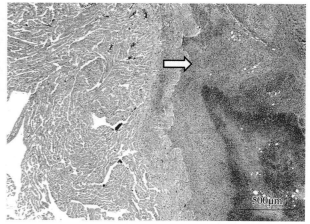

图15-17 大西洋鲑BKD引起的肉芽肿性心外膜炎（⇨）
（由David Groman提供）

二、心内膜炎

心内膜炎是以心内膜炎症为主要变化的疾病表现。由于心内膜为单层扁平内皮细胞膜，又直接与血液接触，一些病原如黄杆菌、鲁氏耶尔森氏菌、杀鲑气单胞菌等易在心内膜黏附，损伤心内膜内皮细胞。心内膜内皮细胞一旦受损，白细胞往往聚集在受损的内皮细胞表面，形成炎性细胞团，如养殖大西洋鲑心肌病综合征，可见早期心内膜炎，表现为心内膜及内膜下单核细胞的浸润（图15-18）；海豚链球菌感染罗非鱼可引起明显心内膜炎，心内膜及心腔内可见菌体附着（图15-19、图15-20）；BKD发生时，大西洋鲑心脏受损，引起心内膜细胞坏死，细菌进一步入侵心肌纤维，病灶内可见坏死的内膜细胞及附着的白细胞，大量细菌还可在心腔内堆积成菌团，形成细菌性血栓（图15-21、图15-22）。其他因素如疱疹病毒Ⅱ型、心肌炎病毒、PRV等病毒感染，寄生虫寄生，中毒，缺氧等也可引起心内膜内皮细胞损伤，形成心内膜炎性反应（图15-23至图15-27）。

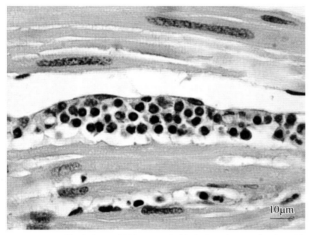

图15-18　养殖大西洋鲑心肌病综合征（心肌海绵层纵切面），可见早期心内膜下单核细胞的浸润（汪开毓等译，2018．鲑鳟疾病彩色图谱．2版）

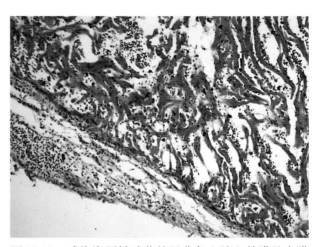

图15-19　感染海豚链球菌的罗非鱼心脏心外膜及内膜炎，心肌上皮细胞变性、坏死

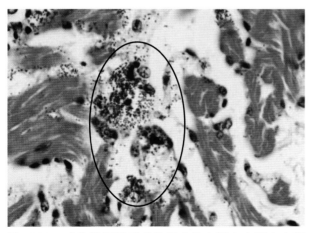

图15-20　感染海豚链球菌的罗非鱼心脏心内膜上皮细胞变性、坏死，心腔内大量细菌团块（○）

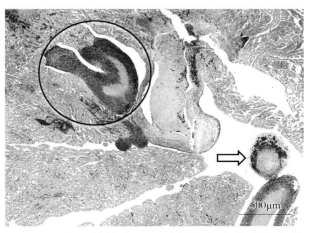

图15-21　大西洋鲑中BKD引起的心内膜炎伴血栓形成（○，⇨）（由David Groman提供）

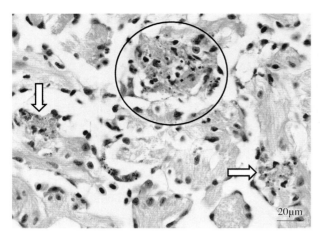

图 15-22　虹鳟 BKD 引起的坏死性组织细胞心内膜炎
　　　　　（○，⇨）
（由 David Groman 提供）

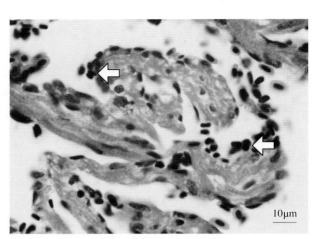

图 15-23　疱疹病毒 II 型感染金鱼引起明显的心内膜
　　　　　炎，可见白细胞在心内膜黏附（⇨）
（由马志宏提供）

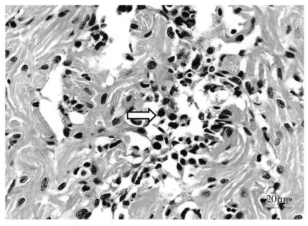

图 15-24　大西洋鲑心肌炎病毒感染引起的早期心内膜
　　　　　炎（⇨）
（由 David Groman 提供）

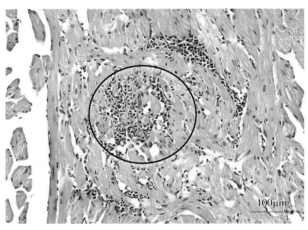

图 15-25　大西洋鲑心肌炎病毒感染引起的中度心内膜
　　　　　炎（○）
（由 David Groman 提供）

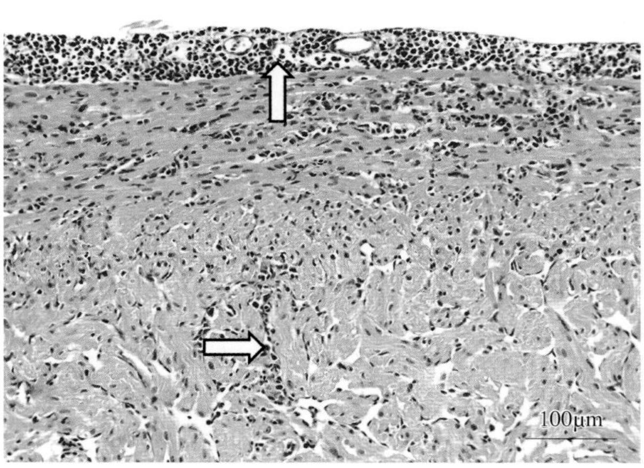

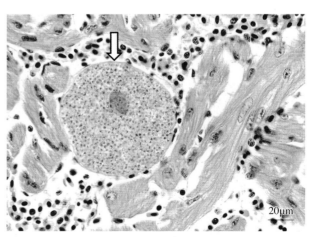

图 15-26　大西洋鲑 PRV 感染引起的中度心外膜炎和心
　　　　　内膜炎（⇨）
（由 David Groman 提供）

图 15-27　溪鳟心脏内皮细胞因微孢子虫感染引起的细
　　　　　胞肥大（⇨）
（由 David Groman 提供）

三、心肌炎

　　心肌炎是心脏疾病中较为严重的一种表现。在细菌、病毒、缺氧、中毒等因素下，心肌出现变性、坏死。轻微的心肌炎主要表现为心肌纤维肿胀、颗粒变性，细胞质内出现大量形态较一致的小颗粒，此时尚没有大量炎性细胞浸润。严重的心肌炎则表现为心肌纤维坏死，细胞质均质、红染，坏死的心肌嗜伊红增强，心肌横纹消失。以单核细胞和中性白细胞为主要细胞成分的炎性细胞向坏死的心肌纤维靠近，有的进入心肌纤维内，吞噬坏死细胞。最终大量的吞噬细胞与浸润的其他炎性细胞占据坏死的心肌纤维位置，形成明显的炎性灶，且往往在炎症灶内可发现一些细菌、真菌或寄生虫病原。如疱疹病毒Ⅱ型感染金鱼后，部分病鱼心脏可出现明显的心肌纤维变性、坏死，白细胞侵入坏死的心肌纤维细胞质内吞噬坏死细胞（图15-28）。感染鱼心肌炎病毒（piscine myocarditis virus，PMCV）的大西洋鲑发生以心脏为主要病变的心肌病综合征（cardiomyopathy syndrome，CMS）。剖检可见围心腔积血和/或有血凝块，长期心功能不全和血凝块造成严重堵塞，使得心房或静脉窦破裂，引起出血，心脏堵塞和血液大量流失造成急性死亡。组织病理学上，心房最早出现病变，之后逐渐蔓延至心室海绵层内膜，逐渐从单病灶发展成多病灶或弥漫性病变，而心室心肌致密层通常不会受到影响。BKD也是引发心肌炎最常见的疾病之一，细菌侵袭范围较广，除了心外膜炎、心内膜炎，到了后期常常表现为典型的心肌炎，心肌纤维正常结构消失，炎性细胞弥漫性浸润，革兰氏染色可在病灶内见大量蓝染细菌（图15-29、图15-30）。

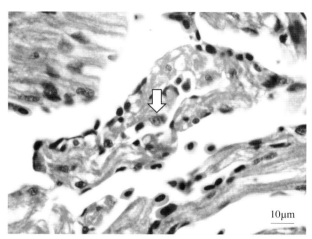

图15-28　疱疹病毒Ⅱ型感染金鱼引起明显的心肌炎，可见白细胞进入心肌纤维内（⇨）
（由马志宏提供）

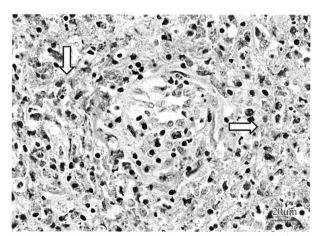

图15-29　BKD感染致大西洋鲑肉芽肿性心肌炎，心肌纤维结构丧失，大量炎性细胞浸润，可见细沙状细菌颗粒（⇨，H&E染色）
（由David Groman提供）

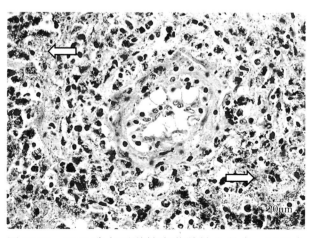

图15-30　BKD致大西洋鲑肉芽肿性心肌炎，可见大量蓝染细菌（⇨，革兰氏染色阳性）
（由David Groman提供）

第三节 血管炎

血管炎又称脉管炎，顾名思义是血管的炎症。血管炎的症状取决于血管的大小和位置，如体表的血管炎会在皮肤上出现斑块或斑点。在病理上，血管炎表现为血管壁的炎性细胞浸润、血管壁的纤维素渗出或坏死。大多数血管炎的病变缺少特异性，单从形态学观察很难对血管炎类型做出正确的诊断。加之鱼类的血管极细，肉眼难以观察，因此鱼类的血管炎主要以显微镜下组织病理病变进行判定。本节将重点介绍鱼类血管炎的发生部位、病理特征和发病机制。

一、血管炎发生部位

鱼类的血管炎以中等血管炎和小血管炎为主。

（一）中等血管炎

中等血管即比主动脉分支小，但具备内膜、内弹性膜、肌层和外膜的血管，这些血管管壁发生的炎症即为中等血管炎，可分为急性和慢性两种类型。急性型常见于中毒和感染早期，而慢性型多由急性静脉炎发生发展而来，常见于感染后期。

发生急性炎症的血管镜下表现为管周和血管壁水肿并伴有大量中性粒细胞浸润；血管内皮细胞肿胀、变性，甚至坏死；管腔内偶尔可见血栓。若病程延续，急性转为慢性，管壁明显增厚，肌层肥厚，并伴有少量淋巴细胞浸润（图15-31）。如罗非鱼感染无乳链球菌后脾、肝均可发生中等血管炎（图15-32、图15-33）。

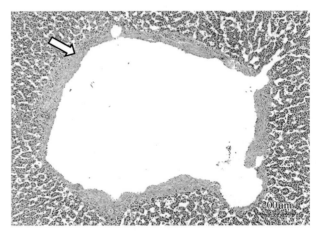

图15-31 大西洋鲑肝静脉血管炎，血管壁增厚（⇨）
（由David Groman提供）

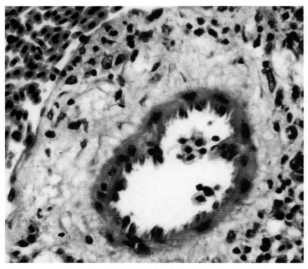

图15-32 罗非鱼感染无乳链球菌后脾中等血管炎，**管壁内皮细胞水肿，内膜下层透明变性**

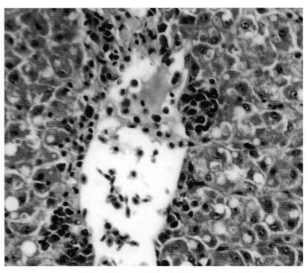

图15-33 罗非鱼感染无乳链球菌后肝中央静脉、管腔内大量炎性细胞，管壁炎性细胞浸润

（二）小血管炎

小血管包括毛细血管、毛细血管后微动脉和微静脉血管等，当这类血管发生炎症时即为小血管炎，常见于细菌、病毒感染以及过敏反应。如罗非鱼迟缓爱德华氏菌感染、虹鳟传染性造血器官坏死病病毒感染、黄颡鱼鮰爱德华氏菌感染等均可出现小血管炎。

患小血管炎的血管表现为血管基膜增厚，内皮细胞受损，炎性细胞浸润（图15-34）。淡水大西洋鲑感染微孢子虫的鳃小片毛细血管；罗非鱼感染无乳链球菌的脑、脾毛细血管（图15-35），感染迟缓爱德华氏菌的脑毛细血管（图15-36）；虹鳟感染传染性造血器官坏死病病毒的脾毛细血管（图15-37）、肝血窦；患ISA的大西洋鲑肝小血管（图15-38、图15-39）等均可发生广泛性血管炎，大量白细胞向血管周围聚拢。

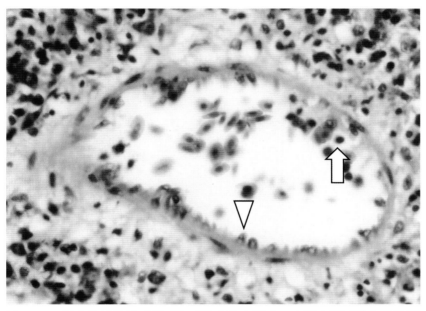

图15-34 罗非鱼无乳链球菌感染后脾炎伴血管炎，血管内膜可见中性粒细胞贴壁（⇨），血管内皮细胞细胞核肿胀（△）

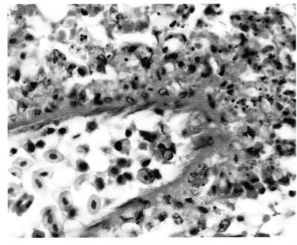

图15-35 罗非鱼无乳链球菌感染后脑小血管炎，小动脉纤维素样坏死、血管周围炎性细胞浸润并伴有大量细胞核碎裂

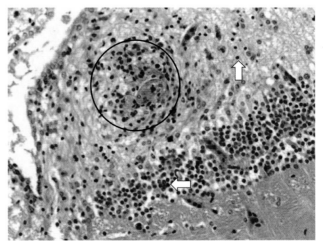

图15-36 罗非鱼迟缓爱德华氏菌感染后脑炎及血管炎（⇨），血管可见嗜酸性渗出物，管腔内分布白细胞残核（○）

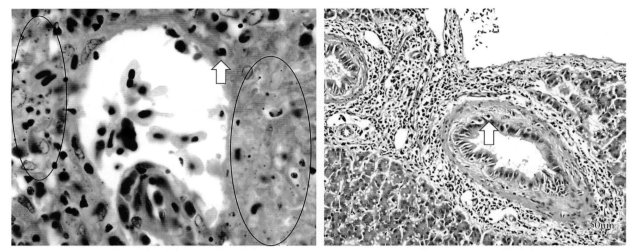

图15-37　虹鳟IHNV感染后脾坏死伴血管炎，管腔内炎性细胞边移（⇨），内皮细胞肿胀，管壁透明变性（○）

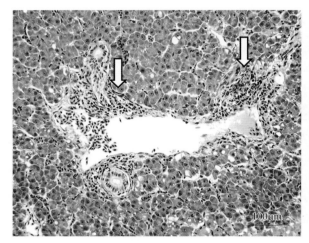

图15-38　ISAV致大西洋鲑肝小血管炎，血管周围炎
性细胞增多（⇨）
（由David Groman提供）

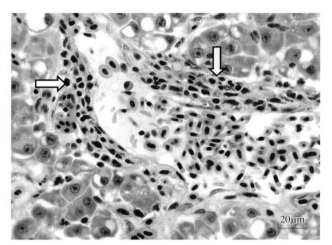

图15-39　ISAV致大西洋鲑肝小血管炎，血管周围单核
细胞聚集（⇨）
（由David Groman提供）

二、血管炎的发生机制

目前已知的血管炎的发生机制主要有两种。一是自身免疫反应引起，参与自身免疫的细胞错误地攻击血管，导致组织液外漏，血管狭窄、扩张或阻塞，继而进一步阻碍血液流向组织器官，造成相应的组织和器官受损；二是感染、药物以及物理损伤等直接损伤血管，诱发血管炎。血管炎可引起单个器官受损，也可导致多个不同器官损伤。

三、血管炎的结局

急性血管炎可造成血管损伤，导致出血，甚至累及周围器官。严重的弥漫性血管炎易造成全身出血并导致鱼体死亡；慢性血管炎对鱼体的损伤主要由血流量不足、组织器官血液供给障碍引起，影响鱼体生长、发育和免疫。

第十六章　鱼类免疫系统病理

　　免疫系统是动物在长期进化过程中逐步形成的能够识别机体自身和非自身、清除非自身大分子物质以维护自身稳定的防御系统（图16-1）。鱼类虽然是较低等的脊椎动物，但已经进化出较为完备的免疫系统。鱼类的免疫系统包括免疫器官和组织、免疫细胞以及免疫分子和免疫因子等。其中，免疫器官和组织是鱼类免疫防御的主要场所，在鱼类抵抗外源感染过程中发挥重要作用，在各个疾病过程中常表现出特征性的病理过程。

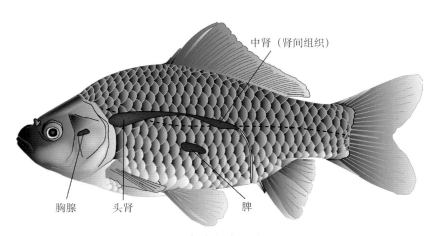

图16-1　鱼类免疫系统示意图

第一节　鱼类脾、头肾、肾间组织与胸腺的组织结构

　　鱼类的免疫器官和组织主要包括胸腺（thymus）、头肾（head kidney）、脾（spleen）、肾间组织和黏膜相关淋巴组织（mucosa-associated lymphoid tissue）等。与哺乳动物相比，鱼类没有骨髓和淋巴结，其淋巴组织的构成也与哺乳动物有差异，称为淋巴样组织或拟淋巴组织。有的淋巴样组织外包结缔组织被膜，构成淋巴器官如胸腺、脾和头肾。鱼类肾的肾间组织也属于淋巴样组织，但不形成单独器官。黏膜相关淋巴组织是指分散存在于皮肤、鳃、消化道等黏液组织中的不具备完整淋巴结构的淋巴细胞生发中心，包括淋巴细胞（lymphocyte）、巨噬细胞（macrophage）和各类粒细胞。这些细胞与黏液中的溶菌酶、补体等一起抵御病原微生物的侵袭。

一、脾

　　脾是鱼类重要的淋巴器官之一。不同鱼类脾的形状和位置不尽相同，大多位于胃后的肠系膜上。脾通常呈暗红色或深紫红色，外有纤维素性被膜包裹。被膜形成致密的小梁，并延伸到脾的内部进而成为脾的间架结构。脾内部的实质为脾髓，由淋巴细胞、红细胞和纤维性结缔组织构成。有学者将鱼类的脾分为外层红色的皮质区（红髓）和内层白色的髓质区（白髓）。我们对罗非鱼脾系统研究后发现，可将脾分为三

307

个区，即外区、中区和内区，各区颜色在低倍镜下有较大差异（图16-2）。然而，大多数硬骨鱼类脾的红髓、白髓之间无明显的界线。红髓产生红细胞和血栓细胞，白髓产生淋巴细胞和某些白细胞。脾红髓所占面积大，主要由交织成网的网状内皮细胞和脾血窦形成。血窦内含有多种细胞，如巨噬细胞、淋巴细胞、红细胞和粒细胞等。脾白髓不发达，通常由椭球体和黑色素巨噬细胞中心组成（图16-3）。椭球体由外周围有网状纤维鞘、网状细胞和巨噬细胞的终末毛细管动脉所组成，具有血浆过滤的功能，可捕获血液中的血源性抗原。

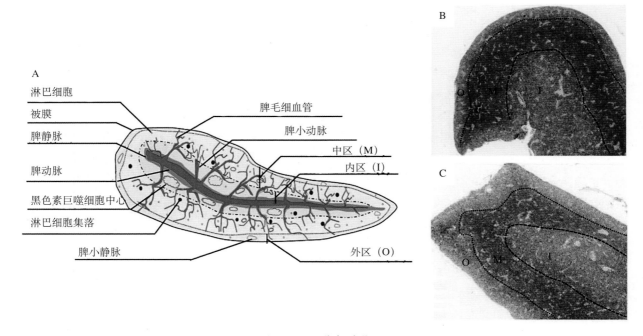

图16-2　罗非鱼脾分区
A.脾示意图　B.脾横切面（×40）　C.脾纵切面

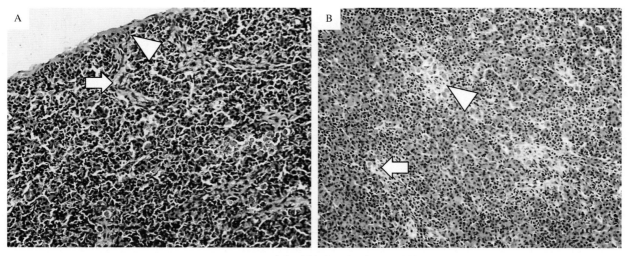

图16-3　罗非鱼脾被膜、红髓和椭球体
A.脾被膜（△）向内延伸形成小梁（⇨）　B.脾红髓散在淡黄色未成熟红细胞（△），白髓椭球体横切呈圆形（⇨）

脾髓外较大的动脉和静脉相伴而行，动脉分支形成许多毛细血管，毛细血管扩大形成血窦，血窦再彼此吻合与静脉毛细血管相连离开脾。脾窦内有大量的红细胞，常可见含铁血黄素沉着，衰老的红细胞在脾窦内的黑色素巨噬细胞中心（melan macrophage centers，MMC）被吞噬。黑色素巨噬细胞中心是指由可以吞噬衰老红细胞的巨噬细胞所聚成结节并外被结缔组织膜的结构，这种结构大量地分布于鱼类的造血组织中。

二、头肾

鱼类头肾（head kidney）在胚胎期具有泌尿功能，少数鱼类仔鱼期仍有泌尿功能，但成鱼期头肾的泌尿功能完全丧失，变成拟淋巴组织，成为一个能产生血细胞，具有造血功能的免疫器官。

鲤科鱼类头肾通常位于围心腔后部的背侧，分左右2叶，没有被膜包被，外周仅有一层胶原纤维包裹。也有学者认为是由间皮包被。鲑鳟鱼类的头肾与中肾常常相连，分叶不明显。小梁呈网状分布于头肾中，但由于淋巴细胞密集，所以H&E染色时小梁常不易见。头肾外周部分常有排列密集的弥散性淋巴组织，内部有大量的淋巴窦和血窦（图16-4）。淋巴窦是窄而细的间隙，与淋巴毛细血管相通。血窦内壁有一层扁平内皮细胞，与毛细血管相通。头肾内的细胞主要包括不同发育阶段的红细胞和淋巴细胞。成熟的红细胞由组织穿出进入血窦，再由血窦进入血液循环。淋巴细胞位于淋巴窦中，被分隔形成粗短、弯曲或直的条带，称为"淋巴索"。头肾内淋巴细胞间分布有均质红染、圆形或椭圆形的团块状胶状物质，为甲状腺滤泡。

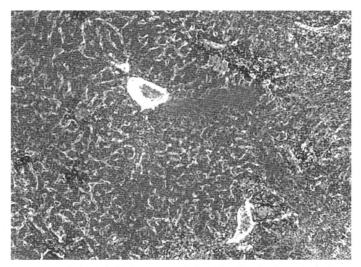

图16-4 草鱼头肾横切面，示密集的拟淋巴组织，内有大量淋巴细胞和红细胞

三、肾间组织

鱼类肾间组织与头肾都是拟淋巴组织（lymphoid tissue），具有造血功能，是重要的免疫组织。肾间组织中的淋巴细胞较为致密，无规则地分布在肾小体和肾小管之间，不形成细胞条带，无固定形状（图16-5）。肾间组织中可见类似脾黑色素巨噬细胞中心的结构。

四、胸腺

鱼类胸腺（thymus）起源于胚胎发育的咽囊，是大多数鱼类最早发育的中枢淋巴器官，主要承担细胞免疫的功能。胸腺是鱼类

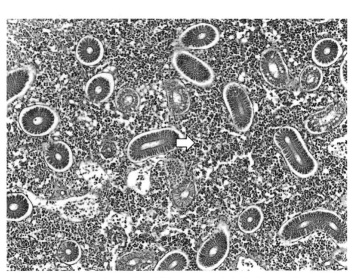

图16-5 河豚中肾横切面，示肾间组织（⇨）

淋巴细胞增殖分化的主要场所，并向血液和外周淋巴器官输送淋巴细胞。不同鱼类胸腺位置不尽相同，大多数鱼类的胸腺位于鳃盖与咽腔交界的背上角处，左右2叶，对称分布。鱼类胸腺被覆上皮，不同鱼类胸腺上皮不尽相同。鲤为复层上皮，其中有较多的黏液细胞。鱼类胸腺内部有多个结缔组织形成的隔膜，将胸腺分隔形成多个小叶。

　　鱼类胸腺组织是由星状上皮细胞组成的网状结构，这些细胞相当于吞噬细胞。所有板鳃类和大多数硬骨鱼类的胸腺组织都分为皮质区和髓质区两部分，但二者之间的分界线不明显。也有少数硬骨鱼类的胸腺缺乏明显的皮质、髓质区分，而分成2～6个区（图16-6）。外区位于胸腺外层，由咽腔上皮及皮质部构成，淋巴细胞位于胸腺上皮细胞形成的网状结构中，内有小梁，小梁内有毛细血管分布。内区位于胸腺内层，由上皮细胞-淋巴细胞复合体及上皮细胞合胞体支持的中、小淋巴细胞构成。整体来看，外区的细胞小而网眼较大，内区的细胞大而网眼小。鲤、草鱼胸腺内胸腺小体（由数层上皮网状细胞以同心圆排列构成的圆形或卵圆形小体，是胸腺髓质的特征性结构）不多，都位于内区，皮质内没有胸腺小体（图16-7）。随着性成熟和年龄的增长或在外环境的胁迫下，鱼类胸腺会发生退化。胸腺内有囊泡空白区，随年龄的增长，囊泡空白区也逐渐增大和增多，这是胸腺退化的一种表现。

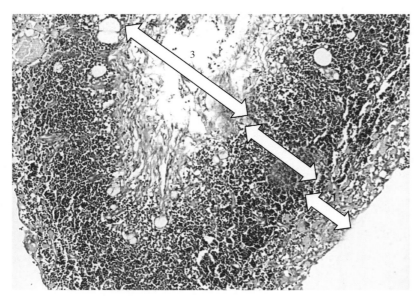

图16-6　草鱼胸腺横切面
1.外区　2.内区　3.囊泡空白区

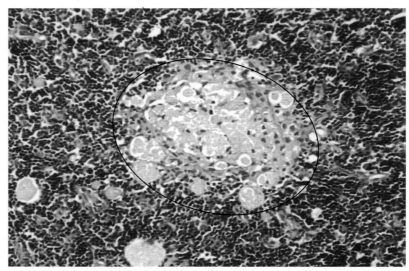

图16-7　草鱼胸腺中区横切面（○示
　　　　胸腺小体）

第二节　鱼类脾炎

鱼类脾是重要的外周免疫器官和血液循环通路中的过滤器官，在吞噬、处理和清除血液病原体的过程中，本身容易遭受感染和损伤，从而引起炎症。脾炎（splenitis）是鱼类脾最常见的病理过程，其表现形式受病原的性质、强度，机体的状态及病程的长短等因素的共同影响。脾炎的外部表现基本可分为三种类型：急性肿大、慢性肿大、轻度肿大或不肿大。根据鱼类脾炎的病程和主要的病理特征，可概括为急性炎性脾肿、坏死性脾炎和慢性脾炎三种类型。

一、急性炎性脾肿

急性炎性脾肿（acute inflammatory splenectasis）是指伴有脾明显肿大的急性脾炎。急性炎性脾肿常见于病毒或细菌等微生物感染引起的急性败血性传染病，如斑点叉尾鲴病毒病、虹彩病毒病、鲤春病毒血症、传染性造血器官坏死病、虹鳟肠型红嘴病、罗非鱼链球菌病、鲫嗜水气单胞菌病等都可见急性炎性脾肿。

眼观，脾体积不同程度增大，比正常大2～3倍，甚至5～10倍，颜色加深呈暗红或紫黑色；边缘钝圆，切面隆起并富含暗红色血液，脾实质软化糜烂。仔细检查患病鱼脾可见到出血点或出血斑（图16-8）。

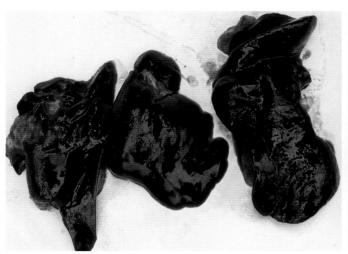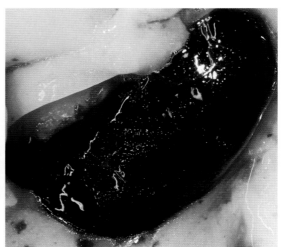

图16-8　传染性造血器官坏死病病毒感染虹鳟致脾肿大出血

镜下可见脾窦扩张，充盈大量血液，脾实质细胞弥漫性坏死、崩解；淋巴细胞相对减少，甚至仅在中央动脉周围残留少量淋巴细胞；有时伴有红细胞溶血、血浆渗出，含铁血黄素沉积增多。脾含血量增多是急性炎性脾肿最突出的病变，也是脾体积增大的主要组织学基础。脾内血液充盈是炎性充血与血液淤积共同作用的结果。血液淤积的发生与血液循环障碍和植物性神经机能障碍所致的脾被膜、小梁内平滑肌松弛以及平滑肌、胶原纤维和弹性纤维的损伤有直接联系。在充血的脾髓中还可见病原菌和散在的炎性坏死灶。坏死灶大小不一，形状不规则，主要由渗出的浆液、中性粒细胞和崩解的实质细胞碎片混杂在一起组成。出血是急性炎性脾肿的另一重要病理学特征。脾组织中可见明显出血灶，病灶边缘界限不规则，病灶中充满红细胞，上有大量含铁血黄素沉积，淋巴细胞被出血的红细胞掩盖、挤压，病程较长时可致淋巴细胞减少或消失。

　　鲑科鱼类急性感染病毒性出血性败血症时，脾呈急性出血性坏死性脾炎，脾组织严重出血并伴有灶性坏死和淋巴细胞性炎症，同时可见大量的游离黑色素。由于严重出血和造血功能受损，病鱼可能会表现出缺血，可见脾组织疏松、水肿，脾窦内红细胞减少，常伴有大量含铁血黄素沉积。虹鳟传染性造血器官坏死病的急性发作早期，脾造血组织严重坏死、出血，大量含铁血黄素沉积（图16-9）。虹彩病毒可在真鲷、鳜、鲈等的脾细胞中大量复制，形成异常膨大、强嗜碱性的特征性的肿大细胞。肿大细胞通常呈均质样，无明显结构，体积通常为正常细胞的3～5倍，严重时可达10倍左右（图16-10）。细菌性败血症病鱼脾淋巴细胞和网状细胞变性、坏死。

　　结局：急性炎性脾肿的病因消除后，炎症逐渐消散，局部血液循环可恢复正常，渗出物被吸收，通过再生可完全恢复正常的结构和功能。如机体再生能力弱或脾实质被严重破坏，脾则可萎缩硬化。

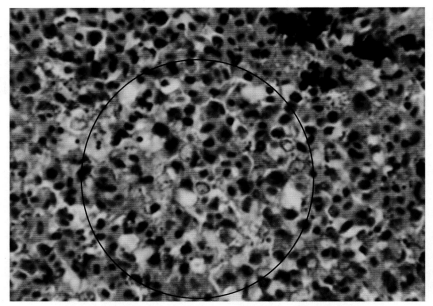

图16-9　虹鳟VHS，脾细胞坏死、大量减少，红细胞肿胀、溶血，可见大量细胞碎片（○）

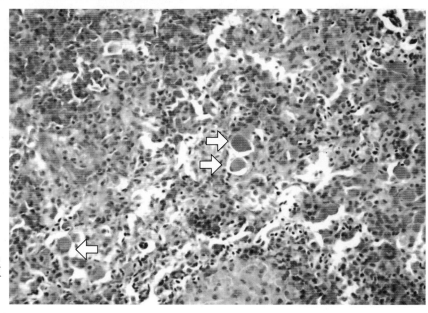

图16-10　神仙鱼患虹彩病毒病时，脾组织中出现嗜碱性巨大细胞（⇨）
（Rodger，2010．Fish disease manual）

二、坏死性脾炎

坏死性脾炎（necrotic splenitis）是指以脾实质坏死为主要特征的急性脾炎。许多病毒或细菌的感染都可直接或间接造成脾损伤，引起脾实质细胞的变性和坏死，形成坏死病灶。如虹鳟传染性造血器官坏死病、流行性造血器官坏死病、鲫疱疹病毒Ⅱ型感染以及真鲷、鲕的迟缓爱德华氏菌病等的脾上常形成肉眼可见的坏死灶（图16-11）。

图16-11　鲫疱疹病毒Ⅱ型感染，脾白色坏死小病灶

眼观，脾体积不肿大或肿大不明显，其外形、颜色、质地与正常脾无明显不同。但在脾表面或切面上可见针尖至粟粒大小的坏死灶，坏死区常呈灰白或黄白色，浑浊无光泽，与周边正常组织有较明显界限。真鲷、鲕等感染迟缓爱德华氏菌时，病鱼脾、肝和肾表面常形成很多针尖大小的白点，质地较软，一般不凸出器官表面，需要仔细辨认才能看得见。

镜下，病变早期常可见局部造血组织淋巴细胞变性、坏死和呈分散存在的小坏死灶，但轮廓清晰；随着病程发展，坏死灶相互融合形成较大的坏死灶。病灶中多数淋巴细胞和网状细胞已坏死，其细胞核溶解、碎裂或肿胀淡染。坏死灶内同时见浆液渗出和中性粒细胞浸润，有些粒细胞也发生核碎裂。被膜和小梁均见变质性变化。坏死性脾炎的脾含血量变化不明显，因此脾的体积通常不肿大。患传染性造血器官坏死病的虹鳟脾造血组织严重坏死，含铁血黄素沉积，淋巴细胞消失或仅残留少量碎片，使得造血组织疏松甚至出现缺损。病灶处常有单核巨噬细胞出现，以吞噬坏死细胞碎片。鲫疱疹病毒Ⅱ型感染可致金鱼严重坏死性脾炎，镜下可见基质纤维细胞、血窦内皮细胞、椭球体壁细胞肿大和空泡化，染色质大量减少、边移（图16-12）。鲁氏耶尔森氏菌感染大西洋鲑鱼苗后，可致脾严重充出血，炎性物质渗出呈均质红染，网状细胞及椭球体壁细胞坏死，高倍镜下可见杆状细菌（图16-13、图16-14）。若脾内伴随严重的出血，还可在镜下发现增多的噬红细胞现象（图16-15），细菌感染往往还能发现大量细菌侵袭（图16-16）。

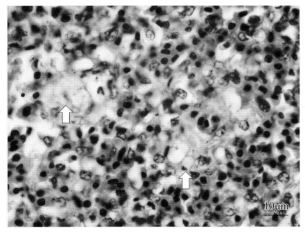

图16-12　鲫疱疹病毒Ⅱ型感染金鱼致严重坏死性脾炎，可见基质纤维细胞、血窦内皮细胞、椭球体壁细胞肿大、空泡化，染色质大量减少、边移（⇨）
（由马志宏提供）

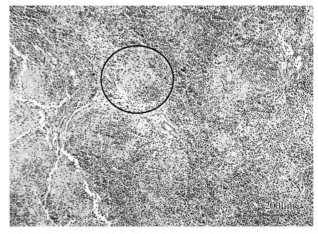

图16-13　大西洋鲑鱼苗感染鲁氏耶尔森氏菌引起的充血性细菌性脾炎（○）
（由David Groman提供）

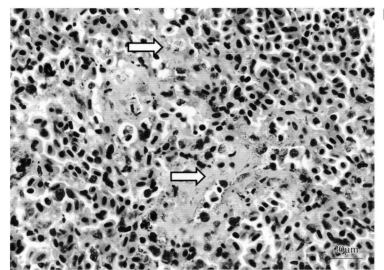

图 16-14 大西洋鲑鱼苗感染鲁氏耶尔森氏菌引起的细菌性脾炎，可见杆状细菌（⇨）

（由 David Groman 提供）

图 16-15 匙吻鲟脾噬红细胞现象（⇨）

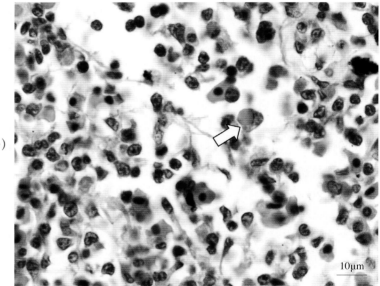

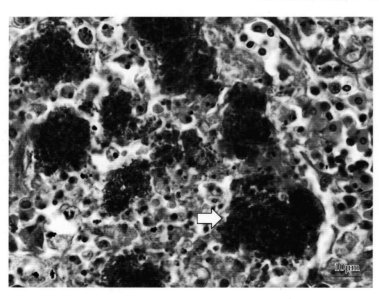

图 16-16 大菱鲆脾杀鲑气单胞菌感染，可见细菌菌团（⇨）

结局：坏死性脾炎的病因消除后，炎症反应消失，随着坏死组织和渗出物的吸收，以及淋巴细胞和网状细胞的再生，一般可以完全恢复。但当损伤波及脾实质和支持组织时，由于脾实质成分的减少和纤维化，支持组织中结缔组织明显增生而致小梁增粗和被膜增厚，其结构和功能不能完全恢复。

三、慢性脾炎

慢性脾炎（chronic splenitis）是指伴有脾肿大的慢性增生性脾炎，多见于亚急性或慢性传染病的后期。通常，病毒性疾病后期，病鱼脾因细胞增生和组织纤维化而略肿大，质地坚实变硬。但由于生命周期和疾病病程的差异，其病变通常不如陆生动物那样明显。一些细菌感染或寄生虫寄生时可在脾上形成肉眼可见的慢性增生性病灶。

不同病因导致的脾慢性增生性病灶在外观上有较大差异，可以是大小不等的白点、结节或疖疮等不同形态。如巴斯德氏菌感染时可在病鱼脾上形成小白点，当白点数量较多时，脾肿胀呈暗红色。有的白点很微小（多数为1mm左右），有的直径大至数毫米，形状不规则，多数近于球形。由于病鱼内脏中的白点类似于结节，鰤巴斯德氏菌病在日本也被称为类结节症。诺卡氏菌感染时可在脾内形成白色结节，亦可形成疖疮，内有白色或稍带红色的脓汁。分枝杆菌感染时先在体表皮肤形成小结节，并逐步发展到内脏中，可在脾中形成许多灰白色或淡黄褐色的小结节或小的坏死病灶。鲑肾杆菌感染时，脾上可见直径为 2 ～ 3mm 的灰白色结节。寄生虫如孢子虫等感染时也会在寄生部位形成寄生虫性包囊。位于脏器表面的寄生虫包囊外观通常较光滑，呈灰白或黄白色，且于组织中时则呈类结节样结构。有调查发现，甲壳类寄生虫的虫卵可导致油鲱脾肿大并在其表面形成棕色结节。

镜下，在一些脾严重损伤的病例的慢性进程，脾组织可出现特征性的损伤修复反应。在病毒性出血性败血症和传染性造血器官坏死病时，病鱼脾严重坏死，组织疏松甚至出现缺损，在疾病后期可见上皮样细胞转变为成纤维细胞，结缔组织纤维化。由细菌或寄生虫引起的慢性增生性脾炎表现出相似的组织病理变化，大多是由纤维细胞或成纤维细胞包裹病原细菌形成的肉芽肿结节。巴斯德氏菌病的白点是由一层纤维组织包裹巴斯德菌形成的。当白点完全封闭时，其中的细菌都已死亡；尚未包围完全的白点中则为活菌。诺卡氏菌病结节中央为坏死的脾细胞、红细胞和诺卡氏菌的混合物，外围通常由数层成纤维细胞包裹。陈旧结节内部的细胞已坏死，无细胞反应或炎症。分枝杆菌病的结节较为特殊，新形成的结节是由类上皮细胞包围细菌，外被一薄层成纤维细胞而成。有的结节仅为摄入细菌的组织球，形成许多大小不一的肉芽肿。细菌性肾病鲑脾结节内组织坏死，细胞崩解，有吞噬了不同数量细菌的巨噬细胞出现，与成纤维细胞一起形成肉芽肿样结构。寄生虫包囊中央通常为大量虫体，外围为数层成纤维细胞包裹形成的囊状结构。

慢性脾炎通常以不同程度的纤维化为结局。随着慢性传染病过程的结束，脾中局部网状纤维胶原化，脾内结缔组织成分增多，发生纤维化；支持组织内结缔组织增生使脾被膜增厚和脾小梁变粗，从而导致脾体积缩小、质地变硬。

第三节　鱼类肾间组织的基本病理变化

肾间组织是鱼类的造血组织和免疫组织，感染、中毒等因素都可引起肾间组织的严重损伤。一般将以间质淋巴细胞、单核巨噬细胞浸润和结缔组织增生为主要特征的非化脓性炎症称为间质性肾炎。在一些特殊疾病发生时，鱼类肾间质还会有肉芽肿形成和组织纤维化的病变。根据间质性肾炎波及的范围可分为弥漫性间质性肾炎（diffuse interstitial nephritis）和局灶性间质性肾炎（focal interstitial nephritis）。根据主要病理变化的不同，鱼类间质性肾炎又可分为出血性间质性肾炎、坏死性间质性肾炎和增生性间质性肾炎等类型。

一、出血性间质性肾炎

出血性间质性肾炎（hemorrhagic interstitial nephritis）指以肾间组织严重充出血和炎性细胞浸润为主要特征的炎症。肾间组织严重充血时可见肾肿大，颜色加深、变暗，出血时可见到点状或条块状的黑色出血点（斑）或出血带。许多感染性疾病如病毒性出血性败血症、传染性造血器官坏死病、斑点叉尾鮰病毒病、鲤春病毒血症等都有严重的血管内皮损伤，病鱼肾淤血、肿大，上有出血点。若出血严重，可出现肾贫血。肾贫血常与水肿相伴发生，这可能与肾功能受损后鱼体水盐代谢失衡有关。当病鱼贫血时，肾常呈浅红色，此时的出血或坏死症状较易观察。

镜下，鱼类肾间组织富含红细胞和淋巴样细胞，单纯肾间组织充血通常难以辨认。当肾间组织中淋巴样细胞减少，红细胞明显增多且呈团块或条索状时，油镜下仔细辨认可见血窦内皮细胞破坏，可认为肾间组织充血。鱼类肾间组织出血时，可见红细胞大量堆积，淋巴样细胞显著减少甚至呈局灶性消失，常伴有红细胞溶血、血浆渗出，含铁血黄素沉积增多（图16-17）。大西洋鲑患传染性鲑贫血症时常表现所谓的出血性综合征，病鱼以显著的肾间质出血、水肿和肾小管坏死为特征（图16-18）。传染性鲑贫血症病毒主要定殖于心内膜细胞和肾间造血组织，引起肾血管内皮损伤从而导致肾出血。斑点叉尾鮰感染鮰爱德华氏菌时常表现出间质性肾炎，肾间组织血管扩张、充出血、水肿、疏松、造血组织坏死，并且有较多的炎性细胞浸润和含铁血黄素沉积。鲑感染肾杆菌时，肾间组织血管内皮细胞坏死，血管损伤部位常可见到纤维素渗出，严重时可见明显的局灶性出血及血栓形成，并伴有肾实质损伤。真鲷、鳜等感染虹彩病毒时，病鱼肾间组织中还可形成特征性的肿大细胞，并伴有肾间组织坏死。淋巴囊肿病毒感染时，在肾间组织中偶尔也可见到肥大的淋巴囊肿细胞。

当严重的出血或造血功能受损时，病鱼肾间组织疏松，淋巴样细胞和红细胞因坏死而显著减少，有含铁血黄素和脂褐素沉积，组织内可见噬红细胞现象。当病程较长时，肾间组织发生不同程度纤维化，沉积色素被吸收而逐步减少。

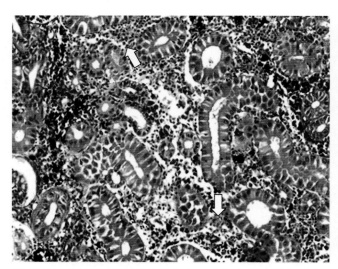

图16-17　虹鳟IHN致肾间质出血，含铁血黄素增多（⇨）

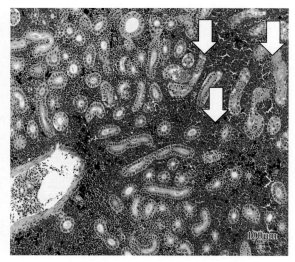

图16-18　大西洋鲑ISA出血性间质性肾炎（⇨）
（由David Groman提供）

二、增生性间质性肾炎

增生性间质性肾炎（proliferative interstitial nephritis）指以肾间组织中巨噬细胞或淋巴细胞浸润并伴有成纤维细胞增生和不同程度组织纤维化为主要特征的炎症。鱼类肾间质的增生性病变主要见于一些慢性感染性疾病过程或全身感染性疾病的恢复期中。例如，一些慢性感染性疾病如细菌性肾病和寄生虫性肾病中，病鱼肾出现以肉芽肿反应为基础的结节样增生。再者，在传染性造血器官坏死病、病毒性出血性败血症、传染性鲑贫血症等疾病的恢复期或后期，病鱼肾间组织中巨噬细胞和成纤维细胞增生，发生不同程度的纤维化。

在鲑肾杆菌感染引起的细菌性肾病中，病鱼肾显著肿大并形成肉眼可见的肉芽肿结节，有的肉芽肿呈化脓性炎甚至引发腹膜炎。当感染发生在较低温度时，病鱼偶尔伴发肾周炎、脾周炎、肝周炎和围心腔炎。严重感染时，肉芽肿可出现在脾、肝和其他脏器中。卵巢和发育卵被感染时可导致该病的垂直传播。增生肿胀的肉芽肿可因压迫作用影响血液供应，进而造成肾实质损伤，破坏鱼体渗透压平衡从而引起皮下水肿。由黏孢子虫寄生引起的虹鳟增生性肾病（proliferative kidney disease）是养殖鲑科鱼类最严重的疾病之一，是一种以多灶性肉芽肿炎症为特征的典型慢性间质性肾病，肾和脾是该病主要的靶器官，严重感染时肉芽肿可散布于各个器官中。病鱼肾显著肿大，呈灰色圆脊或分散的结节，甚至沿着侧线剪开鱼体即可见到肿大的肾。鲈厚皮虫（*Acolpenteron ureteroecetes*）是一种专性肾寄生的单殖吸虫，其虫体及虫卵寄生于集合管及肾间质中，可在肾间质中形成肉芽肿结节。

镜下，患细菌性肾病的病鱼肾间组织中出现特征性的肉芽肿结节。该结节为上皮样细胞增生形成的包囊，包囊中心常坏死，并伴有纤维化和以巨噬细胞与中性粒细胞为主的增生（图16-19）。革兰氏染色或PAS染色常显示巨噬细胞中充满细菌，偶尔可见吞噬有细菌的中性粒细胞。血管内皮细胞坏死，严重时可见显著的局灶性出血或血栓形成，并伴有显著的肾实质损伤以及纤维素渗出。在增生性肾病初期，病灶中心色素显著减少，巨噬细胞和淋巴细胞增生，偶有中性粒细胞的增殖。病变中心出现特征性的嗜酸性的母细胞和含有多个寄生虫的子细胞，细胞通常被巨噬细胞包裹吞噬。门静脉血管内皮细胞是寄生虫的主要寄生部位，大量吞噬有虫体的巨噬细胞几乎占据整个血管腔并形成血栓。恢复期病鱼常发生轻微的纤维变性，但通常难以见到其他病理损伤。鲈厚皮虫严重感染时，可发生慢性间质性肾炎和肾小球纤维化，并伴有集合管周围纤维素性炎。寄生虫感染时可伴有嗜酸性粒细胞浸润。肾间质病变经常可以观察到病原，如BKD发生时可发现大量短杆状细菌（图16-20），真菌性肾间质肾炎时可发现真菌菌丝（图16-21至图16-23），寄生虫性肾间质肾炎时可发现寄生虫虫体等（图16-24）。

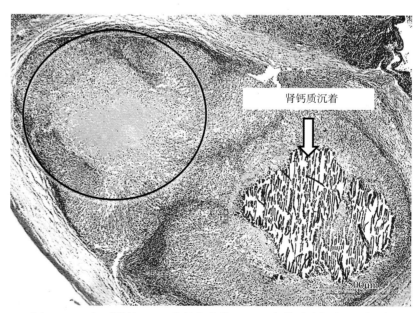

肾钙质沉着

图16-19 大西洋鲑BKD致肾肉芽肿，可见肉芽肿内钙化灶（⇨）
（由David Groman提供）

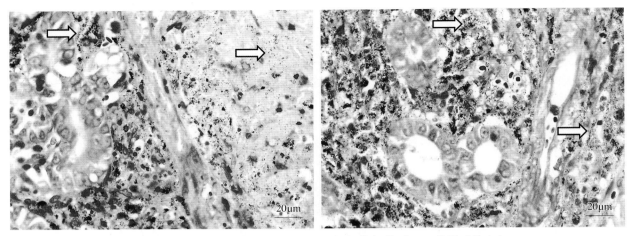

图16-20　大西洋鲑BKD致肾内大量短杆状细菌（⇨，革兰氏染色）
（由David Groman提供）

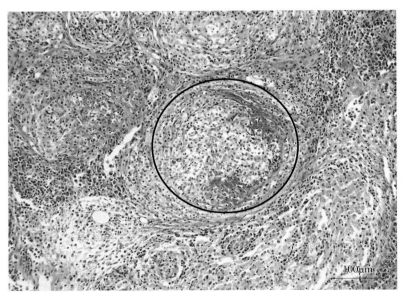

图16-21　大西洋庸鲽的间质性肾炎，
可见霉菌性肉芽肿（○）
（由David Groman提供）

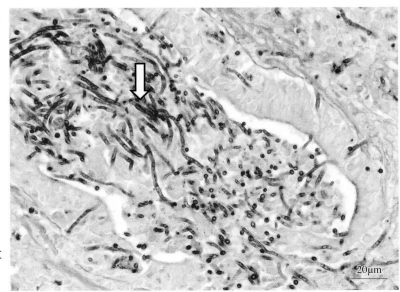

图16-22　大西洋庸鲽肾小管内可见大
量真菌菌丝（⇨，PAS染色）
（由David Groman提供）

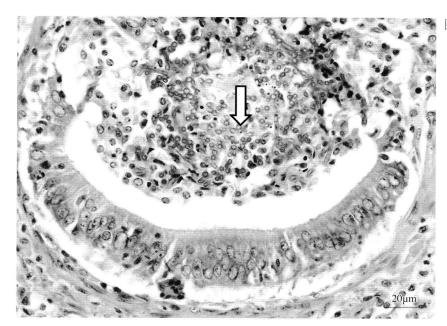

图16-23　大西洋庸鲽肾小管中金色真菌菌丝（⇨）
（由David Groman提供）

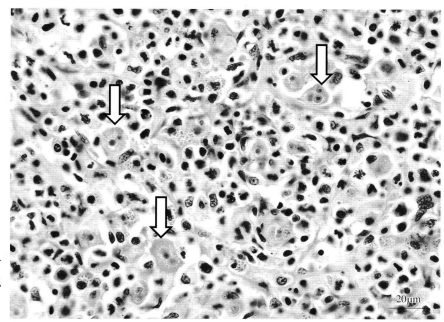

图16-24　虹鳟增生性肾病，可在肾中发现黏孢子虫的孢子前体（⇨）
（由David Groman提供）

三、坏死性间质性肾炎

坏死性间质性肾炎（necrotic interstitial nephritis）指以肾间组织变性、坏死为主要特征的炎症。许多感染性疾病尤其是病毒病以及中毒等因素可导致鱼类肾间组织的急性损伤，引发肾间组织的变性、坏死。除了肾间质细胞坏死外，有的疾病还可同时伴发严重的间质出血。由于鱼类肾间组织无规则地分布在肾小体和肾小管之间，无固定形状，其症状通常不会形成肉眼易辨的肾间组织解剖病变，需通过组织病理学检查来进行观察确认。

在鲤春病毒血症中，肾间造血组织表现为明显的坏死性病变，严重时肾小管崩解。在传染性造血器官坏死病中，病鱼肾间组织损伤严重并具有特征性，主要表现为肾间组织严重坏死，淋巴细胞显著减少，使肾间组织疏松甚至成片消失，仅残留肾小管或肾小球（图16-25至图16-28）。病灶处残留大量淋巴细胞或红细胞碎片，并伴有大量的单核巨噬细胞和成纤维细胞出现，部分区域被增生的纤维结缔组织取代而修复。在传染性鲑贫血症中，病鱼肾间组织严重出血，肾小管发生缺血性梗死，肾间淋巴细胞几乎完全消失，呈典型的坏死性间质性肾炎（图16-29）。鲑肾杆菌感染可导致病鱼肾间质出现明显的肉芽肿性病变，肉芽肿中心往往包含坏死组织（图16-30）。此外，疱疹病毒病如斑点叉尾鮰病毒病和锦鲤疱疹病毒病也常表现出显著的肾损伤，可见明显的造血组织坏死以及排泄组织（肾小球和肾小管）弥漫性坏死，并伴有出血和水肿等。鲤间质性肾炎和鳃坏死病毒也可导致严重的间质性肾炎。

除病毒外，重金属也可影响鱼类肾间组织。如锌中毒可致肾小管周围淋巴样组织数量减少和肾小管损伤；铅和锡中毒可导致造血组织损失，含铁血黄素、脂褐素等在头肾和中肾中大量聚集。

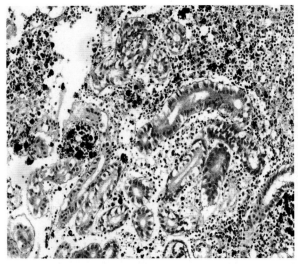

图16-25　虹鳟IHN致肾间质坏死，间质疏松，含铁血黄素增多

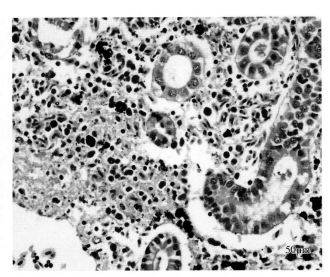

图16-26　虹鳟IHN致肾间质坏死，可见炎性渗出物

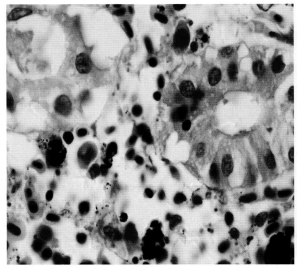

图16-27　虹鳟IHN致肾间质造血组织坏死，巨噬细胞增多，含铁血黄素沉积

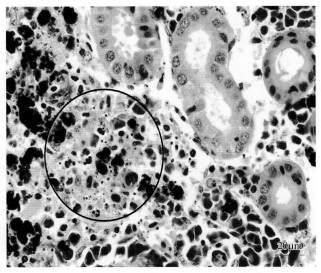

图16-28　虹鳟IHN致肾间质坏死，造血组织大量减少（○）

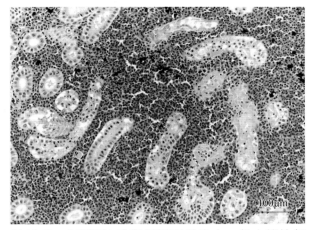

图16-29 虹鳟ISA致肾间质严重出血，肾小管缺氧
性梗死
（由David Groman提供）

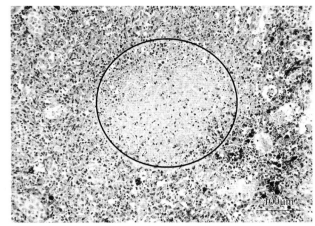

图16-30 大西洋鲑BKD致肾坏死性间质性肉芽肿（○）
（由David Groman提供）

第四节 鱼类头肾与胸腺的基本病理变化

　　鱼类头肾的病理变化总体上与肾间造血组织的病变类似。在传染性造血器官坏死病中，病鱼头肾比肾间组织有更多的细胞碎片，许多巨噬细胞细胞质中出现空泡，未成熟红细胞显著增多。鲑疱疹病毒病引发病鱼头肾出现轻度至中度肿大，并伴有不同程度的充血和坏死，以及头肾造血组织增生。真鲷虹彩病毒病导致病鱼头肾肥大，可见强嗜碱性、深染的肿大细胞。真菌性疾病有时也在头肾表现出病变，根据病程可导致不同程度的肉芽肿性头肾炎（图16-31），高倍镜下可见真菌菌丝（图16-32）。

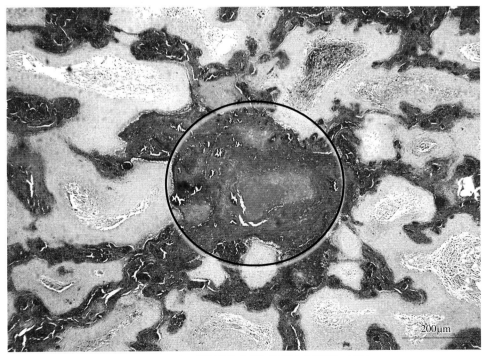

图16-31 大西洋鳕鱼头肾真菌性肉芽肿（○）
（由David Groman提供）

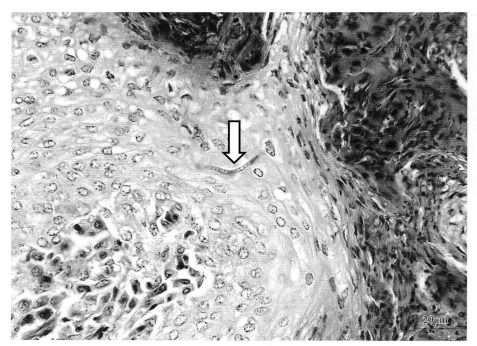

图16-32　大西洋鳕鱼头肾肉芽肿中的真菌菌丝（⇨）
（由David Groman提供）

　　有关鱼类胸腺病变的报道较少。有报道表明，X射线可导致斑马鱼胸腺萎缩，淋巴细胞急剧减少。草鱼出血病引发病鱼胸腺外结缔组织的血管内皮细胞受损，组织间隙中大量血细胞弥散，胸腺内也有出血现象。一些鱼类在应激状态下也可发生胸腺出血。例如，幼鱼感染病毒、细菌或水霉时，可见到胸腺外的被覆上皮、胸腺内的网状上皮细胞以及淋巴细胞变性、坏死，严重时整个胸腺出现弥漫性坏死甚至解体的现象。偶有鱼类胸腺瘤的报道，在没有其他疾病干扰时，鱼类胸腺瘤用肉眼即可初步诊断。

第十七章 鱼类消化系统病理

鱼类的消化系统（digestive system）由消化管（digestive tract）及其附属消化腺（digestive gland）两大部分组成，担负机体消化、吸收和废物排泄的功能（图17-1）。正常的消化过程是一个在中枢神经系统和自主神经系统共同控制和支配下的，多系统多器官相互协调、相互影响的过程。鱼类消化系统疾病可以是原发的，也可以是受到机体其他器官组织病变影响而继发的病变。同样，消化系统的疾病也会影响其他器官组织甚至机体全身。本章主要介绍鱼类胃肠炎和肝胰脏疾病。

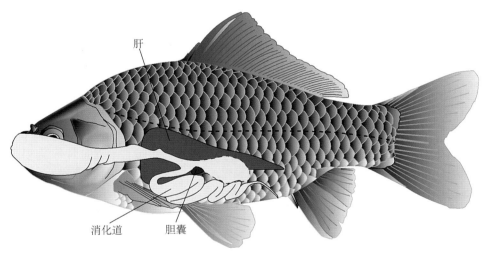

肝

消化道 　胆囊

图17-1　鱼类消化系统示意图

第一节　鱼类消化道与消化腺的组织结构

鱼类的消化系统由消化管及其附属的各种消化腺组成。鱼类消化管是一条细长的管道，由口咽腔（cavum oropharyngeum）、食管（esophagus）、胃（stomach）、肠（intestines）和肛门（anus）等连续的管道构成。鱼类的胃因种类不同而具有不同的形态，但基本呈弯曲或直管状，个别弯曲成盲囊。有些鱼类没有胃，如鲤科、海龙科等。有些鱼类在胃肠交界处有盲囊状突起，称为幽门垂或幽门盲囊。有胃鱼的肠是指从幽门括约肌到肛门之间的一段消化管，无胃鱼则是指从总胆管开口处到肛门的一段消化管。

一、胃、肠道

鱼类消化管各部分具有相似的组织结构，一般由黏膜层、黏膜下层、肌层和外膜层四层组成（图17-2、图17-3）。

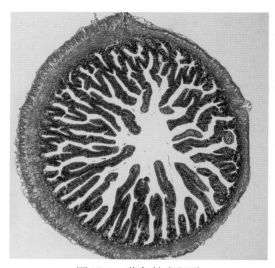

图 17-2　草鱼健康肠道

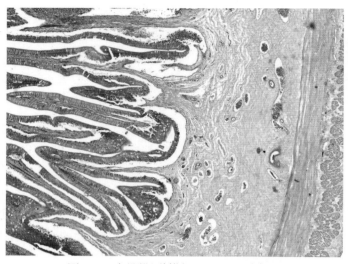

图 17-3　河豚肠道横切面，示肠道各层

（一）黏膜层

黏膜层（mucous layer）是消化管的最内层，由黏膜上皮、基膜、固有膜和黏膜肌层组成。鱼类胃黏膜表面有很多细小的凹陷，称为胃小凹，是胃腺的开口。鱼类肠道一般可分为前肠、中肠和后肠三段。同种鱼类各段肠道组织结构的差异主要表现在黏膜层，如肠壁皱襞的高低、疏密，上皮细胞的高低和纹状缘发达程度，以及杯状细胞的数量多少等。有些鱼类肠道黏膜缺少黏膜肌层，而有些鱼类还具有结实层和颗粒层。

1. 黏膜上皮（mucosal epithelium）　位于消化管最内表面。消化管两端（口腔、肛门）的上皮来源于外胚层，为复层上皮或假复层上皮；其余部分则由内胚层分化而来，且以单层柱状上皮为主。

鱼类的胃上皮主要是单层柱状上皮，少有杯状细胞和黏液细胞分布。上皮向固有膜内凹陷形成胃腺，胃腺是分支管状腺，可分为颈部、体部和腺底部。胃腺细胞是一种多角形低柱状的浆液腺细胞，细胞内富含嗜碱性的酶原颗粒。

鱼类的肠道黏膜上皮主要由单层柱状上皮和杯状细胞组成。鱼类肠道上皮细胞的基底面附在由网状纤维和无定形基质构成的基膜上；游离面具有明显的纹状缘，即电镜下可见的微绒毛。肠上皮细胞之间散布着杯状细胞，越往肠道后端，杯状细胞越多。杯状细胞呈高脚杯状，细胞核位于细胞基部，其游离端没有微绒毛。真骨鱼类一般没有肠腺，但鳕科鱼类有单管状肠腺。肠腺开口于皱襞间的肠腔中，腺体由圆形的分泌细胞和杯状细胞构成。

2. 固有膜（natural layer）　固有膜由致密的结缔组织构成，一般由胶原纤维、弹性纤维和一些网状纤维交织成网状结构，内含神经、血管和一些游走细胞。

某些鱼类如虹鳟和斑鳟等，在固有膜致密结缔组织外方还有一层结实层和颗粒层，前者由胶原纤维组成，后者由紧密排列的颗粒细胞构成。

3. 黏膜肌层（mucosal muscular layer）　除鳗等少数鱼类具有由平滑肌纤维构成的黏膜肌层外，大多数鱼类的肠黏膜缺乏黏膜肌层。黏膜肌层为一层薄的平滑肌，一般可分为内环肌和外纵肌两层，但在有些部位该层并不发达。

（二）黏膜下层

黏膜下层（submucosa layer）由疏松结缔组织构成，含有血管和神经。某些部位含有腺体（如食管壁的食管腺）。

（三）肌层

肌层（muscular layer）位于黏膜下层的外周。在口腔、咽和食道的前端及肛门等处为骨骼肌，其余均由平滑肌组成。同样分为内环和外纵两层，内层常较发达。在两层平滑肌之间有神经丛分布。

（四）外膜层

消化管的最外层为由疏松结缔组织构成的外膜层，又称纤维膜，使消化管与周围器官相互联系与固定。若外膜表面再覆盖一层间皮，则称为浆膜（serous membrane）。浆膜表面光滑，可减少消化管蠕动时的摩擦。

二、肝胰脏

肝和胰腺是鱼类的主要消化腺。多数鱼类的肝不分叶，少数分叶甚至分为多叶。有些鱼类如鲤科鱼类的肝分散，形状不固定，成弥散状分布于肠系膜上，其间有胰腺组织的分布所以又称肝胰脏（hepatopancreas）。

（一）肝

肝（liver）是鱼类最大的消化腺，通常位于体腔前部由肠、脾和鳔围成的空间内。肝的颜色一般呈黄褐色或红褐色，少数鱼呈灰白色，其形状和重量在不同的季节、不同生理状态下有很大的变化。肝的表面覆盖一层浆膜，浆膜下的结缔组织含有丰富的弹性纤维，故称为纤维囊。纤维囊的结缔组织纤维伸入肝实质内，把肝组织分隔成许多小叶（肝小叶）。真骨鱼类肝小叶之间的结缔组织不发达，故肝小叶分隔不完全。鱼类肝基本组织结构见图17-4。

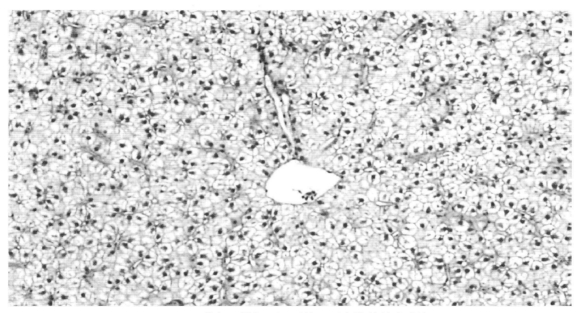

图17-4　草鱼肝横切面，示镜下呈空泡状的脂肪滴

不同鱼类肝细胞的排列形式不同，可分为肝细胞管型、索板型和过渡型三种类型。肝细胞管型属于原始的肝小叶类型，肝细胞单层排列围成肝细胞管，其外被窦状隙包围，并相互连接成网。索板型肝小叶的肝细胞围绕中央静脉呈放射状排列，形成肝细胞索。肝细胞索分支并形成网状结构，网眼间隙含有窦状隙。网状结构又相互连接成网板状结节，称为"肝板"。相邻肝细胞凹陷而形成的细微管道为毛细胆管。有些鱼类的肝细胞排列为过渡型，兼有肝细胞管型和索板型肝小叶的特征。

鱼类的肝细胞通常体积较大，呈多角形，组织切片观察则呈不规则多边形，细胞界线较清楚，细胞核位于中央，一般为单核，核仁明显。当肝细胞再生时核仁明显增大。鱼类肝细胞中常有数量不等的脂肪滴，在镜下观察时可呈不同程度的空泡状（图17-4）。鱼类肝细胞间存在分支，相互吻合成网状的不规则血窦，称为窦状隙或肝静脉窦。窦壁上有三种不同类型的细胞。第一种为普通扁平内皮细胞，体积小，核椭圆形，染色质丰富，细胞突出于窦腔内，相邻的内皮细胞间有间隙存在。第二种细胞为星状细胞，较为少见。细胞体积大，形状不规则，以其突起与窦壁细胞相连，核大而圆，含有较多的细胞质，可做变形运动，具有较强的吞噬能力。第三种是位于内皮细胞之间，能被氯化金着色的星形储脂细胞，细胞质内通常含有1～2个类脂小滴。

真骨鱼类相邻2～4个肝细胞接触面的细胞膜凹陷而成的空隙称为胆小管（毛细胆管）。胆小管的盲端起于中央静脉附近，然后沿肝细胞索，汇集于小叶间，形成小叶间胆管（图17-5），并在肝门附近连接成胆管。胆管再与胆囊管汇合成总胆管，最后通入小肠。由小叶间胆管到较大的胆管，其管壁上皮细胞由立方上皮细胞逐渐过渡为单层柱状上皮细胞。

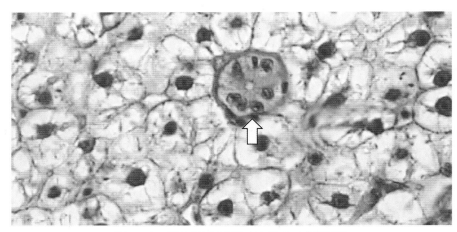

图17-5　草鱼肝横切面（⇨示小叶间胆管）

（二）胰腺

真骨鱼类的胰腺（pancreas）常呈弥散状分布于肝、脂肪和肠系膜等组织中，形成分界不明显的小叶。胰腺组织可分为外分泌部和内分泌部两部分。鱼类胰腺的基本组织结构见图17-6。

1．胰腺的外分泌部　胰腺的外分泌部是葡萄串状的复合泡状腺，可分成许多小叶，每一个小叶包括许多的腺泡（腺上皮细胞）和胰管（图17-7）。腺泡壁由锥形或低柱状胰细胞构成，细胞质中含有核糖蛋白，呈强嗜碱性，细胞顶部有酶原颗粒，H&E染色时呈紫红色；细胞核圆形或椭圆形，位于细胞基底部。细胞底面有基膜。胰管是输送分泌物的导管，分为润管、小叶内导管、小叶间导管及总导管，最终进入肠道。自润管起，管径逐渐增大，管壁叶逐渐增厚，上皮由单层立方上皮逐渐变为低柱状乃至柱状上皮。

2．胰腺的内分泌部　由很薄的结缔组织薄膜包裹的不规则的细胞团块，为胰腺的内分泌部，称为胰岛（pancreas islet）（图17-8）。胰岛的细胞染色很淡，形态多样，用特殊的方法固定和染色，在光镜下可分为A、B、D三种细胞类型，相当于哺乳动物的甲、乙、丁细胞。A细胞是胰岛中较大的细胞，分布于胰岛边缘部。细胞核特别大，近似卵圆形。细胞质在Mallory染色时呈鲜红色，内有浅染色的颗粒，称为A颗粒（与血糖上升有关）。B细胞数量最多，细胞体积较小，多角形或不规则形，核近圆形，在Mallory染色时呈橘黄色。一般分布在胰岛的中心部分，可能与血糖下降有关。D细胞数量少，细胞质清亮，无可见的颗粒，具有显色性，功能不明确，可能与生长激素释放因子有关。

图17-6 草鱼胰腺横切面，示胰腺基本组织结构

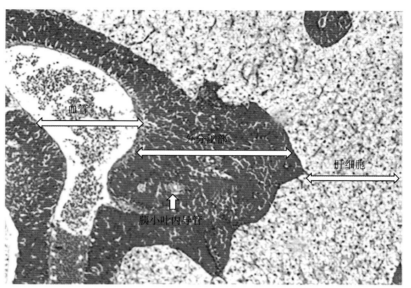

血管

外分泌部

肝细胞

胰小叶内导管

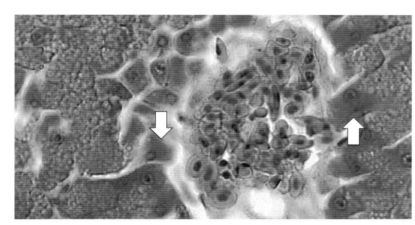

图17-7 胰腺横切面（⇨示腺上皮细胞）

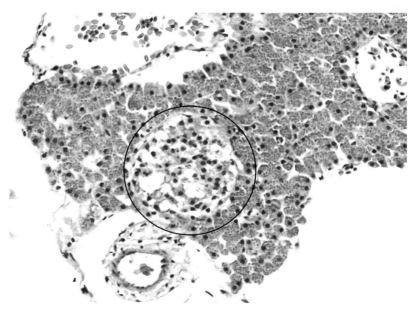

图17-8 胰腺内分泌部（○示胰岛）

第二节 胃肠炎

　　鱼类消化管的疾病主要集中于胃和肠道，消化管前段口咽腔和食管的病变较少。耶尔森氏菌感染引起的虹鳟肠型红嘴病常表现为口腔黏膜下层进行性的充血、出血，最终在口咽腔深处到皮肤表面形成出血性溃疡（hemorrhagic ulcer）。一些寄生虫如鱼波豆虫、刺激隐核虫、锚头鳋等在口腔内大量寄生时，可引发严重的局部溃疡、广泛的上皮细胞坏死或严重的组织增生。

　　胃肠炎（gastroenteritis）是指胃、肠道浅层或深层组织的炎症，是鱼类消化系统疾病发生过程中的一种常见病变。鱼类胃、肠道疾病常相伴发生，其症状和病理过程在很多时候也较相似，常合称胃肠炎。相对而言，鱼类胃部疾病报道较少，肉芽肿性胃炎（granulomatous gastritis）为特征性病变之一。肠道疾病比胃部疾病更为常见和多样，根据病程长短可以分为急性和慢性两种。根据渗出物性质和病变特点不同，鱼类肠炎可分为卡他性肠炎、出血性肠炎、坏死性肠炎和慢性增生性肠炎等类别。以肠黏膜表面形成纤维素性渗出物为特征的肠道炎症——纤维素性肠炎（fibrinous enteritis）在鱼类上不像在陆生动物疾病过程那样典型和具有特征性，相关报道也较少。除炎症外，胃肠道也可发生肿瘤等特殊病变。

一、卡他性肠炎

　　根据病程长短不同，卡他性肠炎可分为急性卡他性肠炎和慢性卡他性肠炎。

　　急性卡他性肠炎（acute catarrhal enteritis）以黏膜发生急性充血和大量的浆液性、黏液性或脓性渗出为特征，是临床上最常见的一种肠炎类型，多为各种肠炎的早期变化。卡他性肠炎病因很多，各种营养性、生物性以及理化因素的刺激，如饲料酸败、霉变，赤潮毒素作用，病毒（如斑点叉尾鲴病毒病、鲤春病毒血症病毒、IHNV）或细菌感染（如细菌性肠炎），肠道寄生虫（如六鞭毛虫、肠袋虫、头槽绦虫）寄生以及长期大剂量使用抗菌药物导致肠道正常菌群失调等都可引起鱼类卡他性肠炎的发生（图17-9）。急性卡他性肠炎眼观可见肠黏膜肿胀、充血发红，充血可局限于某段肠黏膜或呈弥漫性，黏膜表面附有大量半透明无色浆液或灰白色、灰黄色黏液。如鲤喹乙醇中毒后可从肛门流出透明的黏液便，剖检可见肠道内充满大量黏液性卡他（图17-10、图17-11）。镜下，卡他性肠炎主要表现为肠黏膜上皮细胞变性、脱落，杯状细胞显著增多，黏液分泌增多；黏膜固有层毛细血管扩张、充血，并有大量浆液渗出和数量不等的淋巴细胞、单核细胞和中性粒细胞浸润，有时可见出血性变化。随着病情的发展，早期的浆液性渗出可逐渐转化为黏液性渗出。如有化脓性细菌（如链球菌、迟缓爱德华氏菌）的侵入则转化为脓性渗出，形成大量脓性分泌物被覆于肠黏膜表面，肠黏膜上皮坏死，大量中性粒细胞浸润。由寄生虫寄生引起卡他性肠炎的肠道黏液镜检可见大量寄生虫虫体和虫卵。急性卡他性肠炎的病理损伤相对比较轻微，及时处置后通常易于痊愈。部分病程较长

图17-9　IHNV感染致虹鳟肛门流出淡黄色黏液便

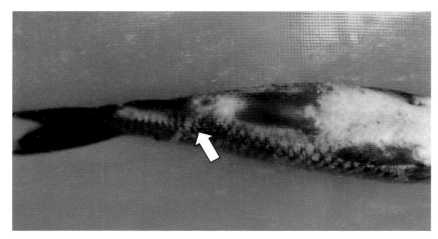

图17-10 鲤喹乙醇中毒肛门流出透明的黏液便（⇨）

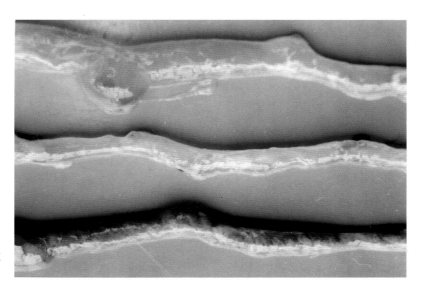

图17-11 鲤喹乙醇中毒肠道内充满大量黏液性卡他（下为对照）

的病例可转为慢性卡他性肠炎，以肠黏膜表面被覆黏稠黏液，固有膜间质组织增生为特征，并伴有以淋巴细胞为主的炎性细胞浸润。

慢性卡他性肠炎（chronic catarrhal enteritis）多由急性卡他性肠炎发展转变而来，以肠黏膜表面被覆黏稠黏液和组织增生为特征。慢性卡他性肠炎的病因与急性病程相似，一些肠道寄生虫病和各种因素引起的长期淤血均可导致慢性卡他性肠炎。眼观，肠黏膜表面被覆黏液，肠壁肥厚或变薄。镜下，肠黏膜固有层增厚，上皮组织增生，以淋巴细胞为主的炎性细胞浸润。当病程较长时，由于结缔组织收缩，导致肠壁变薄、肠绒毛萎缩。

二、出血性肠炎

出血性肠炎（hemorrhagic enteritis）是以肠黏膜严重损伤、有明显出血为特征的一种肠炎。病原微生物感染是引起鱼类出血性肠炎的主要原因，如草鱼出血病、鲤春病毒血症、草鱼细菌性肠炎、斑点叉尾鮰肠型败血症、斑点叉尾鮰链球菌病、罗非鱼链球菌病以及鲁氏耶尔森氏菌病等常见严重的出血性肠炎（图17-12、图17-13）。一些寄生虫寄生导致鱼类肠壁机械损伤也能引起出血性肠炎，如孢子虫病、绦虫病、棘头虫病等。此外，急性应激、食物中毒等因素也可引起肠道出血。

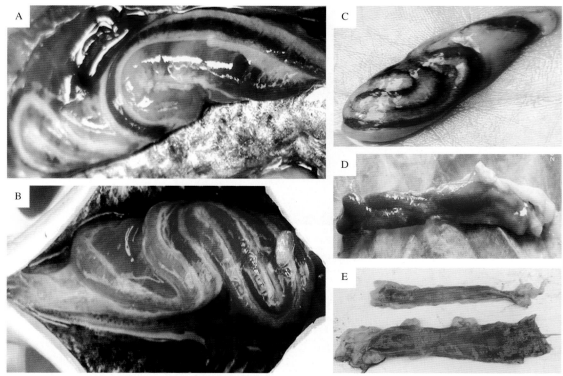

图17-12　草鱼出血性肠炎，浆膜面及黏膜面均可见严重发红
（B～D 由肖健聪、黄永艳提供）

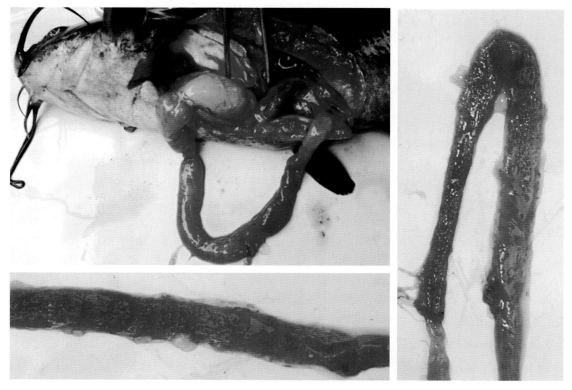

图17-13　斑点叉尾鮰发生肠炎，肠道充血、出血，肠腔内充满带血的炎性渗出物

不同因素引起的鱼类出血性肠炎大体病理较为相似。在肠炎型草鱼出血病中，病鱼以肠壁充血或出血为特征，全肠或局部呈鲜红色，肠壁弹性较好，黏液较少。肠道内有时候会有血液，肠壁黏液中有很多红细胞，肠系膜及其脂肪有点状出血。细菌性肠炎的病鱼腹部膨大，肛门红肿，用手轻压腹部，有黄色黏液或带血脓液从肛门外溢；解剖见肠道肿胀，有点状、斑块状或弥漫性出血，肠黏膜表面覆盖大量红褐色带血黏液，严重时可形成暗红色血凝块。肠道内容物中混有血液，呈淡红色或暗红色。

镜下，出血性肠炎主要表现为肠黏膜上皮变性、坏死和脱落，黏膜固有层和黏膜下层血管明显扩张充血、出血和不同程度的炎性渗出。各层病变以固有膜层最为严重。病变严重时，肠上皮几乎完全脱落，固有层及黏膜下层有大量红细胞浸润，肌层也有红细胞浸润，肠腔中有大量红细胞和成片脱落的肠上皮。在细菌性肠炎病中，除出血外，病鱼肠上皮还呈炎性水肿，杯状细胞显著增加，肠腔中有大量黏液和渗出的纤维素样物质，有巨噬细胞、淋巴细胞和中性粒细胞浸润。在肠炎型草鱼出血病中，病鱼肠道上皮尤其是固有层出血更加严重，杯状细胞数量和黏液分泌增加相对较少。当大西洋鲑感染ISAV后可致严重的出血性肠炎，肠黏膜层往往坏死脱落，固有层裸露、严重充血，肠腔内可见大量淡染的炎性渗出物、坏死脱落的黏膜上皮细胞及渗出的红细胞（图17-14）。

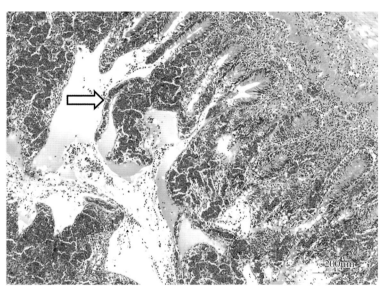

图17-14　ISA导致大西洋鲑肠道严重出血（⇨）
（由David Groman提供）

三、坏死性肠炎

坏死性肠炎（necrotic enteritis）是以肠黏膜的一层或多层组织严重损伤、显著坏死为特征的肠道炎症。多种因素如病原微生物感染（传染性胰腺坏死病、细菌性疖疮病）、寄生虫寄生和化学物质中毒等都可以造成肠道严重损伤，引起坏死性肠炎。坏死性肠炎常与卡他性肠炎、出血性肠炎等病变相伴发生，是后者进行性发展的结果。如斑点叉尾鲴传染性肠套叠发生时，一些病例套叠肠段内发生坏死，形成硬实的坏死组织栓子堵塞肠腔，最终导致肠道断裂（图17-15）。

坏死性肠炎病鱼消化道内常无食物，肠黏膜表面有乳白色或淡黄色黏液或纤维素性渗出物。渗出物与渗出的白细胞和坏死的上皮细胞混合而形成一种灰白色的粗糙膜状物（假膜），有时可形成条索状或管状的黏液便。当病情严重时，在水面上可见线状黏液便漂浮。

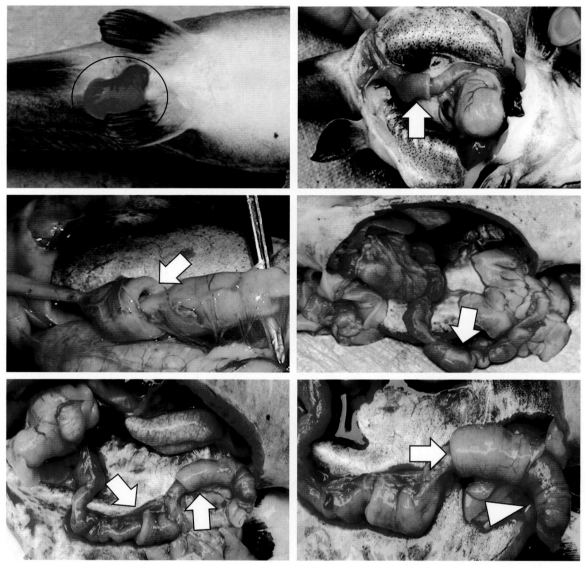

图 17-15　斑点叉尾鮰肠套叠症（⇨），可见肠脱（○）、肠套叠及套叠肠道坏死形成肠栓（△）

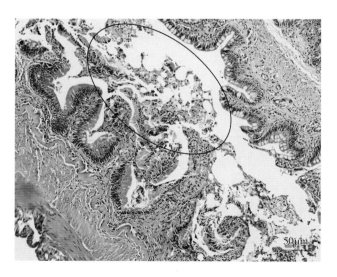

镜下，肠黏膜可见均质红染无结构的坏死区，甚至与肠壁基部剥离。坏死的黏膜组织、渗出的黏液、浸润的细胞等凝固在一起形成栓子样物质。在传染性造血器官坏死病中，患病鱼出现典型的坏死性肠炎表现，可见黏膜上皮严重坏死脱落，肠腔内充满坏死脱落的肠组织细胞、渗出的红细胞及大量炎性渗出物，固有层及黏膜下层充血、出血（图 17-16、图 17-17）。斑点叉尾鮰传染性肠

图 17-16　IHNV 致虹鳟坏死性肠炎，可见肠黏膜严重坏死脱落（○）

套叠症发生后，可在套叠区域发现严重的肠坏死，肠道原有组织结构完全消失，整个组织模糊一片，肠腔内还可见套叠的肠道栓子（图17-18）。一些肠道寄生虫如球虫、绦虫、棘头虫等寄生也会造成肠道严重损伤最终导致坏死性肠炎。

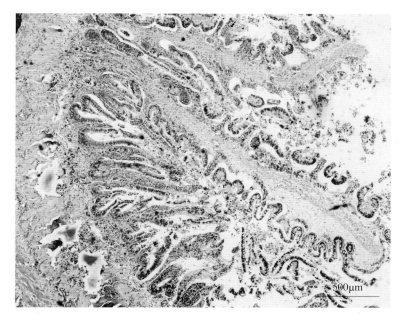

图17-17　IHNV致虹鳟坏死性肠炎，肠黏膜严重坏死脱落，固有层及黏膜下层充血、出血

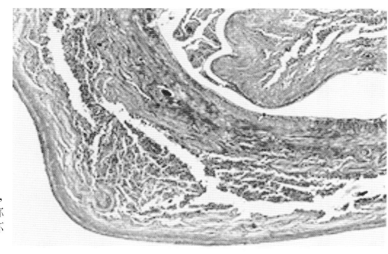

图17-18　肠道套叠，肠固有层结构消失，大部分组织实质细胞坏死，弥漫成一片，肠腔内有套叠的坏死的肠组织栓子

四、慢性增生性胃肠炎

慢性增生性胃肠炎（chronic proliferative gastroenteritis）是以胃肠黏膜和黏膜下层结缔组织增生及炎性细胞浸润为特征的炎症，因常有肉芽肿形成，又称肉芽肿性胃肠炎（granulomatous gastroenteritis）。变质饵料摄入、细菌或寄生虫感染等多种因素皆可引起鱼类肉芽肿性胃肠炎。

鱼类肉芽肿性胃炎主要是由营养性因素引起的，可见于养殖的溪鳟、虹鳟和金头鲷等，在投喂干肉粉饵料时尤为常见。病变形成的肉芽肿主要发生在胃壁肌层，也称为内脏肉芽肿（visceral granuloma），这种内脏肉芽肿初期会在胃壁表面形成一些并不十分明显的小的乳头状突起。在组织学上，这是一个以上皮样细胞和游离巨噬细胞构成的伊红淡染的无特定结构组织为中心，外周由变性的上皮样细胞和纤维素性包膜构成的纤维素性肉芽肿（fibrinous granuloma）。随着病情发展，肉芽肿不断增大，逐渐形成白色不规则的肿块，甚至可穿破腹膜壁层并导致粘连。此外，虹鳟肾钙质沉着症也会形成相似病变。病变起初是在胃固有膜中沉积一些片状钙质物，随后被巨噬细胞包裹形成肉芽肿，最终胃壁内形成大面积的肌肉坏死和纤维化，但该病变不会穿破胃壁。

　　一些细菌如分枝杆菌或诺卡氏菌的慢性感染可导致肠壁形成局灶肉芽肿并形成一些白色小结节。寄生虫寄生是鱼类胃和肠道肉芽肿的另一常见因素。如异尖线虫在海水鱼类胃内寄生可引起胃壁肉芽肿；鲫孢子虫在肠腔形成的巨大肉芽肿（图17-19）；九江头槽绦虫致鱼类慢性增生性肠炎（图17-20）；框镜鲤吉陶单极虫感染后，可在肠壁形成大小不一的包囊，包囊表面有完整包膜，且有血管分布，镜检可见包囊主要生长在肠壁外层，随着其逐渐增大可向肠腔内突入，导致整个腹部膨大，包囊可致病鱼整个肠壁增厚，呈明显的增生性肠炎表现（图17-21）。

图17-19　鲫孢子虫在肠腔形成的囊肿（⇨）

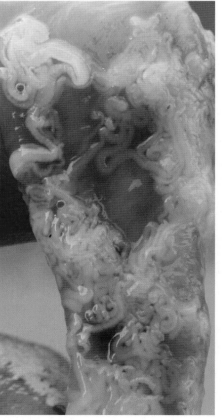

图17-20　九江头槽绦虫致鱼类慢性增生性肠炎
（由袁圣提供）

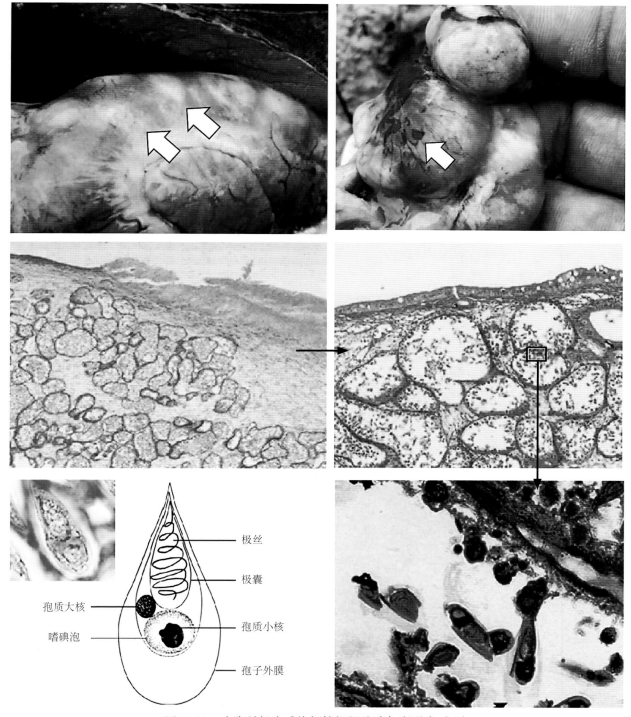

图 17-21 吉陶单极虫感染框镜鲤肠腔致包囊形成（➪）

　　球虫和棘头虫寄生于肠道时导致肠道肿胀，在肠壁上形成肉芽肿结节。长棘吻虫主要寄生在夏花及成体的鲤前肠中，感染严重时导致较高死亡率。病鱼体瘦，食欲减弱或不食，肠壁上有许多肉芽肿结节，严重时可导致内脏粘连，肠内有许多黄色黏液而无食物。

　　镜下，虫体吻部钻入肠壁，肠壁的各层组织均可受损伤，肉芽组织增生明显（图 17-22、图 17-23）。肉芽组织有大量的嗜酸性粒细胞浸润。当肉芽组织过度增生时，肉芽组织可取代肠壁各层组织，并可包围和取代附近的其他内脏组织，引起整个内脏粘连。结节中心区在虫体的吻部附近的肉芽组织，有的发生玻璃样变，有的坏死呈一片碎屑。虫体死亡或脱落后，附近的肉芽组织逐步向成熟化发展，发生纤维素样变性和玻璃样变，肉芽肿变小，坚韧而瘢痕化。其他感染性因素如长期细菌感染、病毒感染等也可引起不同程度的慢性增生性肠炎（图17-24）。

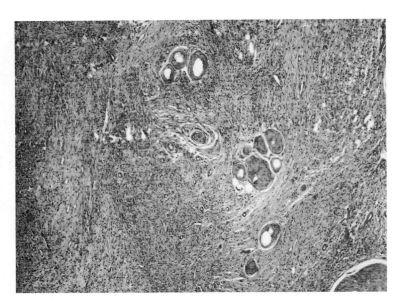

图17-22　鲤长棘吻虫寄生后，肠道成纤维细胞大量增生，肉芽组织形成

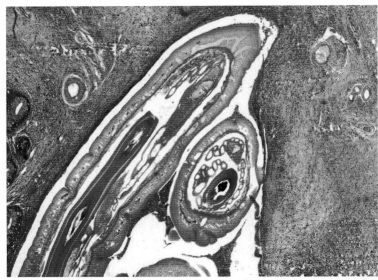

图17-23　鲤长棘吻虫致慢性增生性肠炎，可见虫体

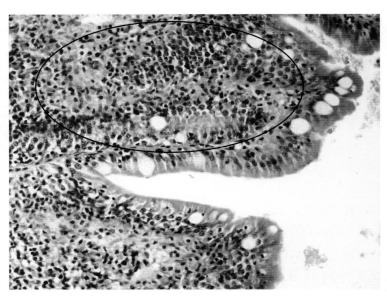

图17-24　草鱼慢性增生性肠炎（○）

第三节 肝胰脏的基本病理变化

肝胰脏是鱼类主要的消化腺，不仅参与机体营养代谢，还在免疫防御以及解毒等方面发挥着重要作用。病原侵袭感染和各种非寄生性因素都可引起肝胰脏损伤和功能障碍。引起鱼类肝胰脏损伤的非寄生性因素主要包括营养性因素、中毒以及药源性损伤等。肝胰脏疾病的发生既与自身组织结构和功能的改变有关，也受到机体其他组织器官的影响。鱼类肝缺乏具有吞噬作用的枯否氏细胞，因此其病理多样性不像高等动物那样明显。本节主要介绍脂肪肝、肝炎、肝纤维化与肝硬化及胰腺炎等常见肝胰脏损伤。

一、脂肪肝

脂肪肝（fatty liver）是指由于各种原因引起的肝细胞内脂肪堆积过多的病变，与脂肪代谢失衡有关（图17-25）。需要注意的是，鱼类的健康肝细胞中本身就含有一定量的脂肪，其含量与物种本身以及饲料脂肪含量等有关。当病变严重时，肝细胞内蓄积大量的游离脂肪滴（肝脂肪变性），变性的肝细胞弥漫分布于肝组织中，肝正常结构消失似脂肪组织，故称脂肪肝。脂肪肝是一种常见的肝病理改变，而非一种独立的疾病。多种因素如中毒、营养代谢障碍、败血症以及各种可导致缺氧的病理因素都可伴随肝细胞的脂肪变性甚至脂肪肝。其中，饲料脂肪含量过高、氧化酸败、维生素缺乏和中毒是养殖鱼类脂肪肝发生的主要因素。在高密度养殖且生长旺盛条件下，鱼类脂肪肝尤为多见。病情较轻时，鱼体一般没有明显的症

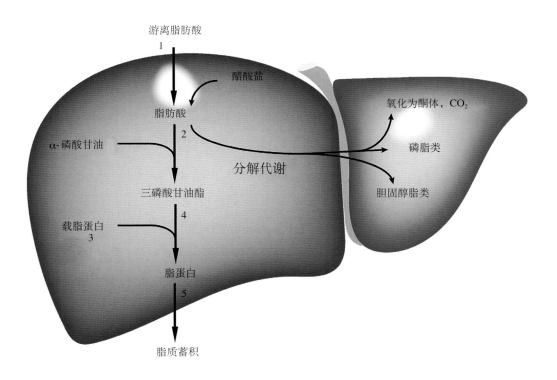

图17-25　经典的肝内脂肪代谢（摄入、分解代谢及分泌）的原理图和导致脂肪积聚的可能机制
1.来源于贮存的脂肪或者饮食提供过多的游离脂肪酸（FFA）　2.氧化或者游离脂肪酸的利用减少
3.脂蛋白合成受阻　4.蛋白质和三磷酸甘油酯结合形成脂蛋白受阻　5.肝细胞释放脂蛋白受阻
（赵德明等译，2015. 兽医病理学. 5版）

状，仅见食欲减退、游动无力、生长缓慢，少有死亡。病情严重时，鱼体有浮肿肝，体色发黑，体表有局灶性的颜色发白或皮肤溃烂，尤其以鳍条末端表现明显，病鱼食欲减退甚至废绝，游动失去平衡或呆立于水中，抗应激力差，在捕捞或运输中易发生大批死亡。

大体检查时可发现肝边缘圆钝，常伴随不同程度的肿大，严重时比正常大一倍以上，亦可见体积缩小的情况。肝组织内有大量脂肪蓄积，使肝外观变成黄、红和白相间的花斑状，形成所谓的"花斑肝"。病变进一步发展累及整个肝时，肝呈淡黄色，质地松软易碎，有油腻感（图17-26）。此时，病鱼肝功能受损，出现肝性水肿和贫血，腹腔内通常可见不同程度的腹水。

图17-26　鲑脂肪肝，肝发黄、有油腻感
（汪开毓等译，2018. 鲑鳟疾病彩色图谱. 2版）

镜下，肝细胞呈现严重的脂肪变性或空泡变性。肝细胞肿大变圆，细胞质内出现大小不等的圆形空泡，细胞核被挤到一边，空泡可相互融合形成大空泡，甚至导致细胞破裂（图17-27至图17-29）。不同病因的脂肪变性发生部位不同，病变部位可以是弥散分布于整个肝或集中于某些区域。通常淤血或缺氧等因素造成的肝细胞脂肪变性主要发生于中央静脉周围区域，也称中心脂肪化（central steatosis）。反之，如中毒等因素造成的病变多见于肝小叶外围，称为周边脂肪化（peripheral steatosis）。病程长者可见结缔组织增生，大量成纤维细胞出现在肝组织内，无规则地划分肝组织，使肝的结构紊乱，有的区域完全被结缔组织取代呈现纤维化。

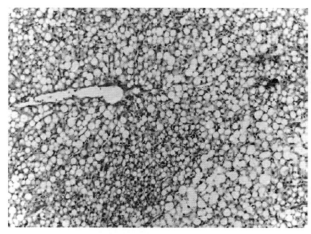

图17-27　黄颡鱼肝胰腺细胞严重脂变，细胞质内大量圆形脂滴

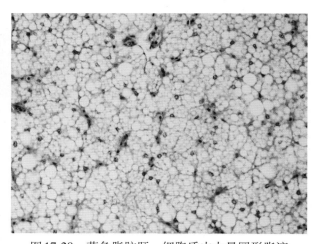

图17-28　草鱼脂肪肝，细胞质内大量圆形脂滴

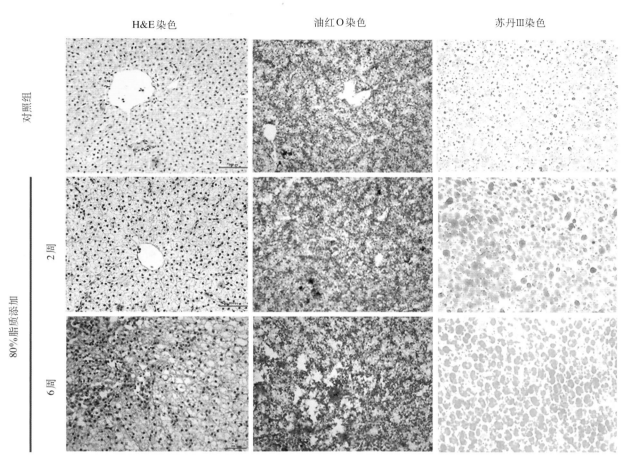

	H&E 染色	油红O染色	苏丹III染色
对照组			
80%脂质添加　2周			
6周			

图 17-29　高浓度脂质可导致鱼类脂肪肝的形成

二、肝炎

肝炎（hepatitis）是指肝在某些致病因素作用下发生的以肝细胞变性、坏死、炎性细胞浸润和间质增生为主要特征的一种炎症过程。引起肝炎的因素很多，通常将由生物性致病因素（细菌、病毒、真菌、寄生虫等）所引起的肝炎称为传染性肝炎（infectious hepatitis），由病原微生物和寄生虫以外的毒性物质（化学药物、毒素、代谢废物等）引起的肝炎称为中毒性肝炎（toxic hepatitis）。

（一）肝炎的基本病理变化

当肝炎发生后，不同鱼类眼观表现可能不同，可表现为肝肿大、边缘钝圆（图17-30、图17-31），也可能出现出血斑点（图17-32），部分还可能见到坏死灶。镜下各型肝炎病变基本相同，都是以肝实质损伤伴随炎性细胞浸润为主要特征，即肝细胞变性、坏死和凋亡，同时伴有不同程度的炎性细胞浸润、间质增生和肝细胞再生等。

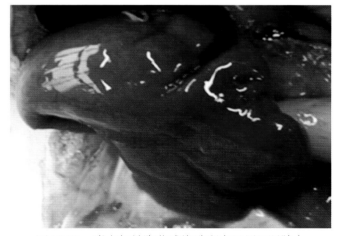

图 17-30　嗜水气单胞菌感染致斑点叉尾鮰肝肿大

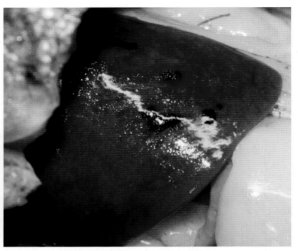

图 17-31　嗜水气单胞菌感染致草鱼肝肿大　　　　图 17-32　IHNV 感染导致虹鳟肝肿大、出血坏死

1.**肝细胞变性**　变性是肝炎的主要病变，主要表现为颗粒变性、水泡变性和脂肪变性等。水泡变性时，肝细胞体肿大，细胞质疏松呈网状、半透明，称为胞浆疏松化（cytoplasmic loosening）。进一步发展，肝细胞变形肿大呈球形，细胞质几乎完全透明，称为气球样变性（ballooning degeneration）。

2.**肝细胞坏死**　坏死通常有凝固性坏死和液化性坏死两种形式。凝固性坏死以坏死组织发生凝固为特征。镜下，坏死组织的结构轮廓尚在，细胞精细结构消失。坏死细胞的核完全崩解消失，或有部分核碎片残留，细胞质崩解融合为一片淡红色、均质无结构的颗粒状物质，有的凝固性坏死细胞可保持较清晰界限（图 17-33、图 17-34），凝固性坏死后期细胞完全崩解，细胞原有轮廓消失（图 17-35）。液化性坏死最多见，常由高度气球样变发展而来，坏死细胞细胞核固缩、溶解、消失，最后细胞解体形成液化性坏死灶。由病毒病导致的肝炎发生时，大量病毒侵入，导致肝细胞肥大，最终细胞死亡崩解（图 17-36）。

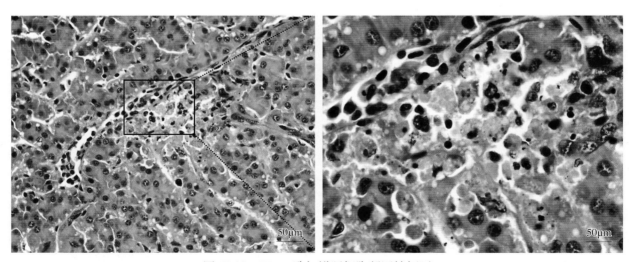

图 17-33　IHNV 致虹鳟肝细胞凝固性坏死

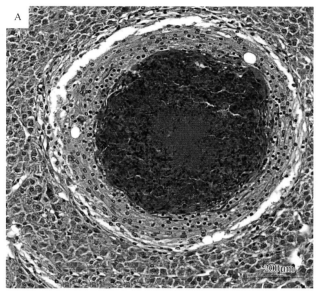

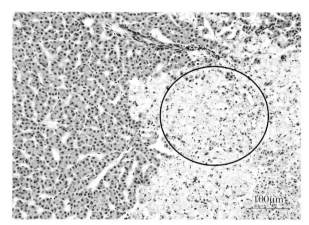

图17-35　IPNV引起的溪鳟急性肝坏死（○）

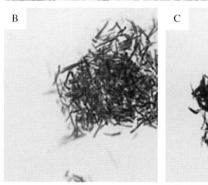

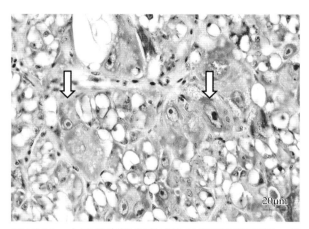

图17-34　诺卡氏菌感染致肝肉芽肿，肉芽肿内肝细胞坏死
　　A．肝内肉芽肿　B.诺卡氏菌抗酸染色呈阳性（红色）
　　　C.诺卡氏菌革兰氏染色呈阳性（蓝紫色）

图17-36　大西洋庸鲽病毒感染引起肝细胞坏死，部
　　　　　分细胞肥大（⇨）
（由David Groman提供）

　　3.**肝细胞凋亡**　一些鱼类病毒病如传染性胰腺坏死病可引发肝细胞凋亡。凋亡肝细胞的细胞质嗜酸性明显增强，细胞固缩，细胞质内形成凋亡小体，并与邻近细胞分离。

　　4.**炎性细胞浸润**　炎性细胞浸润是肝炎的特征性病变之一。不同肝炎浸润的炎性细胞类型可能不同，主要有淋巴细胞、单核细胞、中性粒细胞和浆细胞等。浸润的炎性细胞可集中分布在汇管区、胆管周围等不同部位，或呈灶状分布在小叶内，或散在于肝细胞索之间。

　　5.**间质反应性增生及肝细胞再生**　鱼类间质反应性增生主要是指间叶细胞和成纤维细胞增生。间叶细胞具有多向分化的潜能，存在于肝间质内，以小血管和小胆管周围居多。在肝炎早期间叶细胞增生并分化为组织细胞，参与炎性细胞浸润，之后有成纤维细胞增生参与肝损伤的修复。

　　肝细胞坏死时，邻近的肝细胞可通过直接或间接的分裂而再生修复。再生的肝细胞体积较大，核大而染色较深，有时可见双核，略嗜碱性。病程较长的病例，在汇管区或大块坏死灶内增生的结缔组织中尚可见到细小胆管增生。

三、肝纤维化与肝硬化

　　肝纤维化（liver fibrosis）是肝组织内结缔组织异常增生的病理过程。肝纤维化可见于所有肝损伤的修复愈合的过程中。如果损伤因素长期不能去除，纤维化的过程长期持续就会发展成肝硬化。肝硬化（liver cirrhosis）又称肝硬变，是以肝组织严重损伤和结缔组织增生为特征的慢性肝疾病。肝硬化是肝严重损伤的慢性结果，是肝疾病的终末期病变（图17-37）。肝纤维化和肝硬化都不是独立的疾病。多种因素如重金属或农药中毒、慢性寄生虫寄生以及长期的胆管阻塞等都可导致肝硬化的发生。

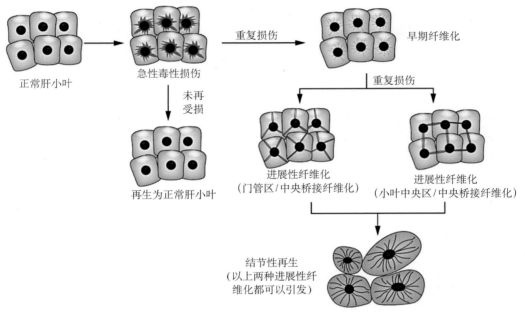

图17-37　肝纤维化发展过程中肝损伤效应示意图

注：只发生一次的急性小叶中心型肝损伤通常可以清除，并且可以恢复到正常的肝组织结构，反复发作或严重的损伤可以引发肝纤维化。肝纤维化在初期可能是可逆的，但随着纤维化发展，便不可能再进行修复。肝纤维化开始作为沉积在门管区和小叶中央区之间胶原的细小分支，或深入到肝实质中。随着时间的推移，更多的胶原和其他细胞外基质沉积，肝小叶结构逐渐变得扭曲。终末期肝典型的表现是出现结节性再生和大面积的小叶周围纤维化。

（刘克剑等译，2014.毒理病理学基础．2版）

　　病变初期肝的体积增大、重量增加，晚期肝逐渐萎缩变硬、体积变小，肝表面颜色不一，凹凸不平，形成颗粒状、结节状或岛屿状突起。鱼类多见肝崎岖不平的白色花纹，呈花斑肝样表现（图17-38）。镜下，由不同病因引发肝硬化的变化基本相似，早期主要是肝细胞发生缓慢的进行性变性坏死，继而肝细胞再生和间质结缔组织增生，增生的结缔组织将残余的和再生的肝细胞集团围成结节状，最后结缔组织纤维化（图17-39）。

图17-38　草鱼肝纤维化

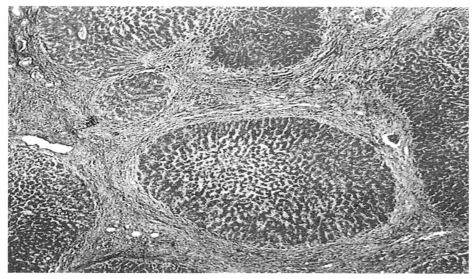

图17-39 肝硬化
(刘克剑等译，2014. 毒理病理学基础. 2版)

与哺乳动物不同，鱼类由于生长周期较短，其肝病变多以肝纤维化为结局，肝硬化较为少见。但当病程较长，肝纤维化继续发展时，肝萎缩变小变硬，最终可导致肝硬化。肝肿瘤是鱼类肝纤维化或肝硬化的常见原因。如黄曲霉毒素可诱发鱼类肝癌形成肿瘤结节并逐渐包裹胆管，刺激胆管和相邻的纤维组织增生导致肝硬化；营养性重金属中毒可引起养殖比目鱼和大菱鲆发生以胆囊周围结节性肝硬化和肾纤维化为特征并伴有水肿和严重贫血的肝-肾综合征。

四、胰腺病变

鱼类胰腺组织十分复杂，其外分泌部、内分泌部及周围的胰周脂肪都有各自特定的病理特征，但任意一个组织的病变都会严重影响其他组织。胰腺组织的基本病变包括胰腺腺泡坏死、胰腺萎缩、胰岛和胰周脂肪组织损伤等。这些基本病变进而导致胰酶外溢，引发胰腺炎。胰腺炎（pancreatitis）是指胰腺因胰蛋白酶的自身消化作用而引起的一种炎症性疾病。

1. 胰腺腺泡坏死　多种因素可以引起鱼类胰腺腺泡坏死，病毒感染是其中最重要、最严重的致病因素。如传染性胰腺坏死病毒（IPNV）感染可以导致鲑鳟鱼类和比目鱼胰腺腺泡坏死，引发急性和慢性胰腺炎。急性IPN主要发生于幼鱼，成鱼IPN发病多为慢性。其他病毒性疾病如传染性造血器官坏死、斑点叉尾鲖病毒病以及细菌性疾病也会引发急性胰腺坏死（acute pancreatic necrosis）。IPNV慢性感染时，如果胰腺损伤较轻，病鱼外观通常无明显异常，可继续正常生长，但对一些偶发感染（如气单胞菌病）具有高度敏感性，受到应激刺激时可引发急性IPN。如果病鱼胰腺损伤严重，导致胰腺功能不能满足正常需求时，则会出现临床症状甚至死亡。

镜下，IPNV急性感染时，胰腺腺泡肿胀变圆，显著浓染，这是该病的独特病理特征（图17-40）。胰腺腺泡坏死同时引起胰周脂肪和临近脂肪组织坏死，形成凝固性坏死灶。非急性感染时，胰腺细胞肿大，空泡变性，严重者发生坏死，核固缩、碎裂，或溶解消失，胰腺细胞明显减少。减少的胰腺细胞被脂肪组织所填充，这些脂肪组织随后也可发生广泛的坏死。病程较长时，胰腺细胞发生散发性的固缩、自溶以及纤维组织替代（图17-41）。除了纤维化外，胰腺组织通常很少有细胞反应。在嗜麦芽寡养单胞菌感染后，斑点叉尾鲖乙酰细胞可表现为严重坏死，原有细胞结构消失，模糊不清，最后细胞坏死崩解（图17-42）。

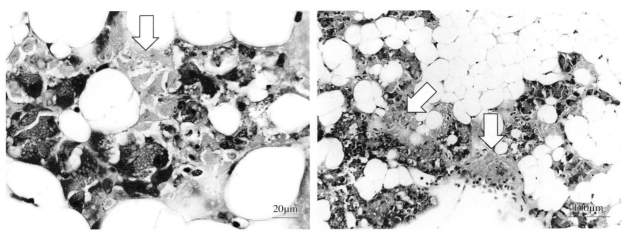

图 17-40　IPNV 致北极红点鲑胰腺外分泌部腺泡上皮坏死（⇨）
（由 David Groman 提供）

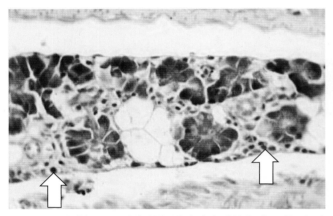

图 17-41　慢性 IPNV 感染的虹鳟胰腺内腺泡细胞固缩（⇨）

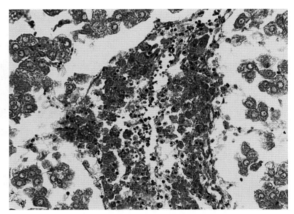

图 17-42　嗜麦芽寡养单胞菌感染致斑点叉尾鮰胰腺坏死

2.**胰腺萎缩**　胰腺萎缩是以胰腺腺泡显著萎缩、外分泌胰腺组织丧失、胰周脂肪纤维化和炎性细胞浸润为特征的病变。鲑甲病毒感染是虹鳟、大西洋鲑胰腺萎缩的常见病因。组织学上，胰腺腺泡迅速萎缩、坏死，很少有残余的萎缩腺泡存在，胰腺几乎完全由脂质组成。胰腺外分泌部早期有单核细胞浸润，后期被纤维组织取代，但胰岛不受影响。

此外，一些寄生虫寄生如伴双叶绦虫感染可引起慢性胰腺炎，腺泡固缩且颜色加深，结构被破坏。胰腺纤维化程度可能非常严重，腺泡嵌在瘢痕组织的基质中。鱼类在饥饿状态下也会发生腺泡萎缩，分泌颗粒从细胞质中消失，最终腺泡几乎丧失原有形态，转为一团 H&E 染色下呈紫红色深染的萎缩细胞。

3.**胰岛及胰周脂肪损伤**　胰岛是胰腺的内分泌部，在鱼类碳水化合物、脂肪和蛋白质的中间代谢过程中发挥重要作用。鱼类摄食缺乏维生素 C、维生素 E 或含有氧化酸败油脂的饵料时，会引发自发性糖尿病，出现抗胰岛素的高血糖、糖尿和酮尿症。组织学上，主要表现为 β 细胞脱颗粒，细胞核肥大具有多形性，富含糖原。后期，胰岛细胞可能出现核固缩，胞质空泡化。

胰周脂肪包裹着胰腺以及胰腺与消化管之间的连接处。胰腺腺泡损伤在导致急性胰腺坏死的同时会引起邻近脂肪坏死，这可能是胰腺炎最重要的后果。脂肪坏死通常局限于损伤腺泡附近，病变细胞轮廓模糊，在 H&E 染色下呈灰色外观。

第十八章 鱼类泌尿与生殖系统病理

由于鱼类泌尿系统（urinary system）与生殖系统（genital system）在胚胎发生与解剖结构上关系密切，在病理上常将二者合并在一起称为泌尿与生殖系统病理（图18-1）。肾是泌尿系统中的实质器官，具有排泄、调节体内水盐代谢以及内分泌功能，在鱼类生命运动中发挥重要作用，许多疾病过程都伴随严重的肾损伤。本章主要介绍鱼类肾和生殖腺疾病。

图18-1　鱼类泌尿与生殖系统示意图

第一节　鱼类泌尿与生殖系统的组织结构

鱼类的泌尿系统主要由肾（kidney）和导管（输尿管、膀胱和泄殖腔）组成，而生殖系统由生殖腺（精巢、卵巢）和生殖导管（输卵管、输精管）所组成。

一、肾

鱼类肾包括前肾和中肾两部分。其中，前肾（fore-kidney）又称头肾，是鱼类胚胎时期的主要泌尿器官和成鱼时期重要的造血和免疫器官（结构详见第十六章），成鱼则以中肾为泌尿器官。中肾（mesonephros）是由肾单位、肾间组织和淋巴样组织构成的块状腺体结构。肾小球与肾小囊合称肾小体

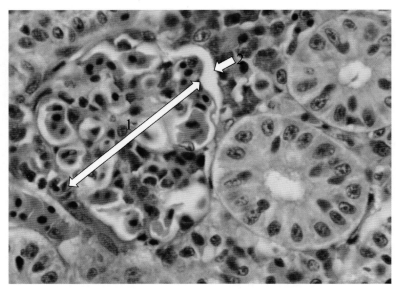

图18-2　草鱼中肾横切面（示肾小体）
1.肾小球　2.肾小囊

（又称马氏体）（图18-2），肾小体与肾小管构成了鱼类排泄的功能单位——肾单位。中肾的肾间组织与头肾一样，行使造血和免疫功能，其结构详见第十六章。

1.肾小体　肾小球（glomerulus）由毛细血管盘曲而成。肾小球毛细血管网两端分别为入球小动脉和出球小动脉。肾小球血管出入处称为肾小球的血管极，而相对应的则为尿极。在肾小球血管极附近有上皮样的球旁细胞，呈立方形或多边形，细胞核为圆形，细胞质含PAS染色阳性的颗粒物质。肾小囊（renal capsule）为单层扁平上皮细胞回折形成的双层结构，分为壁层和脏层两层，其间间隙为肾小球囊腔，为原尿的储所。脏层细胞为一层多突起的扁平细胞，称为足细胞，它与毛细血管内皮下的基膜紧贴，胞核大，突向囊腔，染色较淡。

2.肾小管　肾小管（renal tubule）是起于肾小体、终于集合管的细长盘曲的单层上皮管道，管道外围有薄层均质的基膜（图18-3）。肾小管上皮细胞呈锥体、立方体或柱状，H&E染色时胞质呈丹红、红色或红紫色，细胞核圆形或椭圆形，呈浅蓝或蓝紫色。典型的真骨鱼类的肾小管由颈段、近曲小管、中段和远段构成，并与集合管相连。

颈段指从肾小囊尿极发出的肾小管。颈段较为细短，管壁由立方状上皮细胞构成，上皮游离面有很多长纤毛和突起。

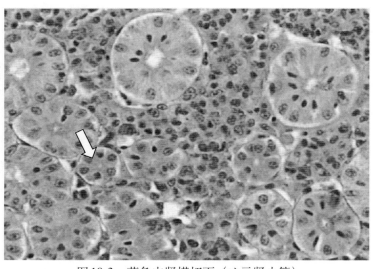

图18-3　草鱼中肾横切面（➩示肾小管）

近曲小管（proximal tubule）位于颈段后，粗而弯曲。根据上皮细胞的形态和功能，又将其分为第一近端段（前段）和第二近端段（后段）。前段细胞为立方状或低柱状，细胞游离端形成刷状缘。近曲小管后段较发达，有些鱼类其末端稍有分化，形成第三近端段或第三段近曲小管，上皮细胞呈柱状，线粒体和微管较多。

中段仅有些淡水鱼类才有，由立方状上皮或低柱状上皮构成。

远段迂回曲折，较短且窄，上皮细胞呈低柱状，没有刷状缘（brush border），细胞质内有粗大颗粒。海水鱼类缺乏远段。

在淡水鱼类，集合小管（collecting tubule）与远段相连，海水鱼类的集合小管则直接与近曲小管后段或第三近曲小管相连。集合小管汇集呈集合管。集合小管的上皮为立方状上皮，细胞分界清楚，核圆形，位于中央，细胞质清亮。集合管的上皮与集合小管的上皮相似，但细胞较高，且管径逐渐增粗。

二、性腺

鱼类的生殖系统包括一对生殖腺（gonad）和输导管。生殖腺是精巢和卵巢的总称，输导管则包括输卵管和输精管。鱼类生殖腺是性细胞发生、成熟和储存的地方。鱼类生殖腺的发育与肾有密切的关系，都发生于体腔背壁的中胚层。

（一）精巢

精巢（testicle）是产生精子的器官，多数成对，未成熟时呈淡红色，成熟时呈白色。真骨鱼类的精巢呈圆柱状或盘曲的系带状，多数呈长形，横切面呈卵圆形或三角形。幼体时呈长条状，表面光滑，成体时形状不规则，表面有皱褶。真骨鱼的系膜较短，悬系于腹腔的背面，精巢外面的系膜称为白膜。真骨鱼类的精巢据显微结构分为壶腹型和辐射型两种。精巢内有薄膜伸入并将精巢分成许多大小不定的腔体，腔内又分为许多小腔，这些小腔彼此相通或彼此相隔，其中充满精细胞。小腔的隔膜为一层精原细胞，成熟的精原细胞大。精原细胞分裂为精母细胞，精母细胞再发育成精细胞，其体积也相应变小。精细胞最后发育成精子，体积也变得更小，精子头近圆形，头后的细胞质较多，细胞核小，核仁一个，有一短颈，成熟的精子在中段之后有一条长而细的尾。小腔内成熟的精子聚集在一起，形成一丛细胞状的外观。

（二）输精管

每一精巢的末端是输精管（ductus deferens）的起始部，最后两管合并为一管，通入泄殖腔。在输精管的前部，其壁的内皮组织与其下的结缔组织形成较厚的隔膜。最后输精总管收集从各小管来的精子，而进入泄殖腔。

（三）卵巢

卵巢（ovary）是产生卵子的器官，多成对位于腹中线的两侧，在鱼体后端汇合为一短的输卵管，进入泄殖腔。圆口类的卵巢呈带状，没有输卵管，成熟的卵子直接进入腹腔，经腹腔孔排出。鱼类卵巢分为游离卵巢和封闭卵巢两种。游离卵巢不被腹膜形成的膜所包围，圆口类、板鳃类、肺鱼类都属于该种类型。大部分真骨鱼为封闭卵巢，外覆一层腹膜（浆膜），内层为结缔组织形成的白膜。白膜的结缔组织深入卵巢内部，形成许多由结缔组织、生殖上皮和微血管组成的多横隔板状

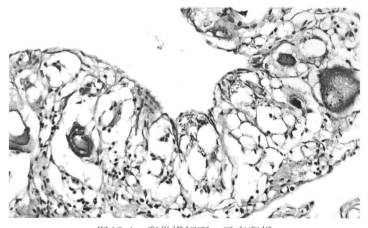

图18-4　卵巢横切面，示产卵板

结构，即板层结构（图18-4）。板层结构又称产卵板，是产生卵子的地方。从产卵板中央发出较大的血管，再由它发出许多小的侧枝，供给正在发育的卵母细胞营养。

卵巢白膜（albuginea ovarii）是单层上皮细胞形成的结缔组织膜，细胞呈圆筒形，顶部有纤毛，细胞核较大。卵巢的上皮组织有生殖功能，向腔内形成许多卵泡囊，卵由卵泡囊产生，在卵泡壁上有很多的细胞，细胞圆形，核圆形，这些细胞被称为卵原细胞（oogonium）。从卵原细胞发育为初级卵母细胞（primary oocyte），其体积较卵原细胞大几倍，呈圆形，细胞质多，胞核大，核内有或多或少的染色质颗粒，分布于核边缘。初级卵母细胞再发育为次级卵母细胞（secondary oocyte），其体积又增大约初级卵母

细胞的二倍，其结构与初级卵母细胞大致相同。但在细胞膜之外有一层很薄的上皮组织包围，以后发育成卵细胞，幼稚卵细胞除卵膜以外还有一层辐射带，该带把卵包围起来，这条带是由卵膜分泌而来，嗜伊红染色，有很细的放射线。

（四）输卵管

输卵管（fallopian tube）起于卵巢的末端，在卵巢末端不远处两者汇合为一条管子，最后开口于泄殖腔。管内有一层黏膜上皮，上皮类似柱状，有纤毛，这种细胞可分泌黏液。上皮和黏膜下层向管腔内突起，形成许多皱褶，再下面是肌层，而最外面是浆膜层。

第二节 肾的基本病理变化

鱼类肾疾病根据病变累及的主要部分可分为肾小球疾病、肾小管疾病和肾间质疾病。不同部位的病变可相互影响，一个部位的病变发展可逐步累及其他部位。由于鱼类肾间质具有免疫和造血功能，有关肾间质病变内容纳入免疫系统病理中讲述，本节主要讲述肾小球和肾小管的病理变化。

一、肾小球病变

肾小球肾炎（glomerulonephritis）是一种以肾小球炎性损害为主的疾病，其发病过程始于肾小球，然后逐次波及肾小囊、肾小管与间质。鱼类肾小球病变见于许多传染病、寄生虫病以及代谢性疾病过程中。

眼观可见，肾稍肿大、充血，被膜紧张易剥离，肾表面和切面呈棕红色，有时可见针尖大小出血点。镜下，肾小球性肾炎的病理变化主要是肾小球的增生性改变，包括肾小球数量增多和肾小球毛细血管增厚（图18-5）。如患心肌综合征的大西洋鲑病鱼肾小囊增厚、肾小球基底膜弥漫性增厚以及肾小球的纤维化。一些细菌如鲑肾杆菌感染可引起免疫复合物介导的肾小球肾炎，主要表现为肾小囊扩张，肾小球血管内皮细胞坏死，严重时可见显著的局灶性出血或血栓形成以及纤维素渗出，中性粒细胞和巨噬细胞浸润并伴有纤维变性。除鲑肾杆菌外，分枝杆菌也可在巨噬细胞内存活并通过巨噬细胞扩散、传播，导致肾组织肉芽肿形成，严重时有超过一半的肾实质组织可被肉芽肿取代。寄生虫，特别是黏孢子虫在肾小球内寄生时，可导致肾小球严重损伤，如肾球孢虫寄生可导致丁鲷肾小球毛细血管增生、结构破坏并被增厚的肾小囊包裹。黏孢子虫寄生可致红大麻哈鱼肾小球肿大，在肾小球和肾小管管腔中可见到寄生的孢子（图18-6）。金鱼竖鳞病发生时，表现为肾小球严重萎缩，体积变小，肾小囊扩张至正常的10倍以上

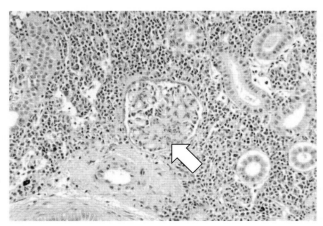

图18-5　大西洋鲑的肾小球肾炎（➪）

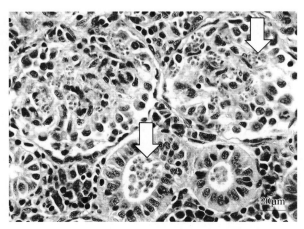

图18-6　红大麻哈鱼肾小球、肾小管中的黏孢子虫孢子（➪）

（由David Groman提供）

（图18-7）。此外，细菌感染也可导致肾小球病变，如迟缓爱德华氏菌感染后，可致大鲵肾小球肿大充血、渗出，肾小囊扩张，可见渗出液（图18-8）。

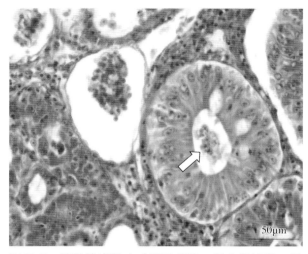

图18-7 鲤竖鳞病肾小球严重萎缩，肾小囊扩张，肾小管管腔内可见孢子虫样虫体（⇨）

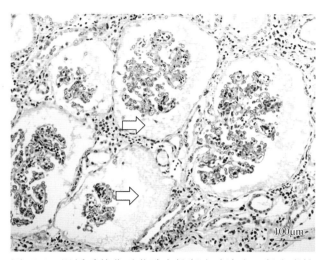

图18-8 迟缓爱德华氏菌致大鲵肾小球渗出，肾小囊扩张，可见渗出液（⇨）

二、肾小管病变

鱼类肾小管病变可见于多种疾病。尽管鱼类肾小管偶尔发生一些原发性的特征性病变，但在多数情况下鱼类肾小管的病变（坏死或纤维化）都是由在邻近造血组织变性或坏死导致的结果。鱼类的肾小管上皮细胞的透明滴状变比较常见，这可能不像陆生动物那样是肾小球严重损伤的结果。

感染性疾病是鱼类肾小管损伤的常见原因之一。草鱼出血病肾小管上皮细胞肿胀、变性、坏死，管腔中有红细胞。肾小球毛细血管扩张充血，继而肾小球坏死、崩解。传染性鲑贫血症病鱼在间质出血的同时，可表现出特征性的伴有嗜酸性粒细胞浸润的急性肾小管坏死。嗜水气单胞菌感染杂交鲟后可导致肾小管上皮细胞变性、坏死，细胞浓缩，体积缩小，嗜酸性增强，部分肾小管管腔内可见蛋白和细胞管型（图18-9）。真菌感染可对肾各部位造成严重损伤。如丝囊霉菌感染引起的鱼类流行性溃疡综合征，真菌经肌肉侵入肾，造成病鱼肾各组织损伤并引发严重的肉芽肿性纤维化。鱼醉菌感染时，可在包括肾在内的全身多器官中形成白色结节。镜下，结节病灶为伴有大量巨噬细胞和多核巨细胞浸润的典型肉芽肿结构，并可见到处于不同发育阶段的菌体。

寄生虫寄生是鱼类肾疾病的重要因素之一，不同寄生虫会引发不同类型与程度的肾小管病变并常形成肉芽肿反应。如肾球虫主要寄生在肾小管中并发育成熟。蜷丝球虫可寄生在大西洋鲑的肾小管上皮细胞中，造成肾小管损伤。增生性肾病是由黏孢子虫寄生造成的以肾造血组织增生、血管反应和弥漫性炎症为特征的疾病。肾小管由于

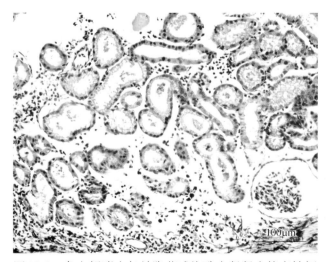

图18-9 杂交鲟嗜水气单胞菌感染致中肾肾小管变性坏死，肾小管管腔内可见蛋白管型

造血组织的严重增生，受压萎缩甚至消失，被造血组织取代，间质中出现大量肉芽肿结节。往往能在近曲小管、远曲小管或集合管的管腔内找到寄生的虫体，具有较好的病理学诊断意义（图18-10至图18-12）。

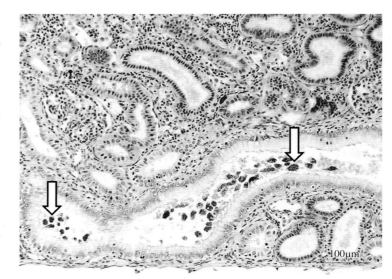

图18-10　患增生性肾病的溪红点鲑肾集合管中的黏孢子虫（⇨）
（由David Groman提供）

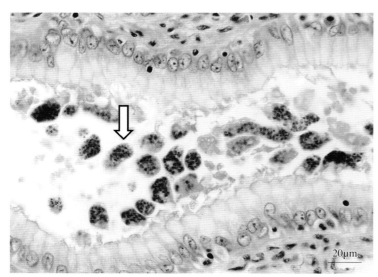

图18-11　高倍镜下患增生性肾病的溪红点鲑肾集合管中的黏液孢子虫（⇨）
（由David Groman提供）

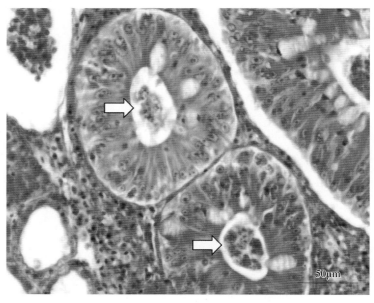

图18-12　鲤竖鳞病肾小管管腔内的黏孢子虫（⇨）

不良环境因素如水体二氧化碳含量过高可引起鱼类代谢性酸中毒从而导致尿液中钙盐沉积，引起肾钙质沉着（nephrocalcinosis）或尿结石（urolithiasis）。此类病变主要发生于高密度集约化养殖条件下，饲料过干、钙镁不平衡等因素会加重这一过程。病变初期，钙盐在肾小管内沉淀并聚集在导管中，随后肾小管显著扩张并在周围形成肉芽肿。肾小球萎缩、肾小球膜的增厚和肾小球周围纤维化。

中毒是引发肾小管损伤的另一重要因素。如高水平磺胺嘧啶或红霉素可导致以上皮细胞严重空泡化为特征的肾小管病变。镉中毒发生时，肾小管上皮细胞往往变性、坏死，细胞浓缩，体积缩小，胞质深蓝，从基膜脱离，肾小管形态崩解（图18-13）。肾小管中毒性损伤通常集中在近曲小管段。由于肾小管损伤尚处于可逆阶段时，试验鱼开始厌食，肾小管中毒性损伤通常是自限性的。

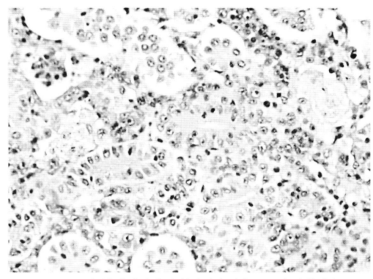

图18-13 镉中毒草鱼肾小管上皮细胞坏死，肾小管崩解

三、输尿管病变

有关鱼类输尿管病变的报道较少。作为肾导管部，鱼类输尿管病变通常是肾小管后段尤其是集合管病变的延续，少见原发性病变。输尿管病变主要表现为管腔异物如细菌、寄生虫团块或钙盐等的沉积或堵塞。当肾钙质沉积发生时，输尿管可出现管壁增厚，管腔扩张，镜下可见均质无结构样钙质沉积物（图18-14、图18-15）。

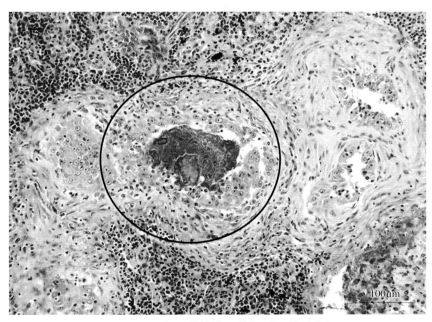

图18-14 大西洋鲑输尿管钙质沉着（○）
（由 David Groman 提供）

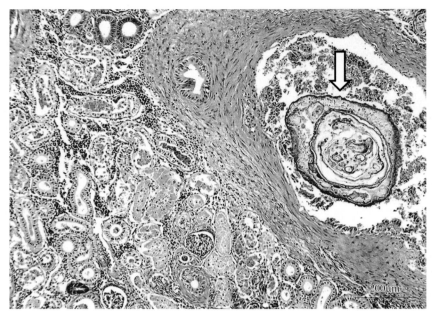

图 18-15　虹鳟输尿管内明显钙质沉积（⇨）
（由 David Groman 提供）

第三节　鱼类生殖系统病理变化

　　硬骨鱼类生殖系统的结构特征和繁殖方式丰富多样，但在病理学上却未能表现出相应的多样性。除了可出现肿瘤形成和炎性反应等在其他组织中也较常见的变化外，鱼类生殖系统少有特殊的组织病理变化。鱼类生殖系统肿瘤多为精巢肿瘤，如非洲肺鱼的精原细胞瘤，卵巢肿瘤少有报道。

　　疾病或营养不良可抑制卵巢的生殖周期变化，可能导致闭锁（atresia）或无法发育初级卵母细胞。当雌性卵子发育成熟但不能交配（排卵）时，卵子通常会被吸收，卵巢中纤维结缔组织增加，黑色素巨噬细胞中心增多，吸收的卵巢可能会与腹壁或内脏发生粘连。寄生虫性原虫如卵匹里虫可侵入卵巢，引起卵巢坏死和囊肿形成，最终纤维化，导致不育。此外，人工繁殖常引起种鱼卵巢的损伤和出血，甚至会继发细菌感染甚至形成腹膜炎。

　　在鲈球孢虫寄生时，病鱼精巢萎缩、纤维化和出血，导致精子产生很少或没有。细菌性疖疮病也可在精巢中形成伴有炎性细胞浸润并包裹细菌的结节性病灶。各种病毒性出血性疾病也可引起精巢出血。

第十九章　鱼类神经系统病理

神经系统（nervous system）负责机体的感觉、运动和认知活动，由多组具有特殊解剖结构和特定功能的神经元组成，是一个非常复杂的器官系统（图9-1）。神经元（neuron）由神经胶质支持，神经胶质包括中枢神经系统中的星形胶质细胞、少突胶质细胞、室管膜细胞、小胶质细胞以及周围神经系统中的施万细胞。尽管神经系统是一个整体，但为了便于描述，本章主要通过鱼类的脑和脊髓描述鱼类神经系统的基本组织结构和病理变化。

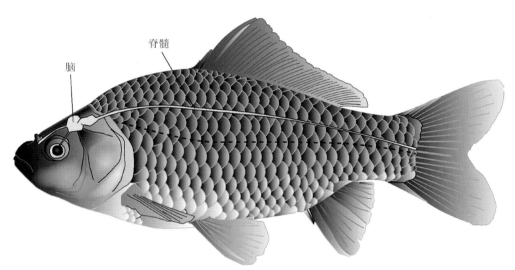

脊髓

脑

图 19-1　鱼类神经系统示意图

第一节　鱼类脑和脊髓的组织结构

神经系统分为中枢神经系统（central nervous system，CNS）和周围神经系统（peripheral nervous system）两大部分。中枢神经系统是神经系统的主要部分，包括位于椎管内的脊髓和位于颅腔内的脑，而周围神经系统主要由核周体和神经纤维构成的神经干、神经丛、神经节及神经终末装置等组成。

一、脑

硬骨鱼类的脑组织约占体重的0.3%。与其他脊椎动物相似，硬骨鱼类的脑可以分为五个区域，包括（从颅骨前到后）：端脑、间脑、中脑、小脑和延脑（图19-2、图19-3）。脑与其他器官如眼、鼻、心脏、鳃腔等位置临近（图19-4至图19-7），因此在病原侵染过程中容易受到来自多个途径的威胁。此外，脑室内还包括松果体、背囊、脑垂体等结构（图19-8、图19-9）。

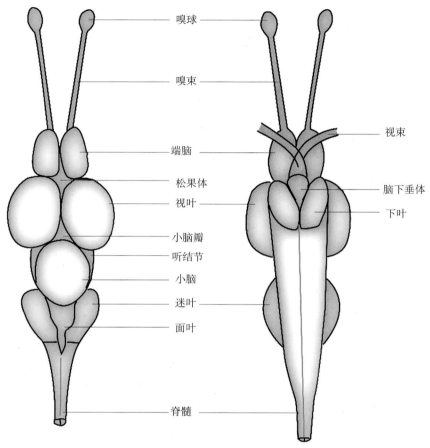

图19-2　鱼脑结构模式图

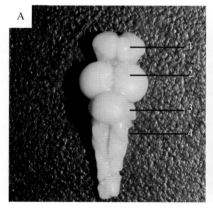
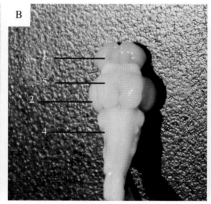
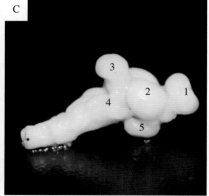

图19-3　尼罗罗非鱼脑示意图
A.背面观　B.腹面观　C.侧面观
1.端脑　2.中脑　3.小脑　4.延脑　5.间脑

图19-4 正常大西洋庸鲽仔鱼矢状切片，
示脑的位置（〇）
（由David Groman提供）

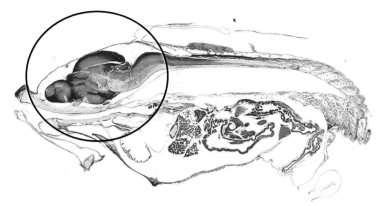

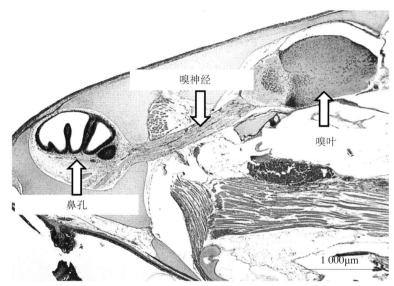

图19-5 正常红大麻哈鱼鼻、嗅神经和脑
的位置关系
（由David Groman提供）

嗅神经

嗅叶

鼻孔

1 000μm

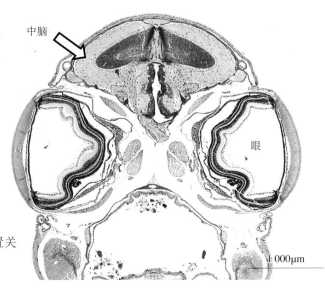

中脑

眼

1 000μm

图19-6 正常大西洋鲑鱼苗脑和眼位置关
系横切面
（由David Groman提供）

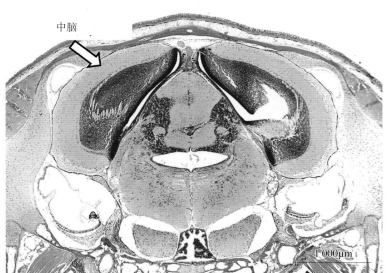

图19-7 大西洋鲑鱼苗中脑横切面
（由David Groman提供）

中脑

1 000μm

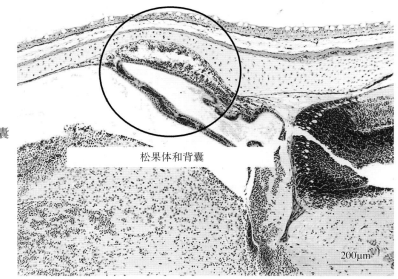

图19-8 大西洋鲑鱼苗松果体和背囊
（由David Groman提供）

松果体和背囊

200μm

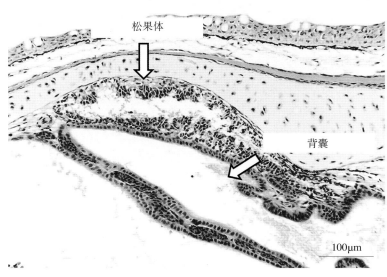

松果体

背囊

100μm

图19-9 高倍镜下大西洋鲑幼鱼松果体和
背囊
（由David Groman提供）

（一）端脑

鱼类的端脑（telencephalon）也称为前脑（forebrain），哺乳动物中被称为大脑（cerebrum），位于整个脑组织的最前端。相较于哺乳动物，鱼类的端脑更小，主要由嗅脑（嗅球）和端脑叶组成。硬骨鱼类的端脑缺乏哺乳动物特有的六层结构新皮质，其不具有明显的分层结构，而是主要由神经元相互连接和支持的一个广阔神经纤维网（图19-10）。端脑叶可分为两个主要区域：端脑叶背侧区（背侧皮质）和端脑叶腹侧区（腹侧内皮质）。背侧区域大多数细胞远离室周区，而腹侧区形成大量团核，大部分靠近端脑室周区。端脑连接嗅神经，其主要负责调控的功能是嗅觉。

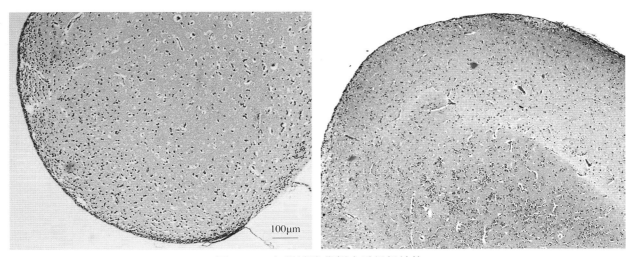

图19-10　虹鳟端脑背侧皮质组织结构

（二）间脑

间脑（diencephalon）由上丘脑（epithalamus）、丘脑（thalamus）和下丘脑（hypo-thalamus）组成，包含一个第三脑室（图19-11）。间脑延伸到中脑之下并沿着中脑腹侧面扩大形成漏斗状结构，漏斗两侧有一对圆形或半圆形的下叶，称为下丘脑。漏斗区后面是血管囊（saccus vasculosus），是一个类似哺乳动物脉络丛的高度血管化的组织。脑垂体（pituitary gland）位于漏斗区和下叶之间的中线凹槽前侧（图19-12、图19-13）。上丘脑的后部向上突出一条细长线状的脑上腺，称为松果腺或骨骺（epiphysis），其具有神经内分泌功能和光敏感性。

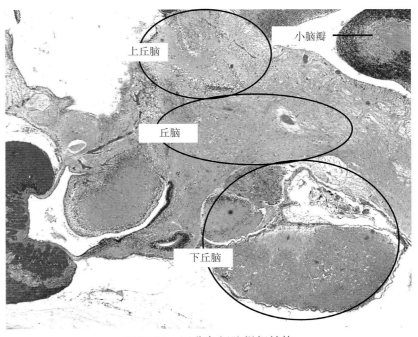

图19-11　罗非鱼间脑组织结构

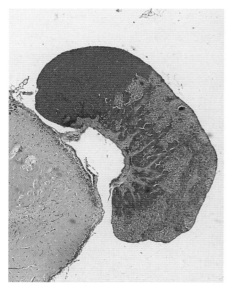

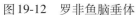

图 19-12　罗非鱼脑垂体

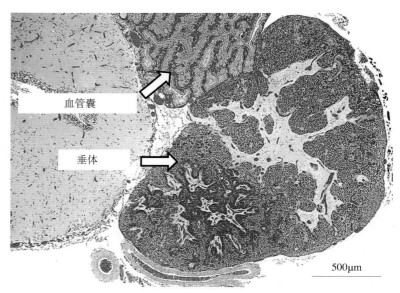

图 19-13　大西洋庸鲽垂体和血管球囊
（由 David Groman 提供）

（三）中脑

　　剖开鱼的颅骨，中脑（mesencephalon）是整个脑组织中最显眼的部分，由背侧的视顶盖（optic tectum）和腹侧的被盖区（tegmentum）组成，视顶盖与被盖区之间的腔为中脑室。中脑背部隆起形成半圆枕，腹面有小脑延伸进入形成的小脑瓣。视顶盖具有特殊的层状组织结构（图 19-14），主要分为五层，包括（从内层沿中脑室排列的小细胞至外层被膜）：室周灰质层、室周纤维层、中央灰质层、外丛状纤维层、边缘纤维层。此外，一些分层还可以根据不同物种的分化程度进一步细分。

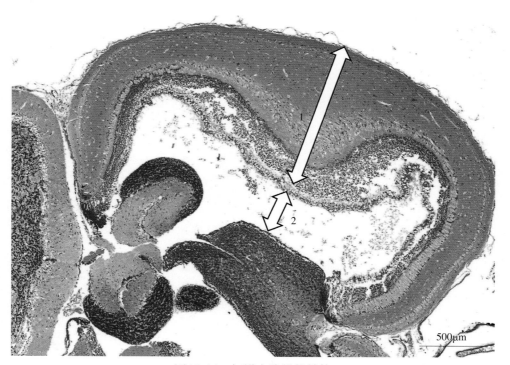

图 19-14　虹鳟中脑组织结构
1.视顶盖　2.中脑室

（四）小脑

小脑（cerebellum）是一个单一的圆形球体，其是整个脑组织中变化最大的结构，包含脑室（第四脑室）。硬骨鱼的小脑前方具有延伸入中脑的小脑瓣（图19-15），而软骨鱼无小脑瓣延伸。与其他脊椎动物类似，小脑在硬骨鱼类中执行感觉、运动、协调功能。

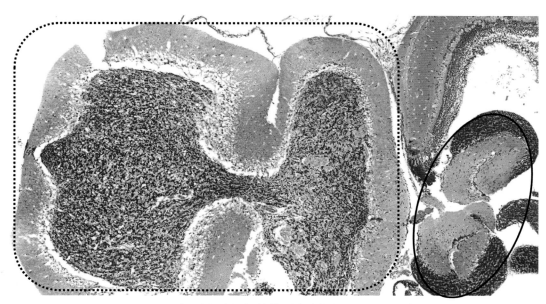

图19-15　虹鳟小脑组织结构（虚线框），○示小脑瓣

大多数鱼类的小脑不发达，体积小，表面光滑，横跨于第四脑室上方。原始的小脑在圆口类的七鳃鳗出现，而软骨鱼纲中的鲨鱼小脑表面开始出现沟裂。硬骨鱼类的小脑缺乏像哺乳动物小脑那样复杂的分叶，但其组织结构相似，主要由外分子层、中央浦肯野细胞层和覆盖白质的内颗粒细胞层组成（图19-16）。

（五）延脑

延脑(medulla oblongata)主要由延髓形成，背侧被后脉络丛（posterior choroid plexus）覆盖。软骨鱼的延脑前端两侧有一对大的绳状体；带鱼的延脑由四个球体组成；小黄鱼的延脑可分为两个部分，前面部分呈球状，后面部分

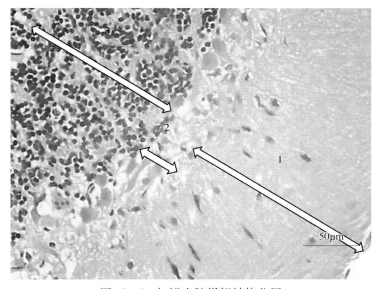

图19-16　虹鳟小脑组织结构分层
1.分子层　2.浦肯野细胞层　3.颗粒细胞层

较细；鲤的延脑前部有面叶和迷走叶，后方为延脑本体；鲢的延脑没有分化出面叶和迷走叶，整个延脑呈长三角形，前宽后窄。延脑是脑的最后部分，通过枕骨大孔后即为脊髓，二者无明显的分界。延髓的基部有两个大的神经元，即茂氏细胞（Mauthner cell）（图19-17），位于延髓中线两侧，其轴突贯穿整个脊髓。

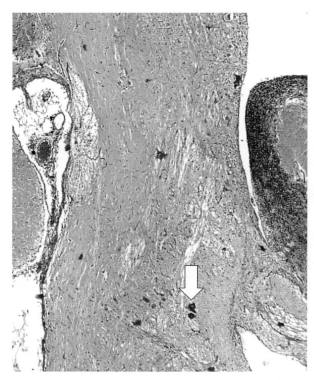

图 19-17　罗非鱼延脑组织结构（➪示茂氏细胞）

二、脊髓

脊髓自延髓开始向后延伸至整个脊椎骨（图 19-18、图 19-19）。脊髓的灰质（gray matter）位于中央（主要是神经元细胞），横截面呈倒 Y 形，中心区域为中央管（central canal），周围是由有髓鞘的轴突组成的白质（white matter）。脊神经是由脊髓发出的成对神经，每对脊神经又分背根和腹根，背根具有神经节而腹根没有神经节。脊神经以分节的方式分布在脊髓的两侧，对鱼体的皮肤、肌肉和色素等进行分节神经支配。

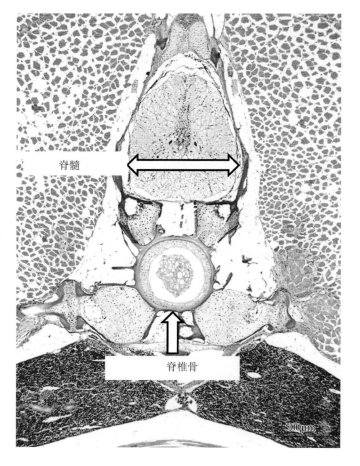

脊髓

脊椎骨

500μm

图 19-18　大西洋鲑鱼幼鱼脊髓和脊椎骨的横切面
（由 David Groman 提供）

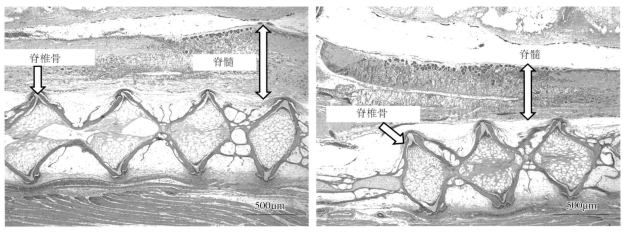

图 19-19 海参斑正常脊椎骨和脊髓
（由 David Groman 提供）

三、脑膜

脑和脊髓的基本功能是协调感觉刺激与肌肉和腺体的反应，它们分别位于头骨和脊柱等保护性结构中，并由脑膜包围。脑膜在哺乳动物中指的是颅骨与脑之间的三层膜，由外向内为硬脑膜、蛛网膜和软脑膜，三层膜合称脑膜，其中硬脑膜是厚而坚韧的双层膜结构。而鱼类的脑膜结构不同于哺乳动物，只由称为内脑膜（endomeninx）和外脑膜（exomeninx）的两层被膜组成，被膜间由一层薄薄的脂肪组织隔开（图19-20）。脑膜（meninx）是维持外周血液与脑脊液间的屏障，具有重要的防御功能。

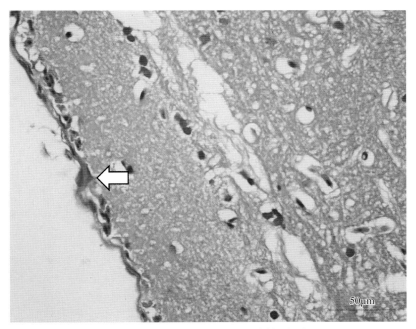

图 19-20 虹鳟内脑膜组织结构（⇨）

四、脑脊液

脑脊液（cerebralspinal fluid）存在于脑室、脑膜下腔和脊髓中央管内，是由脑室的脉络丛上皮细胞产生并在各部位循环的一种透明液体（图19-21）。硬骨鱼类的脑脊液的主要蛋白质成分为内脑膜产生的室管膜素分泌蛋白（ependymins），其不存在于哺乳动物中，被认为是一类新的细胞外基质蛋白，具有神经元再生的作用。脑脊液的主要功能是负责营养物质分配以及去除代谢废物。

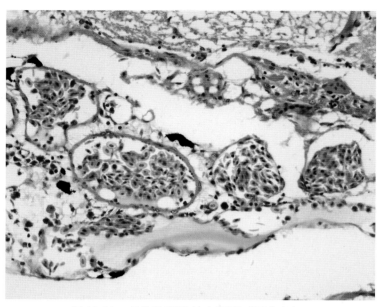

图 19-21　产生脑脊液的血管囊（罗非鱼）

五、神经元

神经元又称神经细胞，是神经系统的基本结构和功能单位，具有感受刺激和传导兴奋的功能。鱼类的神经元的结构与其他脊椎动物相同，具有胞体（soma）、树突（dendrite）和轴突（axon）。硬骨鱼类具有两类大而特殊的神经元：位于小脑的浦肯野神经细胞（图19-22）和延髓的茂氏细胞。茂氏细胞具有两个异常发达的树突及轴突帽的结构，侧向树突末端与第八神经相连。茂氏细胞虽然位置保守，但在形态上具有多样性，表现在细胞胞体形状、侧向树突的长短及轴突结构等形态差异。

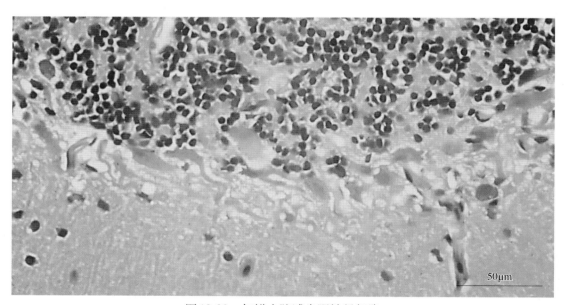

50μm

图 19-22　虹鳟小脑浦肯野神经细胞

六、神经胶质细胞

神经系统中还有数量众多（几十倍于神经元）的神经胶质细胞（neuroglial cell），如中枢神经系统中的星形胶质细胞、少突胶质细胞、小胶质细胞以及周围神经系统中的施万细胞等。由于缺少 Na^+ 通道，各种神经胶质细胞均不能产生动作电位。

1．星形胶质细胞（astrocyte）　是中枢神经系统中一种丰富的间质细胞，贴附于毛细血管壁及软脑膜上形成血脑屏障，或附着在脑和脊髓表面形成胶质界膜。

2．少突胶质细胞（oligodendrocyte）　染色似淋巴细胞，主要存在于神经细胞周围，类似小胶质细胞形成的卫星现象，但这种现象不是病理变化，而是围绕神经细胞的一种保护性作用。

3．小胶质细胞（microglia）　是由血液单核巨噬细胞系统分化出的细胞类型，是神经组织中的吞噬细胞。小胶质细胞在正常动物脑中并不活跃，但是在炎症或变性过程中，会迅速增殖并迁移至损伤区域，细胞变圆变大，成为活跃的吞噬细胞。

4．室管膜细胞（ependymal cell）　是衬在脑室系统及脊髓中央管壁上的一种细胞质较少的圆形细胞。除具有支持作用外，室管膜细胞在正中隆突及垂体柄处还和脑脊液中分泌、摄取或转运某些激素因子有关。

第二节　脑和脊髓的基本病理变化

引起硬骨鱼脑部病变的因素有很多，例如缺氧、中毒、营养缺乏和病原感染等。在多种疾病过程中，其形态结构、功能和代谢会出现不同类型和程度的变化。神经系统病理变化包括畸形、萎缩、肿瘤、肉芽肿、出血、充血、水肿等，组织学上主要表现为细胞肿胀、固缩、变性、液化性坏死以及增生等变化。

一、脑膜的基本病理变化

脑膜内出现的炎症称为脑膜炎（meningitis）。无乳链球菌是引发鱼类脑膜炎和脑膜脑炎的常见细菌性病原。此外，鮰爱德华氏菌和迟缓爱德华氏菌感染可引起鱼类慢性脑膜炎，而鲑科鱼类严重细菌性肾病也经常并发肉芽肿性脑膜脑炎。

发生脑膜炎时，大体病理可见脑膜充血（图19-23）、脑苍白水肿甚至软化、脑脊液呈铁锈色或血样变化，严重的病例甚至可见凝片样或胶冻样脑脊液；组织病理表现为脑膜增厚、炎性细胞浸润和血管反应等。脑膜水肿增厚包括脑膜血管扩张、充血，也可见炎性细胞浸润和炎性物质增多造成的脑膜增厚，含有大量中性粒细胞（图19-24、图19-25）。

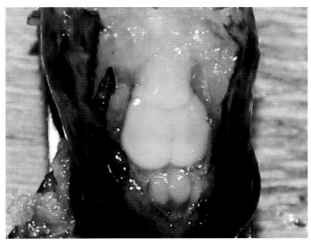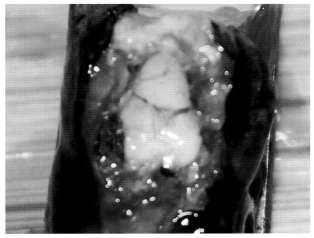

图19-23　IHNV感染虹鳟致脑膜充血（左：正常鱼；右：患病鱼）

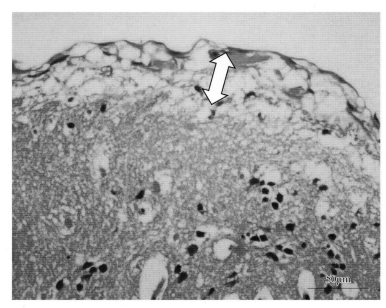

图19-24 IHNV感染虹鳟致脑膜疏松水肿（⟺）

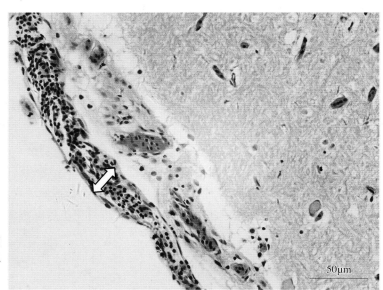

图19-25 CEV感染锦鲤致脑膜增厚，毛细血管充血（⟺），大量淋巴细胞浸润

二、脑实质的基本病理变化

脑实质包括神经元、神经胶质细胞和脑基质等，常见的大体病理变化包括脑萎缩、脑水肿、脑软化和颅内肉芽肿等。脑萎缩（brain atrophy）是脑组织本身发生器质性病变而产生的萎缩现象，表现为脑组织体积缩小、细胞数目减少及脑室和脑膜下腔扩大。脑水肿（encephaledema）是指脑内水分增加，导致脑容积增大的病理现象。脑软化（encephalomalacia）是指脑组织坏死后分解液化的过程，常呈多孔海绵状且组织染色浅淡。肉芽肿是由巨噬细胞及其演化的细胞局限性浸润和增生所形成的界限清楚的结节状病灶。颅内肉芽肿属于颅内占位性病变，可引起颅内压增高及局限性病灶。

（一）神经元病理变化

神经元可以直接受到病毒侵袭，或由于炎症过程中出现的血液循环障碍而受到继发性损伤，从而出现从急性肿胀到液化坏死的各种变化。

1. 神经细胞急性肿胀（acute neuronal swelling） 多见于中毒、感染和缺氧。神经细胞的急性肿胀是细胞变性的一种形式，具有可复性变化。病变细胞肿胀变圆、染色变浅、中央/周边染色质溶解，细胞核肿大淡染、核边缘化，尼氏体（即粗面内质网）扩散，树突肿胀粗大。当肿胀持续时间过长，细胞会逐渐坏死，细胞核破裂或溶解消失，细胞质染色变淡或消失，常伴随胶质细胞增生，若胶质细胞围绕病变的神经元分布，则出现"卫星现象"（图19-26、图19-27）。

图19-26　锦鲤CEV感染致非化脓性脑炎，可见神经细胞肿胀（⇨），胶质细胞增生和卫星现象（△）

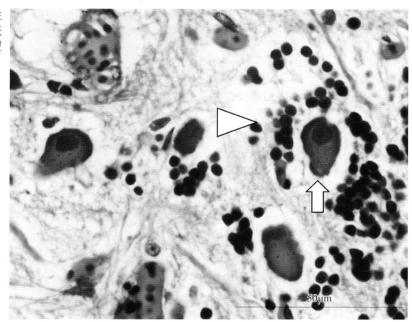

50μm

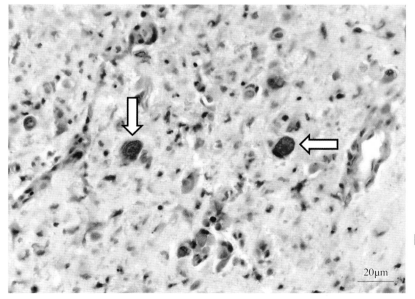

20μm

图19-27　β-诺达病毒感染大西洋鳕鱼嗅叶神经元，可见神经元肿大变圆，细胞质嗜碱性（⇨）（由David Groman提供）

2. 神经细胞固缩（coagulation of neurons） 又称缺血性变化（ischemic neuronal injury）。病变细胞细胞质固缩，嗜酸性增强，H&E染色呈均质红染；细胞核体积缩小，染色加深，与细胞质界限不清，核仁消失（图19-28）。神经细胞固缩早期属于细胞变性，但持续发展也会出现核碎裂消失，最终发展为坏死。

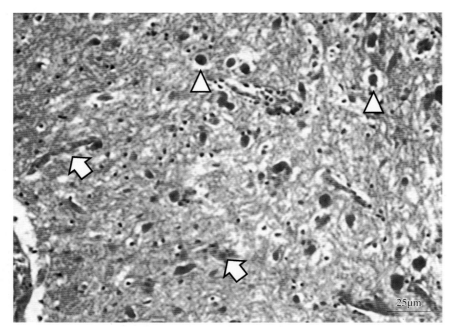

图 19-28　拟态弧菌感染斑点叉尾鮰造成的神经元细胞固缩（△），毛细血管淤血（⇨）

3. 神经细胞空泡变性（cytoplasmic vacuolation）　指神经细胞细胞质内出现空泡，常见于病毒性脑脊髓炎，如鱼类的病毒性神经坏死病（图 19-29）。线粒体肿胀也会导致神经元内出现空泡。单纯空泡变性是可复性的，但严重时可导致细胞坏死。

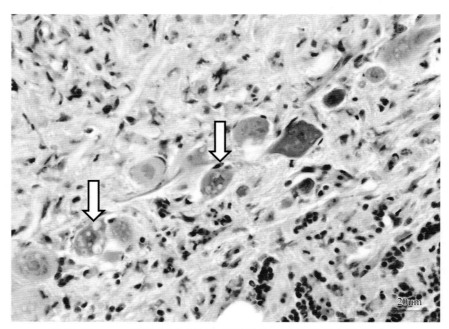

图 19-29　β- 诺达病毒感染大西洋鳕鱼，致神经元空泡化（⇨）
（由 David Groman 提供）

4. 神经细胞液化性坏死（liquefactive necrosis）　是指神经细胞坏死后进一步溶解液化的过程。早期表现为核固缩、核碎裂以及核溶解。与此同时，神经纤维也溶解液化，坏死部位神经组织形成软化灶（图 19-30）。液化性坏死是不可复性变化，坏死部位可由星形胶质细胞增生修复。

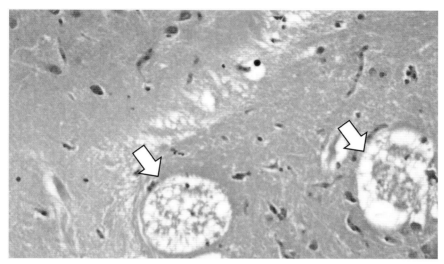

图 19-30　发生脑膜脑炎的尼罗罗非鱼脑组织间质疏松，出现液化坏死灶（⇨）

（二）胶质细胞病理变化

胶质细胞的病理变化包括细胞肥大、增生和坏死。胶质细胞增生是非化脓性脑炎的特征。

1. 星形胶质细胞　在脑中主要起支持作用，有两种类型，即原浆型和纤维型。脑组织因缺氧、缺血、中毒或感染而发生损伤时，星形胶质细胞可出现增生性反应。纤维型星形胶质细胞增生会产生大量胶质纤维，形成胶质痂。当神经组织完全丧失时，星形胶质细胞增生围绕在缺损部位，中间含有透明液体，形成囊肿。

2. 少突胶质细胞　在疾病过程中可发生急性肿胀、增生和类黏液变性。少突胶质细胞增生与急性肿胀同时发生，增生的细胞发生急性肿胀并可互相融合，形成细胞质内含有空泡的多核细胞。类黏液变性发生在脑水肿时，少突胶质细胞出现黏液样物质，H&E 染色呈蓝紫色，胞体肿胀，核边移。

3. 小胶质细胞　对损伤的反应主要表现为肥大、增生和吞噬三个过程。小胶质细胞的增生呈弥漫型和局灶型两种形式。增生的小胶质细胞围绕在变性的神经细胞周围，称为卫星现象（satellite phenomenon）或噬神经细胞结节（neurophagic nodule），一般由 3～5 个细胞组成，病灶中心部的小胶质细胞常发生变性。小胶质细胞具有吞噬作用，吞噬神经组织崩解产物后胞体增大，细胞质中出现大量的脂质小滴，H&E 染色切片中呈空泡状，称为"格子细胞（gitter cell）"。神经细胞坏死后，小胶质细胞也可以进入细胞内吞噬神经元残体，称为噬神经细胞现象（neuronophagia）。软化灶处小胶质细胞呈小灶状增生而形成胶质小结，细胞数量从几个到几十个不等（图 19-31、图 19-32）。

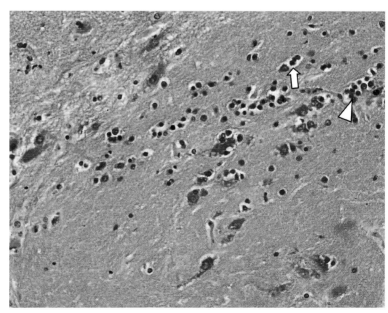

图 19-31　无乳链球菌感染罗非鱼时的噬神经细胞现象（⇨）和小胶质细胞结节（△）

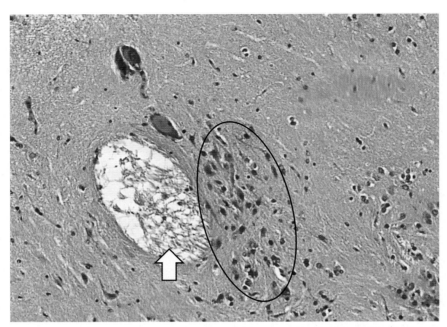

图19-32　无乳链球菌感染罗非鱼时软化灶处（○）小胶质细胞增生形成的胶质小结（⇨）

（三）脑基质病理变化

基质（stroma）的主要病理变化为疏松水肿，可见间质呈海绵样结构，严重的甚至可见明显液化灶（图19-33）。当发生全身感染性疾病时小胶质细胞也会围绕脑基质的微循环形成血管套（perivascular cuffing），如套袖环绕血管（图19-34）。管套细胞的成分与病因有一定关系。当发生链球菌感染时，以中性粒细胞为主；病毒感染时，以淋巴细胞和浆细胞为主。

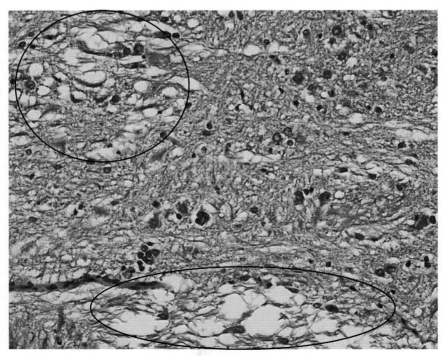

图19-33　无乳链球菌感染致罗非鱼脑间质呈现海绵状疏松外观（○）

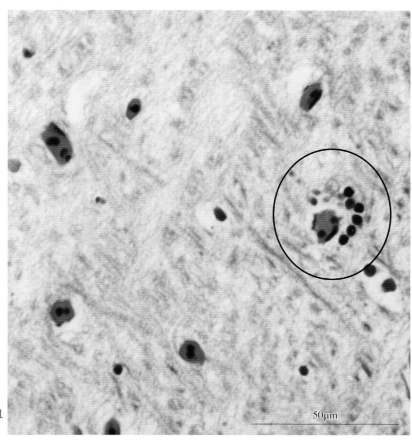

图19-34　胶质细胞围绕脑基质的微血
　　　　　管形成血管套（○）

50μm

（四）脑脊液循环障碍

正常脑脊液循环被破坏时，可引起脑脊液循环障碍，通常表现为脑水肿和脑积水。

脑水肿（encephaledema）分为血管源性脑水肿和细胞毒性脑水肿两类，可见于中毒和感染。血管源性脑水肿主要是由血管壁的通透性升高、血浆渗出增多和液体蓄积于脑组织所致，而细胞毒性脑水肿是水肿液蓄积在细胞内所致。脑水肿会导致颅内压力升高、血压降低，阻碍大脑中血液进入，造成脑细胞的缺氧而使细胞开始出现死亡。

脑积水（hydrocephalus）是由于脑脊液流出机械性受阻或重吸收障碍，引起脑脊液在脑室或脑膜下腔蓄积。中脑导水管闭塞通常导致脑积水，形成间质性脑水肿。脑积水的变化主要表现为脑室或脑膜下腔扩张，脑实质因脑脊液压迫发生萎缩。临床上脑部感染通常会导致脑室积液引起幼鱼脑积水，并伴有出血和颅内血管充血等症状，临床表现为头部明显的"亮泡"。此外，炎性物质渗出可造成脑脊液循环不畅，引起脑室不同程度的扩增。

三、脊髓的基本病理变化

脊髓（spinal cord）的病变基本与脑相同且和脑的病变（如脑炎）并发。发生在脊髓实质的炎症称为脊髓炎（myelitis），若脑和脊髓均出现炎症则称脑脊髓炎（encephalomyelitis），分急性和慢性；也可以按炎症性质分非化脓性脑脊髓炎和化脓性脑脊髓炎。

临床上常见的鱼类脊柱损伤有创伤性损害（如捕捞、捕食）和压迫性损伤（如肿瘤、病毒或寄生虫感染、脊柱畸形等）。此外，脊髓常见的病理变化包括出血、软化、神经轴肿大、炎性细胞浸润、神经元空泡变性、坏死以及星形胶质细胞增多等。脊柱的压迫性损伤会导致脊柱向侧面、背部或者腹部弯曲。如诺达病毒感染、脑碘泡虫感染、维生素E/硒缺乏及米尔伊丽莎白金菌感染等都会导致硬骨鱼脊椎弯曲（图19-35、图19-36）。脊髓受损会导致鱼体后躯麻痹，动脉血管中血栓的形成也会引起脊髓出现缺氧性坏死灶，从而导致后躯麻痹的症状。

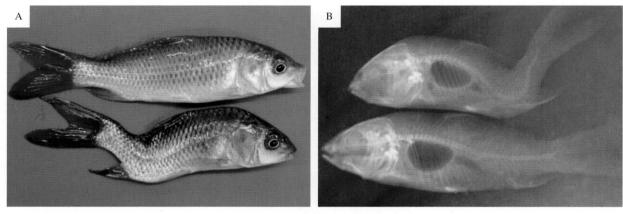

图19-35　硒元素缺乏致鲤脊柱畸形
A.硒元素缺乏的鲤（下）脊柱弯曲，上为正常对照　B.X射线透射硒元素缺乏的鲤脊柱弯曲，下为正常对照

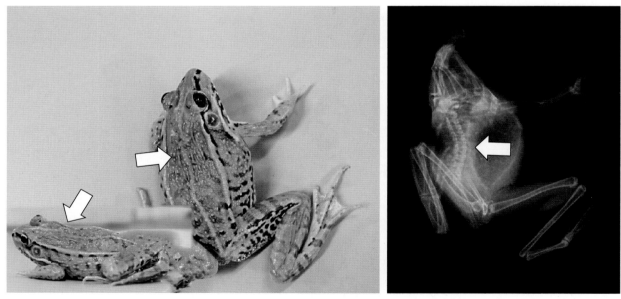

图19-36　米尔伊丽莎白金菌致黑斑蛙歪头病（⇨）

　　感染脑碘泡虫的虹鳟的脊椎在受压迫部位会出现细胞的空泡化变性，白质疏松（解释为脊髓软化），并伴有软骨炎病灶，同时软骨炎病灶中还存在大量黏孢子虫孢子。脑碘泡虫感染还会导致鱼体尾部变黑，称为"黑尾"，这是由于椎孔塌陷和脊髓神经受压迫影响了支配真皮色素细胞的神经，导致的尾巴区域性黑变病。感染米尔伊丽莎白金菌的黑斑蛙出现脊髓神经细胞坏死，大量胶质细胞浸润（图19-37）。

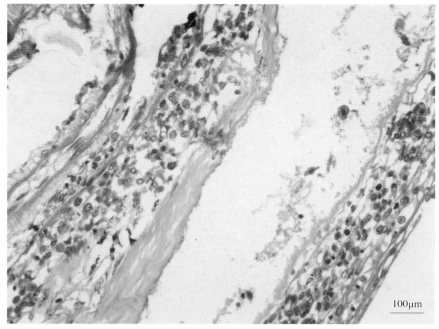

图19-37　米尔伊丽莎白金菌致黑斑蛙脊髓神经细胞坏死，胶质细胞极度增多

第三节　脑　　炎

发生在脑实质的炎症称为脑炎，按炎症性质一般可分为非化脓性脑炎、化脓性脑炎；按病原种类分为病毒性脑炎、细菌性脑炎、寄生虫性脑炎、真菌性脑炎等。内脑膜发生炎性细胞浸润，称为脑膜炎；脑实质发生的炎症，称为脑实质炎；内脑膜和脑实质同时发生炎症称为全脑炎，即脑膜脑炎（meningoencephalitis）。有些感染，引起脑炎的同时也可继发脑膜炎。

一、非化脓性脑炎

非化脓性脑炎（nonsuppurative encephalitis）是指鱼类脑组织炎性过程中渗出的炎性细胞缺乏或者仅有少量中性粒细胞，即使有中性粒细胞也不引起组织分解、破坏的病理变化。其特征是多数淋巴细胞、浆细胞和组织细胞等单核细胞浸润脑组织内血管周围间隙构成典型的管套，也称为"管套现象"。引起非化脓性脑炎的病因主要是病毒，因此也称为病毒性脑炎，其基本病变为神经细胞变性坏死、胶质细胞增生和血管反应等。

神经元作为嗜神经病毒的靶细胞可以直接受到病毒侵袭，也可由于炎症过程中出现的血液循环障碍受到继发性损伤，出现从急性肿胀到液化坏死的各种变化。

胶质细胞增生以小胶质细胞的局灶性或弥漫性增生为主，神经元的变性坏死产物可进一步刺激胶质细胞反应性增生。若胶质细胞围绕神经细胞增生则称为卫星现象，若吞噬坏死神经细胞则称为噬神经现象，若大量增生的胶质细胞聚集在一起，则可形成胶质小结。在非化脓性脑炎后期，也可出现星形胶质细胞增生以修复损伤组织的现象。血管反应主要表现为中枢神经系统不同程度的充血，周间隙水肿增宽、血管套结构。浸润的细胞主要来源于血液，也可由管外膜细胞增生形成，其主要成分是淋巴细胞，以及数量不等的浆细胞和单核细胞等。鲤疱疹病毒Ⅲ型感染鲤或锦鲤后可见神经胶质细胞增生、血管周围淋巴细胞浸润；鲤浮肿病毒感染鲤后也可见脑组织内大量神经胶质细胞增生（图19-38）；七带石斑鱼感染神经坏死

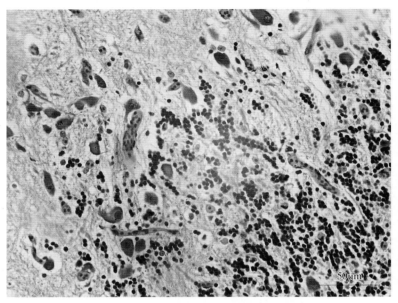

图19-38　锦鲤CEV感染致非化脓性脑炎

病毒后嗅球神经细胞大面积空泡化，随后出现神经小胶质细胞和巨噬细胞浸润、坏死。

除了病毒以外，寄生虫、真菌、中毒等因素也可以引起鱼类非化脓性脑炎。例如，脑碘泡虫（*Myxobolus cerebralis*）感染鲑鳟鱼类后可寄生于鱼脑、脊髓和脑颅腔内形成肉芽肿性炎症，并压迫小脑的背侧、延髓的腹侧和前庭迷路；梨状黏孢子虫（*Myxobolus neurophilus*）造成养殖黄鲈（*Perca flavescens*）局部脑软化及脑脊髓膜炎；黏孢子虫（*Myxobolus* sp.）感染亚马孙鱼端脑，导致淋巴细胞炎症

性浸润和小胶质细胞增生等非化脓性脑炎变化。

此外，还可偶见真菌性非化脓性脑炎，宿主的神经组织反应通常很小，但在脑脊髓膜被穿透处会有广泛的肉芽肿性炎性反应发生。如鳟感染外瓶霉（*Exophiala salmonis*）后，在脑内可出现灶性病变，并传播到其他组织，如眼和颅骨等。镜下可见由巨噬细胞、类上皮细胞及巨大细胞形成的慢性肉芽肿，末期出现淋巴细胞浸润及纤维化。

非化脓性脑炎虽有上述的共同性病变，但由于病原的属性、致病能力、对靶细胞的选择能力、侵入机体的途径和持续时间等不同，病变发生的部位、所引起的炎性反应的程度及其在中枢神经系统各个区域的分布等也都显示出不同的特征。如感染海洋双RNA病毒的香鱼可出现明显的脑血管充血；感染虹彩病毒（iridovirus）的红鳍鲈会有严重的视叶空泡化病变，小脑纤维束亦有小部分空泡化，并会扩及视神经，临床上则有眼盲及神经症状；感染弹状病毒的北方梭子鱼主要病症为脑水肿，大量液体积聚在第三脑室并出现脑部血管的充血及出血。此外，在某些病毒感染时，可有选择地在神经细胞、胶质细胞内复制并形成包涵体。如七带石斑鱼感染神经坏死病毒后，被病毒感染的细胞细胞质空泡化及包涵体形成，电镜下可见大量晶格状排列的病毒粒子。

二、化脓性脑炎

化脓性脑炎（suppurative encephalitis）是指由化脓菌感染引起的脑组织大量中性粒细胞渗出，同时伴有局部组织的液化性坏死和脓汁形成为特征的炎症过程，若同时伴发化脓性脑膜炎则称为化脓性脑膜脑炎。

引起鱼类化脓性脑炎的病原多为细菌，常见的有无乳链球菌、海豚链球菌、脑膜炎败血金黄杆菌、迟缓爱德华氏菌、耶尔森氏菌等。患化脓性脑炎的病鱼常出现呆滞、间歇性侧游、旋游等，有时呈"假死"呆立水中，并出现持续性异常游动的症状。与牛、羊等高等动物的化脓性脑炎症状相比，鱼类化脓性脑炎的脓肿灶不那么典型，可发生在脑内任何部位，其中下丘脑和灰白质交界处的大脑皮质为好发区。脑脓肿（encephalopyosis）大小从微细脓肿到肉眼可见大小不等，化脓灶可能是单个，也可能呈现多个。细菌侵入中枢神经系统的途径最主要的是血源性感染和组织源性感染。

　　血源性感染常继发于其他部位并在脑内形成转移性化脓灶，如链球菌在血液存活之后可经血脑屏障十分脆弱的脉络丛等处，侵害外脑膜下腔而引起化脓性脑膜脑炎。

　　组织源性感染一般由于脑组织附近发生损伤和化脓性炎症，直接蔓延至脑组织引起化脓性脑炎。如鱼体在活动或运输时发生碰撞或撞击产生头部外伤时，脓菌可感染头部周围皮肤肌肉，形成化脓性皮肌炎，最后感染下行侵入脑组织形成化脓性脑炎；此外，鮰爱德华氏菌感染时，病原菌最初通过鼻腔侵入嗅觉器官，再经嗅觉器官移行到脑，形成脓性肉芽肿性脑炎或慢性脑膜炎，随后感染迅速经脑膜到颅骨，最后到皮肤，诱发皮肤溃烂，形成"头穿孔"。

　　由于鱼类脑组织颜色与脓液颜色十分接近，肉眼无法从脑膜面清晰分辨脓肿灶。病变主要出现在外脑膜与内脑膜之间，可表现为不同程度的带血的炎性渗出。如被链球菌感染，罗非鱼的脑部在不同时期可出现不同程度的化脓性脑膜脑炎病理变化：早期主要为脑组织颜色变红，散在少量出血点，镜下可见脑膜充血、水肿、疏松、增厚；中期脑组织肿胀，脑脊液呈凝胶状，镜下可见间脑脑室出现少量絮状物（即脑脊液性状发生变化），外脑膜下腔开始出现少量无乳链球菌；晚期出现胶冻样脑脊液（图19-39），脑实质部基质疏松水肿，呈海绵状，部分出现脓性坏死灶，镜下见内脑膜血管反应明显，血管周围大量巨噬细胞、白细胞浸润（图19-40、图19-41），可见染成蓝紫色微细颗粒的细菌团块，炎性浸润沿着内脑膜血管发展

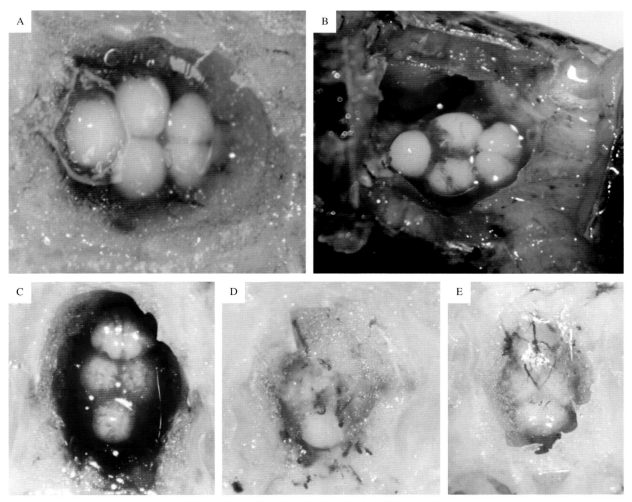

图19-39　感染无乳链球菌的罗非鱼脑剖检病变
A.正常脑组织　B.外脑膜下见少量带血炎性渗出物　C.渗出物呈血色或铁锈色　D.呈凝胶状渗出物　E.胶冻样渗出物

到脑实质，并伴有血管反应、胶质细胞增生、嗜神经现象等（图19-42、图19-43）；濒死期脑组织软化、萎缩，可见液化坏死灶。米尔伊丽莎白金菌感染蛙后可形成明显的化脓性脑炎，病灶部位脑组织液化，形成较大的病变空腔（图19-44）。肾杆菌等细菌感染也可导致鲑细菌性脑膜脑炎（图19-45至图19-47）。

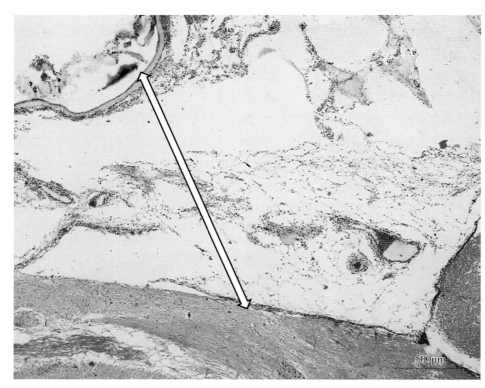

图19-40 感染无乳链球菌罗非鱼严重脑膜炎（⟺）

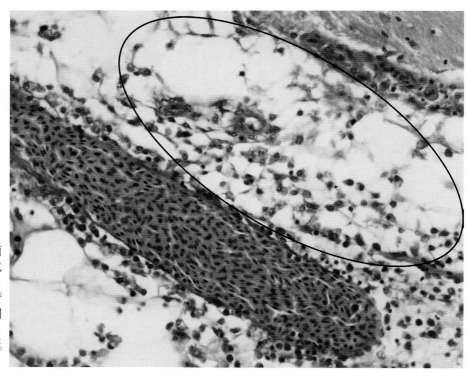

图19-41 感染无乳链球菌的罗非鱼出现化脓性脑膜脑炎，脑膜增厚，血管周围大量巨噬细胞、白细胞浸润，炎症从脑膜蔓延到脑实质（○）

图19-42 发生化脓性脑炎的尼罗罗非鱼脑
内神经胶质细胞结节（⇨）

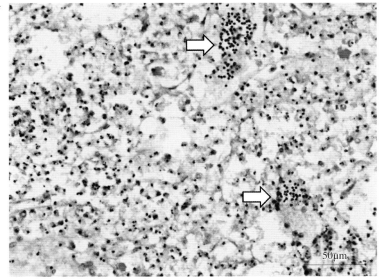

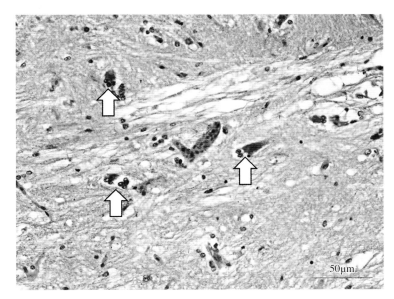

图19-43 发生化脓性脑炎的尼罗罗非鱼脑
内嗜神经元现象（⇨）

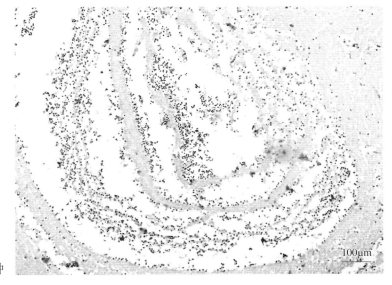

图19-44 米尔伊丽莎白金菌致黑斑蛙脑脓肿

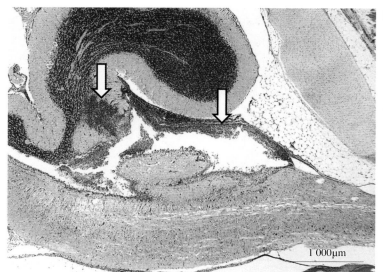

图 19-45　虹鳟BKD感染引起的细菌性脑膜
　　　　　脑炎（⇨）
　　　　　（由David Groman提供）

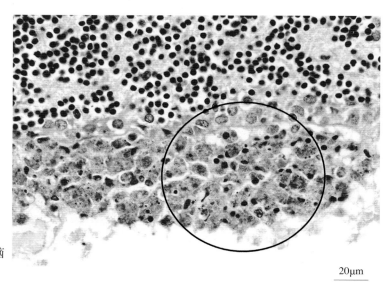

图 19-46　胞内菌感染虹鳟引起的细菌性脑
　　　　　膜脑炎（〇）
　　　　　（由David Groman提供）

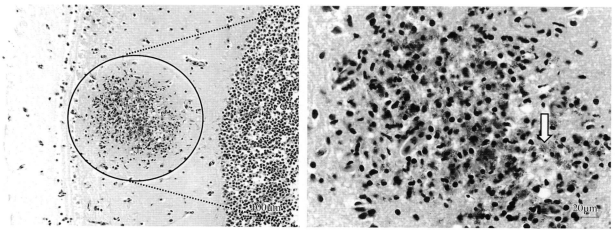

图 19-47　大西洋鲑肉芽肿性细菌性脑炎（〇），可见菌斑（⇨）
　　　　　　　（由David Groman提供）

第二十章　鱼类视觉系统病理

鱼类视觉系统主要由眼和视神经组成。眼是视觉感受器，主要由眼球构成，还有眼外肌等辅助装置。与其他脊椎动物类似，鱼类的眼球是一个高度特异性的结构，其功能是收集和聚焦光线并将其转换为神经冲动。由于眼球暴露于外环境中，且缺乏起保护作用的眼睑，所以格外容易受伤（图20-1）。在眼球的主要结构中，虹膜（iris）和脉络膜（choroid）

眼

图20-1　鱼类眼的示意图

含有丰富的毛细血管，为视网膜（retina）提供营养，是病原入侵的主要位置；含有软骨素（chondroitin）的眼支撑软骨也是黄杆菌属细菌的侵蚀场所；一些寄生虫的中间体也可能寄生在晶状体（crystalline lens）中；视网膜上的神经细胞也会受到嗜神经病毒的侵害；此外，气泡病等非感染性疾病也可能在眼球上有不同的疾病表现。本章重点介绍眼球的正常结构及常见病理变化。

第一节　眼的基本结构

眼（eye）为鱼的视觉感受器官，多为双侧存在，位于眼眶前部，近似球形，由6条眼动肌及结膜组织支撑，通过视神经与脑部的视神经叶相连。眼球结构较为复杂，通常由角膜、脉络膜、视网膜、晶状体、虹膜、眼球软骨及控制眼球的肌肉和视神经构成（图20-2至图20-5）。

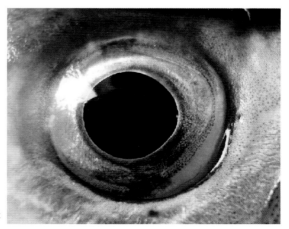

图20-2　鱼眼的眼观形态

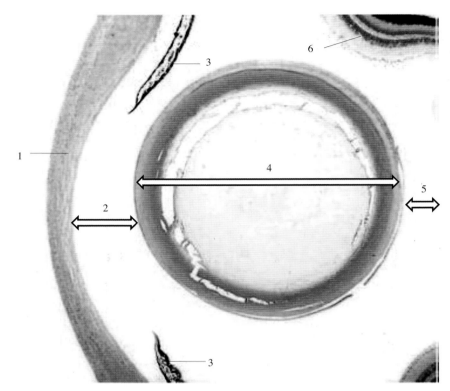

图 20-3　鲑鳟眼球横切面
1.角膜　2.前室　3.虹膜　4.晶状体　5.玻璃体　6.视网膜
（汪开毓等译，2018．鲑鳟疾病彩色图谱．2版）

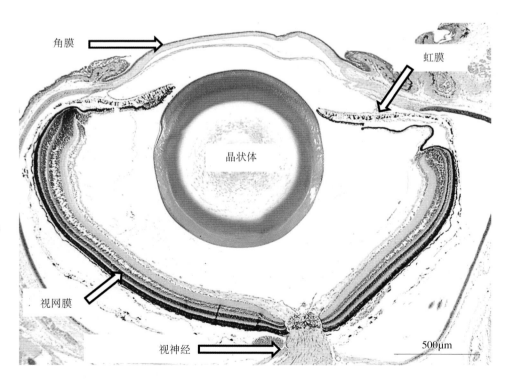

图 20-4　正常的大西洋大比目鱼的眼球
（由 David Groman 提供）

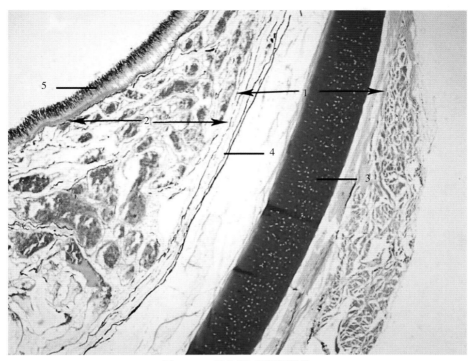

图 20-5　草鱼眼球组织结构
1.虹膜　2.脉络膜　3.软骨　4.色素细胞层　5.视网膜

角膜（cornea）位于眼前部最外侧，仅由几层角膜上皮构成。由于角膜很薄，又直接与外界环境相连，加上没有眼睑的保护，故是病原入侵的重要部位。角膜内侧为脉络膜，脉络膜内含有大量毛细血管，可为视网膜提供氧气和营养。脉络膜的末端形成了虹膜，位于角膜下方。由于脉络膜和虹膜内含血量丰富，是多种病原入侵的重要部位，也是病理诊断时的重要检测部位。脉络膜内侧为视网膜，视网膜由大量神经细胞构成，不同鱼类视网膜的组成稍有差异（图 20-6）。从视网膜出发的神经细胞纤维形成视神经，将视觉刺激发送至视顶盖。视觉信号一般通过视杆细

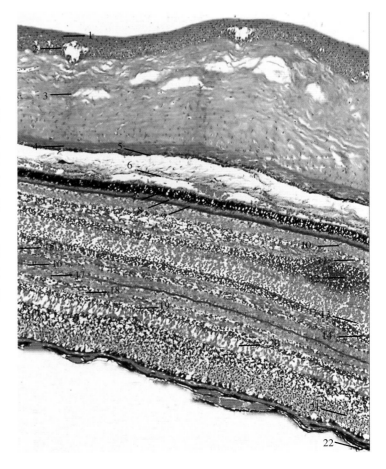

图 20-6　草鱼眼球视网膜组织结构
1.角膜上皮　2.前界膜　3.角膜基质　4.后界膜
5.角膜内皮层　6.前缘层　7.虹膜基质层
8.平滑肌层　9.色素上皮　10.睫状肌
11.睫状基质　12.睫状上皮　13.色素上皮层
14.视杆视锥层　15.外界膜　16.外核层
17.外网层　18.内核层　19.内网层
20.节细胞层　21.视神经纤维层　22.内界膜

胞（rod photoreceptor cell）和视锥细胞（visual cone）传入神经纤维，经过视神经传入中脑进行整合。晶状体位于眼球的中心，由大量透明纤维组成，上面覆盖着单层上皮细胞。晶状体由有收缩功能的晶状体缩肌和悬韧带支撑，以移动晶状体的位置而调节焦距。整个眼球最外层由眼球软骨包裹，维持眼球的形态，但眼球前部角膜覆盖处没有软骨的存在。虽然眼球软骨的位置相较于角膜较靠后，但距离外界水环境仍然很近，也会受到一些嗜软骨素细菌如黄杆菌的侵袭。眼球软骨最外侧为动眼肌，控制眼球转动的方向。

第二节 眼的常见病理损伤

眼球的大体病变主要包括角膜病变（keratopathy）、白内障（cataract）、眼球突出（exophthalmos）、眼球出血、眼球脱落等（图20-7、图20-8），可能与遗传、营养、应激、肾疾病、低蛋白血症、气泡病、创伤和感染等因素有关。引起眼球病变常见的病原包括细菌性病原，如黄杆菌、链球菌；病毒性病原如鲤春病毒血症病毒、斑点叉尾鮰病毒；寄生虫病原如双穴吸虫等。另外，非生物性病因如气泡病，营养不良病（锌缺乏、核黄素缺乏、色氨酸缺乏、硫胺素缺乏、蛋氨酸缺乏）等，均可导致鱼类眼球出现不同程度的病理表现。

图20-7　鲫眼球突出
（由袁圣提供）

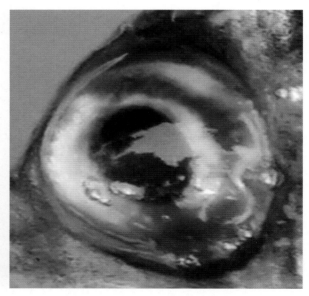

图20-8　细菌感染致眼球充血、出血
（由肖健聪、黄永艳提供）

一、细菌性眼病

细菌感染是导致眼球出现病理损伤的常见原因。例如，感染海豚链球菌（*Streptococcus iniae*）的罗非鱼表现为眼球突出，眼球周围有脓性和出血性液体积聚，角膜和晶状体浑浊发白等症状（图20-9）。感染黄杆菌的病鱼可见眼球出血（图20-10）、白内障和角膜浑浊等，镜下可见虹膜、脉络膜和眼支撑软骨中大量巨噬细胞增生（图20-11）。由于黄杆菌偏好软骨基质，故在眼软骨基质中易发现病原，受影响的软骨常被染成淡红色（图20-12、图20-13）；此外，在脉络膜、虹膜、房水中也可发现该菌（图20-14）。除了鱼类常见细菌外，伊丽莎白金菌（*Elizabethkingia* spp.）可感染黑斑蛙、石蛙等蛙类，导致蛙的眼球浑浊发白，镜下表现为严重的视网膜坏死脱落（图20-15、图20-16）。

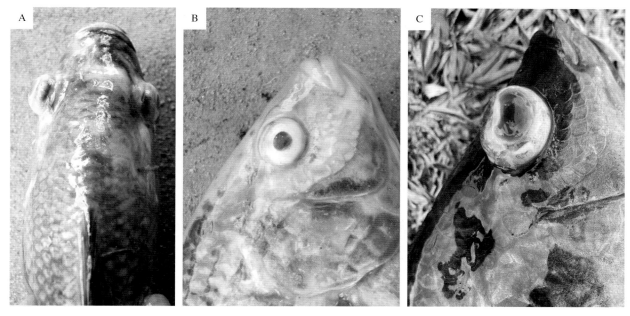

图20-9 罗非鱼链球菌感染致眼病变
A.眼球突出 B.角膜浑浊 C.眼球突出，角膜浑浊发白
（由袁圣提供）

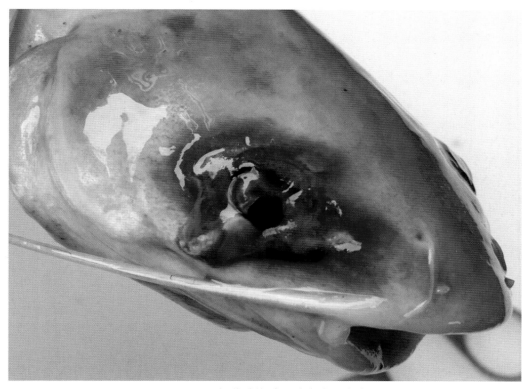

图20-10 细菌感染致眼球充血、出血
（由肖健聪、黄永艳提供）

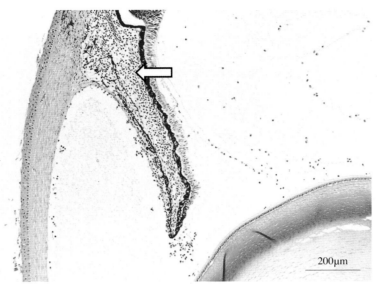

图 20-11　黄杆菌感染致虹鳟虹膜和角膜炎症（⇨）
（由 David Groman 提供）

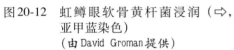

图 20-12　虹鳟眼软骨黄杆菌浸润（⇨，亚甲蓝染色）
（由 David Groman 提供）

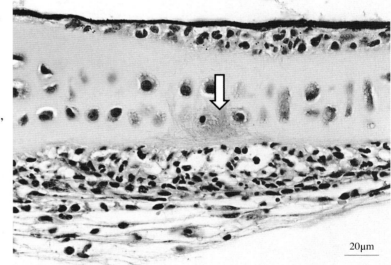

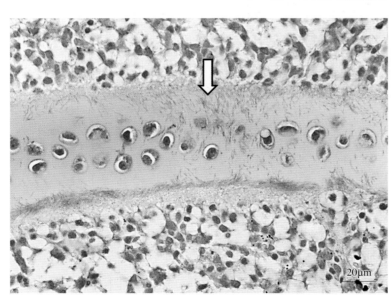

图 20-13　虹鳟眼软骨黄杆菌浸润（⇨，台盼蓝染色）
（由 David Groman 提供）

图 20-14　海参斑脉络膜血管内丝状细
　　　　　菌感染（⇨）
　　（由 David Groman 提供）

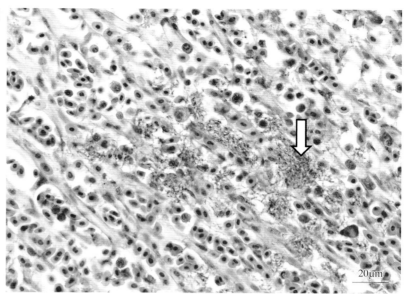

20μm

图 20-15　黑斑蛙感染伊丽莎白金菌后
　　　　　眼角膜浑浊发白表现

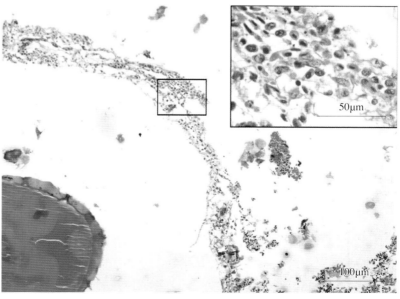

50μm

图 20-16　蛙伊丽莎白金菌感染，眼视
　　　　　网膜坏死、脱落

100μm

二、寄生虫性眼病

对鱼类眼球有明显影响的寄生虫主要为双穴吸虫（*Diplostomulum* spp.），根据其不同发育形态分为毛蚴（miracidium）、胞蚴（sporocyst）、尾蚴（cercaria）、囊蚴（metacercaria）和成虫，主要在囊蚴阶段对鱼类产生危害（图20-17、图20-18）。双穴吸虫常寄生在鲢、鳙、团头鲂、虹鳟等鱼类的晶状体内，其眼球周围呈鲜红色，晶状体浑浊发白，晶状体内可见数十至数百个虫体，部分鱼体可见晶状体脱落或瞎眼。

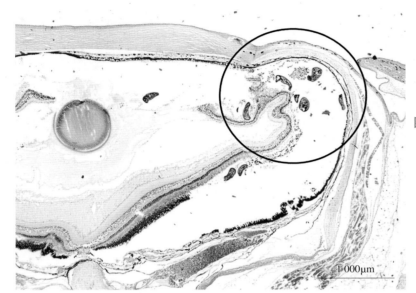

图20-17 溪鳟眼内囊蚴（○）
（由David Groman提供）

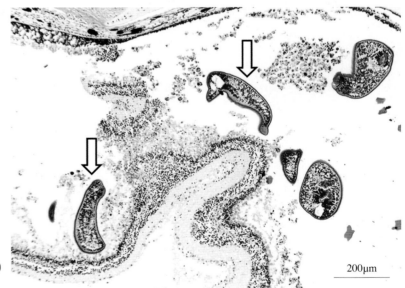

图20-18 溪鳟视网膜内的囊蚴（⇨）
（由David Groman提供）

三、病毒性眼病

多种病毒感染也可导致眼球发生病变，出现不同程度的眼球突出等（图20-19）。例如，鲤春病毒血症病毒感染鲤后，可在造血组织和肾细胞内增殖，从而破坏了体内水盐平衡和正常的血液循环，表现为肝、肾、脾、心、鳔、肌肉和造血组织等多组织器官的水肿。全身性水钠代谢障碍可引起水钠潴留，眼后组织水肿导致眼球明显外凸。斑点叉尾鮰病毒感染宿主后也造成类似的病理表现，眼球出现单侧或双侧性外突。另外，疱疹病毒Ⅲ型感染鲤后会导致明显的眼球凹陷（图20-20）。β-诺达病毒感染后引发病鱼明显的坏死性视网膜炎（图20-21），被感染的视网膜细胞出现体积增大、细胞质蓝染和空泡化以及染色质边移等症状（图20-22、图20-23），电镜下可见病毒呈晶格状排列（图20-24）。

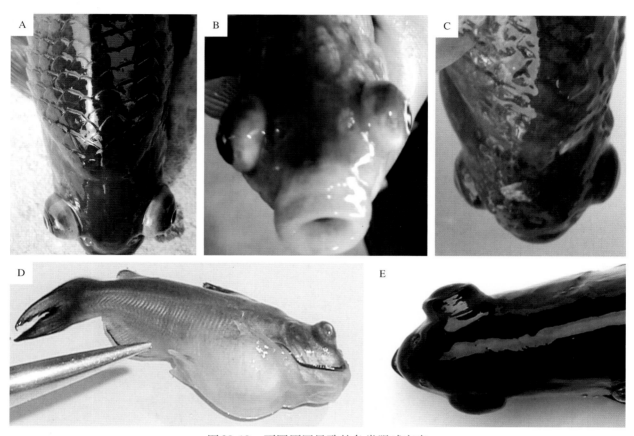

图20-19　不同原因导致的鱼类眼球突出

A～C.患鲤春病毒病的鲤双侧眼球突出　D.患斑点叉尾鮰病毒病的病鱼腹部膨大，眼球突出　E.鲑鳟感染IHNV后眼球突出

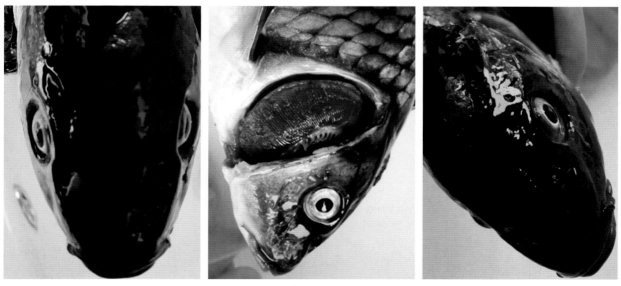

图20-20　疱疹病毒Ⅲ型感染鲤致眼球凹陷
（由肖健聪、黄永艳提供）

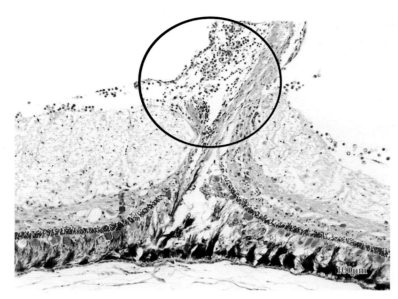

图 20-21 β-诺达病毒感染致大西洋鳕鱼视网膜炎（○）
（由 David Groman 提供）

图 20-22 β-诺达病毒感染致大西洋鳕鱼视网膜细胞肿大、空泡化（⇨）
（由 David Groman 提供）

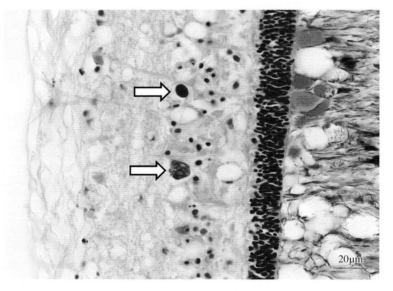

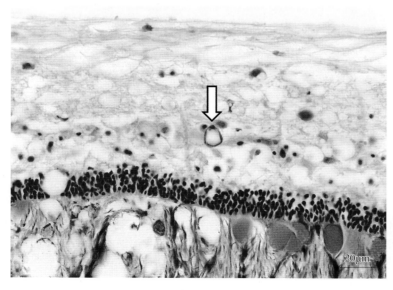

图 20-23 β-诺达病毒感染致大西洋鳕鱼视网膜神经细胞空泡化（⇨）
（由 David Groman 提供）

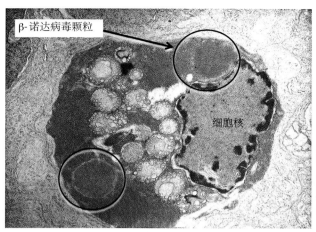
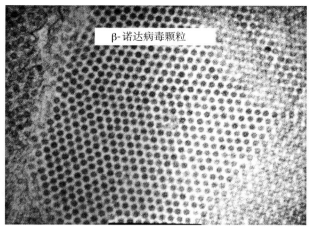

图 20-24　大西洋鳕鱼视网膜细胞内 β-诺达病毒呈晶格状排列
（由 David Groman 提供）

β-诺达病毒属的鱼类诺达病毒（piscine nodavirus）可感染多种海水鱼视网膜神经细胞，导致典型的空泡性视网膜病（vacuolar retinopathy）。同时，该病毒可上行感染中枢神经，导致空泡性脑病（vacuolar encephalopathy）。镜下可见视网膜严重空泡化，神经细胞严重坏死，电子显微镜下常常在空泡化的细胞质内发现呈晶格状排列的病毒颗粒。

四、非生物性因素导致的眼病

水体中总溶解气体过饱和可引起眼球突出和角膜气泡，导致鱼类出现气泡病（图 20-25）。患气泡病的病鱼眼球可出现出血、脉络膜和视网膜损伤、突眼症，在极端情况下突眼破裂。研究发现，将虹鳟持续暴露于 146.2% 饱和水平总气压（total gas pressure，TGP）的水体中 7h 可导致突眼、角膜混浊、肿胀和破裂，随后眼球出现坏死和塌陷。

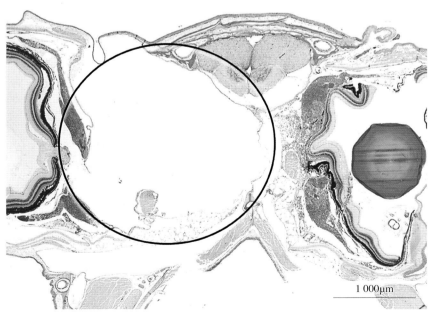

1 000μm

图 20-25　大西洋鲑鱼苗单侧球后气体栓塞（○）
（由 David Groman 提供）

　　除气泡病外，营养因素缺乏也可导致眼病变，如虹鳟维生素A缺乏可出现皮肤颜色变浅，角膜水肿，晶状体移位；维生素C缺乏时，斑点叉尾鮰生长缓慢，饲料系数高，脊柱弯曲，体表出血，银大麻哈鱼及虹鳟则表现为眼出血、突出，脊柱弯曲，鳃丝扭曲，鳃盖发育不良，眼观晶状体浑浊发白，镜下可见晶状体晶格状结构消失，呈白内障样表现（图20-26、图20-27）。

图 20-26　眼球白浊
（由肖健聪提供）

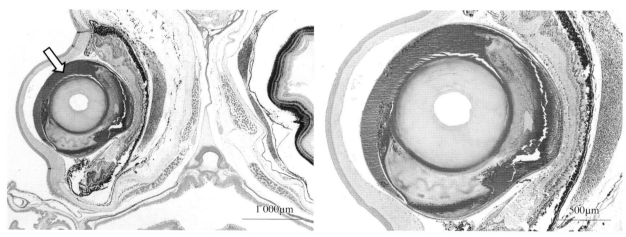

图 20-27　大西洋鲑鱼苗晶状体白内障（⇨）
（由 David Groman 提供）

主要参考文献

步宏, 李一雷, 2018.病理学[M].9版.北京: 人民卫生出版社.

蔡梦昕, 2016.运动上调Neuregulin1表达促进心梗心脏修复和抑制骨骼肌萎缩的机制探讨[D].西安: 陕西师范大学.

陈昌福, 1998.应激与鱼类的应激性疾病[J]. 水利渔业 (05): 3-5.

陈德芳, 2011.斑点叉尾鮰海豚链球菌病病原学、病理学和诊断方法研究[D].成都: 四川农业大学.

陈红星, 吴星, 毕然, 等, 2015.水环境中Cr (VI) 对鱼类毒性机理研究进展[J]. 应用生态学报 (10): 3226-3234.

陈怀涛, 2008.兽医病理学原色图谱[M].北京: 中国农业出版社.

陈辉辉, 2011.铜、镉、氯氰菊酯和溴氰菊酯对唐鱼 (*Tanichthys albonubes* Lin) 的毒性效应[D].武汉: 华中农业大学.

陈杰, 2010. 病理学[M].北京: 人民卫生出版社.

陈论践, 郁二蒙, 王广军, 等, 2019. 投喂蚕豆对草鱼免疫器官超微结构和免疫基因表达的影响[J]. 中国农业大学学报, 024 (006): 92-103.

陈侨兰, 2017.大口黑鲈主要黏膜免疫组织和细胞的研究及低氧对其的影响[D]. 成都: 四川农业大学.

陈孝煊, 李思思, 周成翀, 等, 2019. 鱼类树突状细胞研究进展[J]. 水产学报, 43 (1): 54-61.

丛宁, 2005.铜对金鱼毒性影响的研究[D]. 南京: 南京农业大学.

崔静雯, 2015.尼罗罗非鱼无乳链球菌脑膜炎病理损伤的动态研究及无乳链球菌透明质酸酶多克隆抗体制备[D]. 成都: 四川农业大学.

戴瑜来, 吕永林, 李凯, 等, 2010. 大黄鱼溃疡病的组织病理和超微病理研究[J]. 热带海洋学报 (5): 177-82.

丁爱侠, 王春琳, 2010.硫酸铜蓄积对日本蟳4种组织细胞超微结构的影响观察[J]. 南方水产科学, 6 (2): 21-8.

丁玲玲, 2011.日本Medaka鱼在正常实验室环境及辐射暴露下主要器官的衰老进程[D].武汉: 武汉大学.

董怡飞, 2014.多氯联苯对褐牙鲆 (*Paralichthys olivaceus*) 的甲状腺干扰效应研究[D].青岛: 中国海洋大学.

窦海鸽, 王广军, 刘彦, 等, 2004.鱼类病理学研究进展[J]. 水产科技 (3): 1-4.

方永强, 翁幼竹, 周晶, 等, 2002.大黄鱼性早熟的机制: 精巢中间质细胞和足细胞的显微与亚显微结构[J]. 应用海洋学学报 (3): 275-8.

耿毅, 汪开毓, 2002.鲤鱼喹乙醇亚急性中毒的病理学研究[J]. 水利渔业, 22 (1): 44-46.

耿毅, 汪开毓, 2005.鱼类的应激与疾病[J]. 水产科技情报 (05): 4-7.

谷江稳, 2012.饥饿胁迫对银鲳幼鱼体成分及消化系统组织学的影响[D]. 宁波: 宁波大学.

韩帅, 2015.鲇源拟态弧菌的分离鉴定研究[D]. 成都: 四川农业大学.

贺扬, 2016.感染无乳链球菌尼罗罗非鱼脾脏的病理学研究[D]. 成都: 四川农业大学.

贺扬, 华丽, 汪开毓, 等, 2016.高致病性维氏气单胞菌胞外产物对斑点鮰的致病性[J].水产学报, 40 (03): 457-467.

胡应高, 2004.鱼类的应激反应[J]. 淡水渔业, 34 (4): 61-64.

黄建, 2015.鲤春病毒血症病毒和水霉菌诱导氧化应激发生的研究[D]. 武汉: 华中农业大学.

吉莉莉, 2008.南方鲇溃疡综合征病原菌分离、鉴定与病理形态学研究[D]. 成都: 四川农业大学.

江平, 2014.节球藻毒素诱导草鱼巨噬细胞氧化应激的机理研究[J]. 环境科学与技术, 037 (002): 23-28.

江育林, 陈爱平, 2002.水生动物疾病诊断图鉴[M]. 北京: 中国农业出版社.

江育林, 陈爱平, 2012.水生动物疾病诊断图鉴[M]. 2版. 北京: 中国农业出版社.

矫婉莹, 2019. 镉和毒死蜱暴露导致鲤鱼鳃免疫损伤机理的研究[D]. 哈尔滨: 东北农业大学.

金惠铭, 2008.病理生理学[M]. 北京: 人民卫生出版社.

李明, 2017.鱼类养殖中对应激反应的防治措施[J]. 科学养鱼 (11): 91-91.

李西, 聂芬, 殷战, 等, 2011.转基因高表达卵泡抑素1对斑马鱼肌肉生长促进作用研究[J]. 中国科学: 生命科学, 41 (01): 53-60.

林秀秀, 2016.患鲤疱疹Ⅱ型病毒病异育银鲫 (Carassius auratus gibelio) 组织和血液病理的研究[D]. 苏州: 苏州大学.

林秀秀, 叶元土, 吴萍, 等, 2016.鲤疱疹Ⅱ型病毒 (CyHV-2) 感染对异育银鲫 (Carassius auratus gibelio) 组织器官的损伤作用[J]. 基因组学与应用生物学, 35 (03): 587-594.

林雅云, 吴玉波, 姜丹莉, 等, 2016.不同麻醉方法对降低草鱼捕捉应激的作用[J]. 水生生物学报, 40 (1): 189-193.

刘凯凯, 唐君玮, 袁廷柱, 等, 2020. 缺氧胁迫及对贝类免疫系统的影响[J]. 广西科学院学报, 36 (2): 124-130.

刘龙龙, 罗鸣, 陈傅晓, 等, 2019. 盐度对珍珠龙胆石斑鱼幼鱼生长及鳃肾组织学结构的影响[J]. 大连海洋大学学报, 34 (04): 505-510.

刘小玲, 2017.鱼类应激反应的研究[J]. 水利渔业, 27 (3): 1-3.

刘鑫, 王晓杰, 张旭光, 等, 2014.暗纹东方鲀应激逃避行为及其Mauthner细胞的形态学观察[J]. 中国水产科学, 5: 1072-1078.

刘雪静, 王雪雯, 石运伟, 等, 2019. 生长激素促进斑马鱼尾鳍的再生[J]. 中国实验动物学报, 27 (02): 154-159.

刘洋, 敖慧玲, 蒋家鹏, 等, 2020. 饲料中添加厨余发酵产物对"中科3号"异育银鲫肝脏、肠道及肾脏显微结构的影响[J]. 饲料工业, 41 (06): 49-55.

马德昭, 田菲, 刘思嘉, 等, 2019. 青海湖裸鲤和黄河裸裂尻鱼感染多子小瓜虫的病理学比较研究[J]. 水生生物学报, 43 (05): 1081-1091.

马学恩, 王凤龙, 2016.家畜病理学[M]. 北京: 中国农业出版社.

满其蒙, 2013.鰤鱼诺卡氏菌致病机制的研究[D]. 上海: 上海海洋大学.

孟顺龙, 刘涛, 宋超, 等, 2019. 灭多威胁迫下罗非鱼精巢转录组变化及信号通路分析[J]. 中国农学通报 (28): 44-51.

牛黛醇, 2017.百草枯致鲤鱼肝毒性及其生化机制研究[D]. 新乡: 河南师范大学.

瞿璟琰, 2007.四溴双酚-A和五溴酚对红鲫 (Carassius auratus) 的甲状腺激素干扰效应[D]. 上海: 华东师范大学.

孙永学, 2003.有机胂添加剂的生态毒性及毒性机理研究[D]. 广州: 华南农业大学.

唐玫, 马广智, 徐军, 2002.鱼类免疫学研究进展[J]. 免疫学杂志, 18 (03): 112-116.

汪建国, 2013.鱼病学[M]. 北京: 中国农业出版社.

汪开毓, 耿毅, 2002.鲤鱼急性喹乙醇中毒的病理学研究[J]. 畜牧兽医学报, 33 (6): 565-569.

王春凤, 2004.硒对汞致剑尾鱼抗氧化系统的毒害和生理损伤的拮抗作用[D]. 广州: 华南师范大学.

王丹丹, 2016.鱼腥藻毒素 (ANTX-a) 诱导鲫鱼免疫细胞毒效应及机理研究[D]. 杭州: 杭州师范大学.

王恩华, 2015. 病理学[M]. 3版. 北京: 高等教育出版社.

王利, 2003.鲤鱼实验性铜中毒的病理学研究[D]. 成都: 四川农业大学.

王利, 汪开毓, 2009. 铜对鲤鱼损害的超微结构病理学观察[J]. 黑龙江畜牧兽医 (科技版) (09): 89-90.

王亮亮, 2013.阿特拉津和毒列蜱单一及联合暴露对鲤鱼脑组织自噬的影响[D]. 哈尔滨: 东北农业大学.

魏薇, 2019.马、驴、马骡β-防御素1基因克隆、体内表达及原核表达研究[D]. 呼和浩特: 内蒙古农业大学.

吴波, 谢晶, 2018.鱼类保活运输中应激反应诱发因素及其影响研究进展[J]. 食品与机械 (7): 40.

吴利敏, 徐瑜凤, 李永婧, 等, 2020. 急性氨氮胁迫对淇河鲫幼鱼脑、鳃、肝、肾组织结构的影响[J]. 中国水产科学, 27 (07): 1-12.

伍传军, 2017.血管炎是什么?[J]. 心血管病防治知识 (23): 36-37.

徐维娜, 2009.敌百虫对异育银鲫抗氧化应激系统的影响及抗坏血酸对鱼体的保护作用[D]. 南京: 南京农业大学.

徐晓津, 徐斌, 王军, 等, 2009.哈维氏弧菌人工感染大黄鱼的组织病理学研究[J]. 厦门大学学报 (自然版), 48 (02): 281-286.

徐云生, 2018.病理学与病理生理学[M]. 杭州: 浙江大学出版社.

姚卓凤, 2015.鲫感染鲤疱疹病毒Ⅱ的组织病理学研究[D]. 武汉: 华中农业大学.

于娜, 李加儿, 区又君, 等, 2012.不同盐度下鲻鱼幼鱼鳃和肾组织结构变化[J]. 生态科学 (4): 424-428.

战文斌, 2004.水产动物病害学[M]. 北京: 中国农业出版社.

张丹枫, 安树伟, 周素明, 等, 2017.大黄鱼 (*Pseudosciaena crocea*) 内脏白点病的组织病理和超微病理分析[J]. 渔业科学进展, 38 (04): 11-16.

张凤君, 2002.多氯联苯暴露对实验鱼主要器官 (组织) 微细结构变化及几种酶活性的影响[D]. 广州: 华南师范大学.

张杰, 2015.工厂化养殖条件下豹纹鳃棘鲈消化生理的初步研究[D]. 上海: 上海海洋大学.

张乐, 2019.3种拟除虫菊酯杀虫剂诱导稀有鮈鲫免疫毒性研究[D]. 武汉: 华中农业大学.

张晓婵, 温茹淑, 方展强, 2016.广州河涌城市废水暴露对食蚊鱼器官组织结构的影响[J]. 水生态学杂志, 37 (02): 56-64.

张孝敏, 陈柳红, 郑润凯, 等, 2010.飞机草提取物对斑马鱼心、脑毒性的病理组织学影响[J]. 广东海洋大学学报, 30 (01): 27-31.

张续, 2011.溴化阻燃剂三- (2,3-二溴丙基) 异氰脲酸酯 (TBC) 对斑马鱼的毒性效应研究[D]. 武汉: 华中农业大学.

赵德明, 2012.兽医病理学[M]. 3版. 北京: 中国农业大学出版社.

赵建华, 杨德国, 陈建武, 等, 2011.鱼类应激生物学研究与应用[J]. 生命科学, 23 (4): 394-4.

赵巧雅, 2017.重金属铜对斑马鱼鳃的毒性作用研究[D]. 南京: 南京农业大学.

郑德崇, 黄琪琰, 蔡完其, 等, 1986.草鱼出血病的组织病理学研究[J]. 水产学报, 10 (2): 151-159.

郑珊珊, 2012.氯氰菊酯诱导斑马鱼细胞凋亡和免疫毒性的机理研究[D]. 杭州: 浙江工业大学.

祝璟琳, 柒壮林, 李大宇, 等, 2014.罗非鱼海豚链球菌病的病理学观察[J]. 水产学报, 38 (05): 722-730.

祝璟琳, 邹芝英, 李大宇, 等, 2014.尼罗罗非鱼无乳链球菌病的病理学研究[J]. 水产学报, 38 (11): 1937-1944.

David W Bruno, Patrieia A Noguera, Trygve T Poppe, 2018.鲑鳟疾病彩色图谱[M].汪开毓, 刘荭, 卢彤岩, 等译.2版.北京: 中国农业出版社.

Emanuel Rubin, Howard M Reisner, 2018.鲁宾病理学精要[M].刘东戈, 梁智勇, 刘红刚, 译.北京: 科学出版社.

James F Zachary, M Donald McGavin, 2015.兽医病理学[M].赵德明, 杨利峰, 周向梅, 等译.5版.北京: 中国农业出版社.

Wanda M Haschek, Colin G Rousseaux, Matthew A Wallig, 2014.毒理病理学基础[M].刘克剑, 王和枚, 杨威, 等译.2版.北京: 军事医学科学出版社.

Agius C, Roberts R J, 2010. Melano-Macrophage Centres and their Role in Fish Pathology[J]. Journal of Fish Diseases, 26 (9): 499-509.

Bahram S D, Luisa G, Massimo L, et al., 2018.Pike intestinal reaction to *Acanthocephalus lucii* (Acanthocephala): Immunohistochemical and ultrastructural surveys[J]. Parasites & Vectors, 11 (1): 424.

Banerjee A, Kim B J, Carmona E M, et al., 2011.Bacterial Pili exploit integrin machinery to promote immune activation and efficient blood-brain barrier penetration[J]. Nature communications, 2 (1): 1-11.

Barillet S, Larno V, Floriani M, et al., 2010. Ultrastructural effects on gill, muscle, and gonadal tissues induced in zebrafish (*Danio rerio*) by a waterborne uranium exposure[J]. Aquatic toxicology, 100 (3): 295-302.

Berlin J D, Dean J M, 1967.Temperature-induced alterations in hepatocyte structure of rainbow trout (*Salmo gairdneri*) [J]. The Journal of experimental zoology, 164 (1) .

Bootsma R, 1971.Hydrocephalus and red-disease in pike fry *Esox lucius* L.[J]. Journal of Fish Biology, 3 (4): 417-419.

Boshra H, Li J, Sunyer J O, 2006.Recent Advances On the Complement System of Teleost Fish [J]. Fish & Shellfish Immunology, 20 (2): 239-262.

Bradford, Carrie M, Rinchard, et al., 2005.Perchlorate Affects Thyroid Function in Eastern Mosquitofish (*Gambusia holbrooki*) at Environmentally Relevant Concentrations[J]. Environmental Science & Technology, 39 (14): 5190-5195.

Braunbeck T, Storch V, Nagel R, 1989. Sex-specific reaction of liver ultrastructure in zebra fish (*Brachydanio rerio*) after prolonged sublethal exposure to 4-nitrophenol[J]. Aquatic toxicology, 14 (3): 185-202.

Cachot J, Cherel Y, Galgani F, et al., 2000. Evidence of p53 mutation in an early stage of liver cancer in European flounder, *Platichthys flesus* (L.)[J]. Mutat Res, 464: 279-287.

Carmichael J W, 1967.Cerebral mycetoma of trout due to a Phialophora-like fungus[J]. Sabouraudia (2): 2.

Chang C W, Su Y C, Her G M, et al., 2011.Betanodavirus Induces Oxidative Stress-Mediated Cell Death That Prevented by Anti-Oxidants and catalase in Fish Cells[J]. Plos One, 6 (10): 25853.

Cheng C H, Luo S W, Ye C X, et al., 2016.Identification, characterization and expression analysis of tumor suppressor protein p53 from pufferfish (*Takifugu obscurus*) after the *Vibrio alginolyticus* challenge [J]. Fish & Shellfish Immunology, 59: 312-322.

Choi K, Cope W G, Harms C A, et al., 2013.Rapid decreases in salinity, but not increases, lead to immune dysregulation in Nile tilapia, *Oreochromis niloticus* (L.) [J]. Journal of Fish Diseases, 36 (4): 389-399.

Coffee L L, Casey J W, Bowser P R, 2013. Pathology of tumors in fish associated with retroviruses: a review[J]. Veterinary Pathology, 50 (3): 390-403.

Comps M, Raymond J C, 1996.Virus-like particles in the retina of the sea-bream, *Sparus aurata*[J]. Bulletin of the European association of fish pathologists, 16 (5): 161-163.

Costa-Ramos C, Vale A D, Ludovico P, et al., 2011.The bacterial exotoxin AIP56 induces fish macrophage and neutrophil apoptosis using mechanisms of the extrinsic and intrinsic pathways[J]. Fish Shellfish Immunol, 30 (1): 173-181.

Dong J, Wei Y, Sun C, et al., 2018.Interaction of Group B *Streptococcus* sialylated capsular polysaccharides with host Siglec-like molecules dampens the inflammatory response in tilapia[J]. Molecular Immunology, 103: 182-190.

Ferguson H W, 2006.Systemic Pathology of Fish [M]. Eclinburgh: Scotian Press.

Ferguson H W, Roberts R J, 1975.Myeloid leucosis associated with sporozoan infection in cultured turbot (*Scophthalmus maximus* L.) [J]. Journal of Comparative Pathology, 85 (2): 317-326.

Flores-Lopes F, Malabarba L R, Pereira E H L, et al., 2001. Alterações histopatológicas em placas ósseas do peixe cascudo *Rineloricaria strigilata* (Hensel) (Teleostei, Loricariidae) e sua frequência no lago Guaíba, Rio Grande do Sul, Brasil[J]. Rev Bras Zool, 18(3): 699-709.

Frasca S, Linfert D R, Tsongalis G J, et al., 1999. Molecular characterization of the myxosporean associated with parasitic encephalitis of farmed Atlantic salmon *Salmo salar* in Ireland[J]. Diseases of Aquatic Organisms, 35 (3): 221-233.

Fratianni B C, 2007.Fish Disease [M]. New York: New York State Conservationist.

Gong Y, Ju C, Zhang X, 2015.The miR-1000-p53 pathway regulates apoptosis and virus infection in shrimp[J]. Fish & Shellfish Immunology, 46 (2): 516-522.

Gorissen M, Flik G, 2016.The endocrinology of the stress response in fish: an adaptation-physiological view[M]. New York:

Academic Press.

Grant A N, Brown A G, Cox D I, et al., 1996.Rickettsia-like organism in farmed salmon [J]. Veterinary Record, 138 (17): 423.

Granzow H, Weiland F, Fichtner D, et al., 1997.Studies of the ultrastructure and morphogenesis of fish pathogenic viruses grown in cell culture[J]. Journal of Fish Diseases, 20 (1) .

Green C, Haukenes A H, 2015.The role of stress in fish disease[J]. Southern Regional Aquaculture Center, Publication, 474.

Grizzle J M, Schwedler T E, Scott A L, 1981. Papillomas of black bullheads, *Ictalurus melas* (Rafinesque), living in a chlorinated sewage pond[J]. J Fish Dis, 4 (4): 345-351.

Gyimah E, Gyimah E, Qiu W, et al., 2020. Sublethal concentrations of triclosan elicited oxidative stress, DNA damage, and histological alterations in the liver and brain of adult zebrafish[J]. Environ Sci Pollut Res Int, 27 (2) .

Hacking M A, Budd J, Hodson K, 1978.The ultrastructure of the liver of the rainbow trout: normal structure and modifications after chronic administration of a polychlorinated biphenyl Aroclor 1254 [J]. Canadian Journal of Zoology, 56 (3): 477.

Harper C, Wolf J C, 2009. Morphologic effects of the stress response in fish[J]. Ilar Journal, 50 (4): 387-396.

Hasoon M F, Daud H M, Arshad S S, et al., 2011.Betanodavirus experimental infection in freshwater ornamental guppies: diagnostic histopathology and RT-PCR[J]. J Adv Med Res, 1: 45-54.

Hoffman G L, Hoyme J B, 1958.The experimental histopathology of the tumor on the brain of the stickle - back caused by *Diplostomum baeri eucaliae* [J]. Journal of Parasitology, 44 (4): 374-378.

Hoffman G L, Hundley J B, 1957.The Life-Cycle of *Diplostomum baeri eucaliae* n. subsp. (Trematoda: Strigeida) [J]. Journal of Parasitology, 43 (6): 613-627.

Hong S, Zou J, Crampe M, et al., 2001.The production and bioactivity of rainbow trout (*Oncorhynchus mykiss*) recombinant IL-1 beta [J]. Veterinary Immunology & Immunopathology, 81 (1): 1-14.

Hughes L B, Bridges S L, 2002.Polyarteritis nodosa and microscopic polyangiitis: etiologic and diagnostic considerations [J]. Current Rheumatology Reports, 4 (1): 75-82.

Isiaku A, Yusoff S M, Yasin I S M, et al., 2017.Biofilm is associated with chronic streptococcal meningoencephalitis in fish[J]. Microbial Pathogenesis, 102: 59-68.

Jeffrey P Fisher, Mark S Myers, 2000. The Laboratory Fish, Chapter 32 - Fish Necropsy [M]. London: Academic Press: 543-556.

Jennifer B Moss, Punita Koustubhan, Melanie Greenman, et al., 2009. Ingrid Walter, Larry G Moss. Regeneration of the Pancreas in Adult Zebrafish[J]. Diabetes, 58 (8): 1844-1851.

JM González-Rosa, V Martín, Peralta M , et al., 2011.Extensive scar formation and regression during heart regeneration after cryoinjury in zebrafish[J]. Development, 138 (9): 1663-1674.

Jobling M, 2012.R. J. Roberts (ed): Fish pathology [J]. Aquaculture International, 20 (4): 811-812.

Kent L. M, 2001.Fish Disease, Diagnosis and Treatment[J]. Journal of Wildlife Diseases, 37 (1): 215.

Knüsel R, Brandes K, Lechleiter S, et al., 2007. Two independent cases of spontaneously occurring branchioblastomas in koi carp (*Cyprinus carpio*)[J]. Vet Pathol, 44: 237-239.

Koehler A, Van Noorden C J F, 2003. Reduced nicotinamide adenine dinucleotide phosphate and the higher incidence of pollution-induced liver cancer in female flounder[J]. Environ Toxicol Chem, 22(11): 2703-2710.

Kotob M H, Gorgoglione B, Kumar G, et al., 2017.The impact of *Tetracapsuloides bryosalmonae* and Myxobolus cerebralis co-infections on pathology in rainbow trout[J]. Parasites & Vectors, 10 (1): 442-456.

Kroehne V , Freudenreich D , Hans S , et al., 2011.Regeneration of the adult zebrafish brain from neurogenic radial glia-type progenitors[J]. Development, 138 (22): 4831-4841.

Kumar V, Abbas A K, Aster J C, 2010. Robbins & Cotran Pathologic Basis of Disease [M]. Philadelphia: Elsevier Saunders.

Langdon J S, 1987.A systemic infection of Exophiala in native Australian fishes [J]. EAFP J, 5: 19-27.

Li L, He J, Mori K I, et al., 2001.Mass mortalities associated with viral nervous necrosis in hatchery-reared groupers in the People's Republic of China[J]. Fish Pathology, 36 (3): 186-188.

Li W R, Guan X L, Jiang S, et al., 2020. The novel fish miRNA pol-miR-novel_171 and its target gene FAM49B play a critical role in apoptosis and bacterial infection[J]. Developmental & Comparative Immunology, 106: 103616.

Li X Y, Chung I K, Kim J I, Lee J A, 2004.Subchronic oral toxicity of microcystin in common carp (*Cyprinus carpio* L.) exposed to Microcystis under laboratory conditions[J]. Toxicon, 44 (8): 821-827.

Liu Y J, Du J L, Cao L P, et al., 2014.Grass carp reovirus induces apoptosis and oxidative stress in grass carp (*Ctenopharyngodon idellus*) kidney cell line[J]. Virus Research: An International Journal of Molecular and Cellular Virology.

Lima F C, Souza A P M, Mesquita E F M, et al., 2002. Osteomas in cutlass fish, *Trichiurus lepturus* L., from Niteroi, Rio de Janeiro state, Brazil[J]. J Fish Dis, 5(1): 57-61.

Lipsky M M, Klaunig J E, 1978.Comparison of acute response to polychlorinated biphenyl in liver of rat and channel catfish: A biochemical and morphological study[J]. Journal of Toxicology & Environmental Health, 4 (1): 107-21.

Lopez-Jimena B, Garcia-Rosado E, Thompson K D, et al., 2012.Distribution of red-spotted grouper nervous necrosis virus (RGNNV) antigens in nervous and non-nervous organs of European seabass (*Dicentrarchus labrax*) during the course of an experimental challenge[J]. Journal of veterinary science, 13 (4): 355-362.

Lundström J, Börjeson H, Norrgren L, 2002.Ultrastructural pathology of Baltic salmon, *Salmo salar* L., yolk sac fry with the M74 syndrome[J]. Journal of Fish Diseases, 25: 143-54.

Manera M, Visciano P, Losito P, et al., 2003. Farmed Fish Pathology: Quality Aspects[J]. Veterinary Research Communications, 27 (1): 695-698.

Mazeaud M M, Mazeaud F, Donaldson E M, 1977.Primary and secondary effects of stress in fish: some new data with a general review[J]. Transactions of the American Fisheries Society, 106 (3): 201-212.

Mc Cance KL, Huether SE, Brashers VL, et al., 2010. Pathophysiology: the biologic basis for disease in adults and children, 6th ed.[J]. Scitech Book News, 34 (1) .

Meyers T R, Hendricks J D, 1983. Histopathology of four spontaneous neoplasms in three species of salmonid fishes[J]. J Fish Dis, 6(6): 481-499.

Mitchell L G, Seymour C L, Gamble J M, et al., 1985.Light and electron microscopy of *Myxobolus hendricksoni* sp. nov. (Myxozoa: Myxobolidae) infecting the brain of the fathead minnow, Pimephales promelas Rafinesque [J]. Journal of Fish Diseases, 8 (1): 75-89.

Miwa S, Kiryu I, Yuasa K, et al., 2015.Pathogenesis of acute and chronic diseases caused by cyprinid herpesvirus-3[J]. Journal of Fish Diseases, 38 (8): 695-712.

Modrá H, Svobodová Z, Kolářová J, 1998.Comparison of Differential Leukocyte Counts in Fish of Economic and Indicator Importance[J]. Acta Veterinaria Brno, 67 (4): 215.

Munday B L, Su X-Q, Harshbarger J C, 1998. A survey of product defects in Tasmanian Atlantic salmon (*Salmo salar*) [J]. Aquaculture, 169: 297-302.

Nardocci G, Navarro C, Cortés P P, et al., 2014.Neuroendocrine mechanisms for immune system regulation during stress in fish[J]. Fish & shellfish immunology, 40 (2): 531-538.

Nopadon P, Aranya P, Tipaporn T, et al., 2009. Nodavirus associated with pathological changes in adult spotted coralgroupers

(*Plectropomus maculatus*) in Thailand with viral nervous necrosis [J]. Research in Veterinary Science, 87 (1): 97-101.

Pankhurst N W, 2011.The endocrinology of stress in fish: an environmental perspective[J]. General and comparative endocrinology, 170 (2): 265-275.

Patterson H, Saralahti A, Parikka M, et al., 2012.Adult zebrafish model of bacterial meningitis in *Streptococcus agalactiae* infection[J]. Developmental & Comparative Immunology, 38 (3): 447-455.

Peter M C S, 2011.The role of thyroid hormones in stress response of fish[J]. General and Comparative Endocrinology, 172 (2): 198-210.

Pfeifferl C J, Qiul B, Cho C H, 1997.Electron microscopic perspectives of gill pathology induced by 1-naphthyl-Nmethyl carbamate in the goldfish (*Carassius auratus* Linnaeus) [J]. Histology and histopathology, 12 (3): 645-653.

Pottinger T G, 2008.The stress response in fish-mechanisms, effects and measurement[J]. Fish welfare: 32-48.

Pottinger T G, Pickering A D, Iwama G K, et al., 1997.Genetic basis to the stress response: selective breeding for stress-tolerant fish[M]. Cambridge: Cambridge University Press.

Qian Yang, Jie Hea, Sheng yu He, et al., 2018.Acute and Subacute toxicity study of Olaquindox by feeding to common carp (*Cyprinus carpio* L.) [J]. Ecotoxicology and Environmental Safety, 161: 342-349.

Rahmati-holasoo H, Hobbenaghi R, Tukmechi A, et al., 2010. The case report on squamous cell carcinoma in Oscar (*Astronotus ocellatus*)[J]. Comp Clin Pathol, 19(4): 421-424.

Ramos P, Peleteiro M C, 2003. Três casos de neoplasias espontâneas em peixes [J]. Rev Port Ciênc Vet, 98(546): 77-80.

Roberts R J, Rodger H D, 2012.Fish Pathology, Fourth Edition[M]. Oxford: Wiley-Blackwell.

Rodger H D, Turnbull T, Scullion F T, et al., 1995.Nervous mortality syndrome in farmed Atlantic salmon[J]. Veterinary Record, 137 (24): 616-617.

Rose J D, Marrs G S, Lewis C, et al., 2000. Whirling disease behavior and its relation to pathology of brain stem and spinal cord in rainbow trout[J]. Journal of Aquatic Animal Health, 12 (2): 107-118.

Rottmann R W, Francis-Floyd R, Durborow R, 1992.The role of stress in fish disease[M]. Stoneville, MS: Southern Regional Aquaculture Center.

Rupp B, Reichert H, Wullimann M, 1996.The zebrafish brain: a neuroanatomical comparison with the goldfish[J]. Anatomy and Embryology, 194 (2): 187-203.

Sauer G R, Watabe N, 1989. Ultrastructural and histochemical aspects of zinc accumulation by fish scales[J]. Tissue & Cell, 21 (6): 935-943.

Schreck C B, 2010. Stress and fish reproduction: the roles of allostasis and hormesis[J]. General and comparative endocrinology, 165 (3): 549-556.

Schreck C B, Tort L, 2016.The concept of stress in fish[M]. New York: Academic Press.

Schreck C B, Tort L, Farrell A P, et al., 2016.Biology of stress in fish[M]. New York: Academic Press.

Scott C J W, Morris P C, Austin B, 2011.Molecular fish pathology[M]//Farrell A P. Encyclopedia of Fish Physiology: From Genome to Environment. San Diego: Academic Press: 2032-2045.

Sethi S N, Vinod K, Rudramurthy N, et al., 2018.Detection of betanodavirus in wild caught fry of milk fish, *Chanos chanos* (Lecepeds, 1803) [J]. Indian Journal of Geo-Marine Sciences, 47 (8): 1620-1624.

Sindeaux Neto, José Ledamir, Velasco M, et al., 2016.Lymphocytic meningoencephalomyelitis associated with *Myxobolus* sp. (Bivalvulidae: Myxozoa) infection in the Amazonian fish *Eigenmannia* sp. (Sternopygidae: Gymnotiformes) [J]. Revista Brasileira De Parasitologia Veterinária, 25 (2): 158-162.

Spitsbergen J M, Wolfe M J, 1995. The Riddle of Hepatic Neoplasia in Brown Bullheads from Relatively Unpolluted Waters in New York State[J]. Toxicol Pathol, 23: 716-725.

Stoick C L, 2007.Distinct Wnt signaling pathways have opposing roles in appendage regeneration[J]. Development, 134 (3): 479-489.

Strom H K, Ohtani M, Nowak B F, et al., 2018.Experimental infection by Yersinia ruckeri O1 biotype 2 induces brain lesions and neurological signs in rainbow trout (*Oncorhynchus mykiss*) [J]. Journal of Fish Diseases, 41 (3): 529-537.

Sung-Ju Jung, Satoru Suzuki, Myung-Joo Oh, et al., 2001.Pathogenicity of Marine Birnavirus against Ayu Plecoglossus altivelis[J]. Fish Pathology, 36 (2) .

Sweet M, Kirkham N, Bendall M, et al., 2012. Evidence of Melanoma in Wild Marine Fish Populations[J]. PLoS ONE, 7(8): e41989.

Sylvie Biagianti-Risbourg, Guy Vernet, Habib Boulekbache, 1998.Ultrastructural response of the liver of rainbow trout, *Oncorhynchus mykiss* , sac-fry exposed to acetone[J]. Chemosphere, 36 (9): 1911-1922.

Tanaka S, Takagi M, Miyazaki T, 2004.Histopathological studies on viral nervous necrosis of sevenband grouper, *Epinephelus septemfasciatus* Thunberg, at the grow-out stage[J]. Journal of Fish Diseases, 27 (7): 385-399.

Tang Y, Zeng W, Wang Y, et al., 2020. Comparison of the blood parameters and histopathology between grass carp infected with a virulent and avirulent isolates of genotype II grass carp reovirus [J]. Microbial Pathogenesis, 139: 103859.

Thompson J S, Miettinen M, 1988.Ultrastructural pathology of cutaneous tumours of northern pike, *Esox lucius* L.[J]. Journal of Fish Diseases, 11.

Thophon S, Pokethitiyook P, Chalermwat K, et al., 2004.Ultrastructural alterations in the liver and kidney of white sea bass, Lates calcarifer, in acute and subchronic cadmium exposure[J]. Environmental Toxicology, 19 (1): 11-9.

Tort L, 2011.Stress and immune modulation in fish[J]. Developmental & Comparative Immunology, 35 (12): 1366-1375.

Vinay Kumar, 2016.Robbins basic pathology[M]. 9th ed. Beijing: Peking University Medical Press.

Vinay Kumar, Abul K, Abbas, 2017.Robbins basic pathology[M]. 10th ed. Amsterdam: Elsevier.

Wedemeyer G, 1970. The role of stress in the disease resistance of fishes[C]// A symposium on diseases of fishes and shellfishes. Washington: American Fisheries Society, Special Publication, 5: 30-35.

Wendelaar Bonga S E, 1970. The stress response in fish[J]. Physiological reviews, 77 (3): 591-625.

Witeska M, 2005.Stress in fish-hematological and immunological effects of heavy metals[J]. Electronic journal of ichthyology, 1 (1): 35-41.

Wujek J R, Reier P J, 1984.Astrocytic membrane morphology: differences between mammalian and amphibian astrocytes after axotomy[J]. Journal of Comparative Neurology, 222 (4): 607-619.

Yang L , Yang G , Zhang X, 2014.The miR-100-mediated pathway regulates apoptosis against virus infection in shrimp[J]. Fish & Shellfish Immunology, 40 (1): 146-153.

Yanong R, 2016.Viral Nervous Necrosis (Betanodavirus) Infections in Fish[J]. Minnesota Medicine, 76 (10): 21-4.

Yukio Maeno, Leobert D. de la Pena, et al., 2002.Nodavirus Infection in HatcheryReared Orange-Spotted Grouper Epinephelus coioides: First Record of Viral Nervous Necrosis in the Philippines[J]. Fish Pathology, 37 (2): 87-89.

Zhang H , Zhang J , Chen Y , et al., 2008.Microcystin-RR induces apoptosis in fish lymphocytes by generating reactive oxygen species and causing mitochondrial damage[J]. Fish Physiology & Biochemistry, 34 (4): 307-312.

Zheng H, Guo Q, X Duan, et al., 2018.L-arginine inhibited apoptosis of fish leukocytes via regulation of NF-κ B-mediated inflammation, NO synthesis, and anti-oxidant capacity[J]. Biochimie, 158.

附录　鱼类常见病原

分类	病原	主要宿主
病毒	传染性胰腺坏死病毒（infectious pancreatic necrosis virus）	虹鳟，鲑，大西洋鳕鱼，海鲈，五条鰤，鲽，鲳
	传染性鲑贫血病毒（infectious salmon anaemia virus）	大西洋鲑，鳟，大西洋鳕鱼，鲱鱼，银鳗
	马苏大麻哈鱼病毒（oncorhynchus masou virus）	太平洋鲑（如马苏大麻哈鱼）
	鱼呼肠孤病毒（心脏和骨骼肌炎症）[piscine reovirus（heart and skeletal muscle inflammation）]	大西洋鲑，草鱼
	鲑白血病病毒（salmon leukaemia virus）	大鳞大麻哈鱼
	病毒性出血性败血症病毒（viral haemorrhagic septicaemia virus）	虹鳟，鲱鱼
	传染性造血器官坏死病毒（infectious haematopoietic necrosis virus）	鲑，鳟
	鲑甲病毒（salmonid alphavirus）	大西洋鲑，虹鳟
	鱼心肌炎病毒（心肌综合征）[piscine myocarditis virus（Cardiomy-opathy syndrome）]	大西洋鲑
	红细胞包涵体综合征（erythrocytic inclusion body syndrome）	太平洋鲑，大西洋鲑
	神经坏死病毒（nerve necrosis virus）	尖吻鲈，石斑鱼，鲽，鲆，红鳍东方鲀
	鰤腹水病毒（yellowtail ascites virus）	鰤，三线矶鲈，牙鲆
	红鳍东方鲀吻唇溃烂病毒（takifugu rubripes ulcerative virus）	红鳍东方鲀
	DNA 冠状病毒样病毒（DNA coronavirus like viruses）	鳗
	鲑疱疹病毒（salmonid herpesvirus）	圆腹雅罗鱼，斑点叉尾鮰，鲑，大菱鲆
	鲤疱疹病毒Ⅱ型 [cyprinid herpesvirus Ⅱ（CyHV-Ⅱ）]	鲫，金鱼
	鲤疱疹病毒Ⅲ型/锦鲤疱疹病毒 [cyprinid herpesvirus Ⅲ（CyHV-Ⅲ）]	鲤及其变种，锦鲤，金鱼，鲳
	虹彩病毒（iridovirus）	鲈，鲽，鲀，鰤，鲷，鳜
	sleeping disease virus（SDV）	鲑，鳟
	Salmonid alpha viruses（SAV）	鲑，鳟
	淋巴囊肿病毒（lymphocystis virus）	条纹鲈
	黄头病毒（yellow head virus）	甲壳动物

（续）

分类	病原	主要宿主
病毒	传染性肌肉坏死病毒（infectious muscle necrosis virus）	对虾，蛙
	蛙病毒（ranavirus）	蛙，大鲵，似鲇高原鳅
	桃拉综合征病毒（taura syndrome virus）	甲壳动物
	沼虾野田村病毒	甲壳动物
	弹状病毒（rhabdovirus）	牙鲆
	鲤春病毒血症病毒（carp spring viremia virus）	鲤
	诺达病毒（piscine nodavirus）	鲈，大菱鲆，石斑鱼
	虾白斑综合征病毒（shrimp white spot syndrome virus）	对虾
细菌	嗜水气单胞菌（Aeromonas hydrophila）	主要淡水鱼类，蛙，虾
	维氏气单胞菌（Aeromonas veronii）	主要淡水鱼类，蛙，虾
	豚鼠气单胞菌（Aeromonas caviae）	主要淡水鱼类，蛙，虾
	温和气单胞菌（Aeromonas temperate）	裂腹鱼
	杀鲑气单胞菌（Aeromonas salmonicides）	主要淡水鱼类，蛙，虾
	点状气单胞菌（Aeromonas punctate f. ascitae）	草鱼，鲢，鳙，金鱼，鲫，鲤及各种热带鱼
	霍乱弧菌（Vibrio cholerae）	鲥，鲷，鲑鳟类，鲆，鲽，鳗，虾
	副溶血弧菌（Vibrio parahaemolyticus）	虾，蟹，贝，石斑鱼
	拟态弧菌（Vibrio mimicus）	海水鱼类
	鳗弧菌（Vibrio anguillarum）	海水鱼类，对虾
	溶藻弧菌（Vibrio alginolyticus）	海水鱼类，贝，对虾
	创伤弧菌（Vibrio vulnificus）	鳗鲡，对虾
	荧光假单胞菌（Pseudomonas fluorescens）	青鱼，草鱼，真鲷，鲻，梭鱼，牙鲆，鲈，石斑鱼
	嗜麦芽寡养单胞菌	斑点叉尾鮰
	烂鳗假单胞菌（Pseudomenas anguilliseptica）	鳗鲡
	大菱鲆肠球菌（Enterococcus faecalis）	大菱鲆
	鳗利斯顿菌（Listonella anguillarum）	鲑科鱼类
	爱德华氏菌（Edwardsiella spp.）	鮰，鲷，鲥，日本鳗鲡，罗非鱼，虹鳟，金鱼，齐口裂腹鱼
	黏放线菌（Moritella viscosa）	虹鳟
	鲁氏耶尔森菌（Yersinia ruckeri）	日本鳗，虹鳟，冷/温淡水鱼
	嗜冷黄杆菌（Flavobacterium psychrophilum）	草鱼，青鱼，鲤，鲫，鲢，鳙，团头鲂，金鱼，大西洋鲑，虹鳟
	嗜鳃黄杆菌（Flavobacterium branchiophilum）	草鱼，青鱼，鲤，鲫，鲢，鳙，团头鲂，金鱼，大西洋鲑，虹鳟
	柱状黄杆菌（Flavobacterium columnosa）	草鱼，青鱼，鲤，鲫，鲢，鳙，团头鲂，金鱼，大西洋鲑，虹鳟
	海洋屈挠杆菌（Tenacibaculum maritimum）	虹鳟，鲷，鲈

（续）

分类	病原	主要宿主
细菌	蜂房哈夫尼亚菌（*Hafnia alvei*）	虹鳟
	金黄杆菌属（*Chryseobacterium* spp.）	大西洋鲑
	弗朗西斯菌属（*Francisella noatunensis* subsp. *noatunensis*）	大西洋鲑
	鲑肾形杆菌（*Renibacterium salmoninarum*）	虹鳟，鲑
	肉梭状杆菌/栖鱼肉杆菌（*Carnobacterium maltaromaticum*）	虹鳟，大鳞大麻哈鱼
	海豚链球菌（*Streptococcus phocae*）	鲷，鲹，鲑，鳟，罗非鱼，鳗鲡，鲷
	无乳链球菌（*Streptococcus agalactiae*）	鲷，鲹，鲑，鳟，罗非鱼，鳗鲡，鲷
	海分枝杆菌（*Mycobacterium marinum*）	鱼类，两栖类，爬虫类
	美人鱼发光杆菌（*Photobacterium damselae* ssp. *piscicida*）	鲕，真鲷，黑鲷，金鲷，牙鲆，鳎，海鲈
	结核杆菌（tubercle bacillus）	各种淡水、咸水鱼
	诺卡菌属（*Nocardia* sp.）	鲕，大口黑鲈
	衣原体（Chlamydiaceae）	
	立克次体（*Piscirickettsia salmonis*）	鲑
	鲑衣原体（*Candidatus Piscichlamydia salmonis*），鲑棒状衣原体（*Candidatus Clavochlamydia salmonicola*）	大西洋鲑，红点鲑，褐鳟
	囊肿鳃单胞菌（*Candidatus Branchiomonas cysticola*）	鲑
	分节丝状菌（*Candidatus Arthromitus*）	虹鳟
	鱼害黏球菌（*Myxococcus piscicola*）	鲢，鳙，草鱼，青鱼，鲤
	巴斯德菌（*Pasteurella skyensis*）	鲷，鲈，鳎，鲹
	对虾肝炎杆菌（*Penaeid hepacibacter*）	对虾
	伊丽莎白金菌（*Elizabethkingia* spp.）	常见鱼类，蛙
	沙门氏杆菌（*Renibacterium salmoninarum*）	鲑，鲱鱼，鲤，七鳃鳗
真菌	水霉（*Saprolegnia* spp.）	受伤鱼类
	绵霉	受伤鱼类
	鳃霉（*Branchiomycosis*）	青鱼，鳙，鲮，黄颡鱼，银鲴
	血鳃霉（*B. sanguinis*）	草鱼
	穿移鳃霉（*B. demigrans*）	青鱼，鳙，鲮，黄颡鱼
	外瓶霉（*Exophiala salmonis*，*E. psycrophila*）	虹鳟，大西洋鲑
	瓶霉（*Phialophora* sp.）	虹鳟，大西洋鲑
	虫草棒束孢（粉质拟青霉）*Isaria farinosa*（*Paecilomyces farinosus*）	大西洋鲑幼鲑
	草茎点霉（*Phoma herbarum*）	奇努克大麻哈稚鱼
	丝囊霉	野生淡水，半咸水鱼类
寄生虫	瓣体虫	赤点石斑鱼，青石斑鱼，真鲷
	丽克虫（*Licnophora*）	海马
	指状拟舟虫（*Paralembus*）	牙鲆
	涡鞭虫（*Hematodinium* sp.）	鲻，梭鱼，鲈，鲷，大黄鱼，石斑鱼

（续）

分类	病原	主要宿主
寄生虫	锥体虫（*Trypanosoma* spp.）	鲆，鲽，鲈，鲷，鳕，鳎，鳗
	阿米巴虫（副变形虫属）	大西洋鲑
	隐鞭虫（*Cryptobia*）	青鱼，草鱼，鲢，鳙，鲤，鲫，鲂，鳊，鲮
	隐核虫（*Cryptocaryon*）	鲈，鲻，梭鱼，真鲷，黑鲷，石斑鱼，东方鲀，牙鲆
	鱼波豆虫（Ichthyobodo）	鱼类，尤其幼鱼
	碘泡虫（*Myxobolus cerebralis*）	鲤，鲫，鲮，鲑鳟
	肠袋虫	中华倒刺鲃，草鱼
	血簇虫（*Haemogregarina* spp.）	鲻，鲽，鲆
	艾美虫（*Eimeriidaev*）	海、淡水鱼类
	黏孢子虫（*Myxozoans*）	海、淡水鱼类
	微孢子虫（*Microsporidia*）	淡、海水鱼
	指环虫（Dactylogyridae）	青鱼，草鱼，鲢，鳙，鲤，鲫，金鱼
	车轮虫（*Trichodina*）	海、淡水鱼类
	小瓜虫（*Ichthyophthirius*）	海、淡水鱼类
	斜管虫（Chilodonellidae）	温水性、冷水性淡水鱼苗
	血居吸虫（*Sanguinicola* spp.）	鲢，鳙，团头鲂，鲤，鲫，金鱼，乌鳢
	三代虫（Gyrodactylidae）	淡水稚鱼
	锚首虫（Ancyrocephalidae）	鳜
	片盘虫（*Lamellodiscus* spp.）	真鲷
	本尼登虫（*Benedenia*）	鰤，大黄鱼，真鲷，石斑鱼
	异斧虫（Heteraxinidae）	鰤
	真鲷双阴道虫（*Bivagina*）	真鲷
	异沟虫（*Heterobothrium*）	鲀
	长散杯虫（*Choricotyle elongata*）	真鲷苗种
	双穴吸虫（*diplostomulum* spp.）	鲢，鳙，团头鲂，虹鳟
	绦虫（tapeworms）	青鱼，草鱼，团头鲂，鲢，鳙，鲮
	线虫（*Caenorhabditis elegans*）	青鱼，草鱼，鲢，鳙，鲮，黄鳝
	棘头虫（acanthocephalans）	鲤，鲷
	鱼蛭（leeches）	鲤，鲫
	中华鳋（*Sinergasilus*）	草鱼，青鱼，鲢，鲤，鲫，鲇，赤眼鳟，鳜，淡水鲑
	锚头鳋（*Lernaea* spp.）	鲤，鲫，鲢，鳙，乌鳢，青鱼
	鱼虱（Caligidae）	多种鱼类
	日本鱼怪（Cymothoidae）	鲤，鲫，雅罗鱼
	多瘤破裂鱼虫（*Rhexanella verrucosa*）	真鲷
	钩介幼虫（glochidium）	青鱼，草鱼
	变形虫（*Neoparamoeba pemaquidensis*）	鲑鳟，鲇
	节肢动物寄生虫（arthropod parasites）	淡水鱼
	纤毛虫（Ciliophora）	淡水鱼

索 引

D

T

W

Y

Z

图书在版编目（CIP）数据

鱼类病理学/汪开毓，黄小丽主编 . —北京：中国农业出版社，2021.12

（现代兽医基础研究经典著作）

国家出版基金项目

ISBN 978-7-109-28723-5

Ⅰ.①鱼⋯　Ⅱ.①汪⋯　②黄⋯　Ⅲ.①鱼病-病理学　Ⅳ.①S941

中国版本图书馆CIP数据核字（2021）第166770号

中国农业出版社出版

地址：北京市朝阳区麦子店街18号楼

邮编：100125

责任编辑：杨晓改　郑　珂　　文字编辑：蔺雅婷

版式设计：王　晨　　责任校对：周丽芳　　责任印制：王　宏

印刷：北京通州皇家印刷厂

版次：2021年12月第1版

印次：2021年12月北京第1次印刷

发行：新华书店北京发行所

开本：787mm×1092mm　1/16

印张：26.75

字数：750千字

定价：398.00元